水环境质量基准方法与应用

刘征涛 主编

孟 伟 审校

科学出版社

北 京

内 容 简 介

本书从环境污染物的暴露与水环境质量的生态安全与相关人体健康保护的角度，系统介绍水环境质量基准的框架体系与基础性方法技术。重点阐述近年来我国流域水环境基准方法体系框架的构建及典型流域特征污染物基准阈值的应用研究。主要包括水环境质量基准方法概述、国内外水环境基准研究进展、水环境特征污染物筛选、水生生物基准、水生态完整性质量基准、沉积物质量基准、营养物基准、水生态风险评估方法、混合物联合毒性方法等我国流域水环境质量基准的方法学体系框架，及其在代表性区域如太湖流域、辽河流域的应用性研究进展。

本书可为水环境保护的基准和标准研究与制定领域的教学、科研及相关管理决策者提供基础资料和工作参考。

图书在版编目（CIP）数据

水环境质量基准方法与应用／刘征涛主编 . —北京：科学出版社，2012
ISBN 978-7-03-032830-4

Ⅰ. 水… Ⅱ. 刘… Ⅲ. 水环境质量评价 Ⅳ. X824

中国版本图书馆 CIP 数据核字（2011）第 242396 号

责任编辑：张 震／责任校对：张怡君
责任印制：徐晓晨／封面设计：无极书装

科 学 出 版 社 出版
北京东黄城根北街 16 号
邮政编码：100717
http://www.sciencep.com

北京建宏印刷有限公司 印刷
科学出版社发行 各地新华书店经销
*

2012 年 1 月第 一 版 开本：B5（720×1000）
2017 年 2 月第五次印刷 印张：24 1/2
字数：450 000

定价：99.00
（如有印装质量问题，我社负责调换）

主 要 作 者

刘征涛　闫振广　孙　成　朱　琳

祝凌燕　姚庆帧　高士祥　周俊丽

张亚辉　余若祯　杨绍贵

前　言

本书主要介绍国家重大水专项监控预警主题中"流域水环境质量基准与标准体系研究"课题的部分阶段性研究成果。重点阐述近年来我国流域地表水环境质量基准方法体系框架的构建及典型流域特征污染物质量基准阈值应用研究；并从典型流域水环境特征污染物的暴露筛选、水环境质量的生态安全基准与相关人体健康保护、生态风险评估及污染物的联合毒性阈值等环境热点研究问题进行探讨，较系统地论述环境基准方法体系及基准阈值应用研究所涉及的环境与生态毒理学、污染生态学、环境化学及环境健康与风险评估等多学科综合交叉的理论技术方法。

全书内容共 14 章，由本研究课题负责人刘征涛统一拟稿和最后定稿。其中，第 1 章绪论部分由刘征涛撰稿，主要综述性介绍水环境基准研究概况及我国构建水环境基准体系的重要性，并讨论当前该领域存在的一些挑战与机遇；第 2、3、4 章主要由闫振广、刘征涛等撰稿，介绍水环境质量基准的基本方法、国内外水环境基准研究进展，并讨论了我国水环境基准与标准方法体系现状；第 5 章主要由周俊丽、刘征涛等撰稿，介绍水环境特征污染物筛选规范和方法，并就我国太湖流域和辽河流域的特征污染物进行应用性筛选探讨；第 6 章、第 12 章主要由孙成、高士祥、杨绍贵、陈良燕、李梅、刘红玲等撰稿，介绍和探讨我国流域水环境中水生生物质量基准方法，并以硝基苯的水生生物基准制定为例，讨论相关基准方法的实验应用成果；第 7 章、第 9 章主要由朱琳、姚庆帧等撰稿，介绍和探讨我国流域生态学完整性质量基准方法和相关营养物基准方法的构建，并讨论我国流域生态完整性基准主要指标以及相关流域营养物基准的应用；第 8 章主要由祝凌燕、卞京娜等撰稿，介绍和探讨我国流域水环境沉积物质量基准的采用方法与实际应用成果；第 10 章主要由余若祯、刘征涛等撰稿，介绍和讨论我国流域水环境的生态与健康风险评估方法与相关应用结果；第 11 章主要由张亚辉、刘征涛等撰稿，介绍和探讨水环境基准制定中，多种污染物联合作用毒性的应用方法；第 13 章、第 14 章主要由闫振广、刘征涛等撰稿，着重探讨重金属镉、氨氮在我国典型流域及其水生态区域环境中，水生生物安全基准阈值的采用方法与实际应用，同时还介绍对我国水环境质量基准框架体系与相关标准转化构建的思考与进展。本书编写过程中，得到孟伟院士多方面的综合指导与审核，他在水环境基准理论的具体应用方面提出了许多宝贵的校正意见。此外，曹莹、杜丽娜、梁丽君等参与了本书的目录编排等整理工作。

书中每一项成果都凝聚了众多人员的劳动，感谢在课题研究和文稿编辑过程中付出劳动而在本书中未提及的工作者；同时，出版社的多位同志为本书的顺利出版做出努力，一并敬致衷心感谢。由于研究内容涉及学科众多，另受时间、水平等因素所限，书中难免有不妥之处，恳请指正。

刘征涛

2011 年 6 月于中国环境科学研究院

目　　录

|第1章| 绪　　论

1.1　基本概述

伴随着工农业经济的持续快速发展，近20多年来我国的地表水环境污染逐渐呈现出复合型、结构型、累积型的特点，这可能成为制约经济和社会发展的瓶颈，亟须加强水污染防治与整治工作。从"十一五"时期开始，我国的水环境管理战略从污染物的目标总量控制向容量总量控制转变，从点源污染控制向面源污染控制转变，从单纯的水质污染控制向全面的水生态系统安全保护的方向转变，这就迫切要求进一步发展和完善现有的水环境质量标准体系。环境基准是制定环境标准的科学依据；环境标准是有效实施环境管理的行政基础，也是识别环境问题、判断污染风险、评估环境影响、制定监测预警方案、确定污染修复对策及采用污染治理技术等的法规执行依据。由于不同的环境基准可产生不同的环境标准，而管理上实施不同的环境标准值，可能导致环境保护管理行为、目标和结果的很大差异[1~3]；所以科学地研究确定适用于实际环境状况的环境基准，进而制定正确合理的环境标准，在很大程度上将决定环境风险管理决策是否正确。

有关水环境基准的研究始于19世纪末，1898年俄国卫生学家 A. Ф. 尼基京斯基在《医生》杂志发表了《石油制品对河流水质和鱼类的影响》一文，阐述了原油、重油和其他石油制品对鱼类的毒害，提出了环境质量基准的概念。大约从1905年开始，美国及一些欧洲发达国家的科研人员不断发表有关环境水质基准方面的毒理学研究结果。如1907~1937年，美国约发表了114种物质的水生物毒性值，规范采用金鱼、大型溞等水生物作为标准试验物种，1952年美国加利福尼亚州首先从政府层面发布"水质基准"文件，1965年美国在"公法600"中通过了国家开发水质基准的计划。从1968年开始每隔5~10年，美国政府从国家层面相继颁布了有关水环境保护的《绿皮书》、《蓝皮书》、《红皮书》、《金皮书》、《白皮书》等水质基准技术文件的持续修订升级版本；欧盟等发达国家也相互参考，相继建立了相关的水质基准文件[4~17]。1980年美国环境保护局

1

（USEPA）制定的《环境水质基准》文件中规定一个物质的完整水质基准应包括急性最大浓度（CMC）和慢性连续浓度（CCC）两个值[12,14]，要求通过水生生物急性毒性试验来得出最大值，推导平均值时要考虑水生动物的慢性毒性、水生植物毒性和生物积累毒性。1985 年在其《环境水质基准》修订版中将平均值的时间范围由 24h 改为 30 天，更加突出了平均值与防止慢性毒性效应的关系，同时对环境浓度偏离平均值的累积时间规定为 96h，以防止较长时间的环境高浓度对水生生物造成的急性毒性影响。1985 年 USEPA 提出《推导保护水生生物及其用途的国家水生态基准技术指南》，强调制定水质基准目的在于防止污染物对重要水生生物以及其他的重要物种造成不可接受的长期和短期危害效应；应充分考虑生物多样性，用于推导基准的毒性数据至少涉及 3 个门、8 个科的水生动物，使其能有较好的生态学代表性，能为大多数生物（95% 以上）提供适当的保护，避免"欠保护"；相对欧洲一些国家的方法，USEPA 提出的基准方法引入了频率和急性最大浓度基准值的概念，充分考虑水生态系统对偶然暴露的耐受能力和恢复能力，防止"过保护"。从 1990 年开始，USEPA 又对水质基准体系增加了营养物基准等水生态学范畴的基准内容[15~19]；环境基准经约 100 余年的发展，国际上相对发展较为成熟的美国国家水质基准体系主要建立在"科学确定水质基准方法"的基础上，目前已构建了较为完善的基准推导方法学，形成了较为完整的环境基准体系，并且制定的环境标准得到了广泛的运用[20~29]。美国确立的水环境质量基准体系主要针对环境化学物质，以保护水生态系统的完整性及水生生物安全的水质基准和保护人体饮水与用水安全的人体健康水质基准为核心，还包括防止水体富营养化的营养物基准、保护底栖生物的沉积物基准、与人体健康保护相关的人体感观基准及病原微生物基准等。水环境基准是世界各国可互相借鉴的科学资料，由于各国在研究基准时根据当地实际情况，采用的实验方法或观测项目可能有所不同，因此同一污染物的基准阈值可以有所不同。

随着水环境基准体系的日益成熟，大量研究表明，水生态系统的地理区域性或流域特征不是由单一的地表要素决定的，而是多种环境要素共同作用的结果，并且这些要素在各个区域所发挥的作用也不尽相同。USEPA 于 1987 年提出了美国水生态区划方案，提出根据不同空间尺度的地貌、气候、土壤、生物、水生态系统结构与功能的完整性等特征要素，进行国家水生态分区的方法体系。该水生态分区方案，得到了管理部门的普遍认可并很快应用于水生态系统的管理之中，特别是用于区域或流域监管点位的选择和进一步研究建立区域范围内受损水生态系统的恢复标准，以达到基于水生态风险控制的目的来选择制定环境管理的有效措施[27~31]。自美国提出了水生态分区的概念和方法后，得到世界许多国家的关注，如英国、奥地利、加拿大等国开始将其应用于本国的水环境标准研究中[32]。1998 年美国根据不同水生态区域的水化学和水生物区系特点开始制定区域性水环境的营养物基准，并于 2000 年发布了河流、湖库的营养物基准制定导则；美国政府至今已逐步更新、充实并颁布了主要基于生态学和毒理学原理的 14 个生态区域的河流、湖库、河口、湿地等四种水生态类型的水环境基准。

当前，我国较全面系统地水环境基准与标准的理论方法与应用技术研究刚起步，相关区域性水环境标准的研究与制定还不完善，还没有从全国流域尺度上系统地评价水环境质量的风险特征，还无法准确判断不同流域特征的水环境承载力，尚未确立全国的保护水环境安全的水质量基准，也未明确国家流域或区域社会经济发展等人类活动对自然水生态系统影响的输入响应关系。因此，我国现阶段制定的水环境标准体系还不能较真实地体现我国流域或区域的水生态特征，还不能较科学地实现流域污染物的容量与总量控制；在污染源控制与水环境管理方面，一定程度上存在"一刀切"的盲目性，难以高效实现水环境管理目标。国务院在《关于落实科学发展观加强环境保护的决定》中，明确提出了"科学确定环境标准"的要求，将其作为建立和完善环境保护长效机制的重要内容。因此，建立适合我国国情特点的水环境质量基准与标准体系，对于保护我国水环境安全与实现环境风险管理的战略目标具有重要价值。

1.2 需求与意义

1.2.1 水环境基准是实施水环境管理的基本需求

环境水质量基准（water quality criteria，WQC）主要指水环境中污染物对水生生物和人及水生态系统的完整性不产生有害影响的最大剂量或浓度，它是基于科学实验的客观记录或科学推论。环境水质量标准（water quality standards，WQS）是以水环境质量基准为依据，在综合考虑国家或地区的自然和社会、经济、技术等因素的基础上研究制定，由政府主管部门颁布的具有法律效力的水环境污染物控制限值。基准与标准是两个不同的概念，环境基准是制定环境标准的理论基础，决定着环境标准的科学性。环境规划、环境评价、环境监测、环境突发事件应对及污染控制技术应用等环境技术管理的各个重要环节都要依据环境质量标准。科技部在"十五"期间已提出实施"人才、专利、技术标准"三大战略，首次从战略高度把技术标准落实到具体的科技工作中，目前标准专项已取得较大进展,初步形成了各部门、各地方联合推动技术标准工作的格局。

随着环境管理的深化,我国水污染控制在经历了对污染物浓度控制和目标总量控制后,目前正在从化学污染控制向水生态风险管理方向转变;要对全国水环境实行生态特征分区、生态功能分类、生态属性分级以及生态目标分时实现的科学管理模式。在这一过程中,水质基准与标准本身的科学性、合理性、适用性和可操作性成为关系到水环境污染物的容量总量控制能否全面实施的关键要素之一。现今一些发达国家和地区的水环境基准制定工作已相当成熟,但由于地域和国情的差异,如果照搬国外基准,必然难以制定出符合我国水体特征的水环境标准。当前我国的水环境基准研究基础尚薄弱,缺少科学系统的水环境标准研究,近年来在应对一些重大环境污染事件时,已暴露出我国在水环境基准研究方面薄弱的现状,亟须从国家层面上长期、系统地开展水环境基准与标准的研究,为我国环境战略目标的实现提供基础支持。

1.2.2　水环境标准需要持续改进和升级

改革开放以来,我国经济发展和社会进步方面取得了举世瞩目的成就,同时,伴随的环境污染以及由此导致的生态破坏和人体健康风险也引起社会普遍的关注。高强度的工业生产和频繁的人类活动可能直接导致大量的有毒有害化学品进入到水生态系统中,成为危害水环境和人体健康的潜在威胁。如依据当前水环境质量标准评价,近几年我国松花江、辽河、海河、黄河、淮河、长江、珠江等七大主要河流中约1/4的监测断面水质属于或低于Ⅴ类水质,一些重要湖泊中约1/3的水质属于或低于Ⅴ类水质;多个城市饮用水水源地水质较差,水质性缺水情势较严峻,饮用水安全受到威胁。水环境污染给工农业生产和人们生活带来一定危害,可能成为制约我国社会经济可持续发展的因素,亟须从国家层面上系统地开展相关的水环境基准与标准研究。

虽然我国水环境技术管理体系在改革开放以来取得了长足的进步,建立了一系列相关的管理法规和水环境标准,然而相对于有效监控水体污染的实际需求,在技术方法与管理体制上都还需较大改进。由于没有开展过国家层面上系统的水环境基准体系研究,目前我国的水环境标准主要参照国外发达国家及国际组织相关的环境基准与标准值,或者再根据我国水体的主要使用功能及专家经验为依据制定的[1,3,6]。由于我国实际流域水环境的理化性质、生物种类、生态学特征等要素与一些发达国家的情况可能存在较大差异,因此,无论是照搬国外标准或根据国内专家经验讨论的粗放式水环境标准的制定,都不能很好地符合我国实际的水环境污染现状特征；已经制定的水环境标准可能导致我国的环境保护工作存在着"欠保护"和"过保护"的问题。我国的地表水环境质量标准自 1983 年颁布实施以来，修订过 3 次，已经成为我国水环境监督管理的核心。但目前我国的水质标准与国外发达国家相比，在基准与标准体系的科学性建设方面存在较大差距，难以满足我国要面向水生态安全保护的污染物容量控制与总量控制相结合的战略目标实施的要求。因此，首先要在建立科学的水环境基准方法学体系的基础上，进一步构建和完善适合我国社会管理、经济发展和技术水平的国家水环境标准体系。

1.2.3 新型污染物需要水质基准理论方法创新发展

在传统的环境污染物管理控制中，针对有毒有害污染物的管理与研究主要集中在工业化学物质和农药上。但随着科学研究的不断深入，近 20 多年来在环境中发现了一些性质相似或是同一类化学物质，但称谓多样，包括 POPs（持久性有机污染物）、PTS（持久性有毒物质）、PBT（持久生物累积毒性物）、SVHC（高关注物）、环境激素或称内分泌干扰物（EDS），如多溴联苯醚（PBDEs）等溴化阻燃剂、全氟化合物［包括全氟辛烷磺酰基化合物（PFOS）、全氟辛酸铵及盐类（PFOA）］、增塑剂或稳定剂双酚类（BPA）、邻苯甲酸脂类（PAEs）及药物和个人防护品污染物（pharmaceutical and personal care products，PPCPs）与一些纳米材料（NM）等。在这些物质中，药物和个人防护品是一类与人类生活密切相关的化学物质，它们主要包括人类用药和兽药及其他化学消费品如化妆品、防护用品、麝香类物质，还包括在 PPCPs 生产和加工过程中使用的添加剂和惰性成分等，以及多种处方药和非处方药（如抗生素、类固醇、消炎药、镇静剂、抗癫痫药、显影剂、止痛药、降压药、避孕药、催眠药、减肥药等）、香料、化妆品、遮光剂、染发剂、发胶、香皂和洗发水等。

由于 PPCPs 种类繁多，生产和使用数量庞大，并通过多种渠道直接或间接地进入地表水中，且大多数 PPCPs 具有一定的水溶性，有的 PPCPs 还带有酸性或者碱性的官能团，其在水环境中的浓度可能比 PBDEs 和其他持久性有机污染物浓度高。虽然 PPCPs 的半衰期一般不长，但是由于个人和畜牧业长期频繁使用，导致 PPCPs 在环境中长期存在，有"假持续性"现象。此外，PPCPs 常以多种化合物的形式同时存在于水体中，它们共同存在可能会形成多种形式的联合作用或与多种环境因子共存的复合作用，并可产生相应的联合毒性或复合效应；同时，化学物质的长期低剂量暴露还可能对水生生物与人体产生不可预见的安全风险，因此，迫切需要了解其对环境造成的危害。迄今美国的地表水和地下水中已检测出 70 多种不同的 PPCPs，其浓度范围为 0.01 ~ 1μg/L（ppb）。当前我国是 PPCPs 类化学品的生产和使用大国，如每年生产约 28 000t 的青霉素（占世界生产总量约 60%）、10 000t 土霉素（占世界生产总量约 65%）。在不同地区或不同国家中，由于用药习惯、消费水平的不同，PPCPs 的存在状况有很大差异。

由于国际上对一些新型 PTS、NM、PPCPs 类化学物的环境污染风险开始大规模地研究才十余年[32~41]，许多物质环境暴露的研究理论方法学尚无突破，其生态复合作用的毒理学机制还不明确，即使相对简单的一种化学物质作用于一种生物体，由于其化学物质的作用浓度不同，也会产生不同的毒理学效应机制。而且，绝大部分药品及化妆品的生理或药理作用正是在其一定浓度水平条件时，对生物体的各类显性或隐性的"内分泌调节"或干扰作用；并且就现代科学仪器的分析检测能力而言，只要有原料用于各类生产的化学物质并且没有绝对实现生产过程的零排放，理论上在环境介质中总可以被检出。同时在研究报道中，有时也因研究者的设计方法不够科学，如仅通过数理假设模型计算，仅进行生物体外试验，生物种外推无意义，试验生物无生物学或生态学代表性，仅在实验室进行简单模拟无实际复合作用等，或数据来源不可靠，如数据无法重复或实际验证，仅一次检测的偶然性而无系统测试的可比性，数据量少而无统计学意义等，研究也会产生过分放大或缩小一些环境污染物质在实际环境中的危害性的"假客观"现象。就已有的一些实验室研究来看，当考虑这些污染物急性、慢性环境暴露效应时，一些实验模拟往往会产生过分放大此类物质在实际环境中低浓度水平 [一般为 ppb（10^{-9}）或以下水平] 的危害作用，而可能引起误导。尤其对一些混合污染物的联合毒性或复合作用的研究结果，其学术争论较大，科学上尚未有明确的结论，导致在实际管理中无法制定相关明确的实施对策方案；发达国家制定的化学物质的水环境基准，基本是基于单一化学物对代表性生物物种个体、种群或生态群落等较为明确可靠（公认度高）的风险效应研究所获得的结果。目前国际上还没有国家管理层面的相关 PPCPs 的成熟环境标准出台，USEPA 尚未要求对 PPCPs 进行常规监测，饮用水优控污染物名单也不包括 PPCPs。但一些发达国家已开始研究一些 PPCPs 类化学品如环境高剂量单一化学物暴露条件的水环境安全阈值；同时，科学模拟实际自然环境中多种污染物低剂量暴露或混合物的联合作用效应及污染物与其他环境控制因子的复合作用效应的特征研究，一直是理论方法学需要突破的难点和重点。此外，通过对 POPs 或 PPCPs 类等污染物的联合作用或复合作用的水环境基准阈值研究，也可望为生态毒理学或环境健康毒理学及相关数理模型的研究开辟新的理论方法途径，并能为进一步的相关标准修订提供更为符合实际环境条件的科学依据。

1.2.4 复合污染亟须联合作用效应的环境基准研究

无论是国外还是国内,目前的水环境基准值基本都是针对单一污染物而言的,而在实际生态系统中,因人类生产与社会经济的发展,不同种类物质越来越多地进入生态系统,多种污染物常同时以不同的形态方式与浓度水平暴露存在于环境介质中,形成了由一种以上污染物所构成的联合作用效应[39~43];这一趋势随着某一特定环境系统中污染物种类的不断增加而愈加明显,其对生态系统和人体健康的风险也可能不断增大。1939年Bliss首次提出两种毒物联合作用的毒性效应可划分为拮抗作用(antagonism)、加和作用(addition)和协同作用(synergism),至此污染物的联合效应才逐渐为人们所认识。1981年WHO把联合毒性作用明确分为四类作用——相加作用、协同作用、拮抗作用和独立作用,这种划分成为目前较为普遍采用的分类方法。国内外开展了大量水生态毒理学研究,结果表明物质的毒性效应可以发生在生物的不同组织结构水平中,如种群、个体、器官、组织、细胞及生物分子等。根据生物体的功能层次划分,外源物质对生物体的直接毒性效应大致分为致死效应、生长抑制效应、发育损害效应、生殖毒害效应、内分泌干扰效应、行为异常效应和致突变、致畸、致癌"三致"遗传毒性效应等[44~47]。在较长时期内,许多环境标准如安全浓度标准、废水允许排放标准等都是依据单一化学物质的毒性效应研究建立的基准制定起来的,直到20世纪80年代末期,国际上才开始基于两种或多种化学物质的联合毒性效应来探索相关水生态标准。我国近30年来,伴随工农业生产的快速发展大量有害物质进入水生态系统中,主要表现为水环境污染范围广、污染物种类多和环境水文、地质、化学、生物、气象等多因子共同作用的复合污染现象,成为危害水环境和人体健康的潜在风险。

我国水环境污染逐渐呈现出工业污染、农业污染和生活污染多种污染同时并存以及污染源和污染物复杂多样的现象;发达国家上百年工业化过程中不同历史阶段逐渐出现的污染物,在我国许多地方短时期同时出现,如在长江、淮河、黄河、珠江等多个主要流域的地表水和地下水中均检出了数百种有机污染物,其中有数十种属于USEPA优先控制的污染物。因此,近年来环境多因子的复合污染效应与多种污染物的联合毒性作用在国际环境科学领域得到了越来越多的关注,相关研究报道逐渐增多。有时水环境中多种化学物质同时存在于同一生态系统中,尽管它们各自单一物质的浓度水平可能会较低,可能不产生负面的生态效应；然而当几种或几十种化学物质共同存在时，将有可能增强或减弱引发生态危害效应的风险。与水体污染日趋复杂的现状相矛盾的是，我国在水环境复合污染与化学物质联合毒性方面的风险管理研究明显不足，因此有必要建立相关科学方法，评估复合污染及污染物联合作用的水生态风险特征，并进一步研究建立相关污染物的联合作用或复合污染的水环境质量基准与标准指标阈值。

1.2.5 水环境基准是生物多样性和水生态安全的必要需求

近十多年来，我国水环境污染已从地表水延伸到地下水，从一般污染物扩展到有毒有害污染物，形成了点源与面源共存，生活污染、农业污染和工业排放叠加，各种新旧污染与二次污染相互复合的态势，水污染形成的"危害链条"对水生态系统和人体健康构成了日益严重的威胁。同时，伴随着人口密度增大、流域河道断流、湿地萎缩和自然灾害等诸多水生态问题，生态系统受人为干扰严重，完整性受到破坏。区域内人为干扰和缺水胁迫交互作用对水生态环境产生重大影响，使水生生物种类和数量减少，造成流域水生生态系统退化，引起环境科学界和社会的广泛关注。例如，近十年来，国家环保、水利等相关部门要求维护河流、湖泊等水生态系统的健康，逐步实现水功能区的保护目标和水生态系统的良性循环；国家水环境管理在"十一五"期间逐步实现了从单纯的化学污染控制向水生态系统保护的方向转变。由于历史原因，我国水体的核心功能并不是首先追求自然水生态系统的完整性、生物个体安全与人体健康，而是更偏重于对水资源用途的保护。例如，流域大部分河段往往都被划定为工业或农业用水功能，所对应的水质标准难以满足我国面向水生态系统安全与人体健康保护的水环境风险管理战略实施的需求，阻碍了环境保护向纵深方面发展的需求。这要求进一步发展和完善现有的水污染控制方法，构建新的水环境管理技术体系，特别是对水环境质量基准的建立与标准体系的完善。水环境质量基准按保护对象主要可分为保护人群健康的水环境人体健康基准和保护鱼类等水生生物的水生物基准、沉积物基准、营养物基准及保护水生态系统完整性的水生态学基准。目前我国的水生态基准研究零星、分散，我国《地表水环境质量标准》的标准值主要是参考美国各州、日本、前苏联、欧洲等国家及地区的水质基准值和标准值来确定，基本没有考虑我国水生态系统的区域性特性及本土生物与我国人群的生物学和生态学特征。由于生物种群具有生态地域性，不同生态系统的代表性物种可能不同，因此其他国家的水质基准不能够准确反映我国水生生物保护的要求；如果完全参考其他国家的水质基准来制定我国的水质标准，就会降低我国水质标准的科学性。

因此，由于缺乏反映我国水环境特征的环境基准的实验暴露等基础支持，我国目前的水环境标准难以满足面向水生态安全保护的水污染物环境容量与环境总量控制战略实施的需求。研究和制定国家水环境基准方法体系，对于控制进入水环境中的污染物质，维持或恢复良好的水生态系统，保护生物多样性及水环境安全具有重要意义。

1.2.6　水环境基准研究是提升国家环境科技水平的重要需求

尽管我国在环境质量标准体系方面已开展了一些工作，环境基准资料在我国环境保护的许多领域，如环境规划、环境评价、环境监测、污染治理以及为保护人群健康和社会福利所进行的各项环境管理和卫生监督中被广泛采用，但尚未形成健全和完整的环境质量基准体系，可能会导致国家对当前环境质量状况的判断存在偏差，使环境质量状况评估的科学性受到质疑。国家环保总局在 2006 年全国环境保护科技大会期间也指出，建立科学完善的环境标准体系是我国环境科技的重要目标之一，也是环境标准工作的主要任务。

水质基准的原创性研究能力是一个国家环境科学研究水平与实力的重要标志之一。一些发达国家投入了大量的人力、物力、财力，并取得了许多成果。如美国、加拿大、澳大利亚、西欧和世界卫生组织等国家或组织先后颁布了很多有害化学品的环境基准资料和文件，以保持它们在环境科学研究中的领先地位。目前我国的水环境基准体系研究不仅与世界发达国家存在较大差距，而且还不能满足我国环境保护事业发展的需要。《国家"十一五"科学技术发展规划》中指出要"建立生态环境基础数据库和信息平台"、"开展标准、风险评估研究"等，这些要求大多是环境基准研究的前期工作。目前我国已进入水环境污染事故突发的高风险时期，在事故应急过程中，需要依据环境基准对水污染态势及应急措施做出科学准确的判断。由于当前还没有形成适合我国国情的科学环境基准或标准体系，我国在一些国际环境污染问题的控制处理上有可能会处于不利或被动的地位，可能会导致严重的经济损失，甚至会有损我国的环境外交国际形象。例如，通过应对 2005 年松花江硝基苯污染事件及 2007 年太湖蓝藻污染事件，暴露出我国作为一个国际大国在水环境基准体系研究方面的不足，因此需要系统地持续投入，不断加强环境基准的科学创新性研究。

在水环境基准的理论方法研究中，为使制定的水质基准能对水环境中绝大部分的水生生物提供足够的保护，一些发达国家在其水生生物基准技术指南中规定了推算水质基准的"最少毒性数据需求"，要求国家基准至少采用"3 门 8 科"

水生动物的毒性数据推算的水质基准，这样才具有较好的科学性。由于我国系统的水质基准研究刚刚开始，很多本土生物的毒性数据严重不足，在参考发达国家长期水生态基准毒性研究资料并进行一定量的本土生物实验论证和验证的基础上，本课题组提出可适用于我国水质基准推算的"最少毒性数据需求"——"3门6科"水生动物，初步研究表明，"3门6科"水生生物毒性数据基本可以满足我国水质基准的推算，具有较好的适用性。发达国家的水质基准研究经历了长时期的发展历程，积累了较为充沛的生物毒性数据用于水质基准推算，而我国本土生物的毒性数据匮乏，短期内难以有效支持符合我国国情的水质基准推算，为此，本课题组提出生物毒性数据替代计算的"生物效应比"的概念模式，意为通过分析比较污染物对不同生物物种（如国外生物与我国本土生物）的同类毒性效应敏感度的差异特征，可用"生物效应比"模式来直接将非本土生物毒性数据计算拟合出相关本土生物数据，从而快速筛选采用国外相关水质基准以修订求得我国相关水质基准。初步研究表明，应用"生物效应比"可以在一定程度上较快促进国外水质基准向我国水质基准转化。

随着保护生物多样性和环境风险管理的强化，研究制定符合我国国情的水质基准已经显得十分紧迫，因此尽快开展我国水环境基准理论方法的研究是提高我国环境标准体系科技水平以及促进我国环境管理战略目标的实现的重要需求。

1.3 主要问题与发展趋势

现今，环境基准的定值方法主要基于生态系统中生物物种对目标物质的作用敏感性特征和保护生态系统结构与功能的完整性及人体健康为前提，主要方法有两类，即基于毒理学风险评估经验性的"评价因子定值法"和基于概率性数理统计方法的"模型外推定值法"。两种方法都需有生态学代表性强、毒理学作用终点敏感性高的生物测试数据。其中，采用评价因子定值法更依赖于敏感生物的毒性数据，较多应用于工业化学品的毒性风险评估；采用模型外推定值法主要基于生态物种敏感性分布理论（species sensitivity distributions，SSD），要依赖于获得生态系统中大部分生物（保护95%生物）的毒性数据，有时为纠正方法的不确定性，可用评价因子给予补充。传统环境污染物的毒性风险评定一般采用微生物、藻类、鱼类及哺乳动物进行急性、亚急性和慢性毒性试验，以及污染物的遗传毒理学实验，如致突变、致畸和致癌性检测试验。有些方法耗时较长，尤其是慢性试验和一些致畸、致癌试验，常需要数月或数年的时间才能完成检测。随着人们对毒性机制认识的不断深入，逐渐采用生物体内和体外试验相结合的方法，如彗星试验、微核试验、染色体交换及分子探针等方法,通过对 DNA/RNA 等遗传物质的损伤检测来快速识别致突变毒性,或可采用细胞株培育毒性、斑马鱼胚胎发育等试验来检测污染物的致畸性。由于水环境的生态安全越来越受到重视,国内也开展了大量相关的研究工作,发展了很多有效的毒性测试方法,我国环境毒性或生态毒理学的测试方法基本跟随美、欧等发达国家和地区或国际组织的进展而不断发展。如国际上大多采用水环境中发光菌、藻类、大型溞和斑马鱼等水生生物的毒性测试方法来评估检测水生态系统的生物毒性效应。除生物个体毒理学研究指标外,分子生物学标记物也是目前研究化学物质生物效应的热点手段之一,国内外许多学者在生物大分子水平上对生物个体的肝脏 ATP、EROD、SOD、CAT、GST 等蛋白酶的活性以及 DNA 加合物的毒性损伤机制开展了广泛的研究[44~47]。当然也应注意,通常生物体外试验与生物整体的体内试验相比有速度快、费用低的优势;但也存在由于几乎所有试验结果都可以人为通过生物体外实验体或模型设计获得,如对生物体的组织、器官、细胞、蛋白及生物分子等进行预先设计或构建,或实验模拟采用的生物体外单独的实验体作用过程或机制与自然条件下实际生物个体水平的体内作用机制可能是不同的,因此存在试验结果不确定性大,从而产生外推实际生物体效应误差大、可靠性低的弱点。因此需清楚地意识到,科学研究的基本目的是要认知自然界的客观规律并为人类所应用,研究采用的实验体或实验模型都应是对客观存在的自然过程或现象的真实模拟;任何主观臆断或人为假设的实验体或模型若不符合客观存在的自然过程,其研究结果必然是不科学而无效的。所以要依据实际研究目标,设计或选用合适的研究指标或生物标志物及相宜的试验方法,才可能获得正确的结果。

传统的毒理学基准研究主要针对水生生物个体水平,缺乏从种群、群落、生态系统等宏观尺度水平上开展污染物的生物一体化响应机制研究,难以满足水生态系统保护的需求。目前国内外许多学者开始从水生态系统的结构和功能入手,重新审视污染物的水生态效应。Horne 和 Dunson 在 1995 年通过过淡水沼泽生态系统模拟实验[20],考察了 pH、溶解性有机物和重金属对两栖类生物、蚊子和 18 种绿藻的生态毒理效应,发现污染物通过影响绿藻的生长和繁殖,进而对两栖生物的繁殖和发育产生直接和间接的影响;并指出在评价湿地水体污染物对动植物的毒性效应时,应将水生态系统作为一个整体来考虑。Barber 等也指出食物链中以鱼类为食的生物,其体内富集的污染物的浓度可能更高,导致的生态风险性更大[36]。但目前尚不清楚水生生物对污染物的一体化响应机制,缺乏从个体、种群、群落和生态系统不同尺度水平来研究污染物的毒性效应,难以实现由小尺度向大尺度的转换。而且目前的水环境基准往往是依据单一化学物质的毒性效应而制定的，直到 20 世纪 80 年代末期国际上才开始基于两种或多种化学物质的联合毒性效应来建立水生态环境基准。

沉积物是水生生态系统的重要组成部分，对水环境质量的优劣起着重要的作用。沉积物基准（sediment quality criteria，SQC）一般指特定化学物质在沉积物中不对底栖生物或其他相关水体功能产生危害的实际允许数值，它既是对水质基准的完善，也是评价沉积物污染及相关生态风险水平的基础，是进行水生态环境质量评价的基本要素之一。发达国家对沉积物基准的研究起始于 20 世纪 80 年代，并取得了较大进展。如美国、加拿大、澳大利亚、新西兰和荷兰等国家已经提出了一些沉积物的水环境质量基准，其中有些已经被环境管理部门采用。就我国而言，有少数研究者就某些流域的沉积物环境质量基准作了一些有益的探索研究，但我国关于沉积物环境基准的整体研究是零散的，缺乏系统性，更没有国家主管部门颁布的沉积物基准。因此为了完善我国的水环境质量管理体系，准确评价水生态环境质量，弥补现有水质基准的不足，在开展水质基准方法体系研究的同时，进行水环境沉积物质量基准研究尤为重要。

多年来国际上对生态污染及人体健康风险评估开展了大量的工作，建立了一整套比较完整的环境风险评估技术体系。世界卫生组织（WHO）、世界经济合作与发展组织（OECD）、USEPA、英国、荷兰和澳大利亚等国家或机构都提出了相关的生态和健康风险评价的技术指南文件，主要包括危害鉴别、剂量反应分析、暴露评价、风险表征等风险评价程序，目前已成为环境风险评价的指导性文件，并广泛被欧盟、日本、中国等国家或组织采用。尽管上述风险评价工作取得了较好结果，但依然存在较大局限。由于人群、环境、污染物、暴露途径等多样性，污染物的生物吸收、蓄积、释放、降解、转化与食物链作用等过程比较复杂，导致目前很多环境污染物的水环境基准制定很少考虑到食物链的作用效应；水环境中污染物低剂量暴露由于缺乏灵敏和可靠的健康效应指标，距离制定相应的低剂量污染环境基准还有很大的距离；现有人体健康风险评价的对象一般仅限定于一种污染物，对区域复合型污染还很少见有认可度高的健康风险评价。因此，在开展水环境单一污染物对健康风险评价的同时，进行区域水环境中多种污染物联合作用的生态风险效应与相关人体健康风险评价方法的探讨，可能成为未来环境风险评估的发展方向之一。

当前在水环境基准的基础研究方面主要缺乏在种群、群落和生态系统等尺度上对污染物的生态学响应机制及相关尺度推导转换研究，缺乏考虑污染物对生态区域差异特征响应的生态学过程研究。且在复合污染条件下，污染物多介质迁移转化过程的基础研究尚很薄弱，难以较好地为水生态系统的质量评价和污染控制提供科学支撑。尽管复合污染的表征研究已有较多的进展，但如何与区域水生态系统多层次水平的生态效应相关联尚缺乏重大理论突破，因此，将目前环境风险定性或半定量评估推进到考虑生态复合效应过程的定量或半定量评估中，科学地为国家环境管理提供技术支撑，亟须首先在理论方法学研究上有较大的突破。

我国水生态基准研究相对滞后，主要缺乏各类水环境污染物的本土水生态毒理学基准数据，目前尚未确立适宜于我国水生态保护的水环境质量基准体系，对基准在标准体系中的作用也缺乏足够重视。至今，我国的水环境标准主要是参考美国、日本、前苏联、欧盟等国家及地区的水质基准值和标准值来确定。由于水生生物具有明显的生态地域性，其他国家的水质基准不能完全反映中国水生生物保护的要求，所以参考或采用其他国家的水生态基准来制定我国的水质标准，不仅降低了我国水质标准的科学性，而且还可能导致环境"欠保护"或"过保护"的风险。总之，目前国内外在污染生态效应、环境毒理学及健康风险评估等研究领域，正经历由关注单一物质污染向关注多个物质联合污染的转变，由简单环境介质行为向生态系统多介质复合作用过程的方向发展。因此，我国现有的环境标准体系在科学性和准确性方面还有较多欠缺，这将制约国家环境保护管理战略目标的良好实现。根据发达国家建立水环境基准和标准的经验和方法，以及国内多年来的相关实践和资料积累，当前建立具有中国特色的水环境基准和标准方法体系，并为今后其他相关环境基准和管理标准的构建提供理论方法学依据是完全可能和必要的。

参 考 文 献

[1] 孟伟，刘征涛，张楠，等. 流域水质目标管理技术研究（Ⅱ）——水环境基准、标准与总量控制. 环境科学研究，2008，21（1）：1-8

[2] 刘征涛. 环境安全与健康. 北京：化学工业出版社，2005：1-8

[3] 周怀东，彭文启，杜霞，等. 中国地表水水质评价. 中国水利水电科学研究院学报，2004，2（4）：255-261

[4] 汪云岗，钱谊. 美国制定水质基准的方法概要. 环境监测管理与技术，1998，10（1）：23-25

[5] 程惠民，金洪钧，杨璇. 推导保护水生环境质量标准的方法研究. 上海环境科学，1998，17（4）：10-13

[6] 周扬胜，安华. 美国的环境标准. 环境科学研究，1997，1：58-62

[7] 胡必彬. 欧盟水环境标准体系. 环境科学研究，2005，18（1）：45-48

[8] 高娟，李贵宝，华路. 日本水环境标准及其对我国的启示. 中国水利，2005，11：41-43

[9] 刘文新，栾兆坤，汤鸿霄. 河流沉积物重金属污染质量控制基准的研究. 环境科学学报，1999，19（3）：230-235

[10] 陈静生，王立新，洪松，等. 各国水体沉积物重金属质量基准的差异及原因分析. 环境化学，2001，20（5）：417-420

[11] USEPA. Quality Criteria for Water. PB-263 943, 1976

[12] USEPA. Guidelines and methodology used in the preparation of health effect assessment chapters of the consent decree water criteria documents. Federal Register, 1980, 45: 79347-79357

[13] USEPA. Guidelines for Deriving Numerical National Water Quality Criteria for the Protection of Aquatic Organisms and Their Uses. EPA 822/R-85-100, 1985

[14] USEPA. Quality Criteria for Water. EPA 440/5-86-001, 1986

[15] USEPA. Water Quality Standards Handbook. EPA 823-B94-005a, 1994

[16] USEPA. National strategy for the development of regional nutrient criteria, Washington DC, 1998

[17] USEPA. National Recommended Water Quality Criteria-Correction. EPA 822-Z-99-001, 1999

[18] USEPA. EPA Review and Approval of State and Tribal Water Quality Standards. 65FR24641, 2000

[19] USEPA. Nutrient criteria technical guidance manual lake and reservoirs, Washington DC, 2000

[20] Horne M T, Dunson W A. The interactive effects of low pH, toxic metals and DOC on a simulated temporary pond community, Environ. Pollut. , 1995, 89: 155-161

[21] Roccaro P, Mancini G, Vagliasindi F G A. Water intended for human consumption-Part I: Compliance with European water quality standards. Desalination, 2005, 176: 1-11

[22] USEPA, National Recommended Water Quality Criteria. 2004

[23] USEPA, National Recommended Water Quality Criteria. EPA-822-R-02-047, 2002

[24] USEPA. Water Quality Criteria and Standards Plan—Priorities for the Future. EPA 822-R-98-003, 2003

[25] USEPA. Methodology for Deriving Ambient Water Quality Criteria for the Protection of Human Health. EPA-822-B-00-004, 2000

[26] USEPA. Guidelines for Carcinogen Risk Assessment. EPA/630/P-03/001B, 2005

[27] USEPA. Recalculation of State Toxic Criteria. Office of Water Regulations and Standards, 1982

[28] USEPA. Guideline for Deriving N ~ nedcal National Water Quality Criteria for the Protection of Aquatic Organism and their Uses National Technical Information Servica Accesion Number. PB85227049, 1985

[29] USEPA. Nationl strategy for the development of regional nutrient criteria, Washington DC, 1998

[30] USEPA. Revision of methodology for deriving national ambient water quality criteria for the protection of human health: report of workshop and EPA's preliminary recommendations for revision. Washington DC: EPA Science Advisory Boards, Drinking, 1993

[31] WHO. Technic Report Series. 1981, 662: 8-9

[32] Canadian Council of Ministers of Environment. A protocol for the derivation of water quality guidelines for the protection of aquatic life, Winnipeg, Manitoba. 1991

[33] Valavanidis. A, Vlahogianni T, et al. Molecular biomarkers of oxidative stress in aquatic organ-

isms in relation to toxic environmental pollutants. Ecotoxicology and Environmental Safety, 2006, 64 (2): 178-189

[34] Long E R, Ingersoll C G, Macdonald D D. Calculation and uses of mean sediment quality guideline quotients: a critical review. Environ. Sci. & Tech. , 2006, 40: 1726

[35] Allen W O, Gerald A L. Joint action of polycyclic aromatic hydrocarbons: predictive modeling of sublethal toxicity. Aquatic Toxicology, 2005, 75: 253-262

[36] Barber L B, Keefe S H, Antweiler R C, et al. Accumulation of contaminants in fish from wastewater treatment wetlands. Environ. Sci. Technol. , 2006, 40: 603-611

[37] Backhaus T, Altenburger R, Boedeker W, et al. Predictability of the toxicity of a multiple mixture of dissimilarly acting chemicals to Vibrio fishceri. Environ. Toxicol. Chem. , 2000, 19: 2348-2356

[38] Chen C, Folt C. High plankton densities reduce mercury biomagnification. Environ. Sci. Technol. , 2005, 39: 115-121

[39] Cleuvers M. Aquatic ecotoxity of pharmaceuticals including the assessment of combination effects. Toxicol. Lett. , 2003, 142: 185-194

[40] Cynthia V R, Gerald A L. An integrated addition and interaction model for assessing toxicity of chemical mixtures. Toxicological Sciences, 2004, 87 (2): 520-528

[41] Fernie K J, Mayne G, Shutt J L, et al. Evidence of immunomedulation in nestling American kestrels (*Falco sparverius*) exposed to environmentally relevant PBDEs. Environmental Pollution, 2005, 138: 485-493

[42] Foster K L, Mackay D, Parkerton T, et al. Five- Stage environmental exposure assessment strategy for mixtures: gasoline as a case study. Environ. Sci. Technol. , 2005, 39: 2711-2718.

[43] Gall M D, Daniel S. Alterations in physiological Pameters of Rainbow Trout (*Oncorhynchus mykiss*) with Exposure to Copper and Copper/Zine mixtures. Ecotoxicology and Environmental, Safety, 1999, 42: 253-264

[44] Mu X, LeBlanc G A. Synergistic interaction of endocrine-disrupting chemicals: model development using an ecdysone receptor antagonist and a hormone synthesis inhibitor. Environ. Toxicol. Chem. , 2004, 23: 1085-1091

[45] Villela I V, Oliveira I M, Silva da J, et al. DNA damage and repair in haemolymph cells of golden mussel (*Limnoperna fortunei*) exposed to environmental contaminants. Mutation Research/Genetic Toxicology and Environmental Mutagenesis, 2006, 605 (1-2): 78-86

[46] Wilson S C, Meharg A A. Investigation of organic xenobiotic transfers partitioning and processing in air- soil- plant systems using a microcosm apparatus: microcosm development. Chemosphere, 1999, 38 (12): 2885-2896

[47] Xu S, Nirmalakhandan N. Use of QSAR models in predicting joint effects in multi- component mixtures of organic chemicals. Water Research, 1998, 32: 2391-2399

|第 2 章| 水环境质量基准方法概述

水环境质量是指水环境对人群的生存和繁衍以及社会经济发展的适宜程度，通常指水环境遭受污染的程度。环境保护部发布的 2008 年《中国环境状况公报》[1] 显示，全国地表水污染依然严重，七大水系水质总体为中度污染，在 200 条河流 409 个断面中，I 类～III 类、IV 类～V 类和劣 V 类水质的断面比例分别为 55.0%、24.2% 和 20.8%。因此，切实加强我国水环境管理的理论研究和技术支撑是提升水环境管理水平和有效实现良好水环境质量目标的重要途径。水环境质量基准是制定水环境质量标准的科学依据与理论基础，欧洲、美国等发达国家和地区从 20 世纪初就开始了水质基准的研究，目前已建立起比较完整的水环境基准体系。我国基本上是从 20 世纪 80 年代开始对水环境基准有了少量介绍性论述报道，近年来依据发达国家或组织的研究成果，组织开展对水环境质量基准较系统的研究；目前获得的一些成果经进一步完善后，有可能成为国家水质标准制定或修订工作的主要技术支撑。

2.1 基本理念

水环境质量基准简称水质基准，是指一定自然特征的水生态系统中污染物对特定对象（水生生物或人）不产生有害影响的最大可接受剂量（或无损害效应剂量）、浓度水平或限度[2,3]。它是基于科学实验记录并进行科学推论而获得的客观结果，不具有法律效力。水质基准在水环境管理中具有重要的作用，是设立水环境管理目标和评价水体质量的科学基础。研究和制定国家水质基准体系，对于有效控制进入目标水环境的污染物质，维持或恢复良好的自然水生态系统的结构与功能，保护生态完整性及水环境安全具有重要意义。

水质基准反映了环境科学研究领域的新成果，主要内容有：①污染物对水生生物和人类活动可能产生的不良健康效应，以及对海岸、河滩等水域和休闲娱乐场所产生的不良影响；②污染物的浓度和分布风险影响，包括其经过水环境中生物、物理和化学等过程产生副产物的污染影响；③污染物对生态系统中生物群落多样性、生产力与稳定性的影响，包括对各种受纳水体中水体富营养化和有机/无机沉积物的影响因素等信息[4]。对于水质基准的内涵，可以从几个方面进行理解：①水质基准的表达形式，主要有数值型和叙述型两种；数值型基准通常以水环境中污染物的浓度表示，也有一些污染物以生物组织中浓度表示，如甲基汞等；当不适宜确定数值型基准时，可制定叙述性水质基准，如浊度等；②水质基准应与一定特征的水生态系统相联系；制定水质基准的主要目的在于保护自然水环境良好的生态系统并兼顾水体的使用功能，不同水体功能如饮用、渔业、休闲娱乐等要求有不同的水质基准与之相对应；③水质基准值的推导，需要综合考虑多种相关环境因素的影响；如在推导保护人体健康的水质基准中，除了要采用人饮用水时的生物毒性试验所获得的无可见有害效应浓度（NOAEC）或最低可见有害效应浓度（MOAEC）外，还要考虑人的平均体重、年龄、性别及人对水与水生物（鱼类）的摄入与蓄积、食物链累积及所食用水生物本身的健康等主要特征要素，因此，污染物的水质基准值一般采用试验结果的科学推导值；④污染物的水质基准数理推导，受许多环境复合因素影响，包括水体硬度、温度、溶解氧以及地理、气候等限制因子，在推导一些重金属物质的水质基准时，需要考虑水体硬度对污染物毒性的影响，因此从某种角度上来说，保护水生生物的水质基准所体现的是在一定试验条件下，特定水质组分对特定水生生物的浓度－效应关系[5]。

从受保护的对象来看，水质基准主要包括保护水生态系统的基准和保护人体健康的基准两大类。前者分为水生生物基准（aquatic life criteria）、生态学完整性的生物学基准（biological criteria）、营养物基准（nutrients criteria）和沉积物质量基准（sediments quality criteria）等；后者可分为人体健康基准（human health criteria）、微生物基准（microbial criteria）、休闲娱乐用水基准（recreational criteria）和感观基准（organoleptic effect criteria）等。出于管理上的方便，目前各国现行的水质基准都以数值型基准为主。其中欧盟、加拿大等国家和地区主要执行单值基准，美国则执行双值基准（US-SSD）。双值基准包括急性基准［最大浓度基准（criteria maximum concentration，CMC）］和慢性基准［连续浓度基准（criteria continuous concentration，CCC）］；USEPA 的双值基准含义为："除非有重要的本地物种特别敏感，如果某化学物质的 4 天平均浓度超过 CCC 的频率不多于平均每 3 年 1 次，并且 1 h 平均浓度超过 CMC 的频率不多于平均每 3 年 1 次，淡水（或海水）水生生物及其用途不会受到不可接受的危害影响"[6]；其中所约定的时间和频率在制定某些特征污染物基准时可能会有所改变。双值基准由于考虑了水环境中实际污染物浓度的波动以及生物体对污染物的耐受性、适应性和生态修复力等要素而被认为更具科学性。

制定的水质基准一般具有三个显著特点：科学性、基础性和区域性[7]。具体表现在：首先，水质基准是在大量的科学实验研究或者现场调查统计分析的基础上制定的，涉及环境科学的多个学科领域，体现了学科领域的研究前沿性；其次，水质基准是制定水质标准的依据，也是水环境管理的基础，对水环境的保护具有重要的作用；再者，由于世界各国的生物区系、人体特征和水生态环境特征等多方面具有区域性差异，因此各国或地区水质基准的研究结果具有明显的区域性特征。同时，还应注意污染物的水质基准是依据科学实验数据推导得到的水体浓度限值，在基准值的数理推导过程中，尚未考虑达到此浓度控制水平的经济、技术及管理的可行性。

2.2　保护水生态系统的基准方法

现行的保护水生态系统的水环境质量基准以保护生态系统的水生生物基准为主，辅以营养物基准、沉积物基准、生态学完整性基准等。确定水质基准的核心是水质基准方法学，即如何定值的问题。针对主要的水质基准，以美国为代表的发达国家或国际组织颁布了相应的指南文件，文件一般包括实验要求、推导方法及关键参数的选取办法等。

2.2.1　水生生物基准

水生生物基准用于保护水生态系统中水生生物的安全，是水质基准的核心组成部分，有着极其重要的作用。推导污染物的水生生物基准及开展相关化学品环境风险评估的方法主要包括评估因子法、统计外推法、生物模型法等。目前制定水质基准的主流方法是评估因子法及统计外推法；而生物模型法的一些理论与实践都还够完善，其主要在一些化学品的风险评估研究中进行应用性探讨。

1. 评估因子法

评估因子法采用可获得的最低生物毒性值与评估因子（AF）的比值，来推导水质基准值。经过长期发展，目前主要分为 USEPA-AF 法和加拿大-AF 法两种。评估因子的取值范围较大，通常为 10~1000，主要依赖于可获得毒性数据的数量、种类和质量等。评估因子法计算较为简单，推导依据主要为经验公式；由于评估因子的设定往往较具主观经验性，因此结果的客观不确定性较大。一般在早期研究阶段，可获得的生物毒性数据较少或评估准确度要求不高时采用，目前仍使用该方法的代表性国家如加拿大，主要是在一些化学品的前期风险评估中使用。

2. 统计外推法

统计外推法的主要依据为 20 世纪 70 年代发展起来的用于生态风险评估的生态物种敏感度分布（species sensitivity distribution，SSD）理论方法。SSD 理论认为自然生态系统中，生态学分类不同的生物物种，由其生活史、生理构造、行为特征和地理分布等特征因素的不同而产生差异，这些生态物种的差异体现在毒理学效应上一般表征为不同物种对同一剂量的同种污染物具有不同的剂量-效应响应关系，表现为不同生物物种对同种污染物剂量的毒性作用敏感性具有明显的差异，而这些差异的分布可以使用一定的函数模型来描述。

SSD 原理是制定水质基准的主流方法，于 20 世纪 70 年代发展于美国和欧洲[8]。1978 年，USEPA 的技术人员认识到物种对污染物的敏感度是连续分布的，而且遵循类似于正态分布的概率模型[9]，提出用基于物种敏感度分布的方法代替专家判断法来制定环境基准，并设定了保护生态系统中 95% 生物物种安全的目标基准水平；同期还有其他部门的一些学者也发展 SSD 理论[10]。经过多次修订，方法统一成形于 1985 年颁布的《水生生物基准技术指南》中。该指南在基于对数-三角函数分布的 SSD 方法基础上，采用了 Erickson 和 Stephan[11] 提出的关注生态敏感物种的非参数计算方法技术，是对传统 SSD 方法的一种改进。鉴于该方法推算水质基准的原理，可以称之为物种敏感度排序法（species sensitivity rank，SSR）。欧洲的 SSD 方法开始于 Kooijman 对急性毒性值外推中安全因子的研究[12]，提出了基于物种敏感度分布的基准推算方法，但因理论不完善，得出的基准值太低而无法在管理中使用。1989 年，Van Straalen 和 Denneman[13] 对其进行了修正，通过设定 p% 物种的有害浓度（hazardous concentration for p% of the species，HCp），即用 (1-p)% 物种的保护水平而去掉函数曲线的"尾巴"，避免了基准值过低的问题，至此，欧洲的 SSD 理论方法也基本成熟，后继 Wagner 和 Løkke[14] 以及 Aldenberg 和 Slob[15,16] 对该方法又做了进一步修正，目前欧洲 SSD 方法的数学模型基础为对数-正态分布[16]或对数-逻辑斯蒂函数分布[15]。

对 SSD 理论早期的研究是分散且相对独立的，1990 年世界经济合作与发展组织将北美地区、欧洲和澳大利亚等的相关专家集中起来，综合了大家的研究成果，对 SSD 做了明确定义，首次明确 SSD 是一种生态模型方法而不仅仅是一种法规技术，并且同时认可了基于对数-三角函数的 USEPA 方法、基于对数-逻辑斯蒂函数的荷兰方法以及基于对数 - 正态分布的丹麦方法，提出了 SSD 理论和技术今后的研究方向[17]，该次会议促进了 SSD 理论方法的进一步发展。

SSD 理论的 3 种概率分布函数如图 2-1 所示，目前基于对数 - 正态分布的 SSD 技术在欧盟风险评估及环境基准推算中较为流行。SSD 技术方法中，急性、慢性毒理学分布的 HC₅（5% 危害效应浓度）分别对应于美国基准技术指南中的最终急性值（final acute value，FAV）和最终慢性值（final chronic value，FCV），常被直接（如 FCV）或基于安全因子（如 FAV）用于确定保护生物的基准浓度限值[8,18]；分析表明，当数据充分时，基于 3 种函数得到的 HC₅ 差异不大，但当数据欠缺时，美国 SSR 方法的优势之一是因为关注低剂量值的敏感生物物种，可以降低高剂量值区间的不敏感物种拟合背离值时产生的数值偏差[19]。

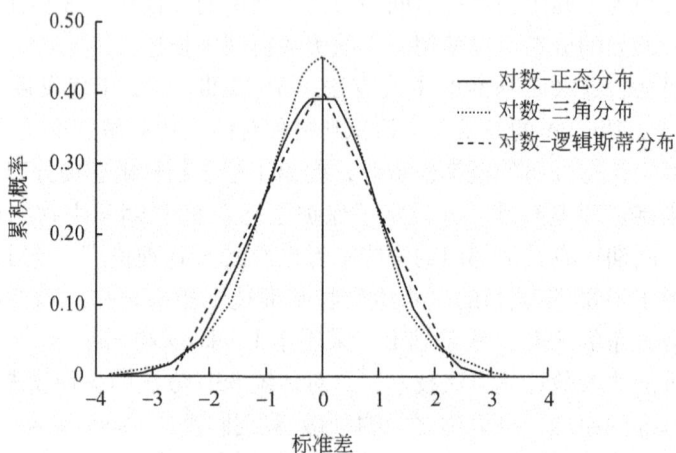

图 2-1 SSD 理论的概率分布函数[19]

与评估因子法相比，统计外推法的优势在于推导水质基准时有数理统计的理论支持，在客观性上要强于评估因子法。目前发达国家和国际机构在建立水质基准或风险控制阈值时大多以统计外推法为主要方法。当然，统计外推法也存在一定的不确定性，这主要体现在：①毒理学数据的不足，由于当前应用统计外推法时一般只考虑了单一生物物种水平的毒性数据分布，未涉及生态系统种群、群落及系统水平生物的动态相互作用；同时，即使针对同一受试污染物，不同物种的生物利用率、试验时间和个体生理差异等因素均会影响毒性数据的"真实性"。②理论模型不完善，由于几乎没有一个毒性数据集的分布可完全吻合某种数理统计分布，并且选用数据和拟合函数不同，得出的水质基准值也不相同[20]。因此，现有的生态基准 SSD 原理方法还有许多须改进和完善的空间。

2.2.2　生态学基准

水生态学基准保护的目标是水生态系统结构和功能的完整性，保护平衡的、整体的、适应的水生生物种群、群落及物种组成多样性等，使之与自然环境相协调。生态学基准可用文字或数值进行表述，并基于参照水生群落组成、生物多样性等指标，主要描述水生生物的群落生态学完整性。

生态学基准是基于水生生物群落参照点的种群组成、种群密度、群落结构以及生态学功能的评估的基础上建立的。因此，参照点的选择是生态学基准制定的关键。其中，文字型生态学基准是通过文字表述，指定水体应该具备的水生态学特征和功能；数值型生态学基准是通过选取检测指标，如浮游植物指标、浮游动物指标或底栖生物指标等，运用综合指数法制定的。

2.2.3　营养物基准

水环境中营养物质是维持水生生物生存和生态系统所必需的物质基础，同时也是维持浮游植物、藻类生长的主要养料。营养物质一般通过对浮游植物影响调节着水生态系统的物质循环和能量流动。当营养物过量时，会引起水环境的富营养化现象，会导致藻类过度生长、水体溶解氧含量下降、藻毒素增加、水体浑浊、水质下降、物种和生物多样性减少、水体正常生态结构被破坏等一系列问题。水环境营养物基准的制定为防止水体富营养化提出了一种重要的控制手段，是维护水生态系统健康的有效技术方法。

水体中以氮、磷等为主的营养物质的危害性主要在于促进水环境中藻类生长从而使水体产生藻华的富营养化现象，从而可能导致水生态系统中其他水生生物的死亡和水生态系统结构与功能的退化或破坏；通常氮、磷、有机碳等营养物质对水生生物的直接毒害作用相对较小。因此，防止水体富营养化的营养物基准是基于生态学原理和方法制定的，一般不运用生物毒性数据进行推导计算。水体富营养化的发生不仅与水质条件相关，同时也与水生态系统的物理、化学、生物及环境水力学、气象的特征相关。不同流域或区域的水体富营养化条件需采用差异性的营养物基准来表征，一般根据不同水环境的特点和水体类型，制定具有区域特征的营养物基准[21]。所以，制定水环境营养物基准时，首先要考虑的是确定营养物基准的适用水环境区域，如明确的水生态分区是一种有效的空间控制单元。营养物基准主要包括湖库、河流、湿地和河口海岸等四种水体类型。基准制定过程一般包括以下步骤：①组建区域技术协作组（regional technical assistance group，RTAG），了解水体的背景状况，建立水环境基础数据库；②划分营养物的水生态分区；③选择基准变量指标；④设定参照水生态并提出营养物水质基准值。参照水生态一般指受外界影响最小的自然水生态系统或认为可达到的优良水生态系统。确定湖泊参照水生态系统的方法主要包括实际数据和历史数据的统计分析、古湖沼学重建法以及模型预测和外推法。在此过程中，水生态分区的营养物基准指标和参照水生态的设定是重要内容，其分析方法较多，需要针对不同水生态系统特征，进行合理选择应用。

以湖泊营养物基准的制定为例，营养物基准指标主要包括：营养物浓度，如总磷、总氮、氨氮、有机氮和有机碳等；生物学变量，如叶绿素 a、透明度、溶解氧、水生植物、生物量和种群多样性等；流域特征，如水文地质、土地利用和人口分布等。湖泊营养物基准指标选取时应遵循的原则主要有：①应选择相对稳定且不易受外界因素影响的指标；水环境中氮的不同形态可相互转化，宜采用相对稳定的氮指标，如总氮或氨氮作为主要营养物指标，氮的其他形态可作为辅助指标；②受地理、气候和历史等自然与人为因素的影响，不同地区影响水体富营养化的关键变量有一定的差异，要因地制宜地依据实际水环境状况，针对不同生态区域，选取不同的基准指标；③藻类是造成水体富营养化的关键水生生物，因此营养物基准的指标应与藻类繁殖有相关性，如选用叶绿素 a、透明度等，从而便于营养物基准向富营养化控制标准转化；④基准采用的指标应考虑具有水体富营养化的早期预警作用，而且具有相对成熟的监测分析方法，易于推广[22]。通过分析生态分区湖泊受外界影响水平，确定参照湖泊的条件，选出分区中的参照湖泊。其中，参照湖泊为未受人类影响或受人类影响非常小且维持最佳用途的湖泊，此湖泊可代表该地区自然生物、物理和化学等环境因素的完整性。统计学方法的优点是充分利用历史及现状的实测水质数据和生态学数据，使制定的基准能确保大多数湖泊在无大的污染条件下不发生富营养化[23]。

参照湖泊法是在水生态分区基础上，利用参照湖泊基准指标的中值或平均值的频率分布的 25% 为该生态分区湖泊的参照水生态系统，这一水平基本能最大地保护自然营养湖泊类型的多样性。一般要求生态分区内参照湖泊占全体湖泊的 1/10 以上，要求流域内有种植面积或城市化面积不超过 20%，不和主要排污管道或海岸线有直接联系，没有明显的水生态内源负荷等，此法较适用于深水湖泊区。此外，在大多数工业化的国家与地区，由于人类活动及大气沉降，未受污染的参照水体难以找到，导致该法使用受限[23]。

同时，USEPA 也声明具体的百分点只是一个建议值，对于不同区域，可以根据实际情况来选择百分点。如三等分法就是选择之一，该法选择受影响最小的 1/3 的湖泊的中值（50%）作为该分区湖泊的参照系统，适用于受人类影响较小的区域[23]。

　　水环境营养物基准的最终确定是根据营养物基准各变量的参照状态以及富营养化暴发的营养物阈值水平，通过统计学分析和模型推断等来确定不同水生态系统的营养物基准值范围或最大上限，结合水体和参照水生态系统的反演替评估、水生态系统的特定用途、保护濒危物种以及对下游的影响来综合确定。通常，要求湖泊具有多种功能，具体的环境基准表征可以是数字型或叙述型，或者为二者结合型，美国大部分州和欧盟国家采用数字型和叙述型相结合的水质基准。

2.2.4　沉积物基准

　　水体沉积物是水生生态系统的重要组成部分，是污染物的源和汇。沉积物通过对污染物的吸附解析作用影响水环境，同时沉积物作为底栖生物的生活场所和食物来源，其中的污染物可直接或间接地对水生生物以及人类产生影响。SQC 可以指示污染物污染程度和分布特征，是对水质基准的完善。目前，国际上已提出十余种可用于建立沉积物基准的方案和途径，如水生生物基准法、加标生物检测法、表观影响阈值法、筛选水平浓度法、底栖生物效应数据库法、沉积物质量三合一法和相平衡分配法等。其中，底栖生物效应数据库法和相平衡分配法是目前国际较主流的应用方法。

　　相平衡分配法是研究非离子有机污染物沉积物质量基准的方法。是数值型 SQC 的典型代表，由于它能用模型计算获得沉积物中污染物的浓度，且不用直接的底栖生物实验就可能预测底栖生物效应。因此该方法虽存在许多不确定性，但当缺少大量底栖生物毒理学效应数据时，可适用于疏水性有机化合物（HOCs）的沉积物基准的推算应用[24]。相平衡分配法自 1985 年由 USEPA 提出以来，逐渐成为建立沉积物质量评估有效的评价方法，先后在荷兰、英国、澳大利亚及新西兰等国应用。Di Toro 等[25]对应用相平衡分配法建立沉积物质量基准的技术要求进行了系统综述，认为相平衡分配法一般考虑两个基本点，即沉积物中不同化学物质的生物可利用性和生物效应浓度的选择。USEPA 于 1993 年对这些基本要求进行了进一步规范。多年研究表明，相平衡分配方法基本属模型推算法，主要适用淤泥质的沉积物，且对农药及多环芳烃等疏水性有机物的 SQC 建立是有效的，该方法一般不适用于沙质或卵石质的水体沉积物类型以及离子型或亲水性强的污染物的沉积物风险分析或基准值推算，同时建议该方法获得的基准推算值最好应有实际底栖生物效应试验值的验证。USEPA 于 2003 年先后发布了应用相平衡分配法建立多环芳烃、DDT、DDD、异狄试剂等农药的沉积物质量基准制定程序。利用相平衡分配法计算沉积物基准主要包括两项，即不同沉积物中生物可利用性差异的校正和底栖生物保护尺度。沉积物的特性主要受理化性质与底栖生态组成如颗粒组成、吸附性、悬浮性、孔隙度、有机质、pH 及底栖生物种类、结构等因素影响，一般利用现场或实验室测得的数据计算或者利用数理模式和模拟实验相结合的方法间接计算获得沉积物基准阈值。

底栖生物效应数据库法是目前国际上最被广泛接受的制定响应性型 SQC 的方法。生物效应数据库法建立 SQC 的主要步骤为：①针对不同类型的沉积物和目标污染物，通过实验建立相关底栖生物的毒性效应数据库；②通过分析数据，确定产生生物毒性效应的起始阈值水平（thresh-old effect level，TEL）或可见生物毒性效应水平（probable effect level，PEL）；③对底栖生物毒性效应的阈值水平 TEL 或 PEL 进行实际水环境的校正检验，建立 SQC。当实际沉积物中污染物浓度低于 TEL 值时，负面的生物危害效应一般不发生；高于 PEL 值时，生物危害效应可能发生；如介于两者之间，生物危害效应偶尔发生。计算所得的 TEL 值和 PEL 值即可作为初步的 SQC。这一方法的重点在于研究区域的化学与生物数据的全面收集，从而建立水环境中底栖生物效应数据库。主要包括的数据有：利用沉积物/水平衡分配模型计算所得的生物效应数据、沉积物质量评价研究中得到的生物蓄积效应数据、沉积物生物毒性试验数据以及沉积物现场毒性试验和底栖生物群落实地调查等数据。

2.3　保护人体健康的基准方法

保护人体健康的水质基准包括人体健康基准、微生物基准、休闲娱乐用水基准等。

2.3.1　人体健康基准

人体健康基准是指水环境中污染物不对人类因使用或接触水或水产品而产生有害身体健康的最高浓度。在美国政府 1976 年颁发水环境基准《红皮书》之前，美国没有关于人体健康水质基准的统一推导方法，《红皮书》中人体健康基准的推导也没有涉及太多参数，仅以简单根据试验或现场观察得到的科学数据进行推导[26]。如根据铜在饮用水中的含量超过 1.0 mg/L 时会产生感官上令人生厌的气味，确定铜的饮用水基准为 1.0 mg/L；有些污染物的水质基准值是由实验结果结合评估因子确定的，如异狄氏剂的无可见有害效应浓度（no observed aberrant effect concentration, NOAEC）是每日摄入 0.02 mg/kg，假设安全因子为 500，污染物总摄入量的 20% 来自饮用水，人体平均体重为 70 kg，每人每天平均饮水量为 2L，通过计算即可得出人体健康基准值[27]。USEPA 发布的人体健康基准的推导方法陈述了三个毒性终点，即非致癌性、致癌性和感官效应。对于非致癌物，估算其不对人体健康产生有害影响的环境浓度；对于可疑的或已证实的致癌物，则估算一定浓度下人群致癌风险性。

人体健康基准的推导一般分四个步骤：人体暴露分析、污染物代谢分析、毒性效应分析和基准值推导[4]。在推导符合自身国情的环境水质基准时，各国可采用同样的哺乳动物毒理学数据，但是所需人体暴露参数应根据本国本地区的特征进行调整。这些参数具体包括：人均每日水产品（鱼）的消费量、成年男性平均体重及日饮水量等[25]、不同营养级水产品的消费量、不同食物链营养级代表性水产品种类、水产品（鱼）的脂质分数、不同营养级代表性水生动物（鱼）的生物富集系数（BCF）、生物积累因子、食物链系数、目标化合物在水体中自由溶解部分占其总量的分数、相关污染源贡献率以及水环境 pH 的范围等。人体暴露分析的关键是暴露途径。暴露途径包括直接从水中摄取、通过消费水生生物间接摄取、其他摄食来源、吸入以及皮肤接触等。大多数保护人体健康的基准仅根据以下暴露途径的假设推导：暴露仅来自饮用含有污染物的水和消费从水中富集污染物的水生生物。两种暴露途径的相对贡献随污染物生物富集特性而变化。当生物富集系数增大时，食用水生生物的暴露途径变得更为重要；对于绝大多数污染物，由于缺乏数据，其他多种暴露途径未在水环境健康基准推导时考虑[4]。污染物代谢分析是审查关于污染物的吸收、分布、代谢和排泄的资料以评价污染物在人和动物体内的代谢归宿[4]特性。毒性效应分析是审查污染物的急性、亚急性和慢性毒性效应的数据，以及参考关于致癌、致畸、致突变性的资料；同时考虑数据的质量、数量和权重，可识别出需要重点关注的对人体毒性效应；应在有统计学意义的大量毒性试验数据及明确存在剂量-效应关系的基础上，才推导水环境人体健康基准[4]。应注意，致癌反应不存在阈值，且 USEPA 认为估算致癌物的安全水平一般没有严谨的科学依据。因此，致癌物的基准通常指在特定致癌污染物浓度下，该污染物对人群致癌风险增量的反映。非致癌物的基准是基于污染物的哺乳动物毒理学效应研究，它是预计不会对人体产生有害影响的污染物浓度；非致癌物基准根据参考剂量模型进行推算，参考剂量主要来自哺乳动物的毒理学试验结果，一般再用安全系数校正推算得到；安全系数代表从哺乳动物外推到人的过程中固有的不确定性，可取值 10 、100 或 1000，也可使用统计模型推导，如基准剂量法和分类回归法[4]等。

2.3.2 微生物基准

微生物基准用于保护公众防止其暴露于来自地表、地表水、食物以及饮用水中的达到对人体有害浓度的病原微生物体，主要考虑病原微生物如细菌等的危害影响。

2.3.3 休闲娱乐用水基准

休闲娱乐用水基准主要用于保护在目标水环境中游憩的人的身体健康，防止其暴露于有害病原体或因感官不适应产生的健康危害效应。1986 年，USEPA 发布了《细菌环境水质基准》[28]，提供了指示生物、采样频率和基准风险的信息，主要用于州和部落制定娱乐性水体的水质标准。该基准采用的指示生物是肠道球菌和大肠杆菌，通过回归分析得出游泳的健康效应与指示生物密度之间的定量关系。USEPA 还发布了基于非毒性效应数据推导的感官基准，目的是控制污染物对水体带来的不良味道、气味及颜色。在某些情况下，污染物感观基准值会低于基于毒性效应数据推导的基准值。制定感官基准主要考虑的因素有大多数感官数据的局限性和感官特性对人类健康的重要性。1980 年 USEPA 明确区分了感官基准和毒理学基准，指出强烈的感官特性会对人类健康产生间接的不良影响[29]。美国现行的休闲娱乐用水基准已制定了 20 多年，随着科学技术的进步，应该重新评估该基准的可行性和适用性，从而制定新的基准或修订现有的基准。

2.4 存在问题与进展

国内外现行水环境基准的制定主要基于对单一污染物的毒理效应和单纯剂量–效应关系的研究上，在制定水环境基准的上游理论研究方面，主要还缺少成熟的在种群、群落、系统等水生态营养级水平上，对目标污染物的生态学一体化响应机制及其相互转换推导的研究。虽然对污染物的环境行为和毒理效应已开展了大量的研究[7,8]，但目前水环境中多介质耦合过程对目标污染物基准值的影响、多种水生态特征因子复合作用的污染响应以及多种污染物联合作用的毒理学效应等研究结果的不确定性可能很大，其理论或方法学还较不成熟，故该类研究结果

大多还不能直接应用于环境基准的研究。因此，环境污染物的基准方法学的系统
研究还需随毒理学、污染生态学、环境化学以及环境生物学等上游多个学科理论
的持续发展，主要采用大量数据模式分析、实验室试验与野外实际环境验证与校
正等相结合方法，只有不断集成相关上游各学科的理论技术成果，才能促进水环
境基准方法学的创新和发展。

2.4.1 水生生物基准研究

水质基准的研究距今已有 100 多年的历史，经历了从叙述性基准到数值型基
准，从单值基准到双值基准的转变，基准值的推算经历了从简单的 AF 法到更加
科学的 SSD 法的发展过程。近年来随着生态毒理学领域的发展，国际上水质基准
的研究也取得了较大的进展，如在水和沉积物基准的推导研究中，一些学者还对
污染物的形态和复合污染情况给予了考虑。虽然发达国家和相关组织经过多年的
系统研究，已经形成保护水体功能和环境受体相结合，并由多种基准类型组成的
水质基准体系，但仍存在一些难题有待进一步的研究和完善。如美国发布的水质
基准技术指南中，采用的水质基准推导方法主要使用了所获数据中累计概率最接
近 0.05 的四个值，因此若其中一个属或物种比其他所有受试物种敏感性大很多，
则会得出有较大偏差的基准值。此外，虽从 1990 年开始，USEPA 组织专家多次商
讨水生生物基准指南的修订问题，并给出了 10 余条技术建议[30]文件以供参考，其
内容大致涉及生物富集模式、饮食暴露、毒理模型、非传统终点、试验方法和若干
终值的续用等方面；但自 1985 年以来，美国水生生物基准技术指南文件未作正式
全面的修订；随着相关学科如生态毒理学、环境生物学、环境化学及生态风险评估
研究有了长足的进步，基准技术指南也表现出一定的局限性。另外，现有基准指
南文件基本没有考虑水生生物在野外水环境中受到的污染物联合污染作用、环境
多因子的复合胁迫毒性等方面。虽然目前复合污染或非污染物的环境胁迫造成的
影响在生态毒理学的研究上还是个难题[31]，较难有机地整合进基准的推导过程，
但相关试验结果可以作为最终确定水质基准值的参考。现有基准指南对植物毒性
试验的开发也较薄弱，缺乏植物急性、慢性毒性试验的研究，也使得指南在技术
体系上尚欠完备，这些都将随着相关学科的发展而逐渐得到完善。

对于目前基于 SSD 原理的推算水质基准的主流技术——统计外推法，有若干
种函数可以用于数据拟合，但任何一种函数都不能与物种毒性数据的分布完全吻
合，因此在推算水质基准的过程中，对同一种污染物的基准推算所得的结果可能
会出现较大的差异。对于大多数污染物而言，其慢性毒理数据往往无法满足构建

SSD 的数据量要求，故而许多研究利用较易获得的急性数据，通过急/慢性比例（acute to chronic ratio，ACR）方法，对结果进行转换；然而有研究表明，急性与慢性毒性数据转换方法用于 SSD 构建的相关研究尚未成熟[32]。到目前为止，基准的制定一般只考虑污染物的单因子影响，对于环境中多个污染物的协同、加和、拮抗和独立等毒理学作用的联合毒性效应的研究还在起步阶段，因此，要制定更加符合实际状况的水质基准，需要进一步完善基准的技术方法[33]。

随着毒理学检测技术的不断更新，测试终点也不断变化，从个体水平到种群水平或是基因水平，终点对应的效应浓度也不断降低，这种变化对水质基准的制定提出了挑战。为防止体外试验或因生物体自我修复而产生"假阳性"结果，USEPA 在水质基准制定中应用的慢性毒性指标，一般考虑生物体的整个生命周期过程中明确的生殖、发育、生长或死亡终点指标，而不考虑生物体亚个体水平，如组织或细胞、生物分子的损伤或基因表达的改变。然而众多实验研究表明，生物的某个组织受损或基因表达发生变化可能会导致整个生物体的严重损伤，尤其是内分泌干扰物，在较低剂量下即可能对生殖产生严重的影响，有的影响甚至到子代才能表现出来。因此，水质基准的制定技术应注意不断更新，与时俱进，要根据实际的水生态毒理学研究的新成果及受体特征，合理地选择测试指标及实验方法。有学者建议，对于典型内分泌干扰物如雌激素类化合物，其水质基准的制定不能按常规毒理学指标判别，需要选择敏感的生殖毒性指标作为剂量－效应终点[18]，选择这类指标对维护水生态系统的平衡和可持续发展可能更具有代表性和说服力。

我国水质基准研究起步较晚，大部分研究集中于介绍或参照发达国家经验，来对具体基准值进行推算及相关技术性探讨；关于水质基准体系的构建及其验证性研究报导较少，且推导水质基准的具体方法、参数、数理模型等原创性的研究在我国尤其缺少。应根据我国水环境特征及生物区系，开展适合我国国情的水环境基准研究，同时加强我国水质基准方法学的原创性研究。

2.4.2 生态学基准研究

美国已经建立了较完善的水质基准体系和技术指南，最新的生态学基准指南发布于 1990 年。美国的水生态学基准仍在不断研究发展，2002 年在总结了州、部落及小区域等水生态学基准的发展状况基础上，发布了相关技术文件。我国在这方面的研究基本空白，虽然有一定的基于生物多样性指数的水体健康研究基础，但离形成真正的生态学基准还有很大差距，尚需对我国典型水环境生态学特征进行有针对性的调查，并且结合我国具体国情，研究制定适合我国的水生态学基准技术方法，才能为建立我国完善的生态学基准奠定基础。

2.4.3 营养物基准研究

1976 年 USEPA 在《红皮书》中发布了硝酸盐、亚硝酸盐和磷的水质基准，随着美国水体富营养化的加剧，1998 年 USEPA 形成了新的营养物控制系统策略，制定了国家营养物基准战略，基于水生态分区建立营养物基准，并要求各州和各授权部落分别制定各自的营养物控制计划。针对不同类型水体，USEPA 分别给出了湖泊水库（2000 年 4 月）、河口海岸水体（2001 年 10 月）、河流水体（2006 年 7 月）以及湿地（2007 年 9 月）的营养物基准技术指南[2]。欧洲各国也分别制定了湖泊营养物基准。我国目前尚未建立水环境营养物基准，相关研究以湖泊的营养物基准为主，河口和湿地的营养物基准的研究相对较少。国外营养物基准制定亦处于成长阶段。同时，复杂的富营养化机制、地理区域特征的差异、不同的研究需求和手段差异，亦使得营养物基准制定难度较大[30]。

防止水体富营养化的营养物基准主要是基于生态学原理和方法来制定的。不同国家和地区所选取的营养物基准指标也不相同。例如，USEPA 于 2000 年推荐采用总磷（TP）、总氮（TN）和反应变量叶绿素 a（Chl-a）、透明度等，但允许州或部落可根据自身特点及适用性对信息进行筛选，将其他变量增加到基准指标变量中[20]。一般利用湖泊监测站点的原始数据来建立参照水生态较为合适，但是当监测资料不全时，需要运用多种方法将数学统计与模型结合来确定参照状态。

2.4.4 沉积物基准研究

国际上关于 SQC 的建立始于 20 世纪 80 年代，并在近几年取得了较多的研究成果并发展较快，目前已成为生态毒理学和环境化学的研究热点之一。我国在沉积物质量基准方面的研究起步较晚，目前只有零星的关于沉积物中重金属质量基准的研究，对有机污染物质量基准的研究少见报道，尚未建立我国水环境的沉积物基准；美国、欧洲等发达国家或地区较早开展了沉积物基准工作，已建立了沉积物中多环芳烃（PAHs）及一些重金属等主要污染物的沉积物质量基准。迄今为止，国外的研究者提出了十多种沉积物环境质量基准的建立方法，可分为两大类：第一类是建立在实验基础上的响应型 SQC，代表性方法为底栖生物效应数据库法，由于该方法需要大量的底栖生物效应数据，难以在缺少足够生物效应数据的区域应用，目前主要在北美地区采用；第二类是建立在模型基础上的数值型 SQC，如相平衡分配法，目前也得到了较广泛应用。响应型 SQC 直接反映了实际污染沉积物的生物危害效应，应用可靠性较高；模型法计算简单，但有一定的应用条件限制，推算结果的不确定性较大，需进行实际底栖生物试验校正。

目前，沉积物中重金属的质量基准研究较多，疏水性有机污染物的质量基准仅在少数国家建立，且多采用相平衡分配法，如 USEPA 对沉积物中 PAHs 和其他一些非离子有机污染物的基准进行了推导等[22]。相平衡分配法具有很大的经验性，会带来一定的不确定性，还需要在实践中进行改进[14,15]。Van Bleen 等[36] 将相平衡分配法计算所得的数据与陆地的毒性数据进行比较，结果表明两者有偏差，原因可能是由于分配系数的不准确和不同物种的敏感性不同所造成的。Kraaij 等[37] 认为，在考虑沉积物与有机污染物的螯合作用时，通过测定间隙水中污染物的浓度能简化螯合作用带来的影响。Droge 等[38] 对相平衡分配法进行了有效性评估，结果表明对于沉积物中的脂肪醇乙氧基化合物而言，在完全平衡的理想系统中，间隙水和单一水相中端足类动物 *Corophium volutator* 的 LC_{50} 值分布在同一浓度范围内；在非平衡系统中，*Corophium volutator* 能够存活的浓度大于标准的 LC_{50} 值。但是，由于实际条件的不同，污染物的理化过程与生物生态学特性及其对有机物的可获得性等都会对相平衡分配法的使用带来误差[16,17]。其次，相平衡分配模型的一个重要假定是认为吸附/解吸是可逆的。但是，实际上大多数有机污染物在沉积物上的吸附存在不可逆过程。因此，相平衡法可能高估有机污染物的生态风险。因此，要在传统的线性吸附 - 解吸模型上考虑不可逆吸附的影响，这样可更好地模拟化合物在沉积物中的真实行为特征[19,20]。另外，即使通过引入不可逆吸附/解吸，对传统的相平衡分配法有了一定的改进，在实际应用中还存在一些问题。如底栖动物在上覆水中的暴露和对底泥颗粒的摄食会影响污染物的生物有效性。然而传统的相平衡分配法并未考虑该因素，这将导致相平衡分配法的计算结果产生较大的误差。目前国内外还没有建立综合考虑生物摄食影响和相平衡分配法的有机污染物质量基准模型，主要原因在于对生物摄食行为的定量分析以及两者结合的复杂性还不清楚。

采用底栖生物效应试验数据库法建立沉积物基准值，目前为国外应用的主要方法，该方法的优势在于：①依托多种独立研究结果，为可能引起底栖生物负效应的污染物浓度确定了范围；②充分利用了现有的水生态化学和毒理学数据，考虑了多种污染物的联合作用效应，且相对经济；③同时应用沉积物的有生物效应和无生物效应数据列，使得所制定的基准更符合实际目标。然而，底栖生物效应数据库法还存在一些技术不足，如尚未很好的考虑生物富集与放大作用和由此产生的生物危害效应问题；由于计算所得基准阈值是基于实验数据的统计分析得到的，这就要求必须有底栖生物效应的大量数据，因此推广受到有效数据量的限制[31]。沉积物中污染物质量基准的建立对于科学评价水体质量和制定污染排放标准具有重要的指导意义，而我国在此方面的研究起步较晚，尤其是对有机污染物质量基准的研究更为缺乏。应充分吸收借鉴国外经验，同时考虑不可逆吸附及底栖生物对沉积物颗粒摄取的影响，并根据沉积物类型及底栖生物类型，将两者考虑到相平衡分配法的模型中去，以期获得更准确合理的沉积物质量基准。从长远来看，在考虑水环境中沉积物的生态特征和污染物特性的基础上，需确定相对统一的沉积物毒性试验测试方法，建立沉积物中污染物对底栖生物作用效应的数据库，为沉积物质量基准的建立奠定基础。

2.4.5 人体健康基准研究

USEPA 于 1980 年首先发布了环境健康效应评价的指南文件，叙述了人体健康基准的推导方法[32]，以污染物对人体健康的危害以及剂量－效应关系研究为基础，将流行病学资料和动物试验数据结合起来进行推算。推导致癌物的水质基准时，要求利用线性多级模型，依据动物数据对危害性进行评估。非致癌物的基准，主要依据每日允许摄入量和通过哺乳动物研究所获得的 NOAEC 值来推导[33]。此外，在推导人体健康基准时，主要以欧洲人习性特征为依据，默认设定参数值为：暴露人体的个体平均体重为 70 kg，鱼和贝类的消费量为 6.5 g/d，饮用水摄入量为 2 L/d。1998 年，USEPA 制定了人体健康基准技术指南——《水质基准方法学草案：人体健康》[33]，并于 2000 年进行了修订，发布了现行的《推导保护人体健康环境水质基准的方法学》[34]；在致癌风险评价中，采用定量化致癌风险的低剂量外推法取代线性多级模型；在非致癌风险评价中，倾向于使用更多的统计模型推导参考剂量；在暴露评价中，重新设定鱼类消耗量为 17.5 g/d，引入暴露决策树法来确定健康风险，以及使用相对污染源贡献来表述非水源暴露和非经口暴露。同时，建议采用生物累积系数来评价生物富集，并制定了详细评价生物累积系数的技术指南文件。

迄今，以 USEPA 为代表的主要发达国家和相关国际组织建立了较合理的人体对水生物的消费模式和相关污染物暴露场景，并颁布实施了相关人体健康基准方法指南[34,35]。同时，也建立了比较完整的风险评估技术体系，包括危害鉴别、暴露评价、剂量－效应分析以及风险表征等程序。这些环境风险评价的指导性文件，被世界绝大部分国家借鉴或采用。尽管上述健康风险评价工作取得了较好的成果，但依然存在较大局限性。由于人体环境污染暴露途径多样，各地区环境与人群特征存在一定差异，生物效应外推不准确，导致目前人体健康风险评估的不确定度较大；同时，由于没有适宜的指标来反映水环境中污染物低剂量长期暴露的危害效应，制定低剂量污染物联合作用的水环境基准还有较大困难。还应注意，在人体健康水质基准推导方法中，毒理学数据大多来自动物实验，增加了基准推导结果的不确定性。在采用低剂量外推法来推算非致癌物的基准参考剂量时，应优先选择无可见有害效应水平，但实际往往只能选择最低可见有害效应水平，这也增大了不确定性。因此，水环境的人体健康水质基准方法学仍需污染生态学、流行病学、毒理学等多学科的不断发展才能进一步完善。

参 考 文 献

［1］ 中华人民共和国环境保护部. 中国环境状况公报. 2009

［2］ 孟伟，刘征涛，张楠，等. 流域水质目标管理技术研究（Ⅱ）——水环境基准、标准与总量控制. 环境科学研究，2008，21（1）：1-8

［3］ USEPA. Ambient Water Quality Criteria（series）. 1980

［4］ 汪云岗，钱谊. 美国制定水质基准的方法概要. 环境监测管理与技术，1998，10（1）：23-25

［5］ USEPA. Draft strategy：proposed revisions to the "Guidelines for deriving numerical national water quality criteria for the protection of aquatic organisms and their uses". 2002

［6］ USEPA. Guidelines for deriving numerical national water quality criteria for the protection of aquatic organisms and their uses. PB 85-227049，1985

［7］ USEPA. Quality Criteria for Water. 1976

［8］ Posthuma L，Suter II G W，Traas T P. Species sensitivity distributions in ecotoxicology. Boca Raton，CRC：Lewis Publishers，2002：11-34

［9］ Mount D I. Aquatic surrogates. In surrogate species workshop report. TR-507-36B，1982

［10］ Klapow L A，Lewis R H. Analysis of toxicity data for California marine water quality standards. J. Water Pollut. Control. Fed.，1979，51（8）：2054-2070

［11］ Erickson R J，Stephan C E. Calculating the final acute value for water quality criteria for aquatic organisms. Environmental Research Laboratory-Duluth，Office of Reasearch and Development，USEPA，Duluth，MN，1984

［12］ Kooijman S A，L M. A safety factor for LC_{50} values allowing for differences in sensitivity among species. Water Res.，1987，21（3）：269-276

［13］ Van Straalen N M，Denneman C A J. Ecotoxicological evaluation of soil quality criteria. Ecotoxicol. Environ. Saf.，1989，18（3）：241-251

［14］ Wagner C, Løkke H. Estimation of ecotoxicological protection levels from NOEC toxicity da-
ta. Water Res., 1991, 25（10）: 1237-1242

［15］ Aldenberg T, Solb W. Confidence limits for hazardous concentrations based on logistically dis-
tributed NOEC toxicity data. Ecotoxicol. Environ. Saf., 1993, 25（1）: 48-63

［16］ Aldenberg T, Jaworska J S. Uncertainty of the hazardous concentration and fraction affected for
normal species sensitivity distributions. Ecotoxicol. Environ. Saf., 2000, 46（1）: 1-18

［17］ OECD. Report of the OECD workshop on the extrapolation of laboratory aquatic toxicity data to
the real environment. OECD Environment Monograph No. 59, 1992

［18］ 雷炳莉, 金小伟, 黄圣彪, 等. 太湖流域 3 种氯酚类化合物水质基准的探讨. 生态毒理
学报, 2009, 4（1）: 40-49

［19］ Leeuwen L J V, Vermeire T G. Risk assessment of chemicals: an introduction（2nd edition）.
The Netherlands: Springer, 2007

［20］ 穆景利, 王菊英, 张志峰, 等. 海水水质基准的定值方法与我国海水水质基准研究的构
想//中国环境学会环境标准与基准专业委员会 2010 年学术研讨会论文集. 2010: 50-59

［21］ 霍守亮, 陈奇, 席北斗, 等. 湖泊营养物基准的候选变量和指标. 生态环境学报,
2010, 19（6）: 1445-1551

［22］ 祝凌燕, 邓保乐, 刘楠楠, 等. 应用相平衡分配法建立污染物的沉积物质量基准. 环境
科学研究, 2009, 22（7）: 762-767

［23］ 张瑞卿, 李会仙, 曹宇静, 等. 环境水质基准研究进展//中国环境科学学会环境标准与
基准专业委员会 2010 年学术研讨会论文集, 2010: 21-28

［24］ 周忻, 刘存, 张爱茜, 等. 非致癌有机物水质基准的推导方法研究. 环境保护科学,
2005, 31（127）: 20-22, 26

［25］ Eggen R I, Behra R, Burkhardt-HP, et al. Challenges in ecotoxicology. Environ Sci. & Techn-
ol., 2004, 38（3）: 58A-64A

［26］ USEPA. Methodology for deriving ambient water quality criteria for the protection of human
health. EPA-822-B-00-004, 2000

［27］ USEPA. Quality Criteria for Water. 440/5-86-001, 1986

［28］ 王明俊. 水质的基准和标准. 海洋通报, 1981,（3）: 77-85

［29］ 王印, 王军军, 秦宁, 等. 应用物种敏感性分布评估 DDT 和林丹对淡水生物的生态风
险. 环境科学学报, 2009, 29（11）: 2407-2414

［30］ 孟伟, 王丽婧, 郑丙辉, 等. 河口区营养物基准制定方法. 生态学报, 2008, 28（10）:
5133-5140

［31］ 王菊英, 马德毅, 穆景利. 我国海洋沉积物质量基准研究初探//中国环境学会环境标准
与基准专业委员会 2010 年学术研讨会论文集, 2010: 60-69

［32］ USEPA. Guidelines and methodology used in the preparation of health effect assessment chapters
of the consent decree water criteria documents. Federal Register 45: 79347, Appendix 3, 1980

[33] USEPA. Draft water quality criteria methodology: human health. 1998

[34] USEPA. Methodology for deriving ambient water quality criteria for the protection of human health. Technical Support Document Volume 2: Development of national bioaccumulation factors. 2003

[35] USEPA. Methodology for deriving ambient water quality criteria for the protection of human health. Technical Support Document Volume 3: Development of site- specific bioaccumulation factors. 2008

[36] Van Beelen P, Verbruggen E M J, Peijnenburg W. The evaluation of the equilibrium partitioning method using sensitivity distributions of species in water and soil. Chemosphere, 2003, 52: 1153-1162

[37] Kraaij R, Mayer P, Busser F J M, et al. Measured pore water concentrations make equilibrium partitioning work—A data analysis. Environmental Science and Technology, 2003, 37: 268-274

[38] Droge S T J, Postma J F, Hermens J L M. Sediment toxicity of a rapidly biodegrading nonionic surfactant: comparing the equilibrium partitioning approach with measurements in pore water. Environmental Science and Technology, 2008, 42: 4215-4221

第3章 国外水环境质量基准研究

水质基准的研究距今已有 100 多年的历史，从简单的毒性试验到相对完备的水质基准体系，从水生生物基准到沉积物基准、营养物基准、生态完整性基准及人体健康基准等在内的系统基准类别，从叙述性基准到数值型基准，从建立单值基准到设立双值基准，从简单的 AF 法到更加科学的 SSD 法，水质基准的研究伴随着水环境管理的进步而愈趋完善。同时，伴随多种上游基础学科的发展及基础数据的逐渐积累，水环境质量基准的推导方法更加科学准确并有针对性。现今，以美国为代表的发达国家具备了较成熟的水质基准方法体系，深入了解和学习国外先进的水质基准理念与技术方法，对于构建适宜我国国情的，能为我国水质标准的制定提供有效技术支撑的水质基准体系至关重要。

3.1 各国水质基准研究概述

19 世纪末，俄国卫生学家研究了石油制品对鱼类的影响，提出环境质量基准的概念。美国于 20 世纪初率先开始了水环境质量基准的研究，起初只是进行一些污染物对鱼类等生物的毒性效应研究[1~3]。1952 年，加利福尼亚州发布了第一个关于"水质基准"的文件[4]。美国内政部国家技术顾问委员会于 1968 年发布第一个国家水质基准（《绿皮书》[5]），后在 1974 年，USEPA 与国家科学院和国家工程学院共同发布了水质基准《蓝皮书》[6]。1976 年，应《联邦水污染控制法案修正草案》的要求，USEPA 发布了水质基准《红皮书》[7]，该文件推荐了53 个水质项目的基准值，包含金属、非金属无机物、农药以及其他有机物等，涉及的水体功能有饮用水供应、农业灌溉用水、休闲娱乐用水以及水生生物繁殖用水等，并于 1986 年发布了《金皮书》[8]对之前水质基准资料进行了汇编。此后，USEPA 分别在 1999 年、2002 年、2004 年、2006 年和 2009 年针对人体健康和水生生物安全发布了国家水质基准相关技术文件。

美国水质基准具有系统的体系框架，以保护水生态系统及其功能的水质基准和保护人类接触水体的人体健康水质基准为主，并逐渐建立和发展了营养物基准、沉积物基准和病原微生物基准等。在 2003 年 USEPA 公布的《水质标准和基准的战略》文件中，列出了未来中短期在水质标准和基准方面的 10 个优先发展计划，其中病原微生物基准、沉积物基准、营养物基准和水生态（完整性）基准是最优先发展的 4 个方面。这些基准各自从不同角度考虑了水生态环境中的要素，联合构成了相对成熟的水质基准技术体系[9]。随着基准文件的发布，水质基准的表现形式也在不断变化，美国最早制定的水质基准只有一种值，是用目标污染物的急性毒性值乘以相应的外推系数所得，来作为水环境中不允许超过的限值。由于污染物的急性、慢性毒性效应可能差别很大，而且污水的排放浓度也会随生产和处理过程中的变化而波动，水生生物在不超过一定浓度限度的毒物中的短期暴露，因生物体具有的自适应与自修复机制并不会产生不可逆转的毒性效应。如果在任何时间都将所有物质浓度控制在最低值，就可能造成"过保护"，给企业和社会增加各类不必要的技术、经济与管理成本。因此，美国在《绿皮书》中开始对某些物质规定用 CMC 和 CCC 两个值作为其基准，目前这类双值基准已成为美国水质基准普遍的表现形式。

美国对水质基准的研究工作仍在持续进行，目前正在修订铅、银和硒的水生生物基准。现行的美国国家水质基准修订于 2009 年，主要由保护水生生物的水质基准和保护人体健康的水质基准组成，共有 190 项基准值，其中包括 120 项优先控制污染物基准、47 项非优先控制污染物基准和 23 项人体感官基准。污染物的基准限值又分为保护水生生物的淡水急性、淡水慢性、海水急性、海水慢性和保护人体健康的人体健康 – 消费水和水生物、人体健康 – 只消费水生物等六类基准；其中应注意，有关人体健康 – 消费水和水生物基准包括了应考虑保护食用性水生生物健康生长、防止污染物在水生物体内富集从而通过食物链影响人体健康的水质内容。尽管美国已经为水质基准建立了生物毒性数据库，可以为水质基准制定提供有力的数据支持，但是仍有很大一部分的环境污染物由于没有充足、有效的毒性试验数据而缺乏相应的基准值，因此生物毒性数据的积累和完善是水质基准研究发展的关键问题之一。

欧洲水质基准的政府层面研制起始于 20 世纪 70 年代，1978 年，欧洲内陆渔业咨询委员会在美国《红皮书》的基础上对水质基准下了初步的定义[10]，随着认识的深入，对水质基准的定义不断更新，从主要关注渔业保护逐渐发展到关注生态系统的结构和功能等[11]，各国也都发布了相关技术指南和文件支持水质基准的研究。欧盟的水质基准主要关注污染物的慢性毒性，很多国家实行基于慢性毒性的单值水质基准；也有少数国家，如荷兰依据不同的水环境风险水平对水质基准进行分级，对达到不同基准级别的水体污染物实行不同的环境管理措施。污染物在不同的气候、地质地理、水文化学、污染程度和水生态系统特征条件下，会有不同的环境行为和生态毒理与健康效应，因而应有不同的水环境基准。美国鼓励各州开展地区性环境基准的校正和研究，1995 年开展了五大湖水环境基准国家战略研究[12]；欧洲和日本等发达国家在制定环境标准策略中已体现区域水环境基准的重要性，以及水生态差异特征对水环境基准的影响。

国内外的现状调查结果来看，在全球范围内 30% ~40% 的湖泊遭受不同程度富营养化影响，我国近年来湖泊富营养化发展趋势也逐渐增大。北美部分国家在水生态分区基础上制定了湖泊营养物基准和标准；欧洲、日本、韩国等国家或地区则没有进行水生态分区而直接制定了湖泊营养物标准或基准；目前进行水生态分区研究的国家较多，然而后续再进行湖泊营养状态分区评价的标准和基准研究的国家则很少。

从国内外营养物基准制定的进展来看，河口以及河流、湖库等水体营养物基准制定普遍滞后于其他水质基准的制定，目前仍属于探索阶段。美国是最早开展湖泊分区营养物基准制定的国家，在 1976 年就发布了第一部国家水质基准《红皮书》，美国给出了硝酸盐、亚硝酸盐和磷的基准。但随着美国水体富营养化的加剧，1998 年形成了新的营养物控制策略，制定了国家营养物基准战略，以生态区或流域的方式建立营养物基准[13]，其一级分区营养物基准采用 4 个指标：总磷、总氮、叶绿素 a 及透明度，各州在一级分区指标的基础上，针对性的选取营养物基准指标[14]。欧盟于 2002 年制定了《水框架指令实施战略》，其中针对过渡水体及海岸水体的参照状态问题提出了指导意见和方法，然而，其主要从水生态保护角度涵盖了部分生物指标，并未系统地考虑营养物管理相关指标[13]。目前，营养物基准制定过程中的营养物水平的参照水生态系统的确定没有统一的最佳方案，不同的方法确定的结果之间存在差异，不同的生态区可以根据自身的条件选择最适合的方法，或加以优化改进。

由于沉积物体系本身的复杂性，沉积物质量基准的研究工作直到 20 世纪 80 年代初期才开始[15]。美国、加拿大、澳大利亚、新西兰和荷兰等国家已提出了少量关于淡水沉积物的环境质量基准，但还没有形成完善和统一的沉积物基准体系[12]。USEPA 水质条例与标准办公室基准与标准小组，于 1983 年开始研究建立沉积物质量基准的技术方法，1984 年 11 月，Pavlou 和 Weston 提出了四种途径，表明对 SQC 的研究取得了初步进展。USEPA 经过持续研究，于 1989 年 4 月向科学顾问委员会提交了"应用平衡分配法建立沉积物质量基准"的研究报告，推荐了沉积物间隙水平衡分配法，并据此建立了十几种非极性有机化合物的初步基准值[15]。1990 年，美国国家海洋与大气管理局提出了基于底栖生物效应数据库，建立响应型水体沉积物质量基准的方法。结果表明，在制定水体沉积物中污染物控制基准时，底栖生物效应数据库法非常有效，可以为评价沉积物质量提供科学的基准值[16]。

1992年，加拿大环境部规定了两种制定水体沉积物重金属质量基准的方法，其中沉积物生物毒性试验法是通过利用剂量－效应关系，推算对底栖生物产生明显毒性的浓度值从而确定基准的方法。然而，由于受到毒性数据量的限制，加拿大环境部主要利用生物效应数据库法制定初步的沉积物质量暂行基准（interim sediment quality guideline，ISQG），然后运用沉积物生物毒性实验对其进行校正[16]。另外，香港特别行政区曾尝试建立重金属的初步沉积物质量值（ISQV），但由于缺少香港本地区的毒性实验数据，仍主要使用了北美生物效应数据库，然后用现场生物暴露实验对取得的ISQV进行校正[15]。建立沉积物环境质量基准的核心问题是确定特定污染物含量与底栖生物效应之间的关系。特定污染物的生物效应受诸多因素的制约和影响，现有各国的沉积物环境质量基准在建立目的、方法和依据等方面有较大差别，以及在毒性试验、生物调查和数据统计等方面缺乏一致的标准，使得各国或地区基准间出现较大差异，如加拿大、美国、澳大利亚与新西兰和中国香港等针对一些主要污染物，利用生物效应数据库方法建立了生物响应性沉积物质量基准，而荷兰和英国等国则利用相平衡分配法提出一些沉积物质量参考基准值。对于能否建立起可靠而广泛应用的基准还存在争议，也说明目前对水环境的沉积物基准制定仍处于探索阶段[17]。在研究沉积物基准过程中，还需要关注：①建立适用的水环境沉积物生物毒性测试方法；②完善建立沉积物/水相间的平衡分配模型；③建立SQC的验证、评估和校正的技术程序方法；④建立多种污染物联合作用条件下的基准和适合不同类型沉积物的基准方法等。

有关保护人体健康的水质基准，国际上从最初研究相关水质基准到美国发布《红皮书》，并没有形成统一的人体健康的水质基准推导方法。《红皮书》中关于人体健康的水质基准的推导没有涉及太多的人体健康参数，而是仅根据实验或现场观察得到的科学数据推导得出基准值。USEPA于1980年才发布了第一个健康效应评价的指南文件，叙述了人体健康基准的推导方法[18]；1986年，USEPA发布了综合风险信息系统（IRIS），该系统综合了化学物质的致癌和非致癌效应的信息，为人体健康基准的制定提供数据支持[19]；1998年，USEPA制定了人体健康基准技术指南文件《水质基准方法学草案：人体健康》[20]，并于2000年进行了修订，发布了现行的《推导保护人体健康环境水质基准的方法学》[21]。目前，健康风险评价尽管作为人体健康基准的基础工作取得了较多成果，但依然存在较大局限性。首先，目前的人体健康评价很少考虑污染物的沿食物链的生物放大作用。另外，为了减少风险评价过程中测试动物的数量并节省时间和费用，可以选择毒性动力学模拟来获得基础数据。毒性动力学模拟能够提供靶位暴露剂量，实现数据外推，将依据效应浓度的暴露表征与依据靶位浓度的暴露表征联系起来，为生态风险评价提供基础数据。这不仅是人体健康与生态风险评价共同的发展目标，同时也是整合人体健康与生态风险评价的基本切入点。将人体健康风险与生态风险评价进行有机的统一，也是当前风险评价研究中的重要发展方向之一[11]，这些工作必将为国际水环境基准理论的发展起到重要的推动作用。

3.2　欧盟及日本水质基准研究

国际上很早就开展了水质基准的研究。到目前为止，除美国对水生生物水质基准研究较早且较为系统外，欧盟等其他发达国家也建立了相对完善的水质基准体系。水质基准和标准在各国水环境管理中都发挥了重要作用，不同国家和国际组织对水质基准有不同的描述和分级，也分别提出了一些具有等同性或相似性的概念。如澳大利亚和新西兰的触发浓度、加拿大的水质指导值、荷兰的环境风险限值、欧盟用于化学品管理的预测无观测效应浓度以及 OECD 的最大可接受浓度等。世界卫生组织在 1984～1985 年和 1993～1997 年分别发布了《饮用水水质指南》，并且不断进行更新修订。2008 年世界卫生组织又发布了最新的《饮用水水质指南：卷一，推荐》[21]，该指南解释了确保饮用水安全的一些条件，包括最低要求的程序和一些特定的指南值，还描述了这些指南值的推导方法[22]。加拿大最早在 1987 年由环境部制定了《加拿大水质指南》，提供了关于水质参数对加拿大水体用途影响的基础科学信息。1999 年加拿大环境部发布了《推导保护水生生物水质基准草案》，详细论述了使用评价因子法推导水质基准值。2007 年加拿大环境部将水质基准分为短期暴露基准和长期暴露基准，短期暴露基准主要防止在突发性事件中大多数物种发生的致死效应；长期暴露基准主要防止在慢性暴露中所产生的有害效应[23]。目前，加拿大环境部颁布的最新指南文件有《加拿大保护水生生物水质指南》[24]、《休闲用水水质指南和感官性质》[25]和《加拿大保护农业用水水质指南》等[26]技术文件。澳大利亚和新西兰于 2000 年颁布的《淡水和海洋水质指南》[27]中，采用了慢性暴露的指导性触发值（trigger values，TVs）对水生生物进行保护。欧盟采用主要以慢性效应为基础的预测无效应浓度（predicted environmental concentration，PNEC）作为污染物水质基准的主要依据，保护水生生物[23]。水质基准与风险评估密不可分，欧盟 2003 年颁布了《风险评价技术导则》[28]，荷兰也在 2001 年发布了《推导环境风险限值的指导方针》[29]，在这些风险评估技术文件中，欧盟和荷兰分别提出了基于风险评估制定水质基准的技术方法。荷兰于 2007 年颁布了最新的《环境风险限值推导指南》，按照保护水平将环境风险限值分为 4 个等级：无效应浓度（negligible concentration，NC）、最大允许浓度（maximum permissible concentration，MPC）、严重风险浓度（serious risk concentration，SRC）和生态系统最大可接受浓度（maximum acceptable concentration for ecosystems，MACeco）。NC 表示某一浓度对生态系统的效应可以忽略不计；MPC 是指能够保护生态系统中所有物种免受有害效应的浓度；当污染物浓度超过 SRC 时，生态系统功能将遭受严重影响；MACeco 主要保护水生态系统免受短期浓度暴露导致的急性毒性效应[22]。日本于 1971 年制定了《关于水质污染的环境基准》和《排水基准》，并且以保护人的健康和保全生活环境为目的，确立了以健康项目、生活环境项目等为内容的保全生活环境的水质环境基准和排水基准；并于 1994 年和 1999 年对环境基准的健康项目分别增加了 15 项和 3 项，于 1997 年日本政府设定了地下水的污染物水质基准[29]。

在水质基准计算的"最小毒性数据需求"方面，各国和国际组织各有不同的规定（表 3-1），其中，美国和欧盟对物种毒性数据的要求比较全面，物种的选择对水生态系统的代表性也较强。

表 3-1　水质基准推算的"最小毒性数据需求"[30]

方法	最小毒性数据需求
美国国家水质基准[31]	3 门 8 科水生动物、1 种藻类或植物
欧盟预测无效应浓度[27]	5~6 科水生动物，8 个类群水生生物，10 个慢性数据
荷兰公共健康与环境研究所最大耐受浓度[32]	3 科水生动物，4 个生物类群的慢性数据
内陆水管理及废水处理研究所环境质量标准[33]	鱼类、无脊椎动物、植物或藻类的急、慢性数据
加拿大环境部指导值[34]	3 种鱼类（2 慢性值）、2 种无脊椎动物（1 慢性值）、1 种藻类或植物
安大略省水质目标[35]	3 种鱼类（2 慢性值）、2 种无脊椎动物（不同属，急性和慢性值）、1 种植物或藻类
英国环境质量标准[36]	鱼类、无脊椎动物、植物或藻类的急、慢性数据

3.3 美国水质基准研究

除水生生物基准以外,美国还相继开展了人体健康基准等其他水质基准的研究。1998 年,美国根据不同区域的水化学和生物区系特点开始制定区域性营养物基准,并于 2000 年发布了河流、湖库的营养物基准制定导则,至今已颁布了基于生态学原理的包括河流、湖库、河口和湿地 4 种生态类型的 14 个生态区域的水环境营养物基准。根据保护对象的不同,美国的水质基准主要可分为保护水生生态系统的基准和保护人体健康的基准,前者又分为水生生物基准、生物学(生态完整性)基准、营养物基准、沉积物基准等;后者可分为人体健康基准、病原微生物基准、休闲娱乐用水基准等。

3.3.1 水生生物基准

USEPA 于 1980 年初步制定了《推导保护水生生物及其用途的数值型国家水质基准的技术指南》(以下简称《指南》),并分别在 1983 年和 1985 年进行了修订。《指南》介绍了保护水生生物及其用途的数值型水质基准的计算方法。从本质上看,制定某种有毒物质的水质基准,应该广泛地在目标水生态区域内进行该物质的现场毒理学试验,确定其对水生生物及其用途产生不可接受的长期或短期危害效应的最低浓度值,该值即为该物质的水质基准。由于上述途径在现实环境中的可操作性不大,所以 USEPA 制定了《指南》文件,通过试验模拟和实地验证相结合的方法来推导水质基准,这样可以提供与现场试验相同水平的保护。该《指南》主要介绍了试验数据的收集与评价,以及水生动物的 FAV、FCV、最终残留毒性值(FRV)、最终植物毒性值(FPV)和水质基准的计算方法,其推算水质基准的技术路线,如图 3-1 所示。《指南》规定只能用北美地区的物种作为试验生物来推算水质基准,以保护美国的水生态系统,并在附录中列出了北美地区的水生生物物种名录以帮助选择试验生物。计算水质基准应尽可能收集涉及污染物的所有数据,主要包括:①水生动、植物的各种毒性试验数据,当污染物存在生物积累效应时,还需收集相关试验数据;②美国食品药品管理局(FDA)的限量标准(action level)[11];③野生生物的慢性喂养及长期的现场研究数据。数据收集后,通过对数据的评价和筛选,弃用一些有问题或有疑点的数据。如没有设立对照组、对照组的试验生物表现不正常、试验稀释用水为蒸馏水、试验用化合物的理化状态不符合要求、试验过程没有对受试物的浓度及试验水质进行有效质控检测或试验生物曾经暴露于污染物中，类似的试验数据都不能采用，至多用来提供辅助的信息。另外，对于一些具有高度挥发性、易水解或降解的物质，应用流水式试验的结果才可以采纳。

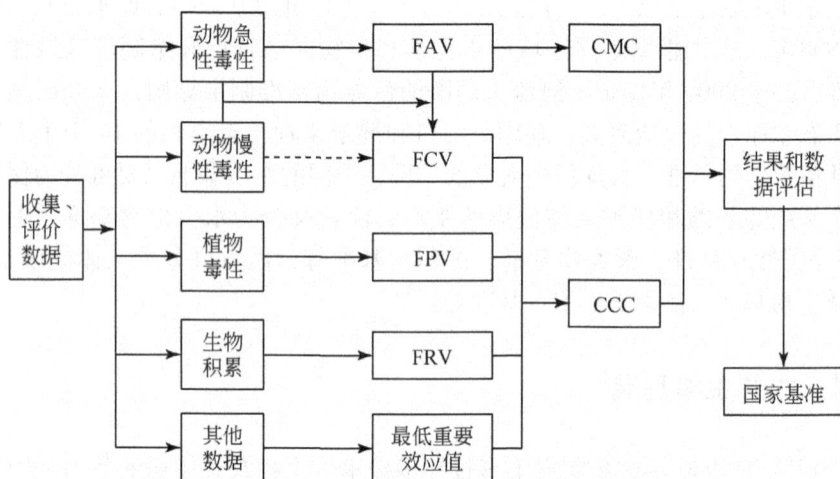

图 3-1 推导数值型水质基准技术路线

水生动物的 FAV 是根据一系列水生生物急性毒性数据计算而来，为了具有较好的代表性，USEPA 要求北美地区受试水生动物至少来自 3 门 8 科，并满足以下要求（淡水基准）：①硬骨鱼类的鲑科；②硬骨鱼类的非鲑科，最好是商业上或娱乐上重要的温水鱼类；③脊索动物门的另外 1 科（非①或②），可以是硬骨鱼类或两栖类；④浮游甲壳类（如枝角类、桡足类）；⑤底栖甲壳类（如介形亚纲、等足目、端足目等）；⑥一种昆虫（如摇蚊科、蜻蜓科等）；⑦非节肢动物门或脊索动物门的 1 科（如轮虫纲、环节动物门或软体动物等）；⑧昆虫纲的任一科或任一个非上面的门。《指南》对于试验过程和试验数据也作了以下规定：①不能用单细胞生物进行急性毒性试验，试验水蚤的年龄不能大于 24 h，试验用摇蚊幼虫应该是二龄或三龄。②一般来说，试验过程不能喂食。③稀释用水的总有机碳或颗粒物质浓度应小于 5 mg/L。④蚤类或其他枝角类和摇蚊幼虫的急性毒性试验指标是 48 h LC_{50} 或 EC_{50}；鱼类及其他生物是 96 h LC_{50} 或 EC_{50}。⑤同种或同属的急性毒性数据如果差异过大，应被判断为有疑点的数据而谨慎使用。⑥如果一个重要物种的种平均急性值（SMAV）比计算的 FAV 还低，前者将替代后者以保护该重要物种。

FAV 的一般计算过程如下：①根据试验结果，求得受试生物的 48 h LC_{50}

（或 EC_{50}）或 96 h LC_{50}（或 EC_{50}）；②求种平均急性值 SMAV，SMAV 等于同一物种的 LC_{50}（或 EC_{50}）的几何平均值；③求属平均急性值 GMAV，GMAV 等于同一属的 SMAV 的几何平均值；④从高到低对 GMAV 排序；⑤对 GMAV 设定级别 R，最低的为 1，最高的为 N；⑥计算每一个 GMAV 的权数 $P = R/(N+1)$；⑦选择 P 最接近 0.05 的 4 个 GMAV；⑧用选用的 GMAV 和 P，利用公式（3.1）~公式（3.4）进行计算，即可得到 FAV。

$$S^2 = \frac{\sum (\ln GMAV)^2 - [\sum (\ln GMAV)]^2/4}{\sum P - (\sum \sqrt{P})^2/4} \tag{3.1}$$

$$L = [\sum (\ln GMAV) - S(\sum \sqrt{P})]/4 \tag{3.2}$$

$$A = S\sqrt{0.05} + L \tag{3.3}$$

$$FAV = e^A \tag{3.4}$$

如果污染物毒性受水质因子的影响，应使用新方法来计算 FAV。具体来说，如果急性毒性只受一种水质因子影响，使用回归分析或协方差分析；如果受两种或更多水质因子的影响，使用多元回归分析，前者的计算过程大致如下：①对急性毒性值进行标准化：用所有物种的每一个急性值除以急性值的几何平均值。②对水质因子值进行标准化：用所有物种的每一个水质因子值除以水质因子值的几何平均值。③用所有的标准化的急性毒性值对标准化的水质因子值进行最小二乘方回归，求得混合急性斜率（V）及其 95% 置信区间。④求水质因子值为 Z 时，每个物种的 SMAV。计算公式为

$$Y = \ln W - V(\ln X - \ln Z) \tag{3.5}$$

$$SMAV = e^Y \tag{3.6}$$

式中，Y 为 SMAV；Z 为水质因子值；V 为混合斜率；W 和 X 分别为每个物种的急性毒性值和水质因子的几何平均值。⑤重复 FAV 一般计算过程的③~⑧即可求得 Z 值时的 FAV。⑥最终方程为

$$FAV = e^{[V(\ln 水质特性) + \ln A - V(\ln Z)]} \tag{3.7}$$

式中，V 为混合急性斜率；A 为 Z 值时的 FAV。当确定一个水质因子值时，即可得出 FAV。

根据慢性毒性数据的不同，FCV 可以按照计算 FAV 的方法进行推导，也可以用 FAV 除以最终急性/慢性毒性比（FACR）来求得。计算 FACR 时，至少要用 3 个科水生动物的毒理试验所得到的（急性/慢性毒性比）ACR 来推导，其中至少一种是鱼，一种是无脊椎动物，一种是急性敏感的淡水物种（推导海水水质基准要求至少一种是急性敏感的海水物种）。

　　慢性毒性值是基于终点和暴露时间的，主要分为全生活周期、部分生活周期以及早期生活阶段三种毒性试验。因为鱼类的性成熟时间很长，因此用鱼类进行生活周期的毒性试验就显得较为困难，而利用无脊椎动物进行全生活周期或部分生活周期的研究则相对方便一些。《指南》还规定，当没有全生活周期和部分生活周期试验数据时，可以用早期生活阶段试验数据预测同一物种前二者的试验结果。早期生命阶段毒理试验由鱼类早期生命阶段的 28～32 天暴露试验完成（鲑鱼要求孵化后 60 天）。从受精后不久，贯穿胚胎、幼体和早期幼鱼的发育过程。指标包括存活率和生长情况等。另外，如果已经获得全生活周期和部分生活周期的试验结果，可弃用早期生命阶段的试验数据。

　　计算 FACR 及 FCV 的方法如下：①求慢性毒性下限值和慢性毒性上限值。下限值是对任何生物指标都不产生不可接受的有害作用的最高浓度值〔即最大无可见不利影响浓度（MNOAEC）〕；上限值是至少可以对一个生物指标产生不可接受的副作用的最低浓度值〔即最低可见不利影响浓度（LOAEC）〕。②MNOAEC 和 LOAEC 的几何平均值为慢性毒性值（chV）。③ACR = 96 h LC_{50}（或 48 h LC_{50}）/chV。④种平均 ACR 等于该物种所有 ACR 的几何平均值。⑤根据情况不同，FACR 的计算方法为：如果种平均 ACR 随着 SMAV 的升高而变化，则应该选出 SMAV 值接近于 FAV 值的物种，FACR 等于这些物种的 ACR 的几何平均值；如果没有明显的变化趋势，且大量物种的 ACR 都在 10 以内，则 FACR 等于所有物种的种平均 ACR 的几何平均值；如果急性毒性试验的受试生物为双壳类、海胆、螃蟹、虾和鲍鱼等胚胎和幼体，由于这些生物的慢性毒性试验很难进行，可以直接假设 ACR 等于 2。⑥ FCV = FAV/FACR。另外，如果数据表明试验物质的毒性受水质因子的影响，则应基于水质因子来推导 FCV。此外，《指南》还设置了 FPV 以及 FRV。设置 FPV 的目的是为了比较水生植物和动物对毒物的相对敏感性，以表明能充分保护水生动物及其用途的基准能否对水生植物及其用途起到相同的保护作用。植物毒性试验可以是藻类的 96 h 生长抑制试验或水生维管束植物的慢性毒性试验，要求检测指标为生物学上重要的终点，采用试验获得的最小慢性毒性值作为 FPV。由于至今植物毒性试验方法及对其结果的解释还没有很好的发展，因此该类试验可以相对少一些。设置 FRV 的目的是防止化学物质经过生物积累后在生物体内超标而影响食用，同时也可以保护野生动物受到不可接受的影响。FRV 的计算方法如下：①首先求 BCF，BCF = 组织中化学物质浓度/水体中化学物质浓度。试验应持续到明显的稳定状态或至 28 天再计算。②残余值 = 最大组织允许浓度/BCF，最大组织允许浓度是由美国 FDA 给出的限量标准或最大允许日摄入量推导所得。③取残余值的最低值即为 FRV。通常，CMC = FAV/2；CCC 为 FCV、FPV 和

FRV 三者中的最低值。从 20 世纪 90 年代起，USEPA 组织专家多次商讨《指南》的修订，并给出了 10 余条建议[12]以供参考，大致涉及生物富集模式、饮食暴露、毒理模型、非传统终点、试验方法和若干终值的续用等方面内容。

3.3.2　人体健康水质基准

人体健康水质基准是基于保护人体健康免受致癌物和非致癌物的毒性作用而设立的。2000 年 USEPA 颁布了《推导保护人体健康的水质基准技术指南》，提出致癌物的数值基准基于 3 个互有联系的假设：暴露水平、致癌潜力以及风险水平。暴露水平是指人群接触某一环境因素的浓度或剂量，要考虑多种影响因素，包括鱼类和饮水的消费量、暴露个体体重以及化学物质在鱼类组织中的生物富集。致癌潜力系数是指化学物质的致癌风险值，通常是由试验动物的研究结果推导得出。致癌风险水平指暴露于化学物质后导致癌症发生率的增量。USEPA 指南规定风险水平的范围是 10^{-5}、10^{-6} 和 10^{-7}，建议以 10^{-6} 的风险水平作为保护暴露人群的风险水平。非致癌物的水质基准基于污染物的毒性效应，根据参考剂量（RfD，即每天每千克体重能耐受多少毫克的污染物）和标准暴露假设计算。

3.3.3　营养物基准

1994 年，美国《国家水质清单报告》中指出，过多的营养负荷会导致水生植物的疯长，造成水生动物缺氧而使鱼类和大型无脊椎动物死亡率的增加。由此 USEPA 制定了《国家营养物基准战略》，开始在水生态分区的基础上研究制定营养物基准。2000 年，USEPA 发布了湖库、河流、湿地和近海水域四类水体的营养物基准制定方法指南，建立了评价水体营养状态和制定生态区营养物基准的技术方法。将全国划分为 14 个水生态区，按不同的水生态区制订营养物基准值。USEPA 陆续颁布了不同生态区不同水体的营养物基准，设定的营养物基准指标为总磷、总氮、叶绿素 a、透明度等。同时，要求各州或部落在制定水质标准时采纳营养物基准。

3.3.4　沉积物质量基准

沉积物质量基准是为了保护底栖水生生物免受沉积物中污染物的危害而设立

的。沉积物是水环境中许多污染物的最终归宿，同时也是各种底栖水生生物的生存基质。有研究表明化学品直接从沉积物传递给生物是底栖生物接触污染物的主要途径，保护沉积物质量已成为水质保护的重要研究内容之一。美国沉积物质量基准的制定和实施主要是为了促进各州建立特定污染物的质量标准和国家污染物排放削减许可证（NPDES）的许可限值。USEPA 采用相平衡分配法，针对一些区域的水生态沉积物，分为五种非离子性有机化合物——二氢苊、狄氏剂、异狄氏剂、荧蒽和菲，研究制定了沉积物质量基准。近年来，主要致力于制定有关金属等其他主要污染物的沉积物质量基准，以及沉积物质量基准的生物鉴定试验的标准化方法研究。

3.3.5　细菌学基准

当病原微生物如肠道球菌与大肠杆菌的基准阈值能确定是否存在急性胃肠疾病风险时，就可以确定来自肠道病毒和致病性肠道原生生物的风险是否可以接受。1986 年，USEPA 发布了《细菌环境水质基准》，提供了指示生物、采样频率和基准风险的信息，主要用于州和部落制定娱乐性水体的水质标准。该基准采用的指示生物是肠道球菌和大肠杆菌，同时也建立了肠道球菌和大肠杆菌的测定方法。USEPA 计划改进细菌监测方案，正在考虑建立非肠道病原体的指示方法。这些病原体能引起皮肤、呼吸道、眼睛、耳朵和喉咙感染，而现有的指示方法则不能检测这种感染；州或部落可以采用非肠道病原体指示方法来评价多雨天气情况下细菌污染的真实影响，以及测试不同的计算机模型，这些模型可用于预测流域和娱乐区由暴雨引起的水体细菌污染，并通过细菌监测对这些模型进行验证[37]。

3.3.6　生物学基准

生物学基准主要是以生态系统内生物种群、群落的生态完整性作为保护对象，生态完整性是指动态平衡的、整体的、适应的水生生物种群、群落及物种组成多样性，并与自然环境相协调。《清洁水法》规定国家与州和部落共同致力于恢复和维持地表水体生态系统的生态完整性。为了更充分的保护水生资源，USEPA 规定州和部落应明确水体的水生生物相关的生态学用途，建立生物学基准来保护这些用途。生物学基准可用文字或数值进行表述，并基于参照水生群落组成、生物多样性等指标，主要描述基于水生生物的多样性的生态学完整性及良好状态。典型的生物学基准包括水生动植物的种类、丰度等信息。生物学基准也是流域管理项目的重要组成部分。如果将生物学基准与污染物的毒性数据分析相结合，则有可能发现新的水生态化学问题，重新评价水质目标进行，为水环境的管理提出新思路。

3.3.7　野生生物基准

野生生物基准是为了保护哺乳动物和鸟类免受由于饮水或摄食而引起的有害影响而设立的。美国目前已发布了四种化合物的野生生物基准，包括 DDT 及其代谢物、汞、多氯联苯和二噁英（2,3,7,8-TCDD），目前该基准主要适用于五大湖流域，USEPA 还没有全面建立适用于水生态环境的野生生物基准技术指南[37]。

3.3.8　物理基准

物理基准主要是考虑水环境的物理参数对水质的影响。USEPA 认为物理参数对于制定水质标准是十分必要的，它影响水环境功能是否能够有效发挥，但却经常被忽视。至今，美国还没有建立国家水环境的物理基准指南，仅颁布了《清洁水法》以保护和恢复水体的物理学完整性。

3.4　美国各州与区域特异性水质基准

美国是世界上最早开展水质基准研究的国家之一，具备较完善的水质基准与标准体系，其水质基准体系可以分为 3 级，分别是国家基准（national criteria）、州特异性基准（state-specific criteria）和区域特异性基准（site-specific criteria），其中国家水质基准由 USEPA 颁布，地方基准由各州制定，各州在制定本州基准或区域基准时有四种选择：①直接采用国家基准作为本州基准；②采用修订的基准以反映本州的特殊情况；③采用由其他科学方法得出的水质基准；④在不能确定数值型基准时制定叙述性基准。各州和授权部落制定的水质基准或标准必须报经 USEPA 批准后才能生效。如果州未能在规定的时间内提交，或者 USEPA 认为州提交的水质基准或标准与《清洁水法》的要求不一致时，USEPA 可代替州发布建议的州基准或标准。美国通过分级的水质基准体系，为制定具有区域差异性的水质标准提供了科学依据。

USEPA 推荐了 3 种修订方法用于制定地方水质基准，分别是重新计算法

（recalculation procedure）、水效应比值法（water-effect ratio procedure，WER）和本地物种法（resident species procedure）。重新计算法是利用实验室配制水和本地物种进行毒性试验，然后分析数据获得保护本地种的基准，关注物种差异；WER法是利用北美地区的物种在本地原水和实验室配制水中进行平行毒性暴露试验，然后用污染物在原水中的毒性终点值除以在配制水中的同一终点值，得到WER，区域基准等于州基准与WER的乘积，关注水质差异；本地物种法是同时利用本地水与本地物种进行毒性试验，然后分析数据获得基准值，该法同时关注物种差异和水质差异。因为整个州内的水质状况差异很大，各州制定州基准时一般采用重新计算法修订国家基准。1982年USEPA计算了全美48个州的21种优先控制污染物的水质基准，结果表明，约65%的州基准值严于国家基准（表3-2）[38]。利用重新计算法时，USEPA规定若州内水生动物物种的毒性数据无法满足3门8科的要求，至少需要4科水生生物的数据，否则不能推导州基准[39]。在制定州内的小区域基准时，因为小区域内水质相对均一，水样具有代表性，一般采用WER法。如得克萨斯州已经对本州内400余河段或区段的部分WER值进行了测试，得出了相关污染物的区域基准值[40]。如果某个区域暂时没有充足的数据推算WER值，则假设WER等于1，即直接采用州基准；州一级的基准校正结果最终应得到国家USEPA的认可方可实施。

表3-2　美国21种优先控制污染物的州急性基准与国家急性基准的对比（1982年）

州名称	锌	毒杀酚	银	硒	多氯联苯	镍	汞	林丹	铅	七氯	异狄氏剂	硫丹	狄氏剂	滴滴涕	氰化物	铜	铬	氯丹	镉	砷	艾氏剂
亚拉巴马	+	+	−	−	−	−	−	+	+	−	+	−	−	−	−	+	−	−	+	−
亚利桑那	−	+	−	−	·	−	−	+	+	−	−	+	+	−	+	−
阿肯色	−	+	−	−	+	−	−	+	−	+	−	−	−	·	+	−
加利福尼亚	−	+	−	−	−	−	+	+	+	−	−	−	−	−	−	−
科罗拉多	−	+	−	−	−	+	−	−	−	−	−	−	+	+	+	−
康涅狄格	+	+	−	−	−	+	−	+	−	−	−	−	+	+	−	−
特拉华	+	+	·	−	−	+	−	+	−	−	−	−	+	+	−	−
佛罗里达	+	+	−	−	−	+	−	−	+	−	−	−	−	+	·	−
佐治亚	+	+	−	−	−	+	+	−	−	−	−	−	+	·	−	−
爱达荷	−	+	−	−	−	−	−	−	−	−	−	−	+	+	−	−

续表

州名称	锌	毒杀酚	银	硒	多氯联苯	镍	汞	林丹	铅	七氯	异狄氏剂	硫丹	狄氏剂	滴滴涕	氰化物	铜	铬	氯丹	镉	砷	艾氏剂
伊利诺伊	+	+	−	−		+	+	−	+	+	+	−	−	−	−	−	−	−	−	−	−
印第安纳	+	+	−	−	−	+	+	−	+	+		−	−	−	−	−	+	+	−	−	−
艾奥瓦	−	+	−	−	−	−	·	−	−	−	+	+	−	−	+	−	−	−	+	−	
堪萨斯	+	+	·	−	−	·	·	+	·	+	+	−	−	−	−	−	+	+	+	−	
肯塔基	+	+	−	−	+	−	+	−	+	+	+	−	−	−	−	−	−	+	−	−	−
路易斯安那	+	+	·	−	−	+	+	+	−	+	−	·	+	−	−	−	+	−	−	−	
缅因	+	+	·	−	·	+	+	+	+	−	+	−	−	+	−	+	−	+	−	·	
马里兰	+	+	−	−	−	+	+	+	+	+	+	−	−	−	−	−	+	−	−	−	
马萨诸塞	+	+	−	−	−	+	+	+	+	+	+	−	−	−	−	−	+	−	−	−	
密歇根	+	+	−	−	−	+	+	+	+	+	+	−	−	−	−	−	+	−	−	−	
明尼苏达	+	+	−	−	−	−	+	+	+	+	+	−	−	−	−	−	+	−	−	−	
密西西比	+	+	−	−	+	−	−	−	−	−	+	·	−	−	−	−	·	+	−	−	
密苏里	+	+	−	−	·	·	−	−	+	+	+	−	−	−	−	−	+	−	−	−	
蒙大拿	−	+	−	−	·	−	+	−	−	−	−	−	−	−	+	+	+	−	−	−	
内布拉斯加	−	+	−	−	−	−	+	−	−	−	−	−	−	−	−	+	+	−	+	−	
内华达	−	+	−	−	·	−	+	−	−	−	−	−	−	−	−	−	−	−	−	−	
新罕布什尔	+	+	−	−	−	+	+	+	+	−	+	−	−	−	−	−	+	−	−	−	
新泽西	+	+	·	−	−	+	+	−	+	−	+	−	−	−	−	−	+	−	−	−	
新墨西哥	−	−	−	−	·	−	+	−	−	−	−	−	−	−	−	−	−	−	−	−	
纽约	+	+	−	−	−	+	+	+	+	+	+	−	−	−	−	−	−	+	−	−	−
北卡罗来纳	+	+	−	−	−	+	+	+	+	+	+	−	−	−	−	−	+	+	−	−	−
北达科他	−	+	−	−	·	−	+	−	+	+	+	−	−	−	−	−	+	−	+	−	
俄亥俄	+	+	−	−	−	+	−	+	−	+	+	−	−	−	−	−	−	+	−	−	
俄克拉荷马	+	+	−	+	+	+	−	+	+	+	−	−	−	−	−	−	−	−	−	−	
俄勒冈	−	+	−	−	−	−	+	−	−	−	−	−	−	−	−	−	+	+	−	−	
宾夕法尼亚	+	+	−	−	−	+	+	−	+	−	+	−	−	−	−	−	+	−	+	−	
罗得岛	+	+	−	−	−	+	+	−	+	−	+	−	−	−	−	−	+	−	+	−	

续表

州名称	锌	毒杀酚	银	硒	多氯联苯	镍	汞	林丹	铅	七氯	异狄氏剂	硫丹	狄氏剂	滴滴涕	氰化物	铜	铬	氯丹	镉	砷	艾氏剂
南卡罗来纳	+	+	·	−	·	−	+	+	+	+	−	−	−	−	−	−	+	·	−	+	−
南达科他	−	−	−	−	·	−	−	−	+	+	−		−	−	−	+	+	−	+	−	+
田纳西	+	+	−	−	+	−	+	−	+	−	−	+	−	−	−	−	+	−	+	−	−
得克萨斯	+	+	−	−	·	−	·	+	+	−	−	−	−	−	+	+	+	+	−	+	−
犹他	−	−	−	−	·	−	−	−	−	−	−	−	−	−	−	+	−	−	−	−	−
佛蒙特	+	+	−	−	−	+	+	+	+	+	−	−	−	−	−	+	−	−	−	−	−
弗吉尼亚	−	−	−	−	·	−	−	−	+	−	−	−	−	−	−	+	−	−	−	−	−
华盛顿	−	−	−	−	·	−	−	−	+	+	−	−	−	−	−	+	−	−	−	−	−
西弗吉尼亚	+	+	−	−	−	−	+	+	+	+	−	−	−	−	−	−	−	−	−	−	−
威斯康星	+	+	−	−	−	+	+	+	+	+	−	−	−	−	−	−	−	−	−	−	−
怀俄明	−	+	−	−	−	−	−	−	−	−	−	−	−	−	−	+	−	−	+	+	−

注："+"和"−"分别表示宽于或严于国家基准;"·"或空白表示数据不足等原因,暂不推导。

以美国铜水质基准为例(表3-3),在美国国家铜基准函数的基础上,得克萨斯州铜基准沿用了国家基准的硬度斜率(急性硬度斜率为 0.9422;慢性硬度斜率为 0.8545),根据本州物种的毒性数据修订了相关参数,得到州基准函数。对于下一级的河段特异性基准,则以州基准乘以 WER 值得到。美国通过对水质基准体系的分级,为制定具有区域差异性的水质标准提供了科学依据,实现了各州水体的差异化管理,值得我国借鉴。

表3-3　美国三级铜水质基准

水质基准类别	基准函数
美国国家铜水质基准	$CMC = 0.96 \times e^{0.9422\ln H - 1.7}$
	$CCC = 0.96 \times e^{0.8545\ln H - 1.702}$
德州特异性铜水质基准	$CMC = 0.96 \times e^{0.9422\ln H - 1.3844}$
	$CCC = 0.96 \times e^{0.8545\ln H - 1.386}$
德州河段特异性铜水质基准	$CMC = 0.96 \times WER \times e^{0.9422\ln H - 1.3844}$
	$CCC = 0.96 \times WER \times e^{0.8545\ln H - 1.386}$

注:H 为水体硬度,本研究均以水中 $CaCO_3$ 的溶解度(mg/L)表示。

参 考 文 献

[1] Powers E B. The goldfish (*Carssius carssius*) as a test animal in the study of toxicity. Illinois Biological Monographs, 1917, 4 (2): 1-73

[2] Shelford V E. An experimental study of the effects of gas wastes upon fishes, with especial reference to stream pollution. Bull Illinois State Lab for Nat Histroy, 1917, 11 (6): 381-412

[3] Marsh M C. The effect of some industrial wastes on fishes. Water Supply and Irrigation Paper No. 192, US Geological Survey, USA, 1907: 337-348

[4] CSWPCB. Water quality criteria. Sacramento: California State Water Pollution Control Board, 1952

[5] National Technical Advisory Committee to the Secretary of the Interior. Water Quality Criteria. Washington DC: US Government Printing Office, 1968

[6] National Academy of Science and National Academy of Engineering. Water Quality Criteria. Washington DC: US Government Printing Office, 1974

[7] USEPA. Quality Criteria for Water. USEPA; Springfield VA: NTIS, 1976

[8] USEPA. Quality Criteria for Water. 440/5-86-001, 1986

[9] 曹宇静, 吴丰昌, 李会仙. 水环境质量基准的研究进展. 第十三届世界湖泊大会. 北京: 中国农业大学出版社, 2009: 495-498

[10] Alabaster J S, Lloyd R. Water quality criteria for freshwater fish. London: Butterworths Scientific, 1978

[11] Vighi M, Finizio A, Villa S. The evolution of the environmental quality concept: from the US EPA Red Book to the European Water Framework Directive. Environ. Sci. & Pollut. Res., 2006, 13 (1): 9-14

[12] 姜甜甜, 高如泰, 席北斗, 等. 云贵高原湖区湖泊营养物生态分区技术方法研究. 环境科学, 2010, 31 (11): 2599-2606

[13] 霍守亮, 陈奇, 席北斗, 等. 湖泊营养物基准的候选变量和指标. 生态环境学报, 2010, 19 (6): 1445-1551

[14] 陈静生, 王飞越. 关于水体沉积物质量基准问题. 环境化学, 1992, 11 (3): 60-70

[15] 王立新, 陈静生, 洪松, 等. 水体沉积物重金属质量基准研究新进展——生物效应数据库法. 环境科学与技术, 2001, (2): 4-8

[16] 洪松. 水体沉积物重金属质量基准研究. 2001, 北京大学博士论文

[17] 陈云增, 杨浩, 张振克, 等. 淡水沉积物环境质量基准差异分析. 湖泊科学, 2005, 17 (3): 193-201

[18] USEPA. Guidelines and methodology used in the preparation of health effect assessment chapters of the consent decree water criteria documents. Federal Register 45, 1980, 79347

[19] USEPA. Draft water quality criteria methodology: human health. 1998

[20] USEPA. Methodology for deriving ambient water quality criteria for the protection of human

health. EPA-822-B-00-004. 2000

[21] WHO. Guidelines for drinking-water quality: incorporating 1st and 2nd addenda, vol. 1, Recommendations—3rd edition. Geneva: WHO, 2008

[22] 张瑞卿，吴丰昌，李会仙，等. 中外水质基准发展趋势和存在的问题. 生态学杂志，2010, 29 (10): 2049-2056

[23] CCME. A protocol for the derivation of water quality guidelines for the protection of aquatic life. Winnipeg, Manitoba, Canadian Council of Ministers of the Environment, 2007

[24] CCME. Recreational water quality guidelines and aesthetics. Winnipeg, Manitoba, Canadian Council of Ministers of the Environment, 1998

[25] CCME. Protocols for deriving water quality guidelines for the protection of agricultural water uses. Winnipeg, Manitoba, Canadian Council of Ministers of the Environment, 1999

[26] ANZECC and ARMCANZ. Australia and New Zealand guidelines for fresh and marine water quality. Canberra, Australia: Australia and New Zealand Environmental and Conservation Council and Agriculture and Resource Management Council of Australia and New Zealand, 2000

[27] ECB. Technical guidance document on risk assessment in support of commission directive 93/67/EEC on risk assessment on new notified substances, commission regulation (EC) No. 1488/94 on risk assessment for existing substances and directive 98/8/EC of the European Parliament and of the Council concerning the placing of biocidal products on the market. part II. environmental risk assessment. Ispra Italy. European Chemicals Bureau, European Commission Joint Research Center, European Comminities, 2003

[28] Traas T P e. Guidance document on deriving environmental risk limits. RIVM report 601501012, BA Bilthoven: RIVM, 2001

[29] 罗丽. 日本生态安全保护法律制度研究. 河北法学，2006, 24 (6): 119-121

[30] 程惠民，金洪钧，杨璇. 推导保护水生环境质量标准的方法研究. 上海环境科学，1998, 17 (4): 10-13

[31] USEPA. Guidelines for deriving numerical national water quality criteria for the protection of aquatic organisms and their uses. PB 85-227049, 1985

[32] Sloof W. RIVM documents. Ecotoxicological effect assessment: deriving maximum tolerable concentrations (MTCs) from single-species toxicity data. RIVM Report No. 719102018. 1992

[33] Van der Gaag M A, Stortelder P B M, Van de kooi, et al. Setting environmental quality criteria and sedimenta in the Netherlands: a pragmatic ecotoxicological approach. European Water Pollution Control, 1991, 1 (3): 13-20

[34] CCME. A protocol for the derivation of water quality guidelines for the protection of aquatic life. 1991

[35] Ontario Ministry of the Environment. Ontario's water quality objective development process. Aquatic Criteria Development Committee, Water Resources Branch, Ontario Ministry of the En-

vironment，1991

[36] Tregumno R. Risk assessment of existing substance. Guidance produced by a UK government/industry working group (Chaired by R Tregumno，Department of the Environment)，1993

[37] 陈艳卿，孟伟，武雪芳，等. 美国水环境质量基准体系. 环境科学研究，2011，24 (4)：467-474

[38] USEPA. Recalculation of State Toxic Criteria. Office of Water Regulations and Standards. 1982

[39] USEPA. Water Quality Standards Handbook. 1994

[40] TNRCC. Texas Surface Water Quality Standards. 2000

|第 4 章| 我国水环境质量基准与标准研究

4.1 我国水质标准发展

水环境质量标准（water quality standard，WQS），简称水质标准，是以水环境质量基准为理论依据，在综合考虑自然条件和国家或地区的人文社会、经济水平、技术条件等因素的基础上，经过综合分析所制定的，是由国家有关管理部门颁布的水环境中目标污染物的管理阈值或限度，具有法律效力。水环境质量标准是在国家一定区域环境内，为保护江河湖库等地面水域、地下水和海洋水环境免遭污染物危害，保护饮用水水源和水资源的合理开发利用，保护人群健康，维护水生生态系统良性循环及促进生产发展而制定的。基于水质标准，可以设定水质管理计划、计算水环境容量以及制定相关污染物排放限值等，水质标准在水环境管理中具有极其重要的作用。

我国的水质标准是根据不同水域及其使用功能分别制定的，始建于 20 世纪 80 年代，经过多年的发展和修订，已逐渐形成了一个相对完整的标准体系，根据所控制对象的不同，现有水环境质量标准有 5 类，分别为：地表水环境质量标准、海水水质标准、渔业水质标准、农田灌溉水质标准、地下水质量标准。水质标准不是一成不变的，它与一定时期的技术经济水平以及环境污染与破坏的状况相适应。因此，随着技术经济的发展，水质标准必将在发展变化中更加完善。

4.1.1 地表水环境质量标准的形成和发展

地表水环境质量标准是我国环境质量标准体系的重要组成部分。水环境质量标准对环境管理和可持续发展具有支撑作用，是控制流域水环境污染的主要手段之一，它为水环境质量评价和环境法规的实施提供了依据[1]。作为综合性环境标准的地表水环境质量标准，从 1983 年开始颁布实施以来，迄今已经修订多次，是我国水环境监督管理的核心与尺度，在水环境保护执法和管理工作中有不可替代的地位。1983 年，我国首次发布了《地面水环境质量标准》（GB3838—1983），是我国第 1 个水环境质量标准。该标准按地面水适用功能将环境水质分成 3 级，标准项目共 20 项，基本为一些综合性指标，初步对地面水的水质进行量化。随着经济的发展及科学技术的进步，为适应新的环境保护形势，需要对标准执行过程中发现的问题和不足进行修订。《地面水环境质量标准》（GB3838—1983）推行后，从环境管理的需要来看，该水质标准与区域水体功能联系不够紧密，级别偏少，不能适应多种功能类别的要求。因此，1988 年对其进行了首次修订，出台了《地面水环境质量标准》（GB3838—1988）。该标准将地面水环境质量标准分成 5 类，共 20 项标准，并首次规定了相应的测试标准。《地面水环境质量标准》（GB3838—1988）将水质分级管理改为分类管理，将全国水域分为 5 类使用功能，不同功能水域执行不同的标准，且有季节性功能的水域可分季划分类别，使 "高功能水域高标准保护，低功能水域低标准保护" 的战略思想在广泛的时间、空间范围内得以实施；同时对排污口水域形成的混合区给以合法地位；强调水质单因子评价，水质水期平均值单项超标即表明使用功能受到损害；污染水体的危害程度根据水质本底特征、硬度修正方程、水域使用功能和特征水生生物做综合分析，并采用了国际上 20 世纪 80 年代对非离子氨的水生生物基准的最新研究成果，将非离子氨的毒害作用突出，制定非离子氨标准，规定了氨氮检测值。《地面水环境质量标准》（GB3838—1988）的上述特点，为我国实行水域水质分类管理创造了条件，并为划分水环境功能保护区，推行污染物排放总量控制提供了技术依据。实践证明，GB3838—1988 标准的基本框架和制定依据是合理、可行的。然而，GB3838—1988 水质标准与国际先进水平相比还是显得落后，仅相当于美国等发达国家 20 世纪 60 年代末或 70 年代初的水平。尽管标准的基本框架和制定依据合理，但在标准的项目上没有较好反映出当时我国水环境中有机污染危害突出的特点。

《地面水环境质量标准》（GB3838—1988）执行以来，对我国水环境保护起到了一定的作用。随着改革开放后经济的迅速发展，人民群众对环境质量的要求不断提高。GB3838—1988 标准经过 10 年实施已不适应我国环境保护事业发展，鉴于 GB3838—1988 标准中缺少对有机化学物质的控制标准，国家环境保护总局于 1999 年再次对水质标准进行了修订，出台了《地表水环境质量标准》（GHZB1—1999）。GHZB1—1999 中标准项目共 75 项，其中基本项目 31 项，以控制湖泊水库富营养化为目标的特定项目 4 项，以控制地表水 I 类、II 类、III 类水域有机化学物质为目标的特定项目 40 项。与原标准相比，增加了粪大肠菌群、氨氮和硫化物等指标，删除了总大肠菌群一项指标，将苯并［a］芘改为特定项目，同时修订了水温、凯氏氮、总磷、高锰酸盐指数、化学需氧量 5 个项目的标准值[2]。GHZB1—1999 标准在基本项目的基础上还增加了地方可自行选择的特定项目，为区域水质管理提供了更大的空间。基本项目适用于全国江河、湖泊、运河、渠道、水库等具有使用功能的地表水水域，满足规定使用功能和生态环境质量的基本水质要求。特定项目适用于地表水域中特定污染物的控制，主要是湖泊富营养化控制指标和有机化学物质指标，由各级人民政府环境保护行政主管部门根据本地环境实际状况确定，作为基本项目的补充指标。需要说明的是，新标准中有机物质特定项目的限值只适用于地表水 I 类、II 类、III 类水域[2]。这些有机物质特定项目对自然保护区、饮用水水源地等高功能水域，提出了更可靠的保护要求，标志着我国的水污染控制重点，逐步从防治黑臭，向保护人体健康和水生生物的方向转变。此次修订，保持原标准基本框架，增加了地表水特定项目标准，以加强高功能水域的有毒化学物质的控制；增加了湖泊水库特定项目标准，以体现对湖库水体富营养化的控制；采纳部分科研成果，如对低耗氧有机污染物的限值进行了数值改动。这将会进一步与国际水质标准接轨，减少我国与先进国家水质标准的差距；也将对我国界河、界湖水质有机污染研究提供有利的依据。

　　2002 年，根据环境中有机物污染物种类、环境暴露浓度剧增的现状，我国对水质标准进行了第 3 次修订，发布了《地表水环境质量标准》（GB3838—2002）。GB3838—2002 标准的项目共 109 项，其中基本项目 24 项，集中式生活饮用水地表水源地补充项目 5 项，集中式生活饮用水地表水源地特定项目 80 项[3]。新标准日益完整，更切合实际，可操作性更强，更有利于水质现状的改善。与 GHZB1—1999 相比，GB3838—2002 在地表水环境质量标准基本项目中增加了总氮 1 项指标，删除了基本要求和亚硝酸盐、非离子氨及凯氏氮 3 项指标，将硫酸盐、氯化物、硝酸盐、铁、锰调整为集中式生活饮用水地表水源地补充项目，修订了 pH、溶解氧、氨氮、总磷、高锰酸盐指数、铅、粪大肠菌群 7 个项目的标准值，删除了湖泊水库特定项目标准值，强化了集中式饮用水源地水质的保护，增加了集中式生活饮用水地表水源地特定项目 40 项（有机化学物质 30 项，无机物 12 项，消除了原标准的 2 个项目）[3]。集中式生活饮用水地表水源地一级水源保护区和二级保护区应分别满足地表水环境质量标准基本项目 24 项的 II 类和 III 类标准值，同时应满足补充项目和特定项目的要求。新标准保持了原标准水域水质按功能分类、宏观控制的原则，强化了集中式饮用水源地水质保护内容；结合国情，吸收了美国等国家关于基准、标准的最新研究成果。

　　水质标准是国家环保部门进行行政管理、保证水体水质良好的重要依据。在地表水环境质量标准的几次修订中，从项目的制定到标准值的大小，体现了我国科学技术的进步，考虑了我国的经济实力和符合我国当前的实际情况。水质标准分为国家标准、行业标准和地方标准 3 级。地方水环境质量标准是对国家水环境质量标准的补充。其中，如黑龙江省松花江水系污染防治工作开展得比较早，并且取得了一定的成效。黑龙江省人民政府于 1981 年颁布了黑龙江省松花江水系环境质量标准，是国内制定地方水环境质量标准的首例。松花江每年有近 5 个月冰封期，污染物在冰封期与国内其他河流相比有明显的不同。国家级水质标准没有考虑到个别流域的水系冰封期。2005 年，在充分考虑到松花江冰封期的水环境质量问题的情况下，参照国内外已开展过的一系列研究成果，制定出以保护沿江水源地水质和保护国际界河水质为目的的氯苯类水环境质量标准，标准分为明水期水质标准和冰封期水质标准[1]两种。此外，国内学者对地表水水质标准也有一定的研究。如刘永懋[4,5]等在对地表水甲基汞环境质量标准的制定进行了研究，概括了该标准编制的原则和标准值的确定方法；李学灵等[6]对《地面水环境质量标准》（GB3838—1988）中Ⅱ类、Ⅲ类规定的污染物参数——石油类标准值的适用性进行了论证，并结合我国的实际情况，提出较适宜的水质标准值；王铁宏等[7]提出了将悬浮物纳入地表水水质标准的建议；张秀敏等[8]分别对滇池水质标准制定的依据和原则，以及水质标准的分类和项目进行了探讨；甄明泽等[9]依据水质现状和河流的功能区水质保护目标，研究了天津市市属河道和水库水环境功能区的水质标准。

4.1.2 海水水质标准

海水水质标准是为防止和控制海水污染，保护海洋生物资源和其他海洋资源，维护海洋生态平衡，保障人体健康，而制定的水质标准。1982 年，我国颁布了第 1 个海水水质标准（GB3097—1982）。此标准按照海域的不同使用功能和保护目标，将海水水质分为 3 类，共 25 项水质指标，其中考虑了底质对海水水质和植物生长的影响。

1997 年，我国对 GB3097—1982 标准进行了修订，颁布了《海水水质标准》（GB3097—1997），此标准即为现行的海水水质标准。现行的标准将海水水质分为 4 类，水质指标共 35 项。与 GB3097—1982 相比，现行的标准水质分类更为细致科学。删除了底质、无机磷 2 项指标，增加了粪大肠菌群、生化需氧量（BOD_5）、非离子氨、活性磷酸盐、六价铬、镍、苯并 [a] 芘、阴离子表明活性剂以及放射性核素（^{60}Co、^{90}Sr、^{106}Rn、^{134}Cs、^{137}Cs）9 项，并将指标油类改为石油类，有机氯农药改为六六六、滴滴涕、马拉硫磷、甲基对硫磷 4 项。现行标准分别对水温、溶解氧、COD、重金属等 15 项指标进行了修改。其中，GB3097—1982 标准的硫化物以溶解氧计，无机氮没有具体说明，而现行标准的硫化物以 S 计，无机氮以 N 计，余下的 13 项指标，现行标准均比 GB3097—1982 标准严格。

4.1.3　地下水质量标准

为保护和合理开发地下水资源，防止和控制地下水污染，保障人民身体健康，我国于 1993 年正式颁布了《地下水环境质量标准》（GB/T 14848—1993）。该标准依据我国地下水水质现状、人体健康基准值以及地下水质量保护目标，并参照生活饮用水、工业、农业用水质量要求，将地下水质量划分为 5 类。标准中给出了 39 项水质指标，包括感官指标、一般化学指标、卫生学指标和放射性指标，并对各类水质中的水质指标进行了最大允许值的界定[10]。

随着我国地下水污染日益加剧，并随着我们对地下水水质状况认识不断加深以及对人体健康基准研究的不断深入研究，在使用过程中逐渐发现了该标准存在的问题。如林良俊等[11]指出了 GB/T 14848—1993 标准有机污染物指标缺乏，部分指标值不合理等问题，不能全面反映我国地下水质量状况，并提出具体的修订建议。多超美等[12]根据鄱阳湖地区地下水的环境背景值，提出了制定该地区地下水环境质量标准的初步方案构想，该方案中将地下水水质分为 5 类，同时包括了感官性状指标、一般化学指标和毒理学指标等 28 项不同类别的指标值；因此，有关我国地下水标准的修订研究还需进一步深入探讨研究。

4.1.4　农田灌溉水质标准

随着我国国民经济的发展，水资源日益匮乏，并导致了污水灌溉现象日益增多。为防止土壤、地下水和农产品的污染，保护人体健康，维护土壤生态平衡，1978 年，原农林部会同有关单位共同编制了《农田灌溉水质试行标准》（TJ 24—1978），要求农田灌溉用水的水质应符合该标准。

1985 年，国家正式发布了《农田灌溉水质标准》（GB5084—1985）。GB5084—1985 标准适用于全国以地面水、地下水、工业废水以及城市污水作水源的农田灌溉用水。该标准根据灌溉水的用途，将农业灌溉水水质要求分为两类，共 22 项指标，并根据两类灌区分别制定各指标的标准值。值得注意的是，该标准规定各项标准值均指单次测定最高值，而非多次测定的平均值[13]。农田灌溉水质标准为加强我国污水灌溉的管理，控制污水灌溉对环境的污染起到了良好的作用。1992 年，国家对

GB5084—1985 标准进行了第 1 次修订，发布了《农田灌溉水质标准》（GB5084—
1992）。GB5084—1992 标准适用于全国以地面水、地下水和处理后的城市废水及城
市污水水质相近的工业废水作水源的灌溉用水。GB5084—1992 标准对水质的分
类方法作了修订，改为根据农作物的需求状况，将灌溉水质按灌溉作物分为 3
类：水作、旱作和蔬菜。该标准有 29 项指标，与 GB5084—1985 标准相比，增加
了 7 个指标，其中有机污染物综合指标 6 项、卫生学指标 1 项，分别为：生化需
氧量（BOD_5）、化学需氧量（COD_5）、悬浮物、阴离子表面活性剂、凯氏氮、总
磷（以 P 计）、蛔虫卵数[14]。

2005 年，国家对农田灌溉水质标准进行了第 2 次修订，发布了《农田灌溉
水质标准》（GB5084—2005）。GB5084—2005 标准将控制项目分为基本控制项目
（16 项指标）和选择性控制项目（11 项指标）。基本控制项目适用于全国以地表
水、地下水和处理后的养殖业废水及以农产品为原料加工的工业废水为水源的农
田灌溉用水；选择性控制项目由县级以上人民政府环境保护和农业行政主管部
门，根据本地区农业水源水质特点和环境、农产品管理的需要进行选择控制，所
选择的控制项作为基本控制项目的补充指标。与 GB5084—1992 标准相比，减少
凯氏氮、总磷两项指标，修订了五日生化需氧量、化学需氧量、悬浮物、氯化
物、总镉、总铅、总铜、粪大肠菌群数和蛔虫卵数共 9 项指标[15]。农田灌溉水
质标准的实施使水资源紧缺地区污水农用科学化，同时可以减轻农田的污染，改
善农业生态环境。

4.1.5 渔业水质标准

渔业水质标准主要应用于渔业水域的监督管理，防止和控制渔业水域水质污
染，维护良好的生态系统以及水生资源，保证鱼、虾、贝类等水产品的正常生长
和质量，保障人类健康。同时，渔业水质标准不只是满足养鱼用水的要求，更重
要的是保护天然的水产资源，因此渔业水质标准具有保护整个天然水域的性质。
我国《渔业水质标准（试行）》（TJ 35—1979）中，共规定了 34 个项目，其中 6
项是对渔业水域水质状况作出规定，28 项是规定的毒害物质。我国对汞、镉、
铜、滴滴涕和六六六等毒物的规定提出了从严要求。因为它们在生物体内有高度
的富集能力，属于潜在性毒物。1979 年我国颁发的渔业水质标准，暂时未制定
甲基汞的标准。

经过 10 年的实践，我国于 1989 年正式发布了《渔业水质标准》（GB11607—
1989）。该标准共有 33 个项目，包括水体自然性状项目 4 项、富营养化类生态项

目 3 项、理化毒性项目 25 项和微生物项目 1 项。与 TJ 35—1979 相比，增加了总大肠菌群、非离子氨、凯氏氮、乐果、甲胺磷、甲基对硫磷和呋喃丹，删除了苯胺、对硝基氯苯等 8 种有机污染物。GB11607—1989 更加重视对农药的检测。

渔业水质标准的制定是开展渔业环境管理的基础，因此需要保证标准设定的实用性和有效性。近年来随着工农业的快速发展，新的污染物的出现以及对新污染物的科学认识的提高，我国渔业污染的主要类型已发生了变化，表现为有机物污染占主导地位。因此，为满足渔业水域水质控制与管理，保证渔业生产和水产品质量，《渔业水质标准》有以下几个亟须解决的问题。第一，渔业水质标准中的监测项目需要扩充，包括热污染类、不同价态的重金属指标、水体富营养化类指标、有机毒性污染物和渔药等。第二，对标准值的设定，应该考虑到淡水水生生物和海洋生物对相同污染物耐受力的不同，这一点没有体现在现行的渔业水质标准中。在《渔业水质标准》中，采取一个标准值既用于评价淡水生物的水质状况，又用来评价海水生物的水质状况，是有局限性的。同时，标准值也没有考虑生物累积性因素的影响。1982 年，天津首次制定了地区性渔业水质标准——《蓟运河渔业水质标准》。此标准可以有效地限制工厂企业向河里排放污水，在保护水质、保障人民健康方面将发挥有益的作用。一些研究者如尹伊伟等[16]根据氯对鱼类、溞类及藻类的急性及亚致死毒性结果，对我国的渔业水质标准中的氯的标准值提出了建议。刘永懋等[17]通过鱼类对汞和甲基汞的富集试验研究，提出了甲基汞渔业水质标准建议。环境标准作为环境监督管理的核心与尺度，是国家环境政策的具体体现。我国的水环境标准发展至今，已形成较为完善的体系。近年来，我国为适应发展变化的水资源管理和监测形势，不断修订和实施水环境质量标准，在重点关注的环境污染物中，越来越重视对重金属及有毒有机污染物的监控与相关环境标准的制定与执行。

4.1.6　水质标准之间的关系

在我国的水质标准中，各个标准之间的关系是相辅相成的。《地面水环境质量标准》是针对水域不同使用功能而制定的分类水域水质标准，是评价地表水环境质量状况的基本依据。该标准适用于整个流域水质的宏观控制和上下游不同使用功能的统筹规划，是各专业用水区相互协调的依据，也是各专业用水标准确定适用范围的依据。《农田灌溉水质标准》的目的是为了保护农作物及土壤生态环境。而《地面水环境质量标准》中的 V 类水域不仅考虑了保护农作物，同时还考虑了地面水水环境基本生态保护要求。因此，这两个标准的管理对象和适用范围是不同的。《农田灌溉水质标准》只能用来评价用作农灌的水是否符合要求，并对其进行监督管理；而《地面水环境质量标准》用来评价和管理标准中规定的农业用水区（Ⅴ类）。根据《地面水环境质量标准》功能分类要求，批准划定的单一渔业保护区或鱼虾产卵场的水域应执行《渔业水质标准》；《地面水环境质量标准》中Ⅱ、Ⅲ类水域均涉及渔业保护区，如果这两类水域为非单一渔业保护区，则执行《地面水环境质量标准》。总之，水质标准的修订在与科学技术的进步相一致的同时，还要注意符合公众对环境质量的要求，体现以人为本的原则，逐步适应国家社会、经济、环境发展的需要。

4.2 我国水质基准研究状况

当前我国尚没有完全进行系统的水环境质量基准研究，也还没有建立水环境质基准技术体系；现行的水质标准值主要是参考美国的水质基准数据以及日本、前苏联和欧洲等国家及地区的水质基准或标准值确定。但因为水生态系统的生物区系、水质状况及人体特征等各方面的差异，直接依据国外的水质基准或标准值来制定我国的水质标准，可能会对我国水生态系统及人体健康造成"过保护"或"欠保护"。目前迫切需要开展适合我国国情的水质基准研究，以便更有针对性地建立我国的水环境质量标准体系。

4.2.1 我国水质基准研究进展

我国水质基准的研究起步较晚，至今只有近 20 年的研究历史，相关报导较少。如张彤等[18]采用美国水质基准技术对生产行业的可能出现的丙烯腈污染物进行了研究，利用 8 种水生生物的急性毒性数据、2 种慢性毒性数据和浮萍生长毒性抑制试验数据进行风险评估推导讨论，得到丙烯腈的 CMC 为 2.156 mg/L，CCC 为 0.575 mg/L。相比较而言，USEPA 目前制定的保护人体健康的丙烯腈基准水质基准为 0.051 μg/L（消费水和生物）和 0.25 μg/L（只消费生物），可以看出，我国学者在数据推算过程中的全面性和系统性方面还有很多地方需要改进。雷炳莉等[19~21]采用了美国和欧洲的 SSD 技术，对太湖的氯酚类化合物进行水质基准探讨，也尝试性地使用了生态毒理模型法进行方法比较；认为生态毒理模型法相对较佳，但同时也具有较高的不确定性。关于生物学基准的研究，国内学者还甚少关注，马陶武等[22]以太湖为例，以底栖动物综合生物指数法对太湖生物基准进行了探索。

从国内营养物基准制定的进展来看，河口以及河流、湖库等水体的营养物基准制定普遍滞后于水生生物基准的制定，目前仍处于探索阶段。我国河口营养物基准的技术指南的制定可以借鉴国外的经验，尝试性开展全国河口及近岸海域生态分区研究，然后选择部分研究基础较好、富营养化问题较突出的河口，率先开展河口营养物基准研究探讨和示范，并以此为基础研究制定技术指南。霍守亮等[23]对湖泊营养物基准制定的方法学和指标变量的选取进行了概述，通过归纳分析，对建立我国湖泊营养物基准制定的方法体系，指导我国湖泊营养物基准的制定提出了一些有用的建议。目前我国还缺乏统一的湖泊营养物生态分区技术方法体系，迫切需要根据不同区域特点和不同类型的湖泊，可采用基于主成分分析、聚类分析、判别分析和空间自相关等分区模型科学地进行分区，并在此基础上制定出具有针对性的不同分区湖泊营养物基准和富营养化控制标准及其分级技术体系，为科学地制定我国湖泊营养物基准提供技术支持。由于沉积物中污染物的迁移、转化、生物累积及界面过程等的复杂性，目前仍缺乏关键有效的研究手段。

我国对沉积物质量基准研究起步较晚，且多集中于重金属质量基准，对有机物质量基准的研究较少，并且到目前为止还没有正式的沉积物质量基准技术规范。因此，完善和健全沉积物质量基准体系将会是目前的重要研究内容之一。刘文新等[24]探讨了应用沉积物质量三元法和平衡分配法建立河流沉积物重金属质量基准的可能性；利用相平衡分配法，以江西乐安江表层沉积物为对象，研究了该流域重金属（Cd、Cu、Cr、Zn、Pb）的沉积物质量基准。祝凌燕等[25]介绍了运用相平衡分配法建立水体沉积物中的有机污染物基准的研究进展，并指出相平衡分配法存在的问题。以天津某污水库的表层沉积物为对象，初步探讨了该水体中重金属（Cd、Cu、As、Hg）和有机氯农药（DDT、六六六）的沉积物质量基准的推荐值分别为 4.3 mg/kg、86 mg/kg、218 mg/kg、0.45 mg/kg、18 000 mg/kg和270 mg/kg。王立新等[26]根据国内外水体沉积物质量基准研究的最新成果，介绍了国际上广泛采用的生物数据库法的新进展，并且以渤海锦州湾海洋沉积物为例，运用生物效应数据库法建立重金属（Cu、Pb、Zn、Hg）沉积物质量基准，通过检验证明所得基准的正确性。陈云增等[27]总结了近20年来主要的水体沉积物环境质量基准的建立方法，对各种方法的适用范围和局限性作了阐述和比较，并对目前基准建立方法研究中存在的主要问题进行了分析。对于保护人体健康的水质基准，国内有少数学者对推导方法进行了介绍性探讨[28]。这些研究为进一步制定我国污染物的水环境质量基准方法提供了前期研究依据。

国内一些学者主要参照美国、欧洲等发达国家和地区的相关方法，对我国水环境污染物的相关风险评估阈值或基准限值进行应用性的探讨，但由于本土物种的有效毒性数据缺乏、数据的系统质量控制不高，当参照国外模型方法时，因经验不足，对一些技术关键因素的理解或考虑不够，并且对研究工作的整体性、系统性设计等重要因素还较欠缺，往往经推算获得的结果质量不高，研究得到的目标污染物在相关场景水体中的基准限值不确定性较大，还无法与 USEPA 推荐的基准值的科学可靠性相媲美。

总体来说，我国水质基准的研究还很薄弱，至今还没有达到有效支撑我国水质标准体系建设的目的。随着我国水环境管理的深化，我国水污染控制在经历了浓度控制和目标总量控制后，正在向容量总量控制方向转变，从化学污染控制向水生态风险管理方向转变。在此过程中，水质标准本身的科学性、合理性、适用性和可操作性成为容量总量控制全面实施的关键要素之一。水质基准决定着水质标准的科学性、准确性和可靠性，因此，研究并建立一套完整科学的我国水质基准方法体系是保障我国水环境安全、实现我国环境管理战略目标的重大需求。

4.2.2 我国水质基准研究成果

1. 初步建立水环境基准体系技术规范

1）水生生物基准制定技术规范

基本内容包括：①区域水环境优先污染物识别技术，包括优先污染物筛选与排序的方法、污染物连续环境浓度的监测标准等；②区域代表水生生物筛选技术，包括区域水生生物种类、营养级构成等特征辨析以及本地代表生物种的筛选等；③区域水生生物基准指标获取技术，包括毒性测试方法标准化、区域水环境生物毒理学效应关键指标识别与优选方法、水环境水生生物安全基准指标体系构建等；④基准值的计算推导技术，包括基准值推导方法、基准值校正等。

2）沉积物安全基准制定技术规范

A. 模型的建立

基于 3 个重要的假设：①化学物质在沉积物/间隙水相间的交换快速而可逆，处于热力学的平衡，因而可用分配系数描述这种平衡；②沉积物中化学物质的生物有效性与间隙水中该物质的游离浓度（非络合态的活性浓度）呈良好的相关关系，而与总浓度不相关；③底栖生物与上覆水生物具有相近的敏感性，因而可将水质基准应用于沉积物质量基准中，建立的理论模型如下：

$$C_{SQCi} = K_P \times C_{WQCi} + [Me_i]_r + [AVS - Me_i]_{max} \qquad (4.1)$$

式中，C_{SQCi} 为沉积物质量基准；K_P 为平衡系数；C_{WQCi} 为水质基准；$[Me_i]_r$ 为沉

积物中第 i 种重金属的残渣态含量；$[AVS - Me_i]_{max}$ 为沉积物中 AVS 能结合第 i 种重金属的最大量。

B. 参数的确定

重金属在沉积物与水相之间的平衡分配系数 K_P 是建立沉积物质量基准的关键。K_P 是一系列复杂因素，包括沉积物自身性质和组成、沉积物 - 水界面环境条件的函数，即

$$K_P = f\,(沉积物组成和性质，pH，Eh，T，\cdots) \tag{4.2}$$

K_P 有两类求算方法，一类是利用现场或实验室测得的数据直接计算，另一类是利用数理模式和模拟实验相结合间接计算。

采用的方法是利用现场或实验室测得的沉积物和间隙水中各种重金属的浓度算出 K_P 值。这种利用沉积物和间隙水中各种重金属的浓度计算平衡分配系数的方法既简便且可信度较高，避免了模型、参数的复杂计算和其主观选择带来的不确定性。

2. 初步确立流域水生生物试验物种

选择我国主要流域中对特征污染物敏感、生态分布广、有经济实用价值、生物学遗传稳定且背景清楚、实验操作可行的水生态学代表性物种进行基准值研究，初步确定的我国流域代表性特征水生动物有：硬骨鱼纲鲤科的鲢鱼或鲫鱼（温水）和鲑科白鲑鱼（冷水），两栖类脊索动物中的蛙类幼体（林蛙蝌蚪），底栖甲壳类的青虾，浮游甲壳纲枝角类的大型溞，软体动物门的中国圆田螺或中国文蛤，昆虫纲的摇蚊幼虫或蜻蜓目幼虫。同时，建立了国际通用模式生物物种库，包括：鲤科斑马鱼（*Brachydanio rerio*），浮游甲壳纲枝角类大型溞（*Daphnia magna*），水生植物类单细胞生物绿藻（*Chlorella* sp.）（图 4.1）。

斑马鱼

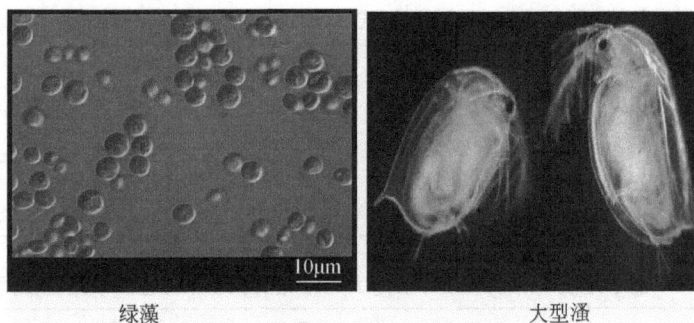

绿藻   大型溞

图 4.1 斑马鱼、绿藻及大型溞

3. 提出了一批流域特征污染物的基准建议值

1）水生生物基准建议值

研究提出若干特征污染物的水生生物基准建议值，见表 4-1。

表 4-1 本研究推算的基准建议值与美国相应基准值的对比 （单位：μg/L）

污染物	美国国家水质基准		本研究获得水质基准	
	CMC	CCC	CMC	CCC
Cd	2.0	0.25	1.81	0.21
Cr（Ⅵ）	16	11	10~55.6	
Cu	9	13	7~70	
氨氮	880~48 800	180~10 800	160~2000	
硝基苯	17~30		30~60	
2,4,6－三氯苯酚	1.4		50	
4－硝基酚	2.0		56	

2）沉积物质量基准建议值

研究提出的重金属沉积物质量基准建议值见表 4-2、表 4-3 和表 4-4。

表 4-2 镉和铜的初步沉积物质量基准阈值 （单位：mg/kg 干重）

数值类别	Cd	Cu
基准阈值	0.74	1.00
辽河平均含量	1.0	23.8
辽河最大值	1.5	64.2
太湖平均含量	0.8	26.4
太湖最大值	1.1	64.5

表4-3　基于地表水环境质量标准的辽河流域沉积物中重金属质量基准阈值

重金属	I 类	II 类	III 类	IV 类	V 类
Cd	0.91	2.40	2.40	2.40	4.27
Cu	32.3	500.1	500.1	500.1	500.1
Pb	11.9	11.9	33.8	33.8	61.3
Zn	96.3	948.7	948.7	1846.0	1846.0

表4-4　基于地表水环境质量标准的太湖流域沉积物中重金属质量基准阈值

重金属	I 类	II 类	III 类	IV 类	V 类
Cd	0.91	3.01	3.01	3.01	5.63
Cu	29.5	738.6	738.6	738.6	738.6
Pb	18.0	18.0	53.4	53.4	97.7
Zn	116.2	1248.3	1248.3	2440.0	2440.0

4. 初步建立流域生态风险评价的毒性数据推算方法

调研收集联合国环境规划署（UNEP）、世界经济合作与发展组织、欧盟、美国、日本等化学品管理及风险评价领先的国家及机构效应评价相关资料，分析比较了各国用于毒理学风险效应评价数据外推的统计外推法及评价系数法，据此制定出我国环境化学物质毒性效应风险评价数据外推方法系数，包括水生生态系统效应、沉积物效应、陆生生态系统效应及由于食物链蓄积导致的次生毒性效应等四个方面的风险评价毒理学外推无效应浓度的安全系数。

1）水生生态系统风险评价毒性数据外推安全系数

对于化学污染物质，根据可获得的水生生态毒理学数据，获得推导我国水生态环境的毒理学外推无效应浓度（PNEC）的安全评价系数见表4-5。

表4-5　水生态环境毒理学 PNEC 的推荐安全评价系数

数据要求	推荐安全评价系数
基础水平三个营养级别每一级至少有一项 L(E)C$_{50}$ 或通过污染物结构－活性（QSAR）推导的结果	1000
一项长期试验的 NOEC 或通过 QSAR 推导的结果	100
两个营养级别的两个种的 NOEC 或通过 QSAR 推导的结果	50
三个营养级别的至少三个种的 NOEC 或通过 QSAR 推导的结果	10
野外数据或模拟生态系统	视情况而定

2）沉积物风险评价毒理学 PNEC 计算方法

（1）平衡分配法计算 PNEC。可以利用下式计算 PNEC 沉积物：

$$\text{PNEC}_{沉积物} = \frac{K_{沉积物-水}}{\text{RHO}_{沉积物}} \cdot \text{PNEC}_{水} \cdot 1000 \qquad (4.3)$$

式中，$\text{PNEC}_{水}$ 为水中的预测无效应浓度（mg/L）；$\text{RHO}_{沉积物}$ 为沉积物的湿体积密度（kg/m^3）；$K_{沉积物-水}$ 为沉积物水分配系数（m^3/m^3）；$\text{PNEC}_{沉积物}$ 为沉积物中的预测无效应浓度（mg/kg）。

（2）评价系数法计算 PNEC。如果可以获得底栖生物完整的沉积物试验结果，则可以采用评价系数方法推导 $\text{PNEC}_{沉积物}$。但对于可获得的沉积物试验应该进行仔细的评估。在进行沉积物外推时，选用长期毒性数据进行外推。获得的我国化学污染物质在流域沉积物中外推 $\text{PNEC}_{沉积物}$ 时的推荐安全评价系数见表 4-6。

表 4-6　流域沉积物污染物外推 PNEC 沉积物推荐安全评价系数

数据要求	推荐安全评价系数
一项长期试验（NOEC 或 EC$_{10}$）	100
代表不同食性以及生活方式的物种两项长期试验（NOEC 或 EC$_{10}$）	50
代表不同食性以及生活方式的物种三项长期试验（NOEC 或 EC$_{10}$）	10

3）陆生生态系统风险效应毒理学 PNEC 计算方法

（1）平衡分配法计算 PNEC，见下式：

$$\text{PNEC}_{土壤} = \frac{K_{土壤-水}}{\text{RHO}_{土壤}} \cdot \text{PNEC}_{水} \cdot 1000 \qquad (4.4)$$

式中，$\text{PNEC}_{水}$ 为水中的预测无效应浓度（mg/L）；$\text{RHO}_{土壤}$ 为土壤的湿体积密度（kg/m^3）；$K_{土壤-水}$ 为土壤水分配系数（m^3/m^3）；$\text{PNEC}_{土壤}$ 为土壤的预测无效应浓度（mg/kg）。

（2）评价系数法计算 PNEC，初步给出了我国陆生生态系统进行化学污染物质风险评价时毒理学外推 PNEC 的安全评价系数，如果可以获得有关土壤生物敏感性的更多信息，应对评价系数进行修正。在进行陆生生态系统效应评价时，通过毒性试验研究，可以直接获得短期 L(E)C$_{50}$ 或长期 NOEC 值，因此进行数据外推时，可以采用推荐的安全评价系数（表 4-7）对毒性数据进行外推。

表 4-7　陆生生态系统风险评价毒理学外推 PNEC 的推荐安全评价系数

数据要求	推荐安全评价系数
一项短期试验的 $L(E)C_{50}$ 值（植物、蚯蚓或微生物）	1000
一项长期毒性试验的 NOEC 值（植物或蚯蚓）	100
两个营养水平的两项长期毒性试验的 NOEC 值	50
三个营养水平的三个物种三项长期毒性试验的 NOEC 值	10
野外数据或模拟生态系统	根据实际情况

4.3　我国水质基准与标准方法体系现状与问题

4.3.1　基准方法体系现状与问题

目前，我国水质基准的研究基础非常薄弱，使得以其为依据的我国水质标准的制定与修订只能直接参照或挪用国外水质基准或标准数值，缺乏严谨的科学依据，无法保证现行水质标准可以为我国水生态环境提供恰当的保护。从我国水质基准研究进展来看，我国水质基准研究还处于起步阶段，研究相对滞后，基本没有开展针对我国生物物种的系统的水质基准研究，没有正式的水质基准制定的技术规范文件和数据库，也没有建立科学系统的水质基准框架和体系，已进行的少量研究所利用的毒性数据也是有限的。美国是世界上最早开展水质基准研究的国家之一，具备较完善的水质基准与标准体系，主要包括：①美国的水质基准分为水生生物基准、营养物基准、沉积物质量基准、细菌学基准、生物学基准、野生生物基准、物理基准和人体健康水质基准。各个基准均有其制定的技术指南文件，根据各基准的技术指南，制定了一系列的水质基准值。同时，随着科学技术的发展，USEPA 会对基准技术指南和基准值进行修订。②美国具有水质基准制定所需的数据库，如生物毒性数据库和国家营养物数据库等。③美国的水质基准体系可以分为三级，分别是国家基准、州特异性基准和小区域特异性基准，其中国家水质基准由 USEPA 颁布，地方基准由各州制定。而相对而言，我国水质基准研究与世界发达国家存在很大的差距，远远满足不了我国环境保护事业发展的需要。

在发达国家，由于各种环境基础数据的逐渐积累，使水质基准的推导更加准确和有针对性。由于区域环境差异特征会对水质基准产生影响，目前，多数研究集中于使用国外分析方法结合我国毒性数据，推导适合我国的水质基准。这虽为我国的水质基准的深入研究提供了丰富的参考资料，但是由于我国的水质基准研究还处于起步阶段，因此制定水质基准所需的如生物急慢性毒性实验、生态风险评价和环境行为等方面的基础数据还十分缺乏，基础储备不足。我国水质基准尤其是区域水生态基准的制定目前最大困难是缺少模式生物物种，可获得的具有中国水生物特征的模式生物物种只有很少的一部分，这就导致具有中国流域或区域水体特征的毒性数据的缺乏，填补这方面的不足是一个长期而又艰巨的任务。我国水质基准研究需针对现时我国水环境管理中的迫切需求开展，包括积极推进优先控制污染物的筛选、本土物种的选育以及标准毒性测试方法的建建设，以及构建我国本土物种毒性数据库，为基准研究提供充沛的科学数据支持。

我国目前水质基准的研究大都集中于具体基准值的推算和技术方法的探讨，关于水质基准体系的构建以及验证性研究报导很少。闫振广等[29]借鉴美国"国家 – 州 – 区域"水质基准体系，在国家、流域和区域三种尺度上对我国镉基准进行了研究，为构建基于水生态功能分区的水质基准/标准体系提供了有益参考。但总体来说，我国水质基准研究成果还较少，且缺乏整体的系统研究。随着经济的发展，中国许多水体都出现了富营养化的问题。国内学者已经对富营养化问题进行了较多的研究。但是，水体的污染机理和自然演变过程认识还需深入，水环境的物理、化学、生物和毒理过程仍不清楚。因此，需要在揭示水环境自身演变规律和污染过程的基础上，建立水环境的营养物基准。沉积物是水生态系统的重要组成部分，对水生态系统起着十分重要的作用。沉积物涉及污染物在水和生物等多介质之间的迁移转化过程，它既是对水质基准的完善的前提，也是评价沉积物污染和生态风险的基础。因此，开展营养物基准和沉积物质量基准研究可以保护水生态系统、完善和健全水环境基准体系，弥补现有水质基准体系的不足。

我国的水质基准的系统性研究薄弱，对水质基准体系的建立缺乏较为全面的阐述，目前尚未建立适宜于我国水生态系统保护的水质基准体系，对基准在标准体系中的作用也缺乏足够重视。

目前我国的水质基准研究，主要关注对水生态系统的保护，基本没有考虑人体健康的安全性问题。因此，亟须以保护人体健康为目标，阐明特征污染物的归趋、环境暴露和健康风险，根据国情和生活习惯建立和开发内/外暴露的定量方法及模型，开展人体健康水质基准研究，为我国水质基准体系的建立提供科技支撑。将保护水生态系统与人体健康进行有机的统一，必将为我国水质基准理论和体系的发展起着十分重要的推动作用。

水质基准研究中存在很多不确定性因素，如水生生物的物种分布、试验方法的规范、毒性数据的选择、推算技术的运用等。研究过程中需要对技术规范、关键物种和关键文献等进行深入的分析和讨论，推算结果以及接受同行评议和公众认可，广泛听取各方面意见，才能最大程度地降低不确定性，制定出较为科学可靠的水质基准值。因此，还需充分认识到基准研制过程的复杂性。随着保护生物多样性和环境风险管理的强化，制定符合我国国情的水质基准已势在必行。但是，我国水质基准的系统研究才刚刚开始，需要在充分借鉴国外先进技术和经验的基础上，针对我国水环境管理的迫切需要确定重点研究方向，积极稳妥推进，才能为我国流域管理提供科学有效的技术支撑。

4.3.2　标准方法体系现状与问题

水质标准体系是对水质标准工作全面规划、统筹协调相互关系，明确其作用、功能、适用范围而逐步形成的一个完整的管理体系。我国目前已经建立了较完备的水质标准体系，包括《地表水环境质量标准》、《海水水质标准》、《渔业水质标准》、《农田灌溉水质标准》和《地下水质量标准》。我国水质标准分为国家标准和地方标准两级。地方水质标准是对国家水质标准的补充。按法律规定，国家和地方水环境保护标准分别由国务院环境保护部门和地方省级政府制定。我国的水质标准是根据不同水域及其使用功能分别制定的。

目前在我国水环境管理中发挥重要作用的各种水质标准都是依据国外水质基准或标准数值制定的。由于水质基准受物种分布、水质状况及生态系统类型等各种因素的影响，因此参照其他国家的水质基准制定我国的水质标准，将会降低我国水质标准的科学性，从而使我国水质标准极有可能对我国水生态环境造成"过保护"或"欠保护"，无法真正保障我国水生态系统安全。不同的生态区域有不同的生物区系，对一个生物区系无害的毒物浓度，也许会对其他区系的生物产生不可逆转的毒性效应。因此，USEPA 规定，用于推导保护美国水质基准值的生物毒性数据，只能是以北美分布的野生生物作为试验物种而获得的。欧洲共同体在评价水生态系统环境状况时，也严格区分鲤科鱼类水系和鲑科鱼类水系。从鱼类区系来说，美国鱼类主要是鲑科，而我国的淡水鱼类有一半以上属鲤科。这两科鱼在对生活环境的适应性和要求，以及对毒物的耐受性上有很大的差异，因此仅参考美国等其他国家的水质基准数据来制定我国的水质标准，只能是权宜之计。缺乏充分的科学数据说明我国现行的水质标准可以为大多数水生生物提供适当的保护,我国的水质标准能否对水生态环境提供恰当保护还值得商榷。此外,我国目前的水质标准体系,还无法对水环境的差异化风险管理提供有效的技术支撑。

我国现行的水质标准以化学标准和物理标准为主,体系尚不完整,不能对水环境质量进行全面的评价。由于我国的水环境质量标准以水化学指标为主,缺乏相关的营养物、沉积物以及水生生物等标准内容,造成不能综合反映水体的生态状况及表征水生态系统对于水质变化的响应关系,难以达到面向水生态系统保护的容量控制策略的需求。与美国相比,我国水体的核心功能并不是追求人体健康、水生态系统安全,而是更偏重于对水体资源用途的保护。例如,流域大部分河段往往都被划定为工业或农业用水功能,所对应的水质标准难以满足水生态系统保护的需求。采取高功能水质标准严于低功能水质的原则,虽然有利于操作和管理,但不同功能的水质标准并不能完全相互涵盖,现行的水质标准体系存在缺陷。另一方面,相同功能的水质标准限值在不同水质标准中存在较大的差异[30],如《地表水环境质量标准》(GB3838—2002)中饮用水标准与《地下水质量标准》(GB14848—1993)中饮用水的同级标准差异较大。在使用范围规定上,地表水中含有生活饮用水、一般工业用水、农业用水、景观娱乐用水等水质标准;地下水中含有生活饮用水水源、农业及部分工业用水等水质标准;海水中含有一般工业用水、渔业水域、景观娱乐用水等水质标准;渔业水中含有海水、淡水等;农田灌溉水中含有地表水、地下水等。水体使用功能的相互交叉与重复较为严重,水质标准之间难以衔接。虽然近几年来我国在水质标准体系的设计、标准值的设定、评价因子的确定等方面进行了不断的改进,但现有的水质标准体系还不够完善,缺乏相关的营养物、沉积物以及水生生物等标准内容,不能综合反映水体的生态状况及表征水生态系统对于水质变化的响应关系,难以满足水生态系统保护的容量控制策略的需求,与国外相比,在标准制定原理、分类、污染物项目选择和水体功能的识别与定位等方面还有较大差距。因此,我国迫切需要开展全面的水质标准的修订和改进工作,完善水质标准体系。

水质标准是中国水资源可持续利用的基础。对于进一步完善我国水质标准和有几点建议:

(1)加强我国水质基准的原创性研究能力。在借鉴国外已有的经验和技术成果的基础上,根据我国水生生物区系的特点和污染控制的需求,开展多学科交叉的环境污染生态学研究,为我国水质标准的制定提供科学依据。

(2)构建广义的水环境标准体系。在以生态完整性保护为目的的风险管理目标下，水环境标准体系将由过去单一的化学指标扩展到水化学、水生物、沉积物栖息地环境和生态完整性等方面，基准将成为制定标准的科学依据。

（3）水生态分区是制定水环境营养物与水生态学标准的空间单元，因此需要尽快制定全国的水生态分区指南方案，并开展水生态区的营养物水平、水生态系统完整性调查，尽快为全国的水质生态学标准制定奠定基础。

（4）水质标准的制定与颁布部门应相对统一，避免水环境标准政出多门，要增强环境标准的执行效率。

参 考 文 献

[1] 刘玉萍．松花江氯苯类有机污染物的水质标准制定．环境科学与管理，2006，31（6）：161-163

[2] 国家环境保护总局．地表水环境质量标准（GHZB1—1999）．1999

[3] 国家环境保护总局，国家质量监督检验检疫总局．地表水环境质量标准（GB3838—2002）．2002

[4] 刘永懋，翟平阳．地面水甲基汞环境质量标准研究概述．水资源保护，1996，2：1-8

[5] 翟平阳，马健，许承森，等．国家水质标准中甲基汞的制订原则、依据及其标准值的确定．北方环境，1998，（3）：21-23

[6] 李学灵．关于石油类污染物水环境质量标准的浅见．水资源保护，1992，2：38-41

[7] 王铁宏．关于是浮物应纳入"地表水环境质量标准"的建议．黑河科技，2000，（3）：6-7

[8] 张秀敏．滇池水环境质量标准研究．云南环境科学，1993，12（2）：1-4

[9] 甄明泽，钱燮超，程光，等．天津市水环境功能区划分方案及水质标准的确定．城市环境与城市生态，1999，12（6）：10-12

[10] 国家技术监督局．地下水质量标准（GB/T 14848—1993）．1993

[11] 林良俊，文冬光，孙继朝，等．地下水质量标准存在的问题及修订建议．水文地质工程地质，2009，1：63-64

[12] 多超美，曾昭华，丁汉文，等．地下水环境背景值研究在制定环境质量标准中的应用．水文地质工程地质，1990，（5）：43-46

[13] 国家环境保护局．农田灌溉水质标准（GB5084—85）．1985

[14] 国家环境保护局．农田灌溉水质标准（GB5084—92）．1992

[15] 中华人民共和国国家质量监督检验检疫总局和中国国家标准化管理委员会．农田灌溉水质标准（GB 5084—2005）．2005

[16] 尹伊伟，温晓艳，吕项辉，等．不同温度下氯对水生生物的毒性及制订渔业水质标准的探讨．生态科学，1992，2：41-49

[17] 刘永懋，翟平阳．甲基汞渔业水质标准研究．水资源保护，1997，3：23-27

[18] 张彤，金洪钧．丙烯腈水生态基准研究．环境科学学报，1997，17（1）：75-81

[19] 雷炳莉，金小伟，黄圣彪，等．太湖流域 3 种氯酚类化合物水质基准的探讨．生态毒理学报，2009，4（1）：40-49

[20] Yin D，Jin H，Yu L，et al. Deriving freshwater quality criteria for 2,4-dichlorophenol for protection of aquatic life in China. Environmental Pollution，2003，122：217-222

[21] 胡必彬，李艳军，杨霓云，等．水环境中苯氯乙酮的环境安全阈值．环境科学学报，2008，28（1）：125-131

[22] 马陶武，黄清辉，王海，等．太湖水质评价中底栖动物综合生物指数的筛选及生物基准的确立．生态学报，2008，28（3）：1192-1199

[23] 霍守亮，陈奇，席北斗，等．湖泊营养物基准的候选变量和指标．生态环境学报，2010，19（6）：1445-1551

[24] 刘文新，汤鸿霄．河流沉积物重金属污染质量控制基准的研究 I：C-B-T 质量三合一方法（Triad）．环境科学学报，1999，19（2）：120-126

[25] 祝凌燕，邓保乐，刘楠楠，等．应用相平衡分配法建立污染物的沉积物质量基准．环境科学研究，2009，22（7）：762-767

[26] 王立新，陈静生，洪松，等．水体沉积物重金属质量基准研究新进展——生物效应数据库法．环境科学与技术，2001，2：4-8

[28] 陈云增，杨浩，张振克，等．水体沉积物环境质量基准建立方法研究进展．地球科学研究，2006，21（1）：53-61

[28] 汪云岗，钱谊．美国制定水质基准的方法概要．环境监测管理与技术，1998，10（1）：23-25

[29] 闫振广，孟伟，刘征涛，等．我国典型流域镉水质基准研究．环境科学研究，2010，23（10）:1221-1228

[30] 赵庆，查金苗，许宜平，等．中国水质标准之间的链接与差异性思考．环境污染与防治，2009，31（6）：104-108

|第 5 章| 流域水环境特征污染物筛选与应用

流域特征污染物指从众多有化学污染物中筛选出的在流域水环境中出现几率高，对水生态系统与人体健康有害影响大，且具潜在环境危害的污染物。流域特征污染物的筛选是流域污染物管理和环境质量保护的有效技术手段。

5.1 水环境特征污染物筛选方法

筛选流域特征污染物是控制化学品污染的一项重要的基础性工作，要从量大面广的流域化学污染物中筛选出特征污染物名单必须对化学污染物作出严格而客观的评价[1,2]。既要考虑到化学污染物本身的物化性质、毒性毒理、生态效应、环境行为等因素，又要考虑到使用现状、环境暴露、人群接触、潜在危险风险、污染处置、技术经济水平以及立法、政策、标准等诸多因素[3]。同时，基于不同角度的管理与控制目标，采取的筛选原则会有所不同，但对化学污染物的筛选原则主要应考虑的因素有如下 10 个方面[4~7]：

（1）产量或使用量较大，含进口量和中间产品；

（2）排放量、废弃量较大；

（3）生态毒性和人体健康毒性效应较大，含污染物环境与生态学的急性、慢性毒性及致突变、致畸、致癌等"三致"健康遗传毒性作用[8~10]；

（4）在环境中降解缓慢、蓄积作用较强；

（5）环境中检出率高、分布广；

（6）流域水环境中浓度相对较高，且易产生污染；

（7）水环境污染事故频繁、造成污染损失较严重；

（8）已列入相关国际组织及一些发达国家公布的环境优先控制污染物名单中；

（9）流域水体中存在并有条件可以监测；

（10）流域水体中的人群负面敏感性物质，如感官及舆论等。

流域特征污染物的筛选原则主要考虑有四个方面的信息，即要掌握化学污染物在水环境中的暴露途径、接触条件、毒性效应和风险状态等信息，进行综合分析，科学确定流域水环境特征污染物。筛选的程序，一般均采用"三步法"，即经过粗选、精选，最后再进行复审确定[11~14]。

5.1.1 模糊综合评判法

模糊综合评判法是运用模糊数学的思想和方法，对现实世界中不易明确界定的事物进行综合评判的一种数学方法。它是依据既定的筛选原则和程序，运用各种参数和数据对流域水环境中候选的化学污染物进行讨论和综合考察，由粗到细，反复比较，逐步缩小入选的污染物品种和范围，再结合考虑技术与经济条件、监测的可能性、环境保护部门的目标和需要及环境标准和法规等因素，最后经综合评判得出流域特征的环境污染物名单[15~17]。模糊综合评判方法的基本思路是在确定评价指标、评价等级和指标权值的基础上，运用模糊集合变换原理，以隶属度描述各级指标及同一指标内各要素的模糊界线，构造模糊评判矩阵，通过多层的复合运算，最终确定评价对象所属等级。由于信息素养评价指标各要素没有明确的外延边界，很难对各要素量化处理，因此选用模糊综合评判法进行信息素养评价是适宜的。

如对事物 X 进行评价，设有 n 个评价等级，则其评价等级 $U = \{u_1, u_2, u_3, \cdots, u_n\}$。具体步骤主要有：第一步，单因素评价表的生成，首先由评价小组成员参照具体的评价因子对每一个子因素进行评价，对评价要素进行量化处理，形成判断矩阵 R（$R = [R_{ij}]$），单因子的权重系数矩阵 A（$A = [A_{ij}]$）与判断矩阵 R 合成，即得到综合评价向量 H，$H = A \cdot R$。H 即每个单因素的综合评价矩阵（A_{ij}：单因素权重系数矩阵，R_{ij}：判断矩阵，i 为评价指标数，j 为评价等级）。第二步，综合评价运算，上一步求出的各个单因素的评价矩阵，可以组成综合评价矩阵 H'，H' 与综合权重系数矩阵 A' 合成，即得到综合评价矩阵 $E = H' \times A'$。第三步，量化定性，由于用模糊综合评判法求得的最后结果是矩阵的形式，不直观简洁，为了综合定量地表述评价结果，可以先给各个评价等级赋值，等级赋值所得集合为 $V = \{P_1, P_2, P_3, P_4\}$。这时，$E \cdot V$ 就是综合评价结果所得数值，通过这个数值可以直接看出评价对象的优劣程度。

模糊综合评判法是不仅可以用来进行污染物的筛选，而且还是环境影响评价的重要技术手段。此外，它还在工程评标、决策和风险控制等其他学科上有着广泛的应用[18,19]。这种筛选方法具有简单、易行、直观、有效的特点，因而是一种较常用的方法。它实现了定量和定性的两个层面的评判，适用于被筛选的污染物是由多方面因素所决定的。从上述分析可以看出，模糊综合评判法是一种较好的水体污染物的筛选方法。但采用此方法时，需有一批富有经验并来自不同学科的专家；也应注意，采取这种方法筛选结果的精度和可接受程度也常受到专家的学识水平和实践经验的限制。

5.1.2 综合评分法

综合评分法是采用打分的方式，以待选污染物的综合得分的多少来排出先后次序，从而达到筛选的目的。筛选前，事先需设定评分系统和权重，将各参数的数据分级赋予不同的分值。筛选时，要给待选的污染物按一定的指标逐一打分，各单项的得分叠加即为每一物质所得总分。然后设定某一分数线来筛选出一定数量的环境污染物。综合评分法选取了 9 个单项指标，然后为各单项指标制定定量标准，有些不易定量的参数，利用定性 - 数量化方法，进行标准化定量。利用参数分值叠加，作为污染物的总分值。值越高，表明潜在危害越大。为计算简单，除污染物的检出频率外，定量参数多采用 10 倍量定值，这样既可使分值下降，也可降低对原始数据精度的要求，使之更符合实际情况。对各单项指标的分值，通过专家打分的方式，引入权重系数，进行加权计算，并按计算结果进行排序和初筛。对初筛结果在综合考虑了治理技术可行性、经济性及可监测条件下，对照国内、国外同类污染物控制名单的基础上，进行复审、调整，最后得出适合的特征污染物控制名单[20,21]。

综合评分法较为全面且简单易行，但不同污染物某些指标间存在矛盾，在总分值上得不到反映或被忽略掩盖，某些参数的分级赋分相对困难，不同的赋分范围及计算权重的方法的确定，往往带有一定的主观因素。此法多用在污染物质种类较少，判定区域范围较小的情况，范围较大且污染物种类较多时，此方法就存在一定的局限性。

5.1.3 Hasse 图解法

Halfon 和 Bruggemann 首先提出了基于图论的 Hasse 图解法，采用向量描述化合物的危害性，以图形方式显示化合物危害性的相对大小，以及它们之间的逻辑关系，是另一种筛选污染物的方法[5,22,23]。10 多年来，Hasse 图解法的应用已成功地扩展到水体农药残留预测、生态系统比较以及环境数据库评价等领域中[24]。

在应用 Hasse 图解法时，化合物的危害性用向量表征。向量中的诸元素是化合物的各种表征暴露和毒性大小的理化指标与生物学指标的测量值，化合物之间相对危害性的大小是通过一对一比较向量中相应元素的数值来确定的。在 Hasse 图上，化合物用带数字编号的圆圈表示，按以上规则排列在直线交错的网络中，危害性最大的化合物置于图的顶部，危害性最小的置于底部。在实现对化合物危害性排序的同时，也将化合物之间因指标大小不能直接比较的矛盾展现在图中。在对多个化合物进行排序时，初始的排序图往往需经过简化才能得到最终 Hasse 图。简化需遵循向量的可递性和以最少水平层数存放不可比化合物的原则。化合物在 Hasse 图上的排序与选用的指标有关，在实际排序时可略去个别使大多数化合物都不能比较的指标，或数值相同的指标，以提高化合物间的可比性。还可以进一步通过分析矩阵，判断指标的重要性并对它们进行取舍。实现 Hasse 图解法排序可有两种不同形式：一种是基于潜在危害最小化考虑，另一种是基于潜在危害最大化考虑。

Hasse 图解法已经成功的向其他多个领域发展，逐步成为一种较成熟的筛选方法。Hasse 图解法最大的优点在于直观地表示出了各种化合物相对危害性的大小，最大限度地展示不同指标之间的矛盾，使得危害性最高和最低的化合物处于最显著的位置，便于做出重点监控的决策。但是，Hasse 图解法的图谱绘制比较烦琐，容易出错；在今后的研究中，如果将 Hasse 图解法与评分排序法结合起来，相互取长补短，可能使得污染物的筛选研究会更进一步发展。

5.1.4 密切值法

密切值法是多目标决策中的一种优选方法，在样本优劣排序方面有其独到之处。将多指标转化为一个能综合反映污染物排序的单指标是此方法的核心和基本途径[25]。其基本原理是：将有机污染物各评价指标如污染物的毒性、在环境中的暴露、在水体中的迁移转化等的极端情况组成最优和最劣样本，再求出可综合反映与最优和最劣这两种样本距离水平的参数——密切值，并根据污染物最优（劣）密切值的大小进行排序，根据最优（劣）密切值的突变来进行分类分析。有机污染物优先排序与风险分类通常涉及不相容的多个指标的综合评价问题，因此，将多指标转化为一个能综合反映有机污染物优先排序的单指标是本方法的基本用途。其基本步骤是：①以单指标的最大或最小值的极端情况构造"最优点"和"最劣点"；②求出各样品（本）与"最优点"和"最劣点"的距离；③将这些距离转化为能综合反映各污染物样品质量优劣的综合指标——密切值，计算各有机污染物的最优（劣）密切值，并根据最优（劣）密切值的大小进行优先排序；按密切值大小是否发生突变进行风险分类。如果已知各评价指标的权重，在计算距离时可增加权重项，使结果更符合实际。

密切值法是系统工程多目标决策的一种优选方法，既可用于排序又可用于分类。密切值法相对概念清晰，参数意义明确，步骤意图明了，计算方法较为灵活，具有较强的实用性。此外，密切值法计算简单，计算量小，可处理的数据量大。在进行排序和评价时，可方便地考虑不同评价指标的重要性，赋予不同的权重，使结果更切合实际；同时，由于每个污染物的优先排序次序是通过与"虚拟"的最优先污染物比较的基础上得到的，故优先排序意义较明确。相比较而言，模糊混合聚类法在进行聚类分析时无法知道哪一类最优先，求解过程也较复杂，在同一类内较难分析污染物的优先排序，也不能开展类与类之间过渡情况的排序。

5.1.5　潜在危害指数法

筛选环境污染物时要考虑的方面很多，但主要应把对环境潜在危害最大的化学物质列为优先考虑的方面。潜在危害指数法是一种依据化学物质对环境的潜在危害大小进行排序的方法，其特点是抓住化学物质对人和生物的毒效应作为主要参数，利用各种毒性数据通过统一模式来估算化学物质的潜在危害大小，具有快捷简便、可比性强的优点[26]。潜在危险指数越大，说明该化学物质对环境构成危害的可能性越大。潜在危险指数的灵敏度较高，有些化学物质虽是同分异构体，其潜在危险指数却明显不同，在具体应用时，可将各种污染物的潜在危险指数与其单位时间的排放量相乘，乘积越大，在评价时排序越靠前，应作为重点关注污染物考虑[27,28]。

目前所引用的化学物质的潜在危害指数是美国环境保护局工业环境实验室研究得出的，通过较简单的函数计算来表示化学物质对环境的潜在危害值。利用此法，可以有效地对一些缺少环境标准的复杂化学物质进行筛选，及时找出主要污染物，以便在进一步研究中避免盲目性。它既考虑了一般毒性、特殊毒性，也考虑到累积性和慢性毒理学效应；不足之处是未考虑化学物质的环境暴露和环境转归，因此还有进一步完善的空间。

5.1.6　模糊聚类法

模糊聚类法是用模糊数学的方法对一批样本按照它们在某种性质上亲疏远近

的程度进行聚类分析的一种方法[29]。筛选环境污染物实质上是对化学污染物按其"优先级"高低进行分类，但各类之间并没有严格的界限，是个模糊的概念。筛选中要考虑的因素很多，各指标间的关系错综复杂，很难对其作精确化和定量化的处理，而模糊聚类分析则为我们提供了处理这一类问题的有效手段。模糊聚类法的优点是能综合利用多种定性的和定量的指标进行化学污染物的分类，分类的结果具有较直观的特点。但此法与潜在危害指数法一样，也只能做粗略的分类，其分类结果并不是最终的结论，还需由有经验的专家根据实际情况对其中不尽合理的部分作适当调整。但由于模糊聚类法使筛选环境污染物的工作从定性化到定量化迈进，因此是一种具有推广和应用前景的方法。

5.2 流域水环境特征污染物筛选技术规范

5.2.1 技术规范目的

基于水生态功能分区与流域水环境质量基准相适应的流域特征污染物筛选技术是根据不同流域水环境参数、水体用途、敏感生物受体以及周边工农业发展情况而定的，并提出污染物频谱，与现场监测相结合，最后筛选确定反映流域水环境污染特征以及需要监控和可能要制定相关水质基准的污染物名单。

5.2.2 规范性引用文件

下列文件中的条款通过本规范的引用而成为本规范的条款。凡是不注明日期的引用文件，其有效版本适用于本规范。

HJ/T 91—2002《地表水和污水监测技术规范》

HJ/T 354—2007《水污染源在线监测系统验收技术规范（试行）》

HJ/T 355—2007《水污染源在线监测系统运行与考核技术规范（试行）》

HJ/T 356—2007《水污染源在线监测系统数据有效性判别技术规范（试行）》

HJ 493—2009《水质采样样品的保存和管理技术规定》

HJ 494—2009《水质采样技术指导》

HJ/T 153—2004《化学品测试导则》

SL219—1998《水环境监测规范》

5.2.3 术语和定义

下列术语和定义适用于本规范，包括化学物质、特征污染物、化学物质潜在危害指数、多介质环境目标值、周围环境目标值以及排放环境目标值。

1. 化学物质

化学物质是化学运动的物质承担者，也是化学科学研究的物质客体，按照物质的连续和不连续形式，可以把化学物质分为连续的宏观形态物质（如各种元素、单质与化合物）以及不连续的微观形态的物质（如各种化学粒子等两大类物质）。

2. 特征污染物

特征污染物指从众多有毒有害的生态外源性化学物质中筛选出的在环境中出现几率高、对人体健康和生态平衡危害大，并具潜在环境威胁的污染物。

3. 化学物质潜在危害指数

指依据化学物质基本的毒理学数据，如毒性阈值、推荐限值、LC_{50}、LD_{50}等，按一定模式推算出来的危害性风险水平或数据。

4. 多介质环境目标值

主要指推算出的有害化学物质或其降解产物在环境各介质中的含量及排放量的限定值。

5. 周围环境目标值

保护环境中某生物体与污染化学物质终生接触而不受有害影响，预计该污染化学物质在环境介质中可以容许的最大浓度限值。

6. 排放环境目标值

指生物体与排放的污染物短期接触时，排放的污染化学物质最高可容许浓度，预期不高于此浓度的污染物不会对人体或生态系统产生不可逆转的有害影响，也称最小急性毒性排放值。

5.2.4 流域特征污染物筛选技术

在查阅国内、国外的文献资料及现场调查的基础上，确定流域水环境中有害化学品清单，通过污染物筛查技术确定污染物的种类与浓度，污染物对水生生物作用模式与特点。流域特征污染物筛查技术包括水环境污染物的确定和特征污染物的筛选两方面内容。

1. 污染物确定途径

（1）对有关水环境污染的文献资料进行查阅，确定水体中记载已有的污染物；

（2）对水体周围有可能污染水环境的污染源进行检测，确定当前进入水体的污染物种类、数量及分布状况；

（3）对水体现状进行污染物调查，全面分析调查工业生产、居民生活、农业生产等污染源对流域水环境状况的影响，定量描述流域水环境被污染的现状，确定水体中的有害污染化学物质；

（4）将调查分析所得的所有水环境中的有毒有害化学品列入清单；

（5）对污染物进行分类，通过对各类污染物的理化性质、所处环境、毒理学分析，以及对各类污染物的未来污染状况进行分析与预测，确定流域水环境中污染物种类与浓度随时间变化的规律；同时筛选对水生生物影响较大的污染物，综合考虑流域水生态营养级结构、地理特征及环境气候等因素，全面分析水污染化学物质对生态系统中敏感的代表性水生生物的暴露方式和可能的暴露量，筛选特征污染物。

2. 特征污染物筛选技术

目前，特征污染物筛选的技术方法主要有模糊评判法、综合评分法、模糊聚类法、密切值法、Hasse 图解法、潜在危害指数法等。国内常用的方法是由 USEPA 工业环境实验室提出的化学物质潜在危害指数法。该方法具有快捷简便、可比性强等特点，但其明显的不足就是不考虑各类污染物在水环境中的存在状态，或者假设水环境中所有污染物都存在且具有相同浓度。然而，在实际流域水环境中，各种化学物质因源的排放强度不同，环境介质对其稀释或降解等作用存在差异导致各监测点位污染物的浓度、检出频率等各有不同。因此单独运用潜在危害指数法，进行流域水环境污染物的筛选是不客观的，通过潜在危害指数与其他限定条件加权评分法相结合，可以对已确定的流域水环境中的污染物进行重点筛选。

加权评分法是潜在危害指数法的发展与改进。在筛选前对选定因子赋予一定的权重，根据各因子取值范围，并按照一定的原则划定若干区间，各区间按从小到大的顺序依次赋予相应的分值。然后将各因子所取得的分值乘以该因子的权重，最后将各因子所得的值相加之和，就是该化学物质在流域水环境中的评价得分，通过排序就可得到污染物的筛选结果。该方法的因子较少，只有潜在危害指数、地表水的平均检出浓度、检出率及底泥的平均检出浓度和检出率等参数，其中潜在危害指数占的权重最大，定义为2，其他权重定义为1。

按照加权评分，分数由高至低确定水环境中特征污染物。如果加权后的分数低，但该化学物质已经属国内外优先控制污染物的化合物且在水环境中普遍存在，一般也可将其列入特征污染物行列。

3. 应用模式

1）潜在危害指数

潜在危害指数的计算公式如下：

$$N = 2aa'A + 4bB \tag{5.1}$$

式中，N 为潜在危害指数；a，a'，b 为常数；A 为某化学物质的 AMEG（即水生态多介质环境目标值）对应值；B 为潜在"三致"化学物质的 AMEG 所对应的值。

a、a'、b 的确定原则如下：可以找到 B 值时，$a = 1$，无 B 值时，$a = 2$；某化学物质有蓄积或慢性毒性时，$a' = 1.25$，仅有急性毒性时，$a' = 1$；可以找到 A 值时，$b = 1$，找不到 A 值时，$b = 1.5$。

（1）AMEG 及一般化学物质的 $AMEG_{AH}$ 计算：$AMEG_{AH}$ 计算模式有两种：①$AMEG_{AH}$（$\mu g/m^3$）＝阈限值（或推荐值）/420×103，其中，阈限值为化学物质在车间空气中的允许浓度（mg/m^3，时间加权值）；推荐值为化学物质在车间空气中最高浓度推荐值（mg/m^3）。推荐值在没有阈限值或推荐值低于阈限值时使用；②$AMEG_{AH}$（$\mu g/m^3$）＝ 0.107 ×LD_{50}（mg/kg），这是在没有阈限值和推荐值时使用的公式。LD_{50} 的数据主要以大白鼠经口给毒为依据。若没有大鼠经口给毒的 LD_{50}，也可用小鼠经口给毒的 LD_{50} 等其他毒理学数据来代替。

（2）潜在"三致"化学物质的 $AMEG_{AC}$ 及其计算：$AMEG_{AC}$ 即空气中以"三致"影响为依据的 AMEG。$AMEG_{AC}$ 的计算公式也有两种：①$AMEG_{AC}$（$\mu g/m^3$）＝阈限值（或推荐值）/420×10³，其中，阈限值为"三致"物质或"三致"可疑物的车间空气中的允许浓度（mg/m³）；②AMEG$_{AC}$（µg/m³）= 10^3/（6 ×调整序码），其中，调整序码为反映化学物质"三致"潜力的指标。在一些情况下，可能无法查到该值，则用（1）所述公式计算 AMEG$_{AC}$。

2）潜在危害指数的分级

一般将统计的危害指数范围分成五个区间，第一区间至第五区间分别为 1、2、3、4、5 分。

3）水体平均检出浓度（C_W）和沉积物平均检出浓度（C_S）的分级

确定平均检出浓度的最大值和最小值，利用公式 $a_n = a_1 q^{n-1}$。式中，a_n 为平均检出浓度的最大值；a_1 为平均检出浓度的最小值；q 为等比常数；$n = 6$。确定平均检出浓度的区间，第一区间至第五区间分别为 1、2、3、4、5 分。

4）水体总检出频次（F_W）和沉积物总检出频次（F_S）的分级

确定平均检出率的最高值和最低值，将此区间分为五个区间，第一区间至第五区间分别为 1、2、3、4、5 分，以此确定分级标准。

5）总分值（R）——加权

根据三类定标原则，可将各化学物质的几种信息归结为三个因子。在对每个因子进行分值组合时，要确定各因子的权重。对最重要的因子要指定最大的权，使之在确定最后分值时能产生最大的影响。

$$R = 2N + C_W + F_W + C_S + F_S$$

式中，C_W、C_S 为水体、沉积物的浓度分值；F_W、F_S 为水体、沉积物的检出率分值。根据 R 确定特征污染物。

5.2.5 流域水环境特征污染物监测技术

水环境监测是水资源管理必不可少的组成部分，通过对水环境中污染物及污染因素进行监测，评价污染物产生的原因及其污染途径，对水污染问题进行鉴别和评估，为防治污染提供技术支持[30~34]。

1. 水质自动监测技术

通过实时在线监测和间歇式在线监测，对水体的水温、氧化还原电位、DO、浊度、电导率、氨氮、氟化物、氰化物、COD、Hg、T-N 和 T-P 等常规指标进行监测；通过远程传输系统，把监测数据自动传至各级环保行政主管部门和环境监测执法部门。自动监测的数据是否能代表某一局部区域的水环境质量状况，或是否具有代表性，是在线监测的关键；可以通过优化布点、水样采集后自动在线监测和手工分析对照等来确定。同时，对于水土流失严重和漂浮物较多的河流，还要求自动在线监测系统具有自动清洗、自动校正、装置的异常情况诊断、报警以及联网、数据远程传输等功能。

具体参见：

HJ/T 91—2002《地表水和污水监测技术规范》

HJ/T 354—2007《水污染源在线监测系统验收技术规范（试行）》

HJ/T 355—2007《水污染源在线监测系统运行与考核技术规范（试行）》

HJ/T 356—2007《水污染源在线监测系统数据有效性判别技术规范（试行）》

2. 特征污染物的采样监测

具体参见：

HJ 493—2009《水质采样样品的保存和管理技术规定》

HJ 494—2009《水质采样技术指导》

HJ/T 153—2004《化学品测试导则》

SL219—98《水环境监测规范》

5.3 示范应用（太湖、辽河）

2009～2011年近三年期间，本课题研究组对辽河和太湖流域进行了多次现场采样调查，对辽河和太湖流域水环境的水质、沉积物、水生物样品中的污染物组成、浓度水平等进行了较全面、系统的分析检测。根据本课题组的调查结果，结合文献历史资料，综合考虑国内、国外各种特征污染物筛选方法，本研究选用改进的潜在危害指数法——"加权评分法"，对辽河流域和太湖流域水环境中的特征污染物进行筛选研究。

潜在危害指数法是一种依据化学物质对环境的潜在危害大小进行排序的方法，其特点是抓住化学物质对人和生物的毒效应作为主要参数，利用多种毒性数据通过统一模式来估算化学物质的潜在危害大小，结果的可比性较强。加权评分法在考虑化学物质的毒效应基础上，综合考虑流域介质中化学物质的检出浓度、检出率以及加权平均值；通过分值比较，判断化学物质是否为流域特征污染物。

5.3.1 估算空气环境目标值（$AMEG_{AH}$）

本次筛选是通过LD_{50}估算化学物质的$AMEG_{AH}$值。基本上以大鼠经口给毒的

LD_{50} 为依据。用 LD_{50} 推算 $AMEG_{AH}$ 的模式为

$$AMEG_{AH}（\mu g/m^3）= 0.107 \times LD_{50} \tag{5.2}$$

5.3.2 估算"三致"物质的 $AMEG_{AC}$

本次筛选根据致癌物质或可疑致癌物质的阈限值估算，计算模式为

$$AMEG_{AC}（\mu g/m^3）= 阈限值/420 \times 10^3 \tag{5.3}$$

5.3.3 潜在危害指数的计算

依据化学物质在空气中的环境目标值（$AMEG_{AH}$）和潜在"三致"物质在空气中的环境目标值（$AMEG_{AC}$），通过一个方程将化学物质对环境的潜在毒性定量化表示出来，该方程既考虑了化学物质的一般毒性、"三致性"，又考虑了累积性和慢性毒性。计算公式为

$$N = 2aa'A + 4bB \tag{5.4}$$

式中，N 为潜在危害指数；A 为化学物质的 $AMEG_{AH}$ 所对应的值；B 为潜在"三致"化学物质 $AMEG_{AC}$ 所对应的值；a、a'、b 为常数项。A、B 值的确定方法见表 5-1。

表 5-1 *A*、*B* 值的确定

一般化学物质的 $AMEG_{AH}$ /（$\mu g/m^3$）	*A* 值	潜在"三致"物质 $AMEG_{AC}$/（$\mu g/m^3$）	*B* 值
>200	1	> 20	1
< 200	2	< 20	2
< 40	3	< 2	3
< 2	4	< 012	4
< 0102	5	< 0102	5

注：a、a' 及 b 值的确定原则是，可以找到 B 值时 $a = 1$，无 B 值时 $a = 2$；有积蓄或慢性毒性时 $a' = 1.25$，仅有急性毒性时 $a' = 1$；可以找到 A 值时 $b = 1$，找不到 A 值时 $b = 1.5$。

5.3.4 评分标准

1. 潜在危害指数的评分标准

化学污染物潜在危害指数的数值范围为 5 ~ 27.5，本研究将其划分为五个区间，

即指数为 5 ~ 9，分值定为 1；指数为 9.5 ~ 14，分值定为 2；指数为 14.5 ~ 18，分值定为 3；指数为 18.5 ~ 22，分值定为 4；指数为 22.5 ~ 27.5，分值定为 5。

2. 检出率评分标准

有机化合物在水体和沉积物中的检出率反映了该化合物在水环境中的发生量和分布程度，共分为五级，即检出率为 1% ~ 20.0%，分值为 1；检出率为 20.1% ~ 40.0%，分值为 2；检出率为 40.1% ~ 60.0%，分值为 3；检出率为 60.1% ~ 80.0%，分值为 4；检出率大于 80% 时，分值为 5。

3. 平均检出浓度评分标准

1）太湖平均检出浓度评分标准

对定量检出的数据进行统计，水体平均检出浓度最大值为 18.7914 μg/L，最小值为 0.0007 μg/L，沉积物中平均检出浓度最大值为 1498.41 μg/kg，最小值为 0.01 μg/kg，得知各种有机物的浓度水平差距较大，而且分布不均匀，因此采用几何分级法，用等比级数定义分级标准，共分五级。计算公式为

$$a_n = a_1 q^n \tag{5.5}$$

式中，a_n 为平均检出浓度最大值，$n = 5$；a_1 为平均检出浓度最小值；q 为等比常数。

按上述公式，将在地表水和底泥中定量检出的各种有机化合物的平均浓度区间分为五个区间，各区间分别赋予 1 ~ 5 不同的分值，详见表 5-2。

表 5-2　太湖平均检出浓度评分标准

级别	水体浓度/（μg/L）	沉积物浓度/（μg/kg）	分值
I 级	0.0007 ~ 0.0054	0.01 ~ 0.1084	1
II 级	0.0055 ~ 0.0414	0.1085 ~ 1.1756	2
III 级	0.0415 ~ 0.3180	1.1757 ~ 12.7461	3
IV 级	0.3181 ~ 2.4445	12.7462 ~ 138.1989	4
V 级	2.4446 ~ 18.7914	138.1990 ~ 1498.41	5

2）辽河平均检出浓度评分标准

对定量检出的数据进行统计，水体有机物平均检出浓度最大值为 39.9950μg/L，最小值为 0.0016 μg/L，沉积物中平均检出浓度最大值为 5554.06 μg/kg，最小值为

0.12 μg/kg，各种有机物的浓度水平差距较大，而且分布不均匀，因此采用几何分级法，用等比级数定义分级标准，共分五级。计算公式见式（5.5）。

按上述公式，将在地表水和底泥中定量检出的各种有机化合物的平均浓度区间分为五个区间，各区间分别赋予 1~5 不同的分值，详见表 5-3。

表 5-3　辽河平均检出浓度评分标准

级别	水体浓度/（μg/L）	沉积物浓度/（μg/kg）	分值
Ⅰ级	0.0016~0.0121	0.12~1.0286	1
Ⅱ级	0.0122~0.0919	1.0287~8.8177	2
Ⅲ级	0.0920~0.6964	8.8178~75.5856	3
Ⅳ级	0.6965~5.2775	75.5857~647.9249	4
Ⅴ级	5.2776~39.9950	647.9250~5554.06	5

5.3.5　总分值（R）的计算

根据三类定标原则，可将各有机物的几种信息归结为三个因子。在对每个因子进行分数组合时，要确定各因子的权重。对最重要的因子要指定最大的权，使之在确定最后分数时能产生最大的影响。$R = 2 \times N + C_W + F_W + C_S + F_S$，根据 R 确定优先污染物。

5.3.6　筛选结果

根据上述评分标准和总分计算方法对太湖流域和辽河流域检出的有机污染物评分，按总分值的大小排序，排序结果见表 5-4、表 5-5。

表 5-4　太湖流域特征污染物排序

化学物中文名称	危害指数	危害指数分值（N）	水体检出率分值（F_W）	水体浓度分值（C_W）	沉积物检出率分值（F_S）	沉积物浓度分值（C_S）	总分（R）
芘	18.5	4	1	4	5	5	23
邻苯二甲酸二甲酯	10.5	2	3	4	4	5	20

续表

化学物中文名称	危害指数	危害指数分值(N)	水体检出率分值(F_W)	水体浓度分值(C_W)	沉积物检出率分值(F_S)	沉积物浓度分值(C_S)	总分(R)
邻苯二甲酸二正丁酯	6.5	1	4	5	4	5	20
邻苯二甲酸二(2-乙基己)酯	15	3	1	4	2	5	18
1,4-二氯苯	9	1	2	4	4	5	17
2-甲基苯酚	15.5	3	1	4	1	5	17
4-甲基苯酚	15.5	3	1	4	1	5	17
萘	9	1	3	4	4	4	17
菲	5	1	3	4	4	4	17
荧蒽	5	1	1	4	5	5	17
苯并[a]蒽	26	5	—	—	3	4	17
2-甲基萘	8	1	2	4	4	4	16
苯并[a]芘	27.5	5	—	—	2	4	16
1,3-二氯苯	10	2	1	4	1	4	14
β-六六六	19.5	4	—	—	4	2	14
茚	18	3	—	—	3	4	13
δ-六六六	19.5	4	—	—	3	2	13
苯酚	15	3	1	5	—	—	12
二苯呋喃	8	1	1	3	1	5	12
p,p'-DDE	15.5	3	—	—	4	2	12
邻苯二甲酸二乙酯	18	3	—	—	1	5	12
α-六六六	19.5	4	—	—	2	1	11
γ-六六六	19.5	4	—	—	1	2	11
硝基苯	10	2	4	2	—	—	10
五氯酚	15.5	3	3	1	—	—	10
苊	5	1	—	—	5	3	10
o,p'-DDT	15.5	3	—	—	2	2	10
异佛尔酮	8	1	—	—	3	5	10
2,4-二氯酚	10	2	4	1	—	—	9

续表

化学物中文名称	危害指数	危害指数分值(N)	水体检出率分值(F_W)	水体浓度分值(C_W)	沉积物检出率分值(F_S)	沉积物浓度分值(C_S)	总分(R)
2,4,6-三氯酚	10	2	4	1	—	—	9
双（2-氯异丙基）醚	12	2	1	4	—	—	9
p,p'-DDD	15	3	—	—	1	2	9
邻苯二甲酸二正辛酯	5	1	—	—	2	5	9
2-硝基酚	12	2	3	1	—	—	8
4-氯-3-甲基酚	10	2	3	1	—	—	8
p,p'-DDT	15.5	3	—	—	1	1	8
氯苯	9	1	4	1	—	—	7
1,2-二氯苯	8	1	1	4	—	—	7

表 5-5　辽河流域特征污染物排序

化学物中文名称	危害指数	危害指数分值(N)	水体检出率分值(F_W)	水体浓度分值(C_W)	沉积物检出率分值(F_S)	沉积物浓度分值(C_S)	总分(R)
芘	18.5	5	4	4	4	5	27
4-硝基酚	15	4	5	5	4	5	27
菌	18	5	5	2	4	5	26
β-六六六	19.5	5	5	4	5	1	25
苯并［a］芘	27.5	5	4	2	4	5	25
苯并［a］蒽	26	5	4	2	4	5	25
2,6-二硝基甲苯	15.5	4	4	4	4	4	24
邻苯二甲酸二乙酯	18	5	3	3	4	3	23
δ-六六六	19.5	5	5	2	4	2	23
2-甲基-4,6-二硝基酚	20	4	5	3	4	3	23

续表

化学物中文名称	危害指数	危害指数分值(N)	水体检出率分值(F_W)	水体浓度分值(C_W)	沉积物检出率分值(F_S)	沉积物浓度分值(C_S)	总分(R)
α-六六六	19.5	5	5	2	3	1	21
甲苯	9	2	4	5	4	4	21
邻苯二甲酸二正丁酯	6.5	1	5	4	4	5	20
菲	5	1	5	4	4	5	20
苯	6.5	1	5	4	5	4	20
2,4-二硝基甲苯	15	4	4	3	2	3	20
苯酚	15	4	1	4	1	5	19
双(2-氯乙基)醚	14	3	1	4	4	4	19
邻苯二甲酸二甲酯	10.5	2	4	4	3	4	19
γ-六六六	19.5	5	5	2	1	1	19
1,2,4-三氯苯	13	3	4	4	1	4	19
1,2-二氯乙烷	9	2	3	4	4	4	19
2,4-二甲基酚	15	3	4	4	2	3	19
萘	9	2	3	3	4	4	18
六氯苯	18	5	1	2	1	4	18
4-氯-3-甲基酚	10	2	5	1	2	5	17
1,4-二氯苯	9	2	2	3	4	4	17
邻苯二甲酸二正丁酯	5	1	3	2	5	5	17
乙苯	6.5	1	4	3	5	3	17
邻苯二甲酸二(2-乙基己)酯	15	3	1	4	1	5	17

续表

化学物中文名称	危害指数	危害指数分值(N)	水体检出率分值(F_W)	水体浓度分值(C_W)	沉积物检出率分值(F_S)	沉积物浓度分值(C_S)	总分(R)
氯苯	9	2	3	1	5	3	16
2-硝基酚	12	3	4	1	2	3	16
1,3-二氯苯	10	2	4	3	1	4	16
N-亚硝基二丙胺	10	2	3	2	4	3	16
硝基苯	10	2	3	1	4	3	15
4-甲基苯酚	15.5	4	—	—	2	5	15

参 考 文 献

[1] 陈晓秋. 水环境优先控制有机污染物的筛选方法探讨. 福建分析测试, 2006, 15 (1): 15-17

[2] 崔建升, 徐富春, 刘定. 优先污染物筛选方法进展. 中国环境科学学会学术年会论文集, 2009: 831-834

[3] 刘征涛. 环境安全与健康. 北京: 化学工业出版社, 2005: 1-9

[4] Bjorn G Hansen, Anniek G van Haelst, Kees van Leeuwen. Priority Setting for Existing Chemicals: European Union Risk Ranking Method. Environ. Toxicology & Chemistry, 1999, 18 (4): 772-779

[5] Efraim Halfon, Galassi S, Bruggemann R. Selection of Priority Properties to Assess Environment Hazard of Pesticides. Chemosphere, 1996, 33 (8): 1543-1562

[6] Friederichs M, Franzle O, Salski A. Fuzzy Clustering of Existing Chemicals According to Their Ecotoxicological Properties. Ecological Modeling, 1996, 85: 27-40

[7] Mary B Swanson, Gary A Davis, Lori E Kincaid. A Screening Method for Ranking and Scoring Chemicals by Potertial Human Health and Environment Impact. Environ. Toxicology & Chemistry, 1997, 16 (2): 372-383

[8] Mei Li, Zhengtao Liu, Yun Xu, et al. Comparative effects of Cd and Pb on biochemical response and DNA damage in the earthworm Eisenia fetida (Annelida, Oligochaeta). Chemosphere, 2009, 74: 621-625

[9] Yang Y B, Liu Z T, Zheng M H. The acute lethality and endocrine effect of 1,2,3,7,8-PeCDD in juvenile goldfish (Carassius auratus) in vivo. Journal of Environmental Sciences, 2008, 20: 240-245

[10] Zhao B，Yang J，Liu Z，Xu Z，et al. Joint anti-estrogenic effects of PCP and TCDD in primary cultures of juvenile goldfish hepatocytes using vitellogenin as a biomarker. Chemosphere，2006，65：359-364

[11] 胡望钧. 常见有毒化学品环境事故应急处置技术与监测方法. 北京：中国环境科学出版社，1993

[12] 金相灿. 有机化合物污染化学. 北京：清华大学出版社，1990

[13] 黄业茹，田洪海，郑明辉，等. 持久性有机污染物调查监控与预警技术. 北京：中国环境科学出版社，2009

[14] 叶珍，马云，宋利臣，等. 流域水环境优先控制污染物筛选方法研究. 环境科学与管理，2010，35（10）：17-19

[15] Pudenz S. An algebraic/graphical tool to compare ecosystems with respect to their pollution V：Cluster analysis and Hasse diagrams. Chemosphere，2000，40：1373-1382

[16] 国家环境保护总局. 水和废水监测分析方法（第四版）. 北京：中国环境科学出版社，2002：1-21

[17] 周国泰. 危险化学品安全技术全书. 北京：化学工业出版社，1997

[18] 刘绮. 鸭绿江（丹东段）江水中未知有机污染物分析鉴定与有毒有机物名录筛选. 城市环境与城市生态，2001，14（2）：41-43

[19] 王向明，万方，杨银锁，等. 黄浦江上游优先控制有机物的筛选. 环境监测管理与技术，1996，8（5）：13-15

[20] 黄震. 综合评分指标体系在环境优先污染物筛选中的应用. 上海环境科学，1997，16（6）：19-21

[21] 翟平阳，刘玉萍，倪艳芳，等. 松花江水中优先污染物的筛选研究. 北方环境，2000，3：19-21

[22] Efraim H，Reggiani M G. On ranking chemicals for environmental hazard. Environ. Sci. Technol.，1986，20：1173-1179

[23] Efraim H. Comparison of an index function and a vectorial approach method for ranking waste disposal sites. Environ. Sci. Technol.，1989，23（5）：600-609

[24] 刘存，韩寒，周雯，等. 应用 Hasse 图解法筛选优先污染物. 环境化学，2003，22（5）：499-502

[25] 楼文高. 用密切值法进行海域有机污染物优先排序和风险分类研究. 海洋环境科学，2002，21（3）：43-48

[26] 宋利臣，叶珍，马云，等. 潜在危害指数在水环境优先污染筛选中的改进与应用. 环境科学与管理，2010，35（9）：20-22

[27] 王莉，王玉平，卢迎红，等. 辽河流域浑河沈阳段地表水重点控制有机污染物的筛选. 中国环境监测，2005，21（6）：61-64

[28] 徐海. 潜在危害性指数法在筛选污染因子中的应用. 上海环境科学，1998，17（9）：34-

35

[29] 全燮, 许建峰, 杨凤林, 等. 模糊混合聚类法对污染物优先排序及分类的探讨. 大连理工大学学报, 1993, 33 (4): 402-407

[30] Wen S, Hui Y, Yand F X, et al. Polychlorinated dibenzo- dioxins (PCDDs) and dibenzo-furans (PCDFs) in surface sediment and bivalve from the Changjiang Estuary, China. Journal of Oceanology and Limnology, 2008, 26 (1): 35-44

[31] Sun Y Z, Zhang B, Gao L R, et al. Polychlorinated dibenzo- p- dioxins and dibenzofurans in surface sediments from the estuary area of Yangtze river, People's Republic of China. Bulletin of Environmental Contamination and Toxicology, 2006, 75 (5): 910-914

[32] 姜福欣, 刘征涛, 冯流, 等. 黄河河口区域有机污染物的特征分析. 环境科学研究, 2006, 19 (2): 6-10

[33] 周俊丽, 刘征涛, 孟伟, 等. 长江河口表层沉积物中 PAHs 的生态风险评价. 环境科学研究, 2009, 22 (14): 778-783

[34] 杨建丽, 刘征涛, 冯流, 等. 长江口水体中 PAHs 的基本生态风险特征. 环境科学研究, 2009, 22 (14): 784-787

第6章 水生生物基准方法与应用

为建立一套适合我国国情的具有流域水生态分区特征的水环境质量基准和标准体系，完善流域水环境质量分级标准及其评估技术体系，促进国家层面上的水生态安全以及经济与社会的可持续发展，迫切需要创建我国水环境基准研究体系，制定保护水生生物及其用途的水质基准技术。水质基准的制定对于环境管理和污染控制有着举足轻重的作用，可以防止污染物对重要的商业和娱乐水生生物，以及其他重要物种如河流湖泊中的鱼、底栖动物和浮游生物等造成的长期和短期的毒性危害。不同区域水生态系统因物理、化学、地理和水文特征的差异，其水环境中水质本身和生物的组成差异很大，即不同的生态系统有不同的生物区系。此外，我国地域广大，不同地区的水体无论从水质上还是从水生态系统的结构特征上都有着明显的差异，因此从维护我国水生态系统的长远利益来看，应根据区域水体的实际水质特性、水域功能的特点与水生态系统的结构特征以及不同区域级别来制定相应的水生生物质量基准。

6.1 水生生物基准方法

6.1.1 总体原则

在流域水生生物安全基准框架体系内（图6-1），关键是通过与基准相适应的基于生态功能分区的典型污染物筛查、生物测试物种辨析、生物测试终点甄别以及数值推导模型选择方法和技术，制定具有流域生态分区差异性的水生生物安全基准。图6-1中双线框是主要技术类型，单线框是技术涉及的方法或指标，其中制定水质基准的核心技术是基于水生态风险评估的基准值推导出来的。

6.1.2 水生生物基准值的推导方法

不同国家和国际组织对基准数值表达有不同的方式，面向我国水环境污染管

基于流域生态分区
差异性的保护目标

典型区域污染物与生态调查
典型污染物污染现状
流域水化学因子

国际水质控制管理及惯例
区域水质控制管理方法与考虑事项

数据收集与确认

准入规则

有明确的测试终点、时间、阶段

优先选择EC_{50}，其次LC_{50}；溞类、枝角类和摇蚊幼虫的急性毒性试验指标是48h EC_{50}或LC_{50}；鱼类及其他生物是96h EC_{50}或LC_{50}，数据缺乏时，不喂食的情况下也可以使用

同一物种或终点有多个毒性值时，用几何平均值；同属间用几何均值

分析监测数据与列出控制污染物
建立流域目标化合物的浓度
概率分布曲线
列出区域环境水质目标

筛选确定受试水生生物

水生生物毒性测试

毒理数据收集（文献库、政府报告和ECOTOX数据库）
整理出可靠的数据

获得水质基准初值
推导方法选择

Ⅱ和Ⅲ方法得到估计值

Tier Ⅱ：数据量少（如$n<4$），应用评估因子法（AF）

Tier Ⅲ：没有数据（如新兴污染物），毒性数据也可由ECOSAR计算来获取，需要建立适当的QSAR计算模型，用于特定类型污染物的水质基准值的计算与推导

Ⅰ物种敏感度分布曲线法得到供校验值

SSD的斜率和置信区间揭示了风险估计的确定性，一般用作最大环境许可浓度的HC_x值是HC_5，也就是影响不超过5%的物种，得到保护95%的大多数物种的浓度水平。当数据可靠性高并且足够时还可以得到不同保护水平（99%，95%，90%或80%）的基准值

模型选择

SSD模型的选择依赖于数据量和含有的目标受试生物的多少

专家论证和公众参与

基准值校验
由区域水质目标确定水生生物的权重

基于流域水生态分区等级选择的不同保护水平，通过毒性数据曲线和暴露浓度曲线绘制出超过毒性值的百分数与物种百分数的一条联合概率曲线

获得水质基准终值

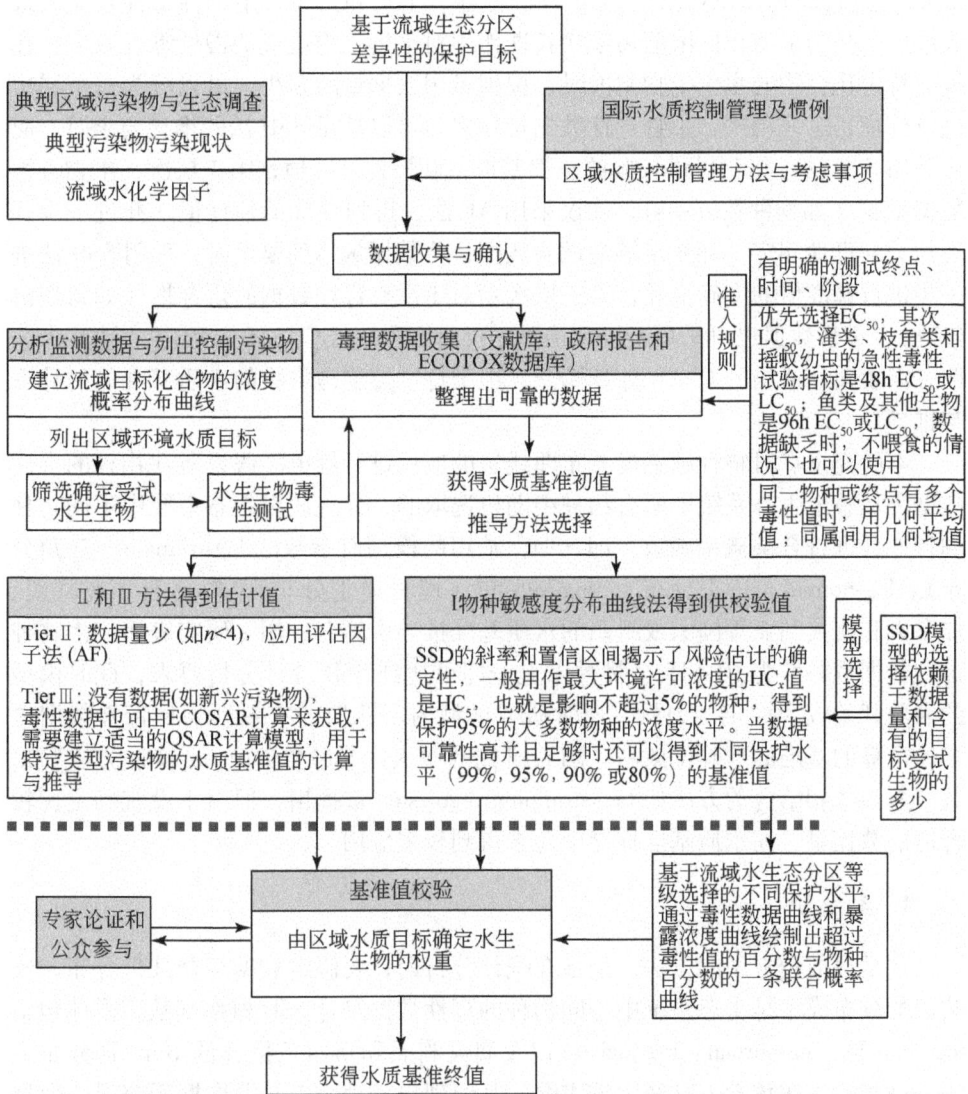

图 6-1　具有流域生态分区差异性的水生生物安全基准制定技术框架

理的现状和需求，基准表征分为短期和长期基准浓度两种方式。短期基准即CMC，是指短期暴露不会对水生生物产生显著影响（急性毒性效应）的最大浓度，是为了防止高浓度污染物短期作用对水生生物安全造成的危害，通过特定生态分区代表水生生物的急性毒性试验确定水生生物安全的短期基准。长期基准即

CCC，是指长期暴露不会对水生生物的生存、生长和繁殖产生慢性毒性效应的最大浓度，是为了防止低浓度污染物长期作用对水生生物造成的慢性毒性效应。在推导特定化合物的水生生物基准时，根据可用数据量的多少，可以分为三个层次进行处理，第一层次：生物毒性数据量较多，可以满足 SSD 法的推导要求时，应该采用 SSD 法，得到可供校验的急性基准值和慢性基准值；第二层次：生物毒性数据量少（如物种数 $n < 4$），建议采用 AF 法，得到基准的估计值，并进一步开展相关的毒性测定，补充足够的试验数据，待数据量达到要求时，采用 SSD 法进一步进行基准值的准确推导；第三层次：对于没有毒性数据的化合物（如新型污染物），毒性数据也可采用 QSAR 方法（如 USEPA "ECOSAR" 程序）计算来获取，需要建立适当的 QSAR 计算模型，用于特定类型污染物的水质基准值的计算与推导。

本研究重点对物种敏感度分布曲线法的应用进行规范。假设所获物种的毒性数据为从整个生态系统中所有物种中随机选取的，并且假设生态系统中不同物种的毒性数据符合某概率函数，即 SSD，常用的模型有参数法 log-triangle（三角分布）、log-normal（正态分布）、log-logistic（逻辑斯蒂分布）、Burr Ⅲ，在欧盟、加拿大和澳大利亚等国家或组织的水质基准推导中均有应用。研究表明，生物种毒性数据量一般为 10 ~ 15 个物种以上，即可达到 SSD 统计分析要求，此时模型的参数开始较为稳定。当然，通常研究区域内所获取的有效生物种毒性数据愈多，推算的基准的准确度愈高。随着研究的深入，非参数 bootstrapping 方法和参数与非参数相结合的方法如 bootstrapping regression 被提出，但由于没有确定比较合适的数据量，在水质基准推导中还未得到较多应用。

1. 参数法

这是目前较常用的方法，是指在统计分析前，要假定数据符合某种分布，较共识的分布模型是生态系统中不同物种的毒性数据符合 SSD 概率函数，具体包括 log-triangle、log-normal、log-logistic 以及澳大利亚和新西兰推荐的 Burr Ⅲ 分布方法。这些方法在数学上已经比较成熟，其原理也较为简单，即根据所获得的数据对模型中的参数进行概率估算。

（1）log-triangle 是美国推导基于水质基准的模型，USEPA 的技术人员认识到物种对污染物的敏感度是连续分布的，而且遵循类似于正态分布的概率模型，因而提出用基于 SSD 的方法代替专家判断法来制定基准，并且设定了 95% 的生物保护水平，后经多次修订，方法成形于 1985 年颁布的水生生物基准技术指南文件中。该方法来源虽然是 SSD 曲线法，但在实际操作中，将复杂的 SSD 作图的过程简化为公式计算，先将获得的毒性数据按照毒性大小进行排序，基于最靠近排序百分数5%处4个生物属的毒性值及排序百分数，代入公式而得到相应的基准值。应用时要注意，如果所得生物属的毒性数据量少于59个，那么靠近5%处的4个属，就是4个最敏感生物属。

$$S^2 = \frac{\sum (\ln GMAV)^2 - [\sum (\ln GMAV)]^2/4}{\sum (P) - [\sum (\sqrt{P})]^2/4} \tag{6.1}$$

$$L = \frac{\sum (\ln GMAV) - S \sum (\sqrt{P})}{4} \tag{6.2}$$

$$A = S \sqrt{0.005} + L \tag{6.3}$$

$$FAV = e^A \tag{6.4}$$

式中，S 为平方根；GMAV 为属急性毒性平均值；P 为选择4个属毒性数据的排序百分数。

（2）log-normal 线性分配主要是基于一个正态分布的假设，它的主要优点是数学方法简单，但由于 log-normal 分配过于简单，数据点易产生变异，尤其是当物种对毒物的敏感度不同时，仅仅依靠一条直线来描述是不恰当的。

（3）log-logistic 分布能够对 SSD 数据提供一个很好的拟合，在置信区间的计算上它的数学方法比 log-normal 线性分配复杂，用于计算置信区间的外推因子可以通过蒙特卡罗模型模拟获得。但是这个外推因子只能限制置信区间达到单尾95% 水平或双尾90% 水平，而人们通常要求置信区间达到双尾95% 的水平。

（4）Burr Ⅲ分布是澳大利亚和新西兰采用的方法，其比 log-logistic 更加复杂，能更好地描述敏感区域的物种毒性值，其参数模型包含了 logistic 分布。

2. 非参数再取样方法

由于参数法需要假设参数符合某个分布模型然后进行统计分析。1996 年，Jagoe 和 Newman 等建议利用非参数再取样技术来分析 SSD 曲线，它是完全基于概率意义的一种方法，利用在一定的计算范围内对原始数据进行大量的重复再取样，模拟总体分布，计算统计量，进行统计推断来评估 HC_5 值。这种方法的优点在于统计分析前，不需要假定数据符合某个分布，并且在计算置信区间时比较简单，但是这个方法需要较大的数据量，至少需要 20 个数据点来定义 HC_5 值和置信区间。其原理如下：

（1）假设获得的毒性数据样本 $T = [X_1, X_2, \cdots, X_n]$ 来自于整个生态系统 $P [x_1, x_2, \cdots, x_N]$ $(N \gg n)$；

（2）从 T 中可重复随机抽样 b（$b > 1000$）次，得到

$$T_1^* = \begin{bmatrix} X_{11}^*, X_{12}^*, \cdots, X_{1n}^* \end{bmatrix}$$

$$T_2^* = \begin{bmatrix} X_{21}^*, X_{22}^*, \cdots, X_{2n}^* \end{bmatrix}$$

……

$$T_b^* = \begin{bmatrix} X_{b1}^*, X_{b2}^*, \cdots, X_{bn}^* \end{bmatrix};$$

（3）每个样本升序排列，即得到对应 HC_p 处的浓度值（$p = 5$ 即为保护 95% 水平）。

3. 再取样回归法

这个方法可以看作参数分配模型和重复再取样技术的综合，这个综合技术对较小的数据量能做出统计分析和置信区间的计算。当数据量很少或当传统的参数模型难以求解时，再取样回归法将是一个行之有效的方法。它甚至能对点的 HC_5 值和置信区间进行评估。一般情况下如果所获得的数据适合参数法的分布模型时，就可以选择 log-normal 分布模型进行风险分析；但由于 log-normal 分布过于简单，收集的毒性数据中往往有较多数据可能不符合这种分布，尤其是当物种对毒物的敏感度不同时，仅仅依靠一条直线来描述是不恰当的。log-logistic 及 Burr Ⅲ 分布模型更适合用来对数据进行统计分析，log-logistic 分布能够对 SSD 数据提供一个很好的拟合，在置信区间的计算上它的数学方法比 log-normal 线性分布复杂，用于计算置信区间的外推因子可以通过蒙特卡罗模型模拟获得；Burr Ⅲ 型分布是一种灵活的分布函数，对物种敏感性数据拟合特性较好。如果这两种方法都不能对数据进行很好的描述或拟合，并且数据量又充足的情况下，就可以选用能重新取样的 bootstrapping 技术，这种统计方法计算 HC_5 至少需要 20 个数据，计算 HC_{10} 至少需要 10 个数据；如果数据量较少，低于 10 个数据，那么再取样回归技术将是一个很好的选择。

6.1.3　数据采用规范

水生生物毒理学数据的获取是水生生物质量基准关键步骤，需要通过大量的文献资料搜集和毒理学试验来获得污染物对流域代表性水生生物的毒理学参数。鉴于毒性数据质量的优劣直接影响最终得出的基准值的准确性，必须制定水生生物基准值制定的数据采用规范，以保证水环境的水生生物基准值计算与推导结果的科学可接受性。

流域水环境水生生物基准制定数据采用规范包括以下几方面：

（1）水生生物毒性测试实验室的规范与认证；

（2）毒性测试试验方法的规范化与标准化；

（3）毒性测试试验生物的选择与保障；

（4）水生生物毒性数据的可靠性评估。

1. 水生生物毒性测试实验室的规范与认证

用于水生生物毒理学基准值计算与推导的毒性数据需要通过文献资料搜集或实验室生物测试而获得。无论通过以上任何方式获取的毒性测试数据，均要求从事毒性测试的实验室具备水生生物毒性测试的所需条件，实验室仪器设备计量准确、试验设施符合毒性测试相关要求，实验室应具有长期进行水生生物毒性测试的相关经验，或通过有关部门的资质审查。

2. 毒性测试试验方法的规范化与标准化

用于水生生物毒性基准值计算与推导的毒理学数据经由规范化、标准化的试验方法获得。需要制定操作性强、可重复验证的试验测试流程和实施方案，对毒性测试中可能影响到结果准确性的各种因素作出判断和分析，减少试验误差。

从事毒性测试试验操作的人员必须经过培训与考核，获得相关试验资质。试验测试过程需详细记录，原始记录保存完整，试验报告撰写规范，保证毒性测试结果的可追溯性。

相关水生生物急性毒性、慢性毒性/亚慢性毒性、生物积蓄等试验需要按照中华人民共和国国家标准所规定的测试方法进行，或者参照 OECD、WHO、USEPA 等国家或国际组织推荐的测试方法进行。如相关生物测试无标准方法可供参照，需要在基准值推导过程中对受试生物的选取、驯养和生物测试方法加以详细说明。水生生物急性毒性测试方法可以参照中国国家标准、OECD 化学品毒性测试技术导则、USEPA 推荐方法等规范性文件进行。

1）水生生物毒性测试的一般要求

A. 试验生物的驯养与敏感性考察

在进行代表性水生生物的毒性测试时，为保证毒性试验数据的准确性和可重复性，需要对筛选的土著生物进行实验室驯养和繁殖研究，确定其对毒物敏感且毒性反应稳定的培养条件，包括生物的年龄、个体大小、培养水温、光照等，选择其对受试化学物质敏感的生命阶段进行毒性测试。

B. 试验生物来源、批次与合格性的规定

对于同一系列的毒性测试，应选用同一时间、同一来源的生物；同一批测试所采用的生物最大个体与最小个体差小于50%；毒性测试所用的生物应无污染史、来源于无污染的环境。用于毒性测试的受试生物应通过合适的采集工具和标准采集方法进行采集，在采集和运输过程中避免受试生物受到损伤或环境胁迫，运输过程中受试生物的死亡率小于10%。受试生物运达实验室后，应首先进行检验，确认其未受污染且未感染疾病，然后在实验室条件下进行7天以上的驯化，驯化期内要求受试生物死亡率小于10%。出于对受试生物福利的考虑，应尽量减少毒性测试中受试生物的数量，并尽可能减轻受试生物的痛苦。

C. 毒性试验中干扰因素的消除

受试生物的年龄、发育阶段、性别、季节等因素均会造成其对污染物敏感性的改变；进行生物测试的试验条件，如温度、光照、pH、生物量负载等因素的不同也会导致毒性测试结果出现差异；实验室仪器设备运行状况、测试人员的操作、判断以及所用的统计与分析方法等也是导致毒性测试结果出现差异的重要原因。在进行基准值计算和推导时，需要对毒性测试过程加以规范，在进行毒性数据收集和筛选时应剔除那些在不规范实验条件下得出的测定数据。

2) 毒性测试相关的中华人民共和国国家标准

（1）水质：物质对溞类（大型溞）急性毒性测定方法，中华人民共和国国家标准 GB/T 13266—91；

（2）水质：物质对淡水鱼（斑马鱼）急性毒性测定方法，中华人民共和国国家标准 GB/T 13267—91；

（3）化学品：藻类生长抑制试验，中华人民共和国国家标准 GB/T 21805—2008；

（4）化学品：鱼类胚胎和卵黄囊仔鱼阶段的短期毒性试验，中华人民共和国国家标准 GB/T 21807—2008；

（5）化学品：鱼类延长毒性14天试验，中华人民共和国国家标准 GB/T 21808—2008；

（6）化学品：大型溞繁殖试验，中华人民共和国国家标准 GB/T 21828—2008；

（7）化学品：鱼类早期生活阶段毒性试验，中华人民共和国国家标准 GB/T 21854—2008；

（8）化学品：生物富集 半静态式鱼类试验，中华人民共和国国家标准 GB/T 21858—2008；

（9）化学品：生物富集 流水式鱼类试验，中华人民共和国国家标准 GB/T 21800—2008；

（10）化学品：鱼类幼体生长试验，中华人民共和国国家标准 GB/T

21806—2008。

3）OECD 化学品毒性测试技术导则

（1）藻类生长抑制测试：OECD Guidelines for the Testing of Chemicals, Test No. 201：Freshwater *Alga* and *Cyanobacteria*, Growth Inhibition Test；

（2）溞类急性毒性测试：OECD Guidelines for the Testing of Chemicals, Test No. 202：*Daphnia* sp. , Acute Immobilisation Test；

（3）鱼类急性毒性测试：OECD Guidelines for the Testing of Chemicals, Test No. 203：Fish, Acute Toxicity Test；

（4）鱼类延长毒性测试：OECD Guidelines for the Testing of Chemicals, Test No. 204：Fish, Prolonged Toxicity Test：14-day Study；

（5）鱼类早期生命阶段毒性测试：OECD Guidelines for the Testing of Chemicals, Test No. 210：Fish, Early-life Stage Toxicity Test；

（6）大型溞繁殖测试：OECD Guidelines for the Testing of Chemicals, Test No. 211：*Daphnia magna* Reproduction Test；

（7）鱼类胚胎发育阶段短期毒性测试：OECD Guidelines for the Testing of Chemicals, Test No. 212：Fish, Short – term Toxicity Test on Embryo and Sacfry Stages；

（8）鱼类幼体生长测试：OECD Guidelines for the Testing of Chemicals, Test No. 215：Fish, Juvenile Growth Test；

（9）鱼类短期繁殖测试：OECD Guidelines for the Testing of Chemicals, Test No. 229：Fish Short Term Reproduction Assay。

4）美国毒性测试技术指南

（1）水样和废水的鱼类、大型无脊椎动物和两栖动物急性毒性测定标准导则：ASTM E729—96（2007）Standard Guide for Conducting Acute Toxicity Tests on Test Materials with Fishes, Macroinvertebrates and Amphibians；

（2）微藻类静态毒性测定标准导则：ASTM E1218—04 Standard Guide Conducting Static Toxicity Tests with *Microalgae*；

（3）大型溞生命周期毒性测定标准导则：ASTM E1193—97（2004）Standard Guide for Conducting *Daphnia magna* Life-Cycle Toxicity Tests；

（4）大型溞慢性毒性测试：USEPA 712-C-96-120 850. 1300 *Daphnia* Chronic Toxicity Test。

3. 毒性测试试验生物的选择与保障

1) 毒性测试试验生物分类单元与数量确定

水质基准计算与推导需要涵盖的代表性水生生物的种类与数量符合制定导则的相关规定，满足最小数据量的要求。各国在水质基准计算与推导中有不同的规定，如法国水质基准推导需要 3 个分类单元的生物（鱼类、甲壳类和藻类）的毒性数据，英国、荷兰和德国需要 4 个分类单元的生物（鱼类、节肢动物、非节肢无脊椎动物和藻类/大型水生植物）的急性或慢性毒性数据。欧盟则规定若使用评估因子法推导基准，需要至少 3 个营养级水平的生物（鱼类、甲壳类和藻类）的急性毒性数据，或一个以上慢性毒性数据；若使用物种敏感度曲线法推导水质基准，至少需要 8 个不同分类单元的生物，包括 6 个不同分类单元的水生动物：2 个不同科的鱼类、1 个甲壳类、1 个昆虫、非脊索动物门和节肢动物门中的 1 个科、任何昆虫目或不包括上述生物分类单元的门中的 1 个科、1 个藻类以及 1 个高等植物。加拿大规定需要至少 6 个不同分类单元生物物种的毒性数据。美国基准的推导需要至少 8 个不同分类单元（科）的北美地区本地水生动物种的毒性数据和 1 个水生植物种的数据，包括：鲑科、硬骨鱼纲中非鲑科、脊索动物门中一个科、浮游甲壳类、底栖甲壳类、水生昆虫类、非脊索动物门和节肢动物门中的一个科、任何昆虫目或不包括上述生物分类单元的门中的一个科。USEPA 同时还规定，生物毒性数据来源至少还应包括一个藻类或维管束植物，以及至少一个可接受的生物浓缩因子（BCF）。

2) 代表性物种确定的一般原则

为反映特定污染物对我国特定流域生态分区水生生物影响的实际况状，水生生物基准值制定中的代表性水生生物应主要选择在流域水生态系统中占据重要生态位、对生态系统结构和功能具有重要影响的本地物种，通过文献调研的方式收集相关资料和毒性数据用于基准值的计算与推导，或进行毒性测试以对缺乏的数据进行补充。对于特定污染物的基准值的制定，选择的生物测试水生生物物种至少需要源于 3 门 8 科有代表性的流域土著物种或已在本流域引种多年并在自然生态系统中广泛分布的养殖物种；当确定的生物物种的数量对该流域具有充分的代表性时，在满足水质基准计算和推导方法学相关要求的基础上，代表物种的数量可减少为 3 门 6 科。

3) 代表性水生生物选择要求

为制造科学可靠、适宜我国生态特征的水质基准，需要满足能够涵盖我国水生态系统主要营养级和分类单元的最少生物毒性数据要求，同时与基准推导方法相联系。可以在借鉴国外水质基准制定中有关水生生物选择及其毒理学数据获得等相关经验的基础上，筛选并确定针对我国不同流域水环境水质基准制定的 6 ~ 8 个分类单元（科）的代表性水生生物及其组成，再通过广泛的文献检索、必要的污染物毒性测试试验，以及适当的计算推导技术，从而获得制定水质基准所需要的具有不同水环境流域代表性的水生生物毒性数据。

对用于污染物毒性评估的水生生物类型的选择应满足以下一般要求：在生态学分布上具有较好的代表性、对特定化学品或污染物敏感、生物学遗传背景清楚、分布广泛、容易获得、实验操作可行、具有明确的生物测试终点和完备的毒性测试方法。代表性水生生物物种的选择应以本地物种为主，也可以包括部分在自然水生态系统中已广泛分布或在水产养殖业上具有重要经济价值的引进物种。在基准制定中需要特别关注的是，特定流域的水生生物区系分布中是否存在对特定化学品或目标污染物特别敏感的地方物种，或在水生生态系统中具有特殊重要性的地方物种，这些物种应作为基准制定的代表性物种。

同时需要关注在特定流域范围内，是否分布有国家、省、市等各级自然保护区以及保护物种。这些物种通常不能作为受试生物进行毒性测试，但需要收集国内外相关文献资料，证明特定化学品或目标污染物对这些保护物种的不利效应不会显著高于那些用于毒性评估的受试生物，以保证水质基准的制定可以使得这些物种得到适当的保护。

考虑到不同流域水生态系统承担着重要的旅游和养殖功能，在流域水环境水生生物安全基准制定时，受试生物中应包括当地重要的养殖种类以及与旅游娱乐相关的水生生物类型。另外，在特定的水环境流域内，自然分布的水生生物也可能受到疾病、寄生虫、捕食者、食物缺乏、其他污染物的不利影响，以及特定水域范围内水体流动、水质和温度等极端环境条件的影响，导致其对特定化学品或污染物的敏感性发生改变。水体中的特定化学品或污染物可能因转化降解作用导致其对水生生物毒性特征的改变。在一些特定的水环境流域内，需要关注一些重要的群落功能或种群间相互作用遭受破坏的污染物浓度阈值是否比物种个体遭受损伤的污染物浓度阈值更低。

4）水质基准制定的代表性水生生物的选择

根据保护水生生物及其用途的水质基准推导的最少数据原则，选择的水生生物测试种应涵盖 3 个营养级：藻类/初级生产者、小型甲壳类/初级消费者以及鱼类/次级消费者。选择的水生动物测试种应涵盖至少 3 门 6 ~ 8 科，水生生物的急慢性比需要至少 3 个科的水生动物物种，及至少一种水生植物毒性数据，并至少选用一种水生动物来确定生物富集系数。代表性水生生物即常见的毒性测试生物分类见表6-1。

表6-1 水生生物基准值推导中常见的毒性测试生物分类表

门	纲	科	属
脊索动物门 Chordata	硬骨鱼纲 Osteichthyes	鲤科 Cyprinidae	鲫属 *Carassius*
			鲢属 *Hypophthalmichthys*
			鳙属 *Aristichthys*
			鲤属 *Cyprinus*
		异鳉科 Adrianichthyidae	青鳉属 *Oryzias*
		丽鱼科 Cichlidae	罗非鱼属 *Tilapia*
		鲿科 Bagridae	黄颡鱼属 *Pelteobagrus*
	两栖动物纲 Amphibia	蛙科 Ranidae	姬蛙属 *Microhyla*
		蟾蜍科 Bufonidae	蟾蜍属 *Bufo*
软体动物门 Mollusca	腹足纲 Gastropoda	椎实螺科 Lymnaeidae	萝卜螺属 *Radix*
		田螺科 Viviparidae	圆田螺属 *Cipangopaludina*
环节动物门 Annelida	寡毛纲 Oligochaeta	颤蚓科 Tubificidae	水丝蚓属 *Limnodrilus*
节肢动物门 Arthropoda	昆虫纲 Insecta	摇蚊科 Chironomidae	摇蚊属 *Chironumus*
	甲壳动物纲 Crustacea	溞科 Daphnidae	溞属 *Daphnia*
		长臂虾科 Palaemonidae	沼虾属 *Macrobrachium*

续表

门	纲	科	属
绿藻门 Chlorophyta	绿藻纲 Chlorophyceae	小球藻科 Chlorellaceae	小球藻属 *Chlorella*
		栅藻科 Scenedesmaceae	栅藻属 *Scenedesmus*
被子植物门 Angiospermae	单子叶纲 Monocotyledoneae	浮萍科 Lemnaceae	紫萍属 *Spirodela*

（1）水生生物急性毒性参数至少包含6~8科水生生物分类单元：①硬骨鱼纲中的鲤科，如中国最为常见的鲫鱼属（*Carassius*）、鲢鱼属（*Hypophthalmichthys*）、鳙鱼属（*Aristichthys*）、鲤属（*Cyprinus*）等；②硬骨鱼纲中的第2个科，在水产养殖或娱乐用途中的重要鱼种或冷水鱼类，如鲶科（Siluridae）的鲶鱼属（*Silurus*）、异鳉科（Adrianichthyidae）的青鳉属（*Oryzias*）、鮠科（Bagridae）的黄颡鱼属（*Pelteobagrus*）、丽鱼科（Tilapidae）的罗非鱼属（*Tilapia*）等；③脊索动物门中的第3个科，可以是硬骨鱼纲或者两栖动物纲如蛙科（Ranidae）、蟾蜍科（Bufonidae）等；④节肢动物门甲壳纲浮游动物，如枝角类（Cladocera）、桡足类（Copepoda）等；⑤节肢动物门的一种昆虫，如蜉蝣目（Ephemeroptera）、蜻蜓目（Odonata）、毛翅目（Trichoptera）的石蛾、摇蚊属（*Chironumus*）等；⑥节肢动物门和脊索动物门以外的任意一个科；⑦节肢动物门甲壳纲底栖动物，主要有软甲亚纲（Malacostraca）中的虾、蟹；⑧昆虫纲的任一目下的任一科。

（2）水生生物的急慢性比需要至少2个科的水生动物物种：①至少一种是鱼类；②至少一种是无脊椎动物；③至少一种是敏感的淡水种生物。

（3）需要至少一种淡水藻类毒性数据，如小球藻科（Chlorellaceae）、栅藻科（Scenedesmace）等，或者维管束植物，如浮萍科（Lemnaceae）的毒性测试结果。如果植物是水生生物中对于受试物质最敏感的，则需要另一个门的植物测试结果。

（4）生物浓缩因子BCF。在最大可接受组织浓度可以获得的情况下，需要该受试物质的至少一种淡水物种的生物浓缩因子BCF。

5）以硝基苯为例，太湖流域有分布的物种

为了能够有较好的代表性，防止"过保护"和"欠保护"，我国的生物物种以节肢动物为主，鱼类和软体动物也占较大比重。鱼类与人类生活关系密切，经济价值很高，应给予优先考虑。因此，按照我国"十一五"规划期间研究提出的水生生物基准制定技术导则规定的物种选择原则，同时考虑到我国以鲤科为主的鱼类，特别注意收集了鲤科鱼类的硝基苯毒性数据。比对 USEPA 和相关文献的要求，初步确定我国筛选数据受试生物的范围，共涉及 5 门 11 种：

网纹溞（*Ceriodaphnia dubia*），网纹溞属，溞科，鳃足纲，节肢动物门

大型溞（*Daphnia magna*），溞属，溞科，鳃足纲，节肢动物门

日本三角涡虫（*Dugesia japonica*），三角涡虫属，三角涡虫科，涡虫纲，扁形动物门

静水椎实螺（*Lymnaea stagnalis*），椎实螺属，椎实螺科，腹足纲，软体动物门

霍普水丝蚓（*Limnodrilus hoffmeisteri Claparède*），颤蚓属，颤蚓科，环带纲，环节动物门

蓝鳃太阳鱼（*Lepomis macrochirus*），太阳鱼属，日鲈科，辐鳍鱼纲，脊索动物门

虹鳟鱼（*Oncorhynchus mykiss*），鲑属，鲑科，辐鳍鱼纲，脊索动物门

高体雅罗鱼（*Leuciscus idus melanotus*），雅罗鱼属，鲑科，辐鳍鱼纲，脊索动物门

青鳉鱼（*Oryzias latipes*），青鳉属，青鳉科，辐鳍鱼纲，脊索动物门

剑尾鱼（*Xiphophorus helleri*），剑尾鱼属，花鳉科，辐鳍鱼纲，脊索动物门

金鱼（*Carasscas auratus*），鲫属，鲤科，辐鳍鱼纲，脊索动物门

6）以六价铬为例，太湖流域有分布的物种（表 6-2）

表 6-2 太湖流域有分布的物种

属	种
Clarias	*Clarias batrachus* 胡子鲶
Cyprinus	*Cyprinus carpio* 鲤鱼
Carassius	*Carassius auratus*（*Linnaeus*）鲫鱼
	Carassius auratus 金鲫鱼
Lepomis	*Lepomis cyanellus* 蓝色太阳鱼
	Lepomis macrochirus 蓝鳃太阳鱼
Cambarus	*Cambarus clarkii* 克氏原螯虾
Chironomus	*Chironomus* sp. 摇蚊幼虫

续表

属	种
Bofo	*Bofo melanostictus* 黑眶蟾蜍蝌蚪
Poecilia	*Poecilia reticulata* 孔雀鱼
	Poecilia vivipara 胎花鳉
Pelteobagrus	*Pelteobagrus fulvidraco* 黄颡鱼
Ictalurus	*Ictalurus punctatus* 斑点叉尾鮰
Lumbriculus	*Lumbriculus variegatus* 夹杂带丝蚓
Hypophthalmichthy	*Hypophthalmichthy smolitrix* 鲢鱼
Hyriopsi	*sHyriopsis cumingii* 三角帆蚌
Cipangopaludina	*Cipangopaludina cathayensis* 中华圆田螺
Lymnaea	*Lymnaea luteola* 椎实螺
Tubifex	*Tubifex tubifex* 正颤蚓
Mesocyclops	*Mesocyclops pehpeiensis* 北培中剑水溞
Moina	*Moina macrocopa* 多刺裸腹溞
Macrobrachium	*Macrobrachium nipponensis* 青虾
Ceriodaphnia	*Ceriodaphnia reticulata* 荆爪网纹溞
	Ceriodaphnia dubia 模糊网纹溞
Daphnia	*Daphnia hyalina* 透明溞
	Daphnia pulex 蚤状溞
	Daphnia magna 大型溞
Simocephalus	*Simocephalus vetulus* 老年低额溞

4. 水生生物毒性数据的可靠性评估

1) 水生生物毒性测试和数据筛选的主要原则

用于基准值制定的受试水生生物应主要为我国各流域水环境土著生物，也包括养殖业和旅游业的重要经济物种。毒性测试采用单一污染物和单一物种的毒性测试方法，且在毒性测试中需要设置符合要求的对照组。根据特定化学品和受试水生生物的特征选择适当的生物测试方式，对于挥发性或易降解污染物应使用流水试验。当污染物的生物毒性与硬度、pH 等水质参数相关时，应随最终毒性数据报告上述试验条件。

收集所有材料数据，包括对水生动物和植物的毒性与生物累积性、FDA 活性水平、以水生生物为食的野生生物的慢性长期研究。将不符合水质基准计算要求的试验数据剔除，其中包括非中国物种的试验数据、实验设计不科学或者不符合要求的试验数据等。如果可同时获取同一物种不同生命阶段（如卵、幼体和成熟体）的毒性数据，应选择该物种最敏感生命阶段数据，因为水质基准的目的是保护所有的生命阶段。另外，对于一些具有高度挥发性、水解或降解的物质，只有流水式试验的结果可以采纳，而且在试验过程中还要对试验物质的浓度进行监控。具体的数据筛选要求如下：①在中国有生态分布；②毒性数据应该有明确的测试终点、测试时间和测试阶段；③所有应用的数据应该有明确的暴露类型和数据来源出处；④不管是发表的还是未发表的，可疑的数据均不能用，如未设立对照组的，对照组出现死亡或不正常的，稀释用水不符合要求的；⑤化学纯度 90% 以上的化学纯化合物数据可以用，但复合物和乳剂的数据不可用；⑥对于高挥发性，易水解和降解的物质，只有流水式并且浓度经过可信数据测定的才可以用；⑦可疑的数据、混合制剂和乳剂，中国不存在的和试验前已经被污染的物种，可以作为辅助信息，不能用于水质基准的推导；⑧慢性毒性试验应该优先选择生物整个生命周期的 NOEC，或至少生命周期的 1/10 以上时间的 NOEC；⑨同一物种或终点有多个毒性数据时，用算术平均值；同属间用几何平均值；同种或同属的急性毒性数据如果差异过大，应被判断为有疑点的数据而谨慎使用，若相同种或属间的数据相差 10 倍以上，则需舍弃部分或全部数据；⑩不能用单细胞生物进行急性毒性试验，试验水溞的年龄不能大于 24 h，试验用摇蚊幼虫应该是二龄或三龄；⑪急性毒性试验过程不能喂食；⑫稀释用水的总有机碳或颗粒物质量浓度应小于 5mg/L；⑬溞类或其他枝角类和摇蚊幼虫的急性毒性试验指标是 48h-LC_{50} 或 EC_{50}；鱼类及其他生物是 96h-LC_{50} 或 EC_{50}；⑭如果一个重要物种的种平均急性值（SMAV）比计算的 FAV 还低，前者将替代后者以保护该重要物种。

为了使所推导的基准不确定性最小化，只选用符合相关质量标准的数据来推导基准，毒性和理化数据必须来自依照公认的标准和准则所进行的研究，如测试方式、温度、pH、水体性质（如硬度、盐度）、固水分配系数 K_p、亨利常数、辛醇水分配系数 K_{ow} 等的规定。为增加数据的可靠性，每种物种的毒性数据最好来自三个以上实验室的数据。此外，毒性数据也可由 QSAR 计算来获取。

2）对各种水质基准计算与推导方法的数据要求

流域水环境水生生物基准值的计算与推导可以采用的方法有评估因子法、USEPA 使用的双值基准法以及欧盟推荐的物种敏感度分布法等，需要对各种计算与推导方法的数据来源与可靠性加以限定。

A. 对评估因子法的数据要求

评估因子的作用旨在减少实验室数据间的差别、物种种内和种间的差异、由短期暴露数据推导长期暴露结果以及由实验室数据推导野外数据的误差。评估因子的大小依赖于可获取毒性数据的数量和质量。例如，物种数目、测试终点、测试时间等，评估因子法的取值范围通常为 10 ~ 1000，因子大小更大程度上取决于专业的判断。

为了提高基准数据的有效性，应尽量获得更多物种的急性和慢性毒性数据，尤其是较敏感物种的数据。参照欧盟对使用评估因子法推导基准的规定，需要至少三个营养级水平的生物（鱼类、甲壳类和藻类）的急性毒性数据，或一个以上慢性毒性数据。由于评估因子法选用最敏感物种的毒性数据，所以对于较敏感的物种，应尽可能搜集其毒性数据，再取其几何平均值。

B. 基于物种敏感度分布曲线的水质基准计算与推导方法的数据要求

应用美国双值基准法和欧盟物种敏感度分布法（EN-SSD）进行水质基准计算与推导时，需要应用典型污染物对代表性水生生物的急性或慢性毒性数据，以及相关的生物浓缩数据。数据量应满足统计分析要求。数据中包含多个物种，对于同一个物种拥有多个毒性数据的情况，采用几何均值作为该物种的数据点。

为充分考虑生物多样性和数据代表性，鱼类至少分别有中国一种冷水和温水鱼，并注意增加鲤科鱼类的分量；至少有一种浮游甲壳类或枝角类；最好有底栖动物；至少有一种昆虫；至少有一种藻类。流域水质基准可以根据不同区域设立各自保护目标适宜的生物物种来进行校准。

水生生物毒性数据可来源于文献数据和试验数据。文献数据可以从 USEPA 毒性数据库（ECOTOX）等渠道获得，也可以从中国知网等相关文献信息中检索，缺乏的数据可以委托具有资质的从事水质基准制定或水生态毒理学研究的高等院校、研究院所的相关实验室进行测试而获得，以保证用于水质基准计算和推导的毒性数据的可靠性。

6.1.4 通用模式生物

1. 斑马鱼

斑马鱼（*zebrafish*）属脊索动物门（Chordata）、脊椎动物亚门、硬骨鱼纲、

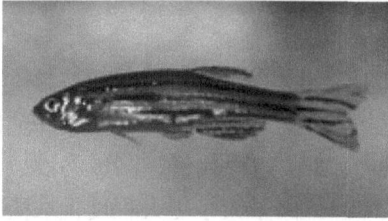

图 6-2 斑马鱼

辐鳍亚纲（Actinopterygii）、真骨鱼总目、鲤形目（Cypriniformes）、鲤科（Cyprinidae）、短担尼鱼属（*Danio*），如图 6-2 所示。原产于南亚印度，分布于缅甸、孟加拉和新加坡，是一种常见的热带鱼。斑马鱼体型纤细，呈纺锤形，稍侧扁，成体长 3~4cm，其背部为橄榄色，体侧从头至尾布满多条蓝色条纹，雄鱼为深蓝间柠檬色条纹，雌鱼为蓝色间银灰色条纹。斑马鱼眼眶虹膜黄色，泛红光。雄斑马鱼鱼体修长，鳍大，体色偏黄，臀鳍呈棕黄色，条纹显著；雌鱼鱼体较肥大，体色较淡，偏蓝，臀鳍呈淡黄色，怀卵期鱼腹膨大而明显。

斑马鱼对水质要求不高。孵出后约 3 个月达到性成熟，属卵生鱼类，4 月龄进入性成熟期，一般用 5 月龄鱼繁殖较好，繁殖用水要求 pH 为 6.5~7.5，硬度为 6~8，水温为 25~26℃。繁殖时可按雌、雄鱼 1:2 的比例放入繁殖缸内，一般头天晚上放入，第二天上午或中午就产卵受精，一条雌鱼每次可排卵 300~1000 粒不等。成熟鱼每隔几天可产卵一次。卵子体外受精，体外发育，胚胎发育同步且速度快，胚体透明。发育温度要求为 25~31℃。斑马鱼的繁殖周期为 7 天左右，一年可连续繁殖 6~7 次，而且产卵量高。

斑马鱼由于个体小，养殖花费少，能大规模繁育，且具许多优点，吸引了众多研究者的注意。经过 30 多年的研究应用和系统发展，已有约 20 个斑马鱼品系，目前斑马鱼基因数据库里有相关的资料可供查询和下载，方便研究。斑马鱼的细胞标记技术、组织移植技术、突变技术、单倍体育种技术、转基因技术、基因活性抑制技术等已经成熟，且有数以千计的斑马鱼胚胎突变体，是研究胚胎发育分子机制的优良资源，有的还可作为人类疾病模型。斑马鱼已经成为最受重视的脊椎动物发育生物学模式之一，在其他学科上的利用也显示了很大的潜力。

斑马鱼具有繁殖能力强、体外受精和发育、胚胎透明、性成熟周期短、个体小易养殖等诸多特点，特别是可以进行大规模的正向基因饱和突变与筛选。这些特点使其成为功能基因组时代生命科学研究中重要的模式脊椎动物之一。在国际上，斑马鱼模式生物的使用正逐渐拓展和深入到生命体的多种系统（如神经系统、免疫系统、心血管系统、生殖系统等）的发育、功能和疾病（如神经退行性疾病、遗传性心血管疾病、糖尿病等）的研究中，我国开展斑马鱼相关的研究无论在规模还是在重视程度上都远远落后于国际形势发展的需要。

2. 大型溞

大型溞（*Daphnia magnia*）属于节肢动物门（Arthropoda）、甲壳动物纲（Crusfacea）、鳃足亚纲（Branchiopoda）、双甲目（Diplostraca）、枝角亚目（Cladocera）、真枝角亚目（Suborder Eucladocera）、盘肠溞总科（Superfamily chydoridae）、溞科（Family Daphniildae）、溞属（*Daphnia*）、栉溞亚属（*Ctenodaphnia*）、大型溞（种）（*Daphnia magna* straus），如图 6-3 所示。

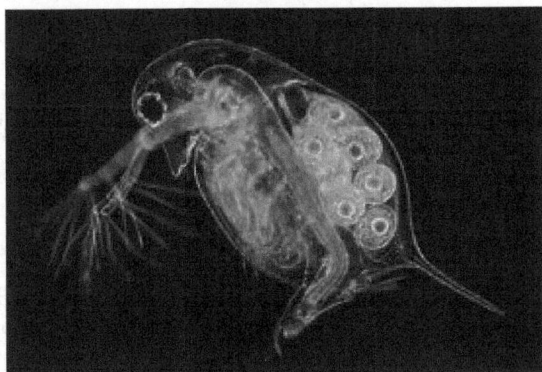

图 6-3　大型溞

大型溞是一种浮游动物枝角类生物，身体短小，左右侧扁，从侧面看略呈长圆形，分为雌性与雄性。雌体长为 2.2~6.0mm。体色淡红或黄色，随外界条件的不同而变化。体壳壳面有菱形花纹，后端有较短的壳刺。头部宽而低，头顶圆钝，无盔。吻部稍凸出，壳弧发达。复眼不大，位于头顶，单眼小，位于第一触角的正方。躯干部由胸部与腹部合成，胸部有附肢而腹部无。有腹突，后腹部大，向后逐渐收削。肛门位于后腹部，有尾爪，尾爪上有栉刺，尾刚毛长在肛门后。第一触角在头部，短而粗，第二触角很大，能运动，分节，又叫大触角，分内肢外肢，上面长满了游泳刚毛。雄体小，体长为 1.75~2.5mm，前腹角圆而凸出，壳刺很短，头部向下弯曲，复眼特大，吻钝。第一触角很长且粗，有一根刚毛，第一胸肢有一钩及一长鞭毛。腹突不明显。后腹部在肛门开口处有肛刺 10个左右，末背角呈大的侧突。输精管开孔于侧突之间。

大型溞属于浮游甲壳类动物，是世界种，具有生活周期短、繁殖快、经济、方便易得、对毒物敏感、易于在实验室培养等优点，已成为国际公认的标准试验生物。自 1978 年 USEPA 建立大型溞毒性试验标准方法后，日本和许多欧洲国家也相继建立的自己的标准方法，我国于 1991 年建立了自己的大型溞继急性毒性测定方法。

大型溞是一组器官俱全的透明体，解剖镜下可直接观察到中毒症状。试验溞可以从其他实验室已有的纯培养中挑取、引种，也可以从野外采集，野外采集的大型溞要经分离、纯化。通常情况下大型溞采取单性孤雌生殖方式，当培养液中大型溞的密度太大的时候会造成大型溞停止孤雌生殖而进行有性生殖。溞类喜食藻类、细菌、酵母及有机碎屑等，我国国标方法推荐用实验室培养的栅藻作为大型溞的饵料。

3. 秀丽隐杆线虫

秀丽隐杆线虫（*Caeborhabditis elegans*）属于线形动物门、线虫纲，如图 6-4 所示。它生活在世界各地的泥土中，以细菌为食，容易人工养殖，对人、动物和植物没有危害。秀丽隐杆线虫的生命周期如图 6-5 所示。从受精卵到孵化的过程称为胚胎发育期，这个时期使受精卵发育成 L1 期的线虫，L1 期线虫结构上与成虫相似，只是更小一些，约 250pm 长。胚胎后期发育包括 4 个幼虫期即 L1 期到 L4 期，最后一次蜕皮后变成成虫。在 20℃下，胚胎发育期需要 14h，其中开始的几个小时是在雌雄同体线虫的子宫内，幼虫期的线虫分别在受精后的 29h、38h、47h 和 59h 进行连续的几次蜕皮，胚胎后期的生长发育是连续的。当线虫处在高的数量密度和缺乏食物的情况下，会在第 2 次蜕皮后进入 Daoer 期而不是进入 L3 期，Daoer 现象是线虫抵御外界不良环境如干燥等的一种手段，在解剖镜下，Daoer 期的线虫比岭的幼虫要瘦小一些，并长时间保持这种状态，但是当受到干扰时会比 L3 期幼虫运动的要快。Daoer 期可以持续几个月的时间，当给予食

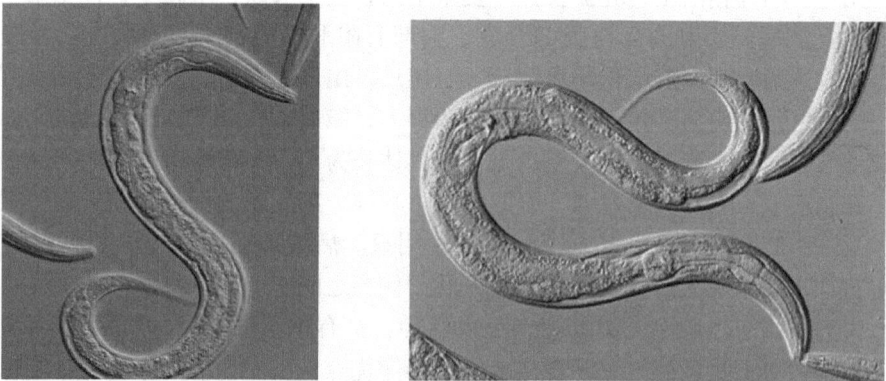

图 6-4　秀丽隐杆线虫

物后，Daoer 期的线虫可以蜕皮直接进入 L4 期。从一个受精卵发育成可以产卵的成虫，只需要 3 天。在实验室中只要有一台解剖显微镜，一只自制的铂金丝小铲，就可以进行线虫培养操作了。

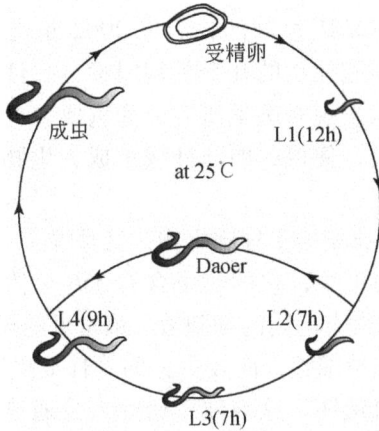

图 6-5 秀丽隐杆线虫的生命周期

秀丽隐杆线虫有两种性别：雌雄同体和雄性。雌雄同体可以自我繁殖，也可以与雄性交配繁殖。在自然状态下，秀丽隐杆线虫绝大部分个体为雌雄同体（hermaphrodite），自我繁殖的大多是雌雄同体，与雄性交配的后代，50%是雌雄同体50%是雄性，可以人为控制繁殖方式，获得理想表型。其一生能产生约 300个受精卵。如果在一个培养皿上放上几只线虫，几天之后就可得到大量的后代。自然产生的秀丽隐杆线虫群体中只有约千分之一为雄性，但在实验室里可以用热激的办法来产生雄性个体以用于遗传交配。由于具有雄性和雌雄同体这两种性别，秀丽线虫在遗传研究上也具有无可比拟的优势。Brenner 使用 EMS 对一个野生型线虫株系 NZ 进行化学诱变，获得了约 300 个在形态或行为上发生了变异的突变体。这些突变被分别定位到线虫的 6 条染色体上，影响到约 100 个基因。该文详述了秀丽线虫的突变体筛选、基因定位等遗传操作方法，为以秀丽线虫为模型进行动物个体发育的遗传研究奠定了基础。

与此同时，Sulston 等也在进行着一项前无古人的研究。Sulston 使用微分干涉显微镜（differentia linterferingeontrast，DIC）来研究秀丽线虫细胞的命运。绘制成了细胞谱系图，该图揭示了雌雄同体线虫全部 1090 个细胞的身世和命运，从而使科学家们能够在活体线虫的单个细胞水平上研究遗传发育的调控机制。在研究细胞谱系的过程中，Sulston 发现在发育过程中，秀丽隐杆线虫共生成

1090 个细胞，其中 131 个将会死亡，所以，野生型秀丽隐杆线虫成虫有 959 个细胞，并且每个细胞的位置固定不变。秀丽隐杆线虫有 5 对常染色体和 1 对性染色体。秀丽线虫的全部 1090 个细胞中的 131 个细胞以一种不变方式，在固定的发育时间和固定位置消失。这一现象就是现在为世人熟知的细胞程序性死亡，即细胞凋亡，它是有基因控制的，后来 2002 年诺贝尔奖获得者也发现了调节器官发育和程序性细胞死亡的几个关键因素，并证明相应的调节基因在高等动物和人体也存在。该发现对医学研究极为重要，且对疾病发生的机理及新的治疗研究都有重要意义，使得秀丽新杆线虫成为生物学和医学研究中的一个热门话题。

秀丽隐杆线虫是一种典型的多细胞生物，又是唯一一个身体中所有细胞都能被逐个盘点并各归其类的生物，它的幼虫含有 556 个体细胞和 2 个原始生殖细胞，成虫则根据性别不同具有不同的细胞数，最常见的雌雄同体成虫成熟后含有 959 个体细胞和 2000 个生殖细胞，而较少见的雄性成虫则只有 1031 个体细胞和 1000 个生殖细胞；它通身透明，这就便于研究人员通过显微镜观察活的完整线虫的内部结构，而且能直接观察线虫发育过程中单个细胞的迁移、分裂以及死亡，从而使人们能够了解线虫发育过程中每个细胞的命运。从一个受精卵开始，经过细胞分裂、增殖，形成较复杂的组织和器官系统，如皮肤、肌肉、消化、神经、繁殖等，这样，从秀丽隐杆线虫得到的生物学知识有可能直接应用于更加复杂的生物，包括人类自身。

生命周期短，大约在 12h 开始胚胎发育。在 25℃ 条件下发育成成虫只约需要 2.5 天，其寿命是 2~3 周。在 20℃ 条件下，从卵到繁殖期的成虫，整个过程需要 3.5 天，且在这一温度线虫繁殖能力最好，在 4 天的时间里一条成虫大约能产生 300 多个后代。15℃ 条件下卵到繁殖期的成虫，整个过程需要 6 天。

线虫以大肠杆菌为食，在实验室条件下很容易培养、繁殖和保存。像保存细胞和组织一样可以对线虫进行冷冻保存，在 -80℃ 冰箱或液氮中，储存时间分别长达 12 年和 25 年之久，这就为大量保存各种遗传背景的秀丽线虫株系提供了极大的便利，这一优势也是其他模式动物，如果蝇和小鼠等所不具备的。雌雄同体型既能自身繁殖产生纯系后代，又能与雄虫交配繁殖后代。到 20 世纪 90 年代中期，人们已经建立了线虫从受精卵到所有成体细胞的完整谱系图作为细胞生物学、遗传学和分子生物学研究的模式生物，至此秀丽隐杆线虫被广泛应用。作为一种真核生物，线虫与更高等的生物体共有一些相似的细胞及分子结构以及控制通路。线虫也是一种多细胞生物，这就意味着它也要经历一个复杂的发育过程，包括胚胎发生以及发育到成虫的过程。

4. 四膜虫

四膜虫（*Tetrahymena*）属于原生动物门、寡膜纲、膜口目、四膜科、四膜虫属，如图6-6所示。已知有10余种。体长40~60μm，成倒卵形或梨形。口位于腹面前方正中，体表被以纵纤毛带，口后纤毛带一般为2条。胞肛和2个伸缩泡孔均位于细胞后端。无性生殖为横分裂，有性生殖为接合生殖。合子核分裂分化产生新的大小核，两细胞分开、分裂。世界性分布，主要产自淡水，也有的生活于咸水或温泉中。四膜虫能在无菌的液体培养基中生长繁殖，长期以来用它为材料做了大量营养生长和药物学方面的研究，是真核细胞基因工程研究的理想材料。

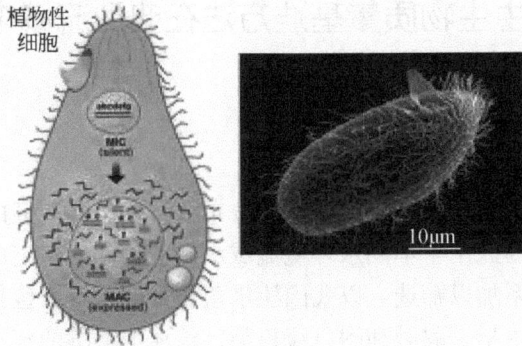

图6-6　四膜虫

四膜虫是一种单细胞真核生物，分布在全球的淡水水域中，属于原生生物门（Protista）、纤毛虫纲（Ciliophora），与一般人熟知的草履虫（*Paramecium*）在形态生理上十分相似。四膜虫外观呈椭圆长梨状，体长约50μm，全身布满数百根长约4~6μm长的纤毛，纤毛排列成数十条纵列，是不同种间纤毛虫分类的特征之一。四膜虫身体前端具有口器（oral apparatus），有3组3列的口部纤毛，早期在光学显微镜下观察时看似有4列膜状构造，因此据以命名。四膜虫主要是游离生活的异营生物，以摄取水中的细菌与其他有机质维生，尚未发现对人体疾病或对人类健康造成危害。四膜虫与草履虫等其他纤毛虫一样，具有双元核型（nuclear dimorphism）：在一个细胞中有两种核，小核（micronucleus）负责生殖功能，一般生长时小核的基因并不会表现/表达；大核（macronucleus）则负责维持细胞生长营养所需，可观察到旺盛的基因转录。四膜虫易于在实验室里培养，这归功于研究人员已经找出可以适于四膜虫生长所需的液态培养基成分，因此四膜虫从早年开始即是一种实验生物学上所使用的模式生物（model organism），用这种生物当作范例与工具，研究各种基础生物学的现象。由于可以大量培养四膜虫，所以它适于作为生化纯化分析的材料来源。现代的分子生物技术与分子遗传操作法也已经成功地使用在四膜虫上，研究人员可以把 DNA 克隆入四膜虫细胞中，这些 DNA 可经由同源重组互换的方式将染色体上的基因剔除（knockout），或在特定的基因座上将基因置入（knockin），因此四膜虫也适于借由遗传工程技术来解析基因。近年来，四膜虫大核的基因体（genome）也已经完成定序，所以在进入基因体时代的今日与后基因体时代，生物学家仍可以持续以四膜虫为材料进行研究。

6.2 水生生物质量基准方法在典型流域中的应用

6.2.1 流域特征水生物物种

我国的水生生物区系具有一定的地理分布特征，不同地区的优势种和特有种类均有一定差异，因此用于不同水环境流域水生生物基准制定的代表性水生生物物种应根据生物区系加以筛选。以我国淡水鱼类为例，主要包括东北的耐寒冷水鱼类，西北高原的耐旱、耐碱和耐急流鱼类，长江中下游的江河平原区系、我国东南部的亚热带/热带鱼类以及西北高原和西南部交界处的怒澜区。有关不同流域水生生物区系分布的详细资料可通过文献检索获得。

1. 太湖流域资源、环境、生物状况

20 世纪 60 年代前，太湖湖区水生高等植物繁茂，60 年代后，水生高等植物开始衰退，到 70 年代，除东太湖及局部岸边有少量挺水和漂浮植物分布外，太湖区内水生高等植物基本绝迹。蓝藻"水华"出现的频率和持续时间逐年增加，蓝藻"水华"的大量暴发导致了部分湖区中的一些浮游植物和高等水生植物种类正在逐步消失，而且随着蓝藻"水华"的频繁发生，湖泊中的浮游动物、底栖动物、鱼类的群落结构也发生的显著的变化，一些适应富营养化的种类纷纷占有优势地位。同时，一些适应富营养化的生物物种的生活区逐步向原来营养水平较低的东部湖区迁移，太湖的富营养化程度正在逐步上升。

1）太湖浮游植物及水生高等植物

据 1990～1996 年在太湖多次调查所采样标本分析，已鉴定出经常和偶然性浮游植物种类（包括变种），共计 8 门 116 属 239 种，其中蓝藻门 24 属 53 种，隐藻门 2 属 3 种，甲藻门 4 属 6 种，金藻门 6 属 9 种，黄藻门 3 属 4 种，硅藻门 24 属 48 种，裸藻门 6 属 15 种，绿藻门 47 属 101 种（表6-3）。

表6-3　浮游植物类群分布频度及多度　　　　（单位:%）

项目	蓝藻门	绿藻门	硅藻门	裸藻门	隐藻门	甲藻门	黄藻门	金藻门
频度	100	100	66.7	90.5	77.8	33.3	14.3	14.3
多度	65.5	13.2	5.83	6.62	8.04	0.63	0.07	0.03

2）浮游及底栖动物

A. 种类组成

根据样品分析，共见到浮游动物 35 种，其中原生动物 13 种、轮虫 15 种、枝角类 3 种、桡足类除无节幼体和桡足幼体 4 种。原生动物由肉足类和纤毛类组成，纤毛类 10 种，占原生动物种类数的 77%。钟形虫 Vorticella sp. 是出现频次和数量最多的原生动物，其出现频次高达 88 次。轮虫中的优势种是螺形龟甲轮虫（Keratella cochlearis）、矩形龟甲轮（Keratella quadrata）、角突臂尾轮虫（Brachionus angularis）、萼花臂尾轮虫（Brachionus calyciflorus）等，曲腿轮虫（Keratella valga）数量也不少。臂尾轮虫属 4 种占种数的 26%，龟甲轮虫属的 3 种龟甲轮虫全部见到，占种数的 20%。枝角类的优势种是长刺溞（D. Longispina）和象鼻溞（Bosmina）。桡足类的优势种除无节幼体与桡足幼体外，为汤匙华哲水溞（Sinocalauus dorii Brehm）、中华腹剑水溞（Mesocyclops sp.）、广布中剑水溞（Mesocyclops leuckarti），指状许水溞（Schmackeria inopinus）的数量较少。

B. 优势种变化特征

浮游动物数量最多的是 3 月达 2274.9ind./L。在绝大多数采样点原生动物和轮虫的数量占到浮游动物总数的 90% 上，仅 2 个采样点未达到 90%。太湖梅梁湾和五里湖的浮游动物的种类组成存在较大差异（表6-4）。在原生动物水样中，其数量高达 13 100ind./L，数量较多的原生动物是侠盗虫（Strobitidium sp.）、累枝虫（Epistylis sp.）和急游虫（Strombidium sp.）。轮虫数量最多的达到 1800ind./L，一般是 200～300ind./L，偶然超过 1000ind./L。枝角类中长刺溞数量最多的达到 14ind./5L，象鼻溞数量最多为 5ind./5L。桡足类中无节幼体（Napullus）数量超过 100ind./5L 且均出现在 3 月，最多达到 184ind./5L。镖水溞数量最多的为 63ind./5L，中华窄腹剑水溞数量最多达 53ind./5L，剑水溞的数量相对少一些，数量最多为 29ind./5L。

表 6-4　太湖梅梁湾、五里湖浮游动物调查（2005 年）　　（单位：ind./L）

采样时间	采样点	轮虫	枝角类	桡足类	无节幼体	总计
3 月	五里湖	453.4	5.4	3.2	5	467
9 日	梅梁湾	97.6	54.2	35.2	48.4	235.4
3 月	五里湖	389.6	17.2	12	0	419
18 日	梅梁湾	6.2	28.8	9.4	50.6	95
3 月	五里湖	1231.6	0	19.8	4.8	1256.2
26 日	梅梁湾	50.2	22.2	69	69.2	210.6
4 月	五里湖	104.8	16	20.4	63.2	204.4
6 日	梅梁湾	25.4	8.8	16.6	25.6	76.4
4 月	五里湖	102.4	3.4	61	36.4	203.2
15 日	梅梁湾	7.8	56.2	43.2	51.2	158.4
4 月	五里湖	62.5	6.4	27.8	57.4	154.2
22 日	梅梁湾	2.2	143.4	22.4	5.4	173.4
5 月	五里湖	925	63.6	39.4	57.8	1085.8
16 日	梅梁湾	97.8	211.2	17.4	35	361.4

太湖主要的底栖动物有植食性（螺类）和杂食性（瓣鳃类、甲壳类等）。腹足纲田螺类有：大型的有中国圆田螺（*Cipangopaludina chinensis*）和中华圆田螺（*Cipangopaludina cathayensis*），中型的有环棱螺和多棱角螺（*Angulagia polyzenata*），小型的有螺科、黑螺科、椎实螺科和扁蜷螺科的种。瓣鳃纲出现的蚌类有 10 个种和 2 个亚种，蚬类有 2 个种，而贻贝科和截蛏科只有 1 个种，节肢动物门甲壳纲中水虱和钩虾，在太湖内常见但个体数量不多，主要分布在湖湾地区。虾类有秀体长臂虾、日本沼虾，河蟹是洄游性的甲壳动物，但在太湖只偶尔见到，未形成一定数量的种群。昆虫纲摇蚊科的一些种类如苏氏尾鳃蚓 [*Branchiura sowerbyi*（Beddard）] 和羽摇蚊幼虫（*Tendipus plumosus*）为湖泊中的优势种类。

C. 外部环境的影响

浮游动物的数量分布，受多种因素影响，主要包括食物及其浓度、浮游动物本身的密度、摄食浮游动物的鱼类以及水温等环境因子。富营养型水域中分布的纤毛虫种类明显多于中营养型水域，如脾睨虫（*Askenasia* spp.）、中缢虫（*Mesodhdum* spp.）、尾毛虫（*C. rotricha* spp.）、尾丝虫（*Uronema.* spp.）及寡毛目（*Oligochaeta*）的种类（表6-5）。各采样点的水域中皆生长着微囊藻为优势种的种群，以及附着在微囊藻的钟虫（*Vorticella* spp.）。纤毛虫一般生活在 TS1 值较大、有机质较丰富的水体中，因此这些种类可作为水体富营养状况的指标生物。

表6-5 太湖中检测到的纤毛虫种类

目	属	0#	1#	2#	3#
前口目（Prostomatida）	尾毛虫属（*Urotricha* spp.）	+	+	+	−
刺钩目（Hartorida）	脾睨虫属（*Askenasia* spp.）	+	−	+	−
	栉毛虫属（*Didinium* spp.）		+		
	中缢虫属（*Mesodhdum* spp.）	+	+	+	−
	射纤虫属（*Amphileptus* spp.）	+	+		
	长颈虫属（*Dileptus* spp.）	−			
膜口目（Hymenostomatida）	草履虫属（*Paramecium* spp.）	+	+		
盾纤毛目（Scuticociliatida）	映光虫属（*Cinetochilum* spp.）				+
	尾丝虫属（*Uranema* spp.）	+	+	−	+
缘毛亚纲（Peritricha）	钟虫属（*Vorticella* spp.）	+	+	−	+
	独缩虫属（*Carchesium* spp.）	+			
	累枝虫属（*Epistylis* spp.）	+	+	+	
	后柱虫属（*Opisthostyla* spp.）	+			
寡毛目（Oligotrichida）	弹跳虫属（*Halteria* spp.）	+	+	+	+
	急游虫属（*Strobilidium* spp.）	+	+	+	+
	侠盗虫属（*Strobilidium* spp.）	+	−	+	+
	筒壳虫属（*Tintinnidium* spp.）	+	+	+	−
	似铃壳虫属（*Tintinnopsis* spp.）	+	+	+	−
下毛目（Hypostomata）	游朴虫属（*Euplotes* spp.）	+			

3）鱼类

A. 种类组成

现有鱼类 60 多种，主要有刀鲚（*Coilia ectenes*）、草鱼（*Ctenopharyngodon idellus*）、鲫鱼（*Carassius auratus*）和青鱼（*Mylopharyngodon piceus*）等杂食性鱼类和草食性鱼类；麦穗鱼（*Pseudorasbora parva*）、似鲛（*Toxabramis swinhonis*）等小鲤鱼类种群数量也大，还有鳜鱼（*Sin chuatsi*）、乌鳢（*Channa argus*）等肉食性鱼类；此外还有鳗鲡（*Anguitta japonica*）等经济价值高的鱼类。

B. 优势种变化特征

太湖鱼类结构变化是与太湖自然环境变化和人类活动紧密相关的。太湖现在的主要经济鱼类有鲚鱼、银鱼、鲤鱼、红白鲌鱼、青鱼、草鱼、鲢鱼、鳙鱼、团头鲂、花滑、乌鳢、鲶鱼、鳜鱼、塘鳢鱼、似齿鳊等 20 余种。

C. 外部环境的影响

以鲫鱼为例。近年来太湖鲫鱼产量不断增加，主要原因是富营养化加重为鲫鱼提供了充足饵料；捕食鲫鱼的肉食性鱼类数量较少；禁渔期、禁渔区等措施的实施使其繁殖得到保障。在鲤鱼、鲫鱼产量中，鲤鱼占 34.92% ±15.47%，鲫鱼占 65.08% ±15.47%。食性分析证明，鲫鱼是以微囊藻为主要食物的。随着太湖富营养化程度的不断加重，经常性的蓝藻暴发为鲫鱼提供了最容易得到的食物来源。湖泊中摄食鲤鱼、鲫鱼的主要肉食性鱼类是乌鳢和鳜鱼，而在太湖这两种鱼类的数量较少，没有形成可以捕捞的产量，所以这会使当年鲤鱼、鲫鱼的存活率较高。

6.2.2 水生生物基准阈值

流域水质基准的制定实际上也就是国家水质基准在不同流域的具体应用。在国家基准制定方法基础上，通过对流域水体实际资源、环境、生物状况的调查与分析，进行流域生物种类、营养级构成等特征辨析，对现有数据库中水生生物毒理数据信息进行评估，根据推导国家基准所获得的水生生物的急性和慢性数据，综合考虑几个具体的典型流域水生生物的分布情况，筛选出具有不同分区特点的典型流域水生生物的急性和慢性数据。结合各流域环境因子、物种分布情况分别按敏感度重新排序，得出各流域生物分布情况、属平均急性值（GMAV）和属平均慢性值（GMCV）值排序表，然后以"十一五"水专项研究期间修正后的 USEPA 推荐的双值基准法和欧盟提出的物种敏感度分布曲线法来推导毒死蜱、六价铬和氨氮的水生生物阈值。流域水质基准的制定也是对国家基准参考值进行的验证和校准,选择不同生态分区包括太湖流域、辽河流域作为我国典型流域的代表,在获得各典型流域生态、环境资料和典型物种毒理学研究基础上,初步推导出典型流域几种特征污染物的水生生物安全基准参考值,试图探索水质基准制定技术在全国推广应用的途径。

1. 六价铬的水生生物毒理学基准

铬是 14 种最有害的重金属之一。由于铬的毒性较高,铬及其化合物被列入中国水环境优先污染物黑名单。铬在环境中稳定存在的两种价态 Cr(Ⅲ)和 Cr(Ⅵ)却有着几乎相反的性质,适量的 Cr(Ⅲ)可以降低人体血浆中的血糖浓度,提高人体胰岛素活性,促进糖和脂肪代谢,提高人体的应激反应能力等。而 Cr(Ⅵ)则是一种强氧化剂,具有强致癌变、致畸变、致突变作用,对生物体伤害较大。通常认为六价铬的毒性比三价铬的毒性高 100 倍。正是由于具有较大的生物毒性,对于六价铬毒性作用的研究一直得到人们的重视。本文研究对我国水生生物物种(包括我国本地种及引进物种等)的六价铬毒性数据进行了研究,获得的淡水水生生物六价铬基准可为我国六价铬水质标准的制定提供参考。

1)典型流域水生生物分布与六价铬急性毒性属平均值

依据 USEPA 技术指南,确定物种分布区域时一般要求有较明确的信息来源。表 6-6 列出了六价铬急性毒性数据中各流域的物种分布状况和六价铬对淡水动物的 SMAV 和 GMAV 值。在推导国家六价铬水质基准获得的六价铬急性毒性数据 27 个属中,太湖流域和辽河流域有分布的生物属数分别是 22 种和 18 种,表 6-7、表 6-8 分别为这两个流域水生生物六价铬急性毒性值。

表 6-6　典型流域水生生物分布与六价铬对淡水动物的 SMAV 和 GMAV 值

序数	属	种		全国	太湖	辽河	SMAV/ (μg/L)	GMAV/ (μg/L)
27	Clarias	Clarias batrachus	胡子鲶	√	√	–	162 390	162 390
26	Cyprinus	Cyprinus carpio	鲤鱼	√	√	√	139 000	139 000
25	Carassius	Carassius auratus (Linnaeus)	鲫鱼	√	√		168 500	138 170
		Carassius auratus	金鲫鱼	√	√	√	113 300	
24	Lepomis	Lepomis cyanellus	蓝色太阳鱼	√	√	–	100 522	130 105
		Lepomis macrochirus	蓝鳃太阳鱼	√	√	–	168 393	

续表

序数	属	种		全国	太湖	辽河	SMAV/（μg/L）	GMAV/（μg/L）
23	Cambarus	Cambarus clarkii	克氏原螯虾	√	√	√	92 520	92 520
22	Salvelinus	Salvelinus fontinalis	溪红点鲑	√	–	–	59 000	59 000
21	Chironomus	Chironomus sp.	摇蚊	√	√	√	52 986	52 986
20	Bofo	Bofo melanostictus	黑眶蟾蜍蝌蚪	√	√	√	49 290	49 290
19	Gasterosteus	Gasterosteus aculeatus	无鳞甲三刺鱼	√	–	–	44 391	44 391
18	Oncorhynchus	Oncorhynchus mykiss	虹鳟鱼	√	–	√	21 961	40 112
		Oncorhynchus kisutch	银鲑	√		√	73 264	
17	Perca	Perca flavescens	黄鲈鱼	√	–	–	36 300	36 300
16	Poecilia	Poecilia reticulata	孔雀鱼	√	√	–	57 927	39 475
		Poecilia vivipara	胎花鳉	√	√	–	26 900	
15	Pelteobagrus	Pelteobagrus fulvidraco	黄颡鱼	√	√	√	15 790	15 790
14	Ictalurus	Ictalurus punctatus	斑点叉尾鮰	√	√	√	14 800	14 800
13	Lumbriculus	Lumbriculus variegatus	夹杂带丝蚓	√	√	√	13 300	13 300
12	Hypophthalmichthy	Hypophthalmichthy smolitrix	鲢鱼	√	√	√	13 160	13 160
11	Hyriopsis	Hyriopsis cumingii	三角帆蚌	√	√	–	10 446	10 446
10	Cipangopaludina	Cipangopaludina cathayensis	中华圆田螺	√	√	√	7 280	7 280
9	Lymnaea	Lymnaea luteola	椎实螺	√	√	√	4 764	4 764
8	Tubifex	Tubifex tubifex	正颤蚓	√	√	√	2 809	2 809
7	Mesocyclops	Mesocyclops pehpeiensis	北培中剑水溞	√	√	√	510	510
6	Moina	Moina macrocopa	多刺裸腹溞	√	√	√	360	360
5	Macrobrachium	Macrobrachium nipponensis	青虾	√	√	√	293.7	294
4	Ceriodaphnia	Ceriodaphnia reticulata	荆爪网纹溞	√	√	√	94.9	210
		Ceriodaphnia dubia	模糊网水溞	√	√	√	464.8	
3	Daphnia	Daphnia hyalina	透明溞	√	√	√	69.6	93
		Daphnia pulex	蚤状溞	√	√	√	93.2	
		Daphnia magna	大型溞	√	√	√	125.9	
2	Hydra	Hydra attenuata	水螅	√	–	–	38.1	38.1
1	Simocephalus	Simocephalus vetulus	老年低额溞	√	√	√	32.3	32.3

表 6-7　太湖流域水生生物六价铬急性毒性数据

序数	属	种		SMAV/ (μg/L)	GMAV/ (μg/L)	P
22	Clarias	Clarias batrachus	胡子鲶	162 390	162 390	0.957
21	Cyprinus	Cyprinus carpio	鲤鱼	139 000	139 000	0.913
20	Carassius	Carassius auratus (Linnaeus)	鲫鱼	168 500	138 170	0.870
		Carassius auratus	金鲫鱼	113 300		
19	Lepomis	Lepomis cyanellus	蓝色太阳鱼	100 522	130 105	0.826
		Lepomis macrochirus	蓝鳃太阳鱼	168 393		
18	Cambarus	Cambarus clarkia	克氏原螯虾	92 520	92 520	0.783
17	Chironomus	Chironomus sp.	摇蚊幼虫	52 986	52 986	0.739
16	Bofo	Bofo melanostictus	黑眶蟾蜍蝌蚪	49 290	49 290	0.696
15	Poecilia	Poecilia reticulate	孔雀鱼	57 927	39 475	0.652
		Poecilia vivipara	胎花鳉	26 900		
14	Pelteobagrus	Pelteobagrus fulvidraco	黄颡鱼	15 790	15 790	0.609
13	Ictalurus	Ictalurus punctatus	斑点叉尾鮰	14 800	14 800	0.565
12	Lumbriculus	Lumbriculus variegates	夹杂带丝蚓	13 300	13 300	0.522
11	Hypophthalmichthy	Hypophthalmichthy smolitrix	鲢鱼	13 160	13 160	0.478
10	Hyriopsis	Hyriopsis cumingii	三角帆蚌	10 446	10 446	0.435
9	Cipangopaludina	Cipangopaludina cathayensis	中华圆田螺	7 280	7 280	0.391
8	Lymnaea	Lymnaea luteola	椎实螺	4 764	4 764	0.348
7	Tubifex	Tubifex tubifex	正颤蚓	2 809	2 809	0.304
6	Mesocyclops	Mesocyclops pehpeiensis	北培中剑水溞	510	510	0.261
5	Moina	Moina macrocopa	多刺裸腹溞	360	360	0.217
4	Macrobrachium	Macrobrachium nipponensis	青虾	293.7	293.7	0.174
3	Ceriodaphnia	Ceriodaphnia reticulata	荆爪网纹溞	94.9	210.0	0.130
		Ceriodaphnia dubia	模糊网纹溞	464.8		
2	Daphnia	Daphnia hyaline	透明溞	69.6	93.4	0.087
		Daphnia pulex	蚤状溞	93.2		
		Daphnia magna	大型溞	125.9		
1	Simocephalus	Simocephalus vetulus	老年低额溞	32.3	32.3	0.043

表6-8 辽河流域水生生物六价铬急性毒性数据

序数	属	种		SMAV/(μg/L)	GMAV/(μg/L)	P
18	Cyprinus	Cyprinus carpio	鲤鱼	139 000	139 000	0.947
17	Carassius	Carassius auratus (Linnaeus)	鲫鱼	168 500	138 170	0.895
		Carassius auratus	金鲫鱼	113 300		
16	Cambarus	Cambarus clarkia	克氏原螯虾	92 520	92 520	0.842
15	Chironomus	Chironomus sp.	摇蚊幼虫	52 986	52 986	0.789
14	Bofo	Bofo melanostictus	黑眶蟾蜍蝌蚪	49 290	49 290	0.737
13	Oncorhynchus	Oncorhynchus mykiss	虹鳟鱼	21 961	40 112	0.684
		Oncorhynchus kisutch	银鲑	73 264		
12	Pelteobagrus	Pelteobagrus fulvidraco	黄颡鱼	15 790	15 790	0.632
11	Ictalurus	Ictalurus punctatus	斑点叉尾鮰	14 800	14 800	0.579
10	Hypophthalmichthy	Hypophthalmichthy smolitrix	鲢鱼	13 160	13 160	0.526
9	Cipangopaludina	Cipangopaludina cathayensis	中华圆田螺	7 280	7 280	0.474
8	Lymnaea	Lymnaea luteola	椎实螺	4 764	4 764	0.421
7	Tubifex	Tubifex tubifex	正颤蚓	2 809	2 809	0.368
6	Mesocyclops	Mesocyclops pehpeiensis	北培中剑水蚤	510	510	0.316
5	Moina	Moina macrocopa	多刺裸腹蚤	360	360	0.263
4	Macrobrachium	Macrobrachium nipponensis	青虾	293.7	294	0.211
3	Ceriodaphnia	Ceriodaphnia reticulata	荆爪网纹蚤	94.9	210	0.158
		Ceriodaphnia dubia	模糊网纹蚤	464.8		
2	Daphnia	Daphnia hyaline	透明蚤	69.6	93	0.105
		Daphnia pulex	蚤状蚤	93.2		
		Daphnia magna	大型蚤	125.9		
1	Simocephalus	Simocephalus vetulus	老年低额蚤	32.3	32.3	0.053

表6-9列出了六价铬慢性毒性数据涉及的物种在各流域的分布状况和六价铬对淡水动物的GMCV值。慢性数据相对较少，太湖流域和辽河流域的生物均为4个科，属数分别为8属和6属，表6-10、表6-11分别为这两个流域水生生物六价铬慢性毒性值。

2）流域水生生物FAV和FCV计算

对六价铬数据按照各流域物种分布情况分别重新排序，得出各流域六价铬基准的 SMCV 和 GMCV 排序表，并计算了 FAV 值和 FCV 值，分别列于表 6-12 和表 6-13 中。

表 6-9 典型流域水生生物分布与六价铬对淡水动物的 SMCV 和 GMCV 值

序数	属	种		全国	太湖	辽河	SMCV/ （μg/L）	GMCV/ （μg/L）
12	Gasterosteus	Gasterosteus aculeatus	无鳞甲三刺鱼	√	−	−	40 912	40 912
11	Oncorhynchus	Oncorhynchus kisutch	银鲑	√	−	√	23 792	23 792
10	Carassius	Carassius gibelio	银鲫	√	√	√	5 000	5 000
9	Cyprinus	Cyprinus carpio	鲤鱼	√	√	√	5 000	5 000
8	Lepomis	Lepomis macrochirus	蓝鳃太阳鱼	√	√	−	4 580	4 580
7	Micropterus	Micropterus salmoides	大口黑鲈	√	√	−	4 580	4 580
6	Salvelinus	Salvelinus fontinalis	溪红点鲑	√	−	−	860	860
5	Carassius	Carassius gibelio	叉尾鮰	√	−	−	115.3	115.3
4	Simocephalus	Simocephalus vetulus	老年低额溞	√	√	√	100	100
3	Daphnia	Daphnia magna	大型溞	√	√	√	114.2	90
		Daphnia carinata	隆腺溞	√	√	√	70.71	
2	Tilapia	Tilapia nilotica	尼罗非鱼	√	√	√	50	50
1	Ceriodaphnia	Ceriodaphnia dubia	模糊网纹溞	√	√	√	10	10

表 6-10 太湖流域水生生物六价铬慢性毒性数据

序数	属	种		SMCV/ （μg/L）	GMCV/ （μg/L）	P
8	Carassius	Carassius gibelio	银鲫	5 000	5 000	0.889
7	Cyprinus	Cyprinus carpio	鲤鱼	5 000	5 000	0.778
6	Lepomis	Lepomis macrochirus	蓝鳃太阳鱼	4 580	4 580	0.667
5	Micropterus	Micropterus salmoides	大口黑鲈	4 580	4 580	0.556
4	Simocephalus	Simocephalus vetulus	老年低额溞	100	100	0.444
3	Daphnia	Daphnia magna	大型溞	114.2	90	0.333
		Daphnia carinata	隆腺溞	70.71		
2	Tilapia	Tilapia nilotica	尼罗非鱼	50	50	0.222
1	Ceriodaphnia	Ceriodaphnia dubia	模糊网纹溞	10	10	0.111

表6-11 辽河流域水生生物六价铬慢性毒性数据

序数	属	种		SMCV/（μg/L）	GMCV/（μg/L）	P
6	Carassius	Carassius gibelio	银鲫	5 000	5000	0.857
5	Cyprinus	Cyprinus carpio	鲤鱼	5 000	5 000	0.714
4	Simocephalus	Simocephalus vetulus	老年低额溞	100	100	0.571
3	Daphnia	Daphnia magna	大型溞	114.2	90	0.429
		Daphnia carinat	隆腺溞	70.71		
2	Tilapia	Tilapia nilotica	尼罗非鱼	50	50	0.286
1	Ceriod phnia	Criodaphnia dubia	模糊网纹溞	10	10	0.143

表6-12 典型流域水生生物六价铬 FAV 的计算

	序数	物种	属	GMAV/（μg/L）	LnGMAV	[Ln(GMAV)]²	P	Sqrt(P)	计算结果	FAV/（μg/L）
太湖流域	4	青虾	Macrobracium	293.7	5.683	32.29	0.174	0.417	S²=118.75	
	3	网纹溞	Ceriodaphnia	210	5.347	28.59	0.130	0.361	S=10.90	40.85
	2	大型溞	Daphnia	93.4	4.537	20.58	0.087	0.295	L=1.27	
	1	老年低额溞	Simocephalus	32.3	3.475	12.08	0.043	0.207	A=3.71	
	合计			629.4	19.042	93.54	0.43	1.28		
辽河流域	4	青虾	Macrobracium	293.7	5.683	32.291	0.211	0.459	S²=98.08	
	3	网纹溞	Ceriodaphnia	210	5.347	28.592	0.158	0.397	S=9.90	32.67
	2	大型溞	Daphnia	93.4	4.537	20.583	0.105	0.324	L=1.27	
	1	老年低额溞	Simocephalus	32.3	3.475	12.076	0.052	0.228	A=3.49	
	合计			629.4	19.04	93.54	0.526	1.41		

表6-13 典型流域水生生物六价铬 FCV 的计算

	序数	属	GMCV数据量	LnGMCV	[Ln(GMCV)]²	P	Sqrt(P)	计算结果	FCV/（μg/L）
太湖流域	4	Simocephalus	100	4.605	21.21	0.444	0.666	S²=54.931	
	3	Daphnia	90	4.500	20.25	0.333	0.577	S=7.412	5.44
	2	Tilapia	50	3.912	15.30	0.222	0.471	L=0.036	
	1	Ceriodaphnia	10	2.303	5.30	0.111	0.333	A=1.693	
	合计		250	15.320	62.06	1.110	2.047		

续表

序数		属	GMCV 数据量	LnGMCV	[Ln(GMCV)]²	P	Sqrt(P)	计算结果	FCV/(μg/L)
辽河流域	4	*Simocephalus*	100	4.605	21.21	0.571	0.756	$S^2 = 42.763$	
	3	*Daphnia*	90	4.500	20.25	0.429	0.655	$S = 6.539$	4.45
	2	*Tilapia*	50	3.912	15.30	0.286	0.535	$L = 0.031$	
	1	*Ceriodaphnia*	10	2.303	5.30	0.143	0.378	$A = 1.493$	
合计			250	15.320	62.06	1.429	2.324		

3）流域水生生物 FPV 和 FRV 的计算

根据六价铬国家基准的推算过程，六价铬对植物的毒性不明显，在生物体内的富集因子也不高，因此，推导流域水质基准的过程中不再推导 FPV 和 FRV。

根据以上计算结果，推导出典型流域水生生物 CMC 与 CCC 的基准值见表 6-14。

表 6-14　典型流域六价铬 CMC 与 CCC 的基准值　　（单位：μg/L）

	全国	太湖流域	辽河流域
CMC	17.18	20.42	16.34
CCC	7.59	5.44	4.45

4）结果与讨论

基于 USEPA 规范方法得到的我国淡水生物六价铬基准最大浓度 CMC 值和基准连续浓度 CCC 值分别为 55.64μg/L 和 9.89μg/L。计算的六价铬基准值可以在整体上对我国淡水水生生物提供恰当而充分的保护，但我国幅员辽阔，如果要针对某个地区或流域制定特定的水质基准，还需根据具体情况对基准值进行调整。另外，各国的水质基准计算技术和数据要求都有所差别，因此对同一污染物计算的基准值会有一定差异，制定我国的水质标准时可进行广泛的参考。

2. 毒死蜱的水生生物基准阈值

毒死蜱（*Chlorpyrifos*），CAS. NO.：2921882；分子式：$C_9H_{11}C_{13}NO_3PS$；分子质量：350.58；物化性质：原药为白色颗粒状结晶，室温下稳定，有硫醇臭味，密度为 1.398（43.5℃），熔点为 41.5～43.5℃，蒸气压为 2.5mPa（25℃），水中溶解度为 1.2mg/L，可溶于大多数有机溶剂。

结构式如图 6-7 所示。

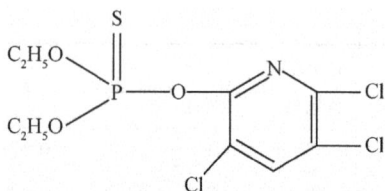

图 6-7　毒死蜱分子结构式

毒死蜱是一种高效、广谱、中等毒性的有机磷类杀虫剂，具有触杀、胃毒和熏蒸作用。

毒死蜱是硫代磷酸酯类常用杀虫剂，具有触杀、胃毒和熏蒸作用。在叶片上的残留期不长，但在土壤中的残留期则较长，因此对地下害虫的防治效果较好。在我国广泛用于防治多种作物上的螟虫、黏虫、介壳虫、蚜虫、棉铃虫、蓟马、叶蝉和螨类等害虫。虽然，农药在防治农作物病虫草害中发挥了很大作用，但它同时也对农田环境及有益生物产生影响。毒死蜱对蚯蚓和土壤微生物的毒性较低，但对鸟类、蜜蜂、鱼类、家蚕、蛙类均属高毒。毒死蜱农药的大量使用势必对土壤、水体产生影响，针对毒死蜱对淡水水生生物的毒理数据，推导以保护淡水水生生物的毒理学基准。

1）方法

A. 数据获取与筛选

（1）毒死蜱的毒性数据获取，毒死蜱水生生物毒性数据获取分为文献数据和试验数据。文献数据主要来源于 USEPA 的 ECOTOX 毒性数据库和中国知网的中国期刊全文数据库相关文献信息，文献数据收集截至 2010 年 10 月；试验数据主要来源于南京大学环境学院实验室采用中国本土水生生物进行毒性试验的结果。

（2）毒死蜱对淡水生物的毒性数据检索结果为：在 ECOTOX 数据库获取外文文献数据 1300 个，在中国知网中国期刊全文数据库获取中文文献数据 9 个，实验室测定得到毒性数据 5 个。

B. 数据的筛选

按本课题的数据筛选原则对获取的毒性数据进行筛选处理，剔除不满足要求的毒性数据，最终得到种平均急性值（SMAV）194 个，其中外文文献急性毒性数据 185 个，中文文献急性毒性数据 4 个，实验室测定的急性毒性试验数据 5 个；种平均慢性值（SMCV）318 个，其中外文文献慢性毒性数据 317 个，中文文献慢性毒性数据 1 个。要说明的是，外文文献慢性毒性数据量多于急性毒性数据量的原因是一篇文献中急性毒性数据测试时观察的是一般仅为致死效应，而慢性毒性数据测试时可观察的效应除致死效应外还有体长变化、体重变化等各种可观测效应。

2）数据的准入处理

为推导有效保护中国境内的大多数水生生物物种的水生生物毒理学基准，对筛选得到的数据，在参与基准推导计算时拟作如下方法处理，并分别用 USEPA 公式法和 SSD 曲线法进行计算，并对结果进行分析比较。

A. 按物种区域分布准入。

a. 区域分布准入

对参与 GMAV 和 GMCV 计算的各物种，根据物种中文名称和区域分布进行分类和筛选，保留"中国境内有分布"（Y）的物种，包括引进物种；去除"中国境内无分布"（N）的物种；对不能确认中国境内是否有分布的物种，作为"中国境内可能有分布"（P）来处理，计算时尽可能保留此类数据。筛选依据"FISHBASE 数据库"（http：//www. fishbase. org）、"中国动物物种编目数据库"（http：//www. bioinfo. cn/db05/BjdwSpecies. php）以及"维基百科物种数据库"（http：//species. wikimedia. org/wiki/Main_ Page）。

b. 流域分布准入

对于流域水生生物基准推导的数据的准入处理方法如下：在上述区域分布数据准入处理的基础上，对"中国境内有分布"（Y）的物种（包括引进物种）进行二次筛选处理，保留"流域有分布"（T）的物种；去除"流域无分布"（W）的物种；对不能确认流域是否有分布的物种，作为"流域可能有分布"（K）来处理，计算时尽可能保留此类数据。本文以太湖为例进行流域数据的准入处理，筛选依据为可查的太湖物种名录，如《太湖鱼类志》。

B. 按数据来源分类

为增加本土物种实验室试验数据和中文文献数据的权重，将所有获取的急性毒性数据分为 A、B、C 三类：A 类为外文文献数据，主要来源为 ECOTOX 数据库；B 类为中文文献数据，主要来源中国知网中国期刊全文数据库；C 类为来源于实验室的试验数据。在推导计算 SMAV 和 SMCV 时采用如下方法：分别求 A、B、C 三类数据中的相同物种毒性数据的算术平均值后，再将同一物种的不同类的数据取算术平均值，得到三类数据汇总后的 SMAV。

C. 最终值的计算选择

在采用 USEPA 方法计算时，对选择计算 FAV 和 FCV 的 4 个 GMAV 和 GMCV，应保证为中国境内有分布的物种，剔除中国境内无分布和可能有分布的物种，同时，在数据量允许情况下（一般大于 10 ~ 15 个），最好选择至少有 1 个 B 或 C 类毒性数据参与计算。

3）数据分析和统计结果

A. USEPA 公式法推导毒死蜱基准

a. 毒死蜱的 CMC 值推导

按本书所述毒性数据获取依据，对获取的毒死蜱对水生生物的急性毒性数据进行筛选和分类处理，并求相同物种的 SMAV，其结果为：共收集外文文献毒性数据（A 类）185 个，求得 A 类数据 SMAV 值 51 个；中文文献毒性数据（B 类）4 个，求得 B 类数据 SMAV 值 4 个；试验数据（C 类）5 个，求得 C 类数据 SMAV 值 5 个。按本文物种分布检索依据，得到中国境内确定有分布的物种数据 34 个，可能有分布的物种数据 16 个，确定无分布的物种数据 10 个。毒死蜱对水生生物的数据分类、检索分布和 SMAV 计算结果见表 6-15。

表 6-15　毒死蜱对水生生物的 SMAV 数据表

序数	属	种	种中文名称	SMAV /(μg/L)	数据类型	区域分布	流域分布
1	*Ceriodaphnia*	*Ceriodaphnia dubia*	模糊网纹溞	0.095	A	Y	T
2	*Amphipoda*	*Amphipoda*	端足目	0.11	A	Y	K
3	*Simocephalus*	*Simocephalus vetulus*	老年低额溞	0.33	A	Y	T
4	*Daphnia*	*Daphnia carinata*	隆线溞	0.276	A	Y	K
5	*Daphnia*	*Daphnia longispina*	长刺溞	0.3	A	Y	T
6	*Daphnia*	*Daphnia magna*	大型溞	0.553	A	Y	T
7	*Daphnia*	*Daphnia pulex*	蚤状溞	0.841	A	Y	T
8	*Copepoda*	*Copepoda*	桡足类	2.13	A	Y	K
9	*Esox*	*Esox lucius*	白斑狗鱼	3.3	A	Y	K
10	*Gasterosteus*	*Gasterosteus aculeatus*	三刺鱼	4.285	A	Y	W
11	*Procambarus*	*Procambarus clarkii*	克氏原螯虾	21	A	Y	T
12	*Oncorhynchus*	*Oncorhynchus mykiss*	虹鳟鱼	8	A	Y	W
13	*Eriocheir*	*Eriocheir sinensis*	中华绒螯蟹	77.5	A	Y	T
14	*Cyprinus*	*Cyprinus carpio*	鲤鱼	78.5	A	Y	T
15	*Parathelphusidae*	*Parathelphusidae*	束腹蟹	120	A	Y	K
16	*Rana*	*Rana clamitans*	青铜蛙	235.9	A	Y	K
17	*Rana*	*Rana limnocharis*	泽蛙	2401	A	Y	K
18	*Rana*	*Rana tigrina*	虎皮蛙	19	A	Y	K
19	*Channa*	*Channa punctata*	翠鳢	365	A	Y	K

续表

序数	属	种	种中文名称	SMAV /(μg/L)	数据类型	区域分布	流域分布
20	*Gambusia*	*Gambusia affinis*	食蚊鱼	458	A	Y	K
21	*Carassius*	*Carassius auratus*	鲫鱼	806	A	Y	T
22	*Catla*	*Catla catla*	卡特拉鲃（引进）	770	A	Y	K
23	*Morone*	*Morone saxatilis*	带纹白鲈	1000	A	Y	T
24	*Labeo*	*Labeo rohita*	露斯塔野鲮（引进）	1040	A	Y	K
25	*Ictalurus*	*Ictalurus punctatus*	斑真鮰（引进）	1054	A	Y	K
26	*Cirrhinus*	*Cirrhinus mrigala*	印度鲮（引进）	1183	A	Y	K
27	*Cipangopaludina*	*Cipangopaludina cahayensis*	中华圆田螺	1300	C	Y	T
28	*Carassius*	*Carassius carassius*	黑鲫	282	C	Y	T
29	*Macrobrachium*	*Macrobrachium nipponense*	青虾	645	C	Y	T
30	*Pelteobagrus*	*Pelteobagrus fulvidraco*	黄颡鱼	182	C	Y	T
31	*Rana*	*Rana chensinensis*	中国林蛙蝌蚪	900	C	Y	K
32	*Paramecium*	*Paramecium caudatum*	草履虫	43.59	B	Y	T
33	*Rana*	*Rana limnocharis*	泽蛙	239	B	Y	K
34	*Penaeus*	*Penaeus vannamei Boone*	南美白对虾	0.89	B	Y	K
35	*Danio*	*Danio rerio*	斑马鱼	3	B	N	—
36	*Anguilla*	*Anguilla anguilla*	欧洲鳗鲡	540	A	N	—
37	*Bidyanus*	*Bidyanus bidyanus*	银锯眶鲥	17	A	N	—
38	*Gambusia*	*Gambusia yucatana*	尤卡坦食蚊鱼	11	A	N	—
39	*Heteropneustes*	*Heteropneustes fossilis*	印度囊鳃鲶	2583	A	N	—
40	*Lepomis*	*Lepomis cyanellus*	蓝太阳鱼	50	A	N	—
41	*Lepomis*	*Lepomis macrochirus*	蓝鳃太阳鱼	13.75	A	N	—
42	*Oncorhynchus*	*Oncorhynchus clarki*	克氏鲑（山鳟）	15.8	A	N	—
43	*Pimephales*	*Pimephales promelas*	黑头呆鱼	111.2	A	N	—
44	*Xenopus*	*Xenopus laevis*	非洲爪蟾	3117	A	N	—
45	*Moina*	*Moina australiensis*	—	0.1	A	P	—
46	*Paratya*	*Paratya australiensis*	—	0.198	A	P	—
47	*Gammarus*	*Gammarus fasciatus*	—	0.32	A	P	—
48	*Gammarus*	*Gammarus lacustris*	—	0.255	A	P	—
49	*Gammarus*	*Gammarus pseudolimnaeus*	—	0.18	A	P	—
50	*Daphnia*	*Daphnia ambigua*	—	0.035	A	P	—

序数	属	种	种中文名称	SMAV/($\mu g/L$)	数据类型	区域分布	流域分布
51	Palaemonetes	Palaemonetes argentinus	—	0.49	A	P	—
52	Palaemonetes	Palaemonetes pugio	—	0.15	A	P	—
53	Asellus	Asellus aquaticus	—	2.7	A	P	—
54	Streptocephalus	Streptocephalus sudanicus	—	3.48	A	P	—
55	Diaptomus	Diaptomus forbesi	—	3.6	A	P	—
56	Orconectes	Orconectes immunis	—	6	A	P	—
57	Procambarus	Procambarus acutus acutus	—	2	A	P	—
58	Spiralothelphusa	Spiralothelphusa hydrodroma	—	120	A	P	—
59	Oziotelphusa	Oziotelphusa senex senex	—	390	A	P	—
60	Hyalella	Hyalella azteca	—	0.078	A	P	—

按本文所述数据准入处理方法，即从物种分布、毒性数据分类和最终值的计算角度选择相应数据进行计算，数据准入处理及计算结果如下：

（1）仅用 A 类数据，即外文文献得到的 51 个 SMAV 数据，计算 CMC 的结果如表 6-16 所示。

表 6-16　A 类数据毒死蜱 CMC 计算结果

序数	属	GMAV/($\mu g/L$)	GMAV数据量	权数 P	S^2	L	A	FAV/($\mu g/L$)	CMC/($\mu g/L$)
1	Hyalella	0.078		0.026					
2	Ceriodaphnia	0.095	38	0.051	4.42	−2.87	−2.40	0.091	0.046
3	Moina	0.1		0.077					
4	Amphipoda	0.11		0.103					

（2）用 A + B + C 类数据，即 60 个 SMAV 数据，计算 CMC 的结果见表 6-17。

表 6-17　A + B + C 类数据毒死蜱 CMC 计算结果

序数	属	GMAV/($\mu g/L$)	GMAV数据量	权数 P	S^2	L	A	FAV/($\mu g/L$)	CMC/($\mu g/L$)
1	Hyalella	0.078		0.022					
2	Ceriodaphnia	0.095	44	0.044	5.10	−2.87	−2.37	0.094	0.047
3	Moina	0.1		0.067					
4	Amphipoda	0.11		0.089					

（3）用 A＋B＋C－N 类数据，即 60 个 SMAV 数据中去除中国境内确定无分布物种（N）的 10 个数据，计算 CMC 的结果见表6-18。

表6-18　A＋B＋C－N 类数据毒死蜱 CMC 计算结果

序数	属	GMAV /(μg/L)	GMAV 数据量	权数 P	S^2	L	A	FAV /(μg/L)	CMC /(μg/L)
1	Hyalella	0.078		0.026					
2	Ceriodaphnia	0.095	37	0.053	4.31	−2.87	−2.87	0.090	0.045
3	Moina	0.1		0.079					
4	Amphipoda	0.11		0.11					

（4）用 A＋B＋C－N－P 类数据，即 60 个 SMAV 数据中去除中国境内确定无分布和可能无分布物种（N＋P）的 26 个数据，计算 CMC 的结果见表6-19。

表6-19　A＋B＋C－N－P 类数据毒死蜱 CMC 计算结果

序数	属	GMAV /(μg/L)	GMAV 数据量	权数 P	S^2	L	A	FAV /(μg/L)	CMC /(μg/L)
1	Ceriodaphnia	0.095		0.037					
2	Amphipoda	0.11	26	0.074	86.62	−4.37	−2.29	0.101	0.051
3	Simocephalus	0.33		0.11					
4	Daphnia	0.44		0.15					

（5）用 A＋B＋C－N－P* 类数据，即 60 个 SMAV 数据中去除中国境内确定无分布物种（N）的 10 个数据后，再对参与 FAV 计算 4 个 GMAV 作去除中国境内可能无分布的物种（P*），计算 CMC 的结果见表6-20。

表6-20　A＋B＋C－N－P* 类数据毒死蜱 CMC 计算结果

序数	属	GMAV /(μg/L)	GMAV 数据量	权数 P	S^2	L	A	FAV /(μg/L)	CMC /(μg/L)
1	Ceriodaphnia	0.095		0.030					
2	Amphipoda	0.11	32	0.061	105.9	−4.37	−2.07	0.126	0.063
3	Simocephalus	0.33		0.091					
4	Daphnia	0.44		0.12					

P* 表示参与 FAV 计算 4 个 GMAV 中中国境内可能无分布的物种。

在上述 A + B + C − N − P* 数据准入处理基础上，因 GMAV 数据量大于 10 个，选择 1 个 B 类或 C 类毒性数据去除 1 个排序在 2、3 或 4 的数据，计算 CMC 的结果见表 6-21，此数据准入处理方法记作 A + B + C − N − P** 用以区分 A + B + C − N − P*。

表 6-21 A + B + C − N − P** 类数据毒死蜱 CMC 计算结果

序数	属	GMAV /(μg/L)	GMAV 数据量	权数 P	S^2	L	A	FAV /(μg/L)	CMC /(μg/L)
1	Ceriodaphnia	0.095		0.030					
3	Simocephalus	0.33	32	0.091	100.3	−4.14	−1.90	0.150	0.075
4	Daphnia	0.44		0.12					
5	Penaeus	0.89		0.15					

（6）在上述 A + B + C − N − P* 的数据区域准入处理基础上，即在 60 个 SMAV 数据中去除中国境内确定无分布物种（N）的 10 个数据后，然后对参与 FAV 计算 4 个 GMAV 作去除中国境内可能无分布的物种（P*），再进行流域准入数据处理，即去除"流域无分布"（W）物种数据，然后对参与 FAV 计算 4 个 GMAV 作去除流域可能有分布物种（K*），计算 CMC 的结果见表 6-22，此数据准入处理方法记作 A + B + C − N − P* − W − K*。

表 6-22 A + B + C − N − P* − W − K* 类数据毒死蜱 CMC 计算结果

序数	属	GMAV /(μg/L)	GMAV 数据量	权数 P	S^2	L	A	FAV /(μg/L)	CMC /(μg/L)
1	Ceriodaphnia	0.095		0.033					
2	Simocephalus	0.33	29	0.067	147.4	−4.46	−1.75	0.174	0.087
3	Daphnia	0.52		0.10					
4	Penaeus	0.89		0.13					

b. 毒死蜱 CCC 值推导

按本文所述毒性数据获取依据，对获取的毒死蜱对水生生物的慢性毒性数据进行筛选和分类处理，并求相同物种的 SMCV，其结果为：共收集外文文献毒性数据（A 类）317 个，求得 A 类数据 SMCV 值 25 个；中文文献毒性数据（B 类）1 个，求得 B 类数据 SMCV 值 1 个。按本文物种分布检索依据，得到中国境内确定有分布的物种数据 12 个，可能有分布的物种数据 6 个，确定无分布的物种数据 8 个。毒死蜱对水生生物的数据类型、区域分布流域分布和 SMCV 计算结果见表 6-23。

表 6-23 毒死蜱对水生生物的 SMCV 数据表

序数	属	种	种中文名称	SMCV /(μg/L)	数据类型	区域分布	流域分布
1	*Daphnia*	*Daphnia magna*	大型溞	0.01	B	Y	T
2	*Calanoida*	*Calanoida*	哲水溞目	0.215	A	Y	K
3	*Carassius*	*Carassius carassius*	黑鲫	14	A	Y	T
4	*Ceriodaphnia*	*Ceriodaphnia dubia*	模糊网纹溞	0.052	A	Y	T
5	*Cladocera*	*Cladocera*	枝角目	35	A	Y	K
6	*Copepoda*	*Copepoda*	桡脚类	0.215	A	Y	K
7	*Cyclopoida*	*Cyclopoida*	剑水溞目	0.3895	A	Y	K
8	*Cyprinus*	*Cyprinus carpio*	鲤鱼	56	A	Y	T
9	*Daphnia*	*Daphnia carinata*	隆线溞	0.0405	A	Y	K
10	*Daphnia*	*Daphnia magna*	大型溞	0.374	A	Y	K
11	*Gasterosteus*	*Gasterosteus aculeatus*	三刺鱼	8.5	A	Y	W
12	*Parathelphusidae*	*Parathelphusidae*	束腹蟹	12	A	Y	K
13	*Gammarus*	*Gammarus pulex*	溞状钩虾	12.5	A	P	—
14	*Palaemonetes*	*Palaemonetes argentinus*	—	0.025	A	P	—
15	*Palaemonetes*	*Palaemonetes pugio*	—	0.069	A	P	—
16	*Spiralothelphusa*	*Spiralothelphusa hydrodroma*	—	12	A	P	—
17	*Paratya*	*Paratya australiensis*	—	0.11	A	P	—
18	*Hyalella*	*Hyalella azteca*	—	0.15	A	P	—
19	*Acris*	*Acris crepitans*	北蟋蟀青蛙	200	A	N	—
20	*Gastrophryne*	*Gastrophryne olivacea*	太平原小口蛙	167	A	N	—
21	*Hyla*	*Hyla chrysoscelis*	可普灰树蛙	167	A	N	—
22	*Hyla*	*Hyla versicolor*	灰树蛙	550	A	N	—
23	*Rana*	*Rana boylii*	黄腿蛙	500	A	N	—
24	*Rana*	*Rana pipiens*	豹蛙	200	A	N	—
25	*Rana*	*Rana sphenocephala*	南方豹蛙	103	A	N	—
26	*Xenopus*	*Xenopus laevis*	非洲爪蟾	870	A	N	—

CCC = min（FCV，FPV，FRV），因数据量大于 10 个，FCV 的计算选择和 FAV 用同样的方法。

针对本文所述数据准入处理方法，即从物种分布、毒性数据分类、最终值的计算角度选择相应数据进行 FCV 的计算，数据准入处理及计算结果如下：

（1）仅用 A 类数据，即外文文献得到的 25 个 SMCV 数据，计算 FCV 的结果见表 6-24。

表 6-24　A 类数据毒死蜱 FCV 计算结果

序数	属	GMCV/(μg/L)	GMCV 数据量	权数 P	S^2	L	A	FCV/(μg/L)
1	Palaemonetes	0.042		0.048				
2	Ceriodaphnia	0.052	20	0.095	32.51	-4.52	-3.24	0.039
3	Paratya	0.11		0.14				
4	Daphnia	0.12		0.19				

（2）用 A + B + C 类数据，即 26 个 SMCV 数据，计算 FCV 的结果见表 6-25。

表 6-25　A + B + C 类数据毒死蜱 FCV 计算结果

序数	属	GMCV/(μg/L)	GMCV 数据量	权数 P	S^2	L	A	FCV/(μg/L)
1	Palaemonetes	0.042		0.048				
2	Ceriodaphnia	0.052	20	0.095	23.91	-4.32	-3.22	0.040
3	Daphnia	0.093		0.14				
4	Paratya	0.11		0.19				

（3）用 A + B + C - N 类数据，即 26 个 SMCV 数据中去除中国境内确定无分布物种（N）的 8 个数据，计算 FCV 的结果见表 6-26。

表 6-26　A + B + C - N 类数据毒死蜱 FCV 计算结果

序数	属	GMCV/(μg/L)	GMCV 数据量	权数 P	S^2	L	A	FCV/(μg/L)
1	Palaemonetes	0.042		0.063				
2	Ceriodaphnia	0.052	15	0.13	8.22	-4.32	-3.36	0.035
3	Daphnia	0.093		0.19				
4	Paratya	0.11		0.25				

（4）用 A + B + C - N - P 类数据，即 26 个 SMCV 数据中去除中国境内确定无分布和可能无分布物种（N + P）的 14 个数据，计算 FCV 的结果见表 6-27。

表 6-27　A + B + C − N − P 类数据毒死蜱 FCV 计算结果

序数	属	GMCV/(μg/L)	GMCV 数据量	权数 P	S^2	L	A	FCV/(μg/L)
1	*Ceriodaphnia*	0.052		0.091				
2	*Daphnia*	0.093		0.18				
3	*Calanoida*	0.215	10	0.27	28.56	−4.58	−3.38	0.034
4	*Copepoda*	0.215		0.36				

（5）用 A + B + C − N − P* 类数据，即 26 个 SMCV 数据中去除中国境内确定无分布物种（N）的 8 个数据后，再对参与 FCV 计算 4 个 GMCV 作去除中国境内可能无分布的物种（P*），计算 FCV 的结果见表 6-28。

表 6-28　A + B + C − N − P* 类数据毒死蜱 FCV 计算结果

序数	属	GMCV/(μg/L)	GMCV 数据量	权数 P	S^2	L	A	FCV/(μg/L)
1	*Ceriodaphnia*	0.052		0.083				
2	*Daphnia*	0.093		0.17				
3	*Calanoida*	0.215	11	0.25	31.15	−4.58	−3.33	0.036
4	*Copepoda*	0.215		0.33				

（6）在上述 A + B + C − N − P* 的数据区域准入处理基础上，即在 26 个 SMCV 数据中去除中国境内确定无分布物种（N）的 8 个数据后，然后对参与 FCV 计算的 4 个 GMCV 作去除中国境内可能无分布的物种（P*），再进行流域准入数据处理，即去除"流域无分布"（W）物种数据，因 GMCV 数据量不足，对参与 FCV 计算 4 个 GMCV 不作去除流域可能有分布物种（K*），计算 FCV 的结果见表 6-29，此数据准入处理方法为 A + B + C − N − P* − W。

表 6-29　A + B + C − N − P* − W 类数据毒死蜱 FCV 计算结果

序数	属	GMCV/(μg/L)	GMCV 数据量	权数 P	S^2	L	A	FCV/(μg/L)
1	*Ceriodaphnia*	0.052		0.091				
2	*Daphnia*	0.093		0.18				
3	*Calanoida*	0.215	10	0.27	28.56	−4.58	−3.38	0.034
4	*Copepoda*	0.215		0.36				

为确定 CCC 值，还需比较 FCV、FPV、FRV 的大小。其中，FPV 的计算因植物毒性试验方法及对其结果的解释都还没有形成系统、统一的方法，故该类试验相对较少，经 B 类文献检索，植物的最敏感的毒性效应值，即 $FPV = 760\mu g/L$；FRV 的计算依据毒死蜱对生物整体暴露条件下的生物富集因子 BCF，检索筛选外文文献中 BCF 值 43 个，平均值为 678，其中最小值为 100，毒死蜱浓度变化范围为 $0.12 \sim 0.83\mu g/L$，最大值为 2507，毒死蜱浓度变化范围为 $1.9 \sim 2.5\mu g/L$。通过比较得到毒死蜱 CCC = min（FCV，FPV，FRV）= FCV，即以 FCV 作为 CCC 的建议值。

B. SSD 曲线法推导毒死蜱基准

a. MINITAB 软件构建 SSD 曲线及结果

利用 MINITAB 软件 log-normal 和 log-logistic 分布函数，对急性、慢性毒性数据以及不同数据准入处理方法得到的 SMAV 和 SMCV 数据构建 SSD 曲线，通过 Anderson-Darling 拟合优度统计量（AD）和关联的 p 值判定拟合结果，当分布曲线与给定数据拟合较好时，Anderson-Darling 统计量小，关联的 p 值大于所选的 a 水平（0.05）。当可判定给定数据服从给定分布函数时，计算逆累积概率函数 5% 的响应值即为 95% 置信度下的 PC_{95}。拟合计算结果见表 6-30。

表 6-30   利用 MINITAB 软件构建 SSD 曲线推导毒死蜱 PC_{95} 结果

数据类型	数据准入处理方法	数据量	拟合函数类型	函数参数及数值	拟合优度 AD	关联 p	$PC_{95,95}$ /（μg/L）
SMAV	A	51	log-normal	2.433（1）；3.408（s）	0.908	0.019	—
	A + B + C	60		2.760（1）；3.369（s）	1.153	<0.005	—
	A + B + C − N	50		2.462（1）；3.472（s）	1.521	<0.005	—
	A + B + C − N − P	34		3.617（1）；3.241（s）	1.318	<0.005	—
	A + B + C − N − P*	41		3.408（1）；3.088（s）	1.163	<0.005	—
	A + B + C − N − P* − W − K*	37		3.775（1）；2.969（s）	1.269	<0.005	—

续表

数据类型	数据准入处理方法	数据量	拟合函数类型	函数参数及数值	拟合优度 AD	关联 p	$PC_{95,95}$ /(μg/L)
SMAV	A	51	log-logistic	2.402（l）；2.066（s）	0.960	0.007	—
	A＋B＋C	60		2.814（l）；2.050（s）	1.212	＜0.005	—
	A＋B＋C－N	50		2.463（l）；2.137（s）	1.538	＜0.005	—
	A＋B＋C－N－P	34		3.886（l）；1.936（s）	1.278	＜0.005	—
	A＋B＋C－N－P*	41		3.557（l）；1.870（s）	1.197	＜0.005	—
	A＋B＋C－N－P*－W－K*	37		3.995（l）；1.779（s）	1.270	＜0.005	—
SMCV	A	25	log-normal	1.719（l）；3.502（s）	0.933	0.015	—
	A＋B＋C	26		1.476（l）；3.648（s）	0.896	0.019	—
	A＋B＋C－N	18		－0.355（l）；2.796（s）	0.822	0.027	—
	A＋B＋C－N－P	12		－0.077（l）；2.912（s）	0.454	0.222	0.008
	A＋B＋C－N－P*	13		0.120（l）；2.878（s）	0.540	0.133	0.010
	A＋B＋C－N－P*－W	12		－0.048（l）；2.938（s）	0.513	0.154	0.008
SMCV	A	25	log-logistic	0.826（l）；2.130（s）	0.961	0.007	—
	A＋B＋C	26		1.568（l）；2.221（s）	0.939	0.008	—
	A＋B＋C－N	18		－0.481（l）；1.681（s）	0.859	0.014	—
	A＋B＋C－N－P	12		－0.125（l）；1.722（s）	0.504	0.153	0.006
	A＋B＋C－N－P*	13		0.152（l）；1.714（s）	0.593	0.079	0.007
	A＋B＋C－N－P*－W	12		－0.094（l）；1.741（s）	0.562	0.094	0.005

续表

数据类型	数据准入处理方法	数据量	拟合函数类型	函数参数及数值	拟合优度 AD	关联 p	$PC_{95,95}$ /(μg/L)
A（急性数据）	—	194	log-normal	1.694（l）；3.623（s）	6.005	<0.005	—
	—	194	log-logistic	1.524（l）；2.224（s）	5.908	<0.005	—
C（慢性数据）	—	318	log-normal	0.104（l）；3.275（s）	12.047	<0.005	—
	—	318	log-logistic	−0.254（l）；1.911（s）	11.211	<0.005	—

注：表中 $PC_{95,95}$ 是置信度为 95% 的 PC_{95}，表中下划线数值为可信数据。

对于 SMCV－（A＋B＋C－N－P）、SMCV－（A＋B＋C－N－P*）和 SMCV－（A＋B＋C－N－P*－W）数据，log-normal 和 log-logistic 拟合均可判定为通过，但从 AD 值和 p 值比较可得 log-normal 拟合优于 log-logistic 拟合，所以优先选择 log-normal 函数拟合 SSD 曲线的计算结果，计算结果如表 6-30 所示，拟合曲线如图 6-8 所示。

b. BurrliOZ 软件构建 SSD 曲线及结果

利用 BurrliOZ 软件 Burr III 型函数分布，对急性、慢性毒性数据以及不同数据准入处理方法得到的 SMAV 和 SMCV 数据构建 SSD 曲线，并利用软件求得保护 95%（大多数）物种的浓度水平 PC_{95}，结果见表 6-31。

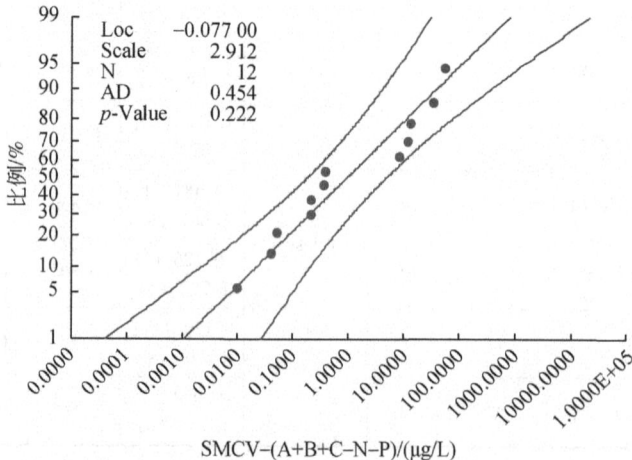

$$\text{SMCV} - (A + B + C - N - P^*) / (\mu g/L)$$

$$\text{SMCV} - (A + B + C - N - P^* - W) / (\mu g/L)$$

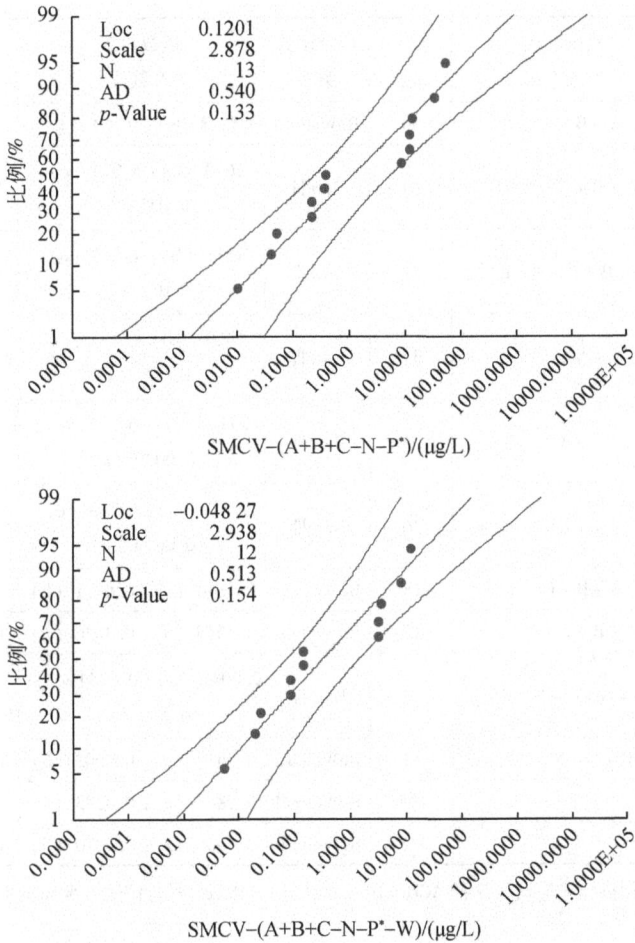

图 6-8　SMCV – （A + B + C – N – P）、SMCV – （A + B + C – N – P*）和
SMCV – （A + B + C – N – P* – W）数据 log-normal 函数拟合 SSD 曲线

表 6-31　利用 BurrliOZ 软件构建 SSD 曲线推导毒死蜱 PC$_{95}$结果

数据 类型	数据准入 处理方法	数据 量	拟合函数 类型	函数参数 及数值	PC$_{95,50}$ /（μg/L）	PC$_{95,95}$ /（μg/L）
SMAV	A	51	ReWeibull	1.291（a）；3348（b）	0.081	0.046
	A + B + C	60	BurrⅢ	0.00098（b）； 0.3363（c）；15.55（k）	0.098	0.002

数据 类型	数据准入 处理方法	数据 量	拟合函数 类型	函数参数 及数值	PC$_{95,50}$ /（μg/L）	PC$_{95,95}$ /（μg/L）
SMAV	A + B + C - N	50	ReWeibull	1.28（a）；0.328（b）	0.075	<u>0.044</u>
	A + B + C - N - P	34	BurrⅢ	1618（b）；5.014（c）； 0.053（k）	0.019	0.000
	A + B + C - N - P*	41	BurrⅢ	1511（b）；4.813（c）； 0.053（k）	0.012	0.000
	A + B + C - N - P* - W - K*	37	BurrⅢ	1520（b）；4.852（c）； 0.058（k）	0.034	0.000
SMCV	A	25	BurrⅢ	903.4（b）；67.63（c）； 0.0029（k）	0.000	0.000
	A + B + C	26	BurrⅢ	905.2（a）；62.19（c）； 0.0030（k）	0.000	0.000
	A + B + C - N	18	ReWeibull	0.4814（a）；0.4371（b）	0.015	<u>0.008</u>
	A + B + C - N - P	12	ReWeibull	0.5556（a）；0.4036（b）	0.015	<u>0.006</u>
	A + B + C - N - P*	13	BurrⅢ	0.0045（b）；0.4244（c）； 6.535（k）	0.016	0.000
	A + B + C - N - P* - W	12	ReWeibull	0.5619（a）；0.4002（b）	0.015	<u>0.006</u>
A（急性数据）	—	194	ReWeibull	0.9843（a）；0.3383（b）	0.037	<u>0.030</u>
C（慢性数据）	—	318	ReWeibull	0.5668（a）；0.4070（b）	0.017	<u>0.014</u>

注：用急性数据推导 PC$_{95}$时，选择 ACR = 10（默认值）；PC$_{95,50}$是置信度为 50% 的 PC$_{95}$；PC$_{95,95}$是置信度为 95% 的 PC$_{95}$。

BurrliOZ 软件未给出判定拟合的统计量，根据对 PC$_{95,50}$ 与 PC$_{95,95}$值的比较，表中 PC$_{95,95}$下划线数值判定为可信数据。对于 SMAV -（A）、SMAV -（A + B + C - N）、SMCV -（A + B + C - N）、SMCV -（A + B + C - N - P）、SMCV -（A + B + C - N - P* - W）、A（急性数据）和 C（慢性数据）数据的 BurrⅢ型函数可拟合成 SSD 曲线。

C. 应用讨论

利用 USEPA 公式法和 SSD 曲线法，分别对从外文文献、中文文献和试验方式获取的 3 类毒死蜱急性和慢性毒性数据进行了数据准入处理，推导得到了不同的毒死蜱基准值。毒死蜱基准推导值与已公布基准值和标准值的比较见表6-32。

表 6-32 毒死蜱基准推导值与已公布基准值和标准值的比较

基准推导方法	数据准入处理方法	（基准值/标准值）/（μg/L）	
		淡水 CMC	淡水 CCC
USEPA 公式法	A	0.046	0.039
	A + B + C	0.047	0.040
	A + B + C - N	0.045	0.035
	A + B + C - N - P	0.051	0.034
	A + B + C - N - P*	0.063	0.036
	A + B + C - N - P**	0.075	—
	A + B + C - N - P* - W - K*	0.087	
	A + B + C - N - P* - W	—	0.034
SSD-SMCV-lognormal	A + B + C - N - P		0.008
SSD-SMCV-lognormal	A + B + C - N - P*		0.010
SSD-SMCV-lognormal	A + B + C - N - P* - W		0.008
SSD-SMAV-Burr III	A	0.046	
SSD-SMAV-Burr III	A + B + C - N	0.044	
SSD-SMCV-Burr III	A + B + C - N		0.008
SSD-SMCV-Burr III	A + B + C - N - P		0.006
SSD-SMCV-Burr III	A + B + C - N - P* - W		0.006
SSD-A-Burr III	—	0.030	
SSD-C-Burr III	—		0.014
USEPA，GOLDBOOK（1986）[7]		0.083	0.041
USEPA 网站最新公布值（2010）		0.083	0.041
中国地表水环境质量标准（GB3838—2002）[23]		—	—

a. 数据准入处理方法分析

从生态学的观点来看，不同的生态系统有不同的生物区系，如我国的淡水渔业鱼种主要属鲤科，而美国的鱼类主要属鲑科，这两科在对生活环境的适应性和要求及对毒物的耐受性上有很大的差异，另外，不同地区的水体无论从水质上还是从水生态系统的结构特征上都有着明显的差异，因此，从不同区域水环境因子的差异性以及物种区域分布方面分析，计算基准值时选择中国境内有分布物种的毒性数据，更符合物种分布特征，推导值也更具有科学性和准确性。流域分布准入可看作小尺度范围的区域分布准入，二者在物种数据筛选方法上类似，只是物种数据的筛选范围尺度的大小不同，我国地域辽阔且南北物种分布差异较大，推导流域尺度上的水生生物毒理学基准更能有效地保护流域范围内的物种。

对数据来源进行分类后再计算 SMAV 和 SMCV 值，即分别求 A、B、C 3 类数据中的相同物种毒性数据的算术平均值后，再将同一物种的不同类的数据取算术平均值，得到 3 类数据汇总后的 SMAV 或 SMCV。因 A 类数据较多，B 和 C 类数据相对较少或匮乏，从数学公式角度分析，此方法的应用增加了 B 类或 C 类数据在计算 SMAV 或 SMCV 的权重。如 n 个数据中，有 $n-1$ 个 A 类数据，1 个 B 类数据，应用此方法经数学变换后得到加权平均数，A 类数据的权重均为 1，而 B 数据的权重为 $n-1$。

从基准推导的数据量角度分析，参与基准值推导的数据量越大，则影响基准值大小的其他因素的变化对最终值的影响越小，因此，应在条件允许的情况下，尽可能多的让毒性数据准入。所以，在毒性数据筛选时，对不能确定是否对数据进行剔除处理时，应采取保留数据的处理方式；在毒性数据物种区域分布准入处理时，对不能确定某物种在中国境内有分布时，应对数据进行保留处理，这样可在增大数据量的同时，减少人为数据处理对基准推导结果的影响。

从基准值是用于保护大多数物种角度来看，数值越小，可靠性越高，但同时存在发生"过保护"的风险，现行 USEPA 毒死蜱基准值来源于 GOLDBOOK（1986），并未根据新增文献毒理学数据对基准值进行更新，因此，用 USEPA 推荐公式计算最终急性值和最终慢性值时，在数据量大于 15 个时采取在推导最终急性或慢性值时，选择至少有 1 个 B 类或 C 类毒性数据参与计算，即 A + B + C $-$ N $-$ P** 数据准入处理方法，不仅实现区域物种计算权重，还具有一定的现实意义。

b. USEPA 公式法和 SSD 曲线法比较

从 USEPA 公式法推导毒死蜱基准过程分析，参与排序的数据量和参与计算的 4 个 GMAV（GMCV）值的大小对基准推导结果影响较大。对于不同数据准入处理方法下所得到的数据利用公式法都能计算得出最终急性和慢性值，且数值之间偏差较小，说明 USEPA 公式法操作简便，计算过程影响因素少，推导结果仅与参与排序的数据量和参与计算的 4 个 GMAV（GMCV）值的大小两个因素密切相关，从而进一步推断，在现有条件下应用 USEPA 公式法推导我国污染物基准值，数据的筛选方法和数据准入处理方法是否科学，直接决定了基准值的可靠性和准确性；从 SSD 曲线法推导毒死蜱基准过程分析，分布函数的选择、曲线的拟合结果对基准值影响较大，而这两个因素受参与拟合的所有数据点影响，当数据量不大时，数据的取舍对最终计算结果影响较大，甚至拟合曲线的类型变化或无法拟合通过及得出计算结果,从而总结 SSD 曲线法的优点在于其计算过程不仅考虑了数据量,也考虑了每个参与拟合数据点的数值的大小,所以 SSD 曲线法相比 USEPA 公式法考虑更全面更符合统计学要求,其不足之处在于计算过程需应用更多的统计技术,过程操作也相对繁琐,对人员的知识和技能要求较高。

D. 结论

在推导我国水生生物毒理学基准时,实施科学有效的数据准入处理方法,能弥补国内毒性数据量小,毒性测试方法标准化水平的不足,同时更符合区域性的特征。在基准推导方法上,USEPA 公式法在基准推导实用性和操作性方面优于 SSD 曲线法;SSD 曲线法可以选择不同的函数对数据进行拟合,灵活性更好,在拟合较好的情况下推导得出的基准值更符合统计学要求,从基准推导科学性角度分析,SSD 曲线法推导水质基准技术更具有发展前景。从数据准入处理方法的可靠性方面分析,确定物种区域分布的依据及方法有待进一步研究和固化。综合考虑基准推导的科学性、准确性和可靠性,在现有技术条件下,本研究推荐毒死蜱水生生物毒理学基准国家基准急性值和慢性值分别为 $0.075\mu g/L$ 和 $0.036\mu g/L$,太湖流域基准急性值和慢性值分别为 $0.087\mu g/L$ 和 $0.034\mu g/L$。

参 考 文 献

[1] USEPA. Guidelines for Deriving Numerical National Water Quality Criteria for the Protection of Aquatic Organisms and Their Uses. PB 85-227049, 1985: 1-98

[2] USEPA. Quality criteria for water. EPA 440/5-86-001, 1986

[3] USEPA. Water quality guidance for the Great Lakes system. Federal Register, 40CFR Part 132, 2003

[4] 周启星, 罗义, 祝凌燕. 环境基准值的科学研究与我国环境标准的修订. 农业环境科学学报, 2007, 26 (1): 1-5

[5] 孟伟, 刘征涛, 张楠, 等. 流域水质目标管理技术研究 (Ⅱ)——水环境基准、标准与总量控制. 环境科学研究, 2008, 21 (1): 1-8

[6] 孟伟, 闫振广, 刘征涛. 美国水质基准技术分析与我国相关基准的构建. 环境科学研究, 2009, 22 (7): 754-758

[7] Kooijman S A L M. A safety factor for LC_{50} values allowing for differences in sensitivity among species. Water Res., 1987, 21: 269-276

[8] Van Straalen N M, Denneman C A J. Ecotoxicological evaluation of soil quality criteria. Ecotoxicol. Environ. Saf., 1989, 18 (3): 241-251

[9] Wagner C, Løkke H. Estimation of ecotoxicological protection levels from NOEC toxicity data. Water Res., 1991, 25 (10): 1237-1242

[10] Aldenberg T, Solb W. Confidence limits for hazardous concentrations based on logistically dis-

tributed NOEC toxicity data. Ecotoxicol. Environ. Saf. , 1993, 25：48-63

［11］雷炳莉，金小伟，黄圣彪，等. 太湖流域 3 种氯酚类化合物水质基准的探讨. 生态毒理学报, 2009, 4（1）：40-49

［12］国家环保总局. 中国生物多样性国情报告. 北京：环境科学出版社, 1998：391-392

［13］Call D J, Brooke L T, Ahmad N, et al. Aquatic Pollutant Hazard Assessments and Development of a Hazard Prediction Technology by Quantitative Structure-Activity Relationships. Second Quarterly Rep, USEPA Cooperative Agreement No. CR 809234-01-0, Ctr. for Lake Superior Environ. Stud. , Univ. of Wisconsin, Superior, 1981, WI：74

［14］Oikari A, Kukkonen J, Virtanen V. Acute toxicity of chemicals to *Daphnia magna* in humic waters. Sci. Total Environ. , 1992, 117/118：367-377

［15］Baird D J, Barber I, Bradley M, et al. A comparative study of genotype sensitivity to acute toxic stress using clones of *daphnia magna* straus. Ecotoxicol. Environ. Saf. , 1991, 21（3）：257-265

［16］Elnabarawy M T, Welter A N, Robideau R R. Relative sensitivity of three daphnid species to selected organic and inorganic chemicals. Environ. Toxicol. Chem. , 1986, 5（4）：393-398

［17］Kazlauskiene N, Burba A, Svecevicius G. Acute toxicity of five galvanic heavy metals to hydrobionts. Ekologija, 1994, 1：33-36

［18］White B. Report of Two Toxicity Evaluations Conducted Using Hexavalent Chromium. Michigan Dep. Nat. Resour. Environ. Protection Bureau Point Sources Studies Section：4, 1979

［19］Diamantino T C, Guilhermino L, Almeida E, et al. Toxicity of sodium molybdate and sodium dichromate to *daphnia magna* straus evaluated in acute, chronic, and acetylcholinesterase inhibition tests. Ecotoxicol. Environ. Saf. , 2000, 45（3）：253-259

［20］Jop K M, Rodgers Jr J H, Price E E, et al. Renewal device for test solutions in Daphnia toxicity tests. Bull. Environ. Contam. Toxicol. , 1986, 36：95-100

［21］Batac-Catalan Z, Cairns Jr J. Survival of *Daphnia pulex* under thermal stress and sublethal concentration of chromate. Kalikasan Philipp J. Biol. , 1977, 6（1）：47-54

［22］Stackhouse R A, Benson W H. The influence of humic acid on the toxicity and bioavailability of selected trace metals. Aquat. Toxicol. , 1988, 13（2）：99-108

［23］谭树华，邓先余，蒋文明，等. Cr^{6+} 和 Hg^{2+} 对克氏原螯虾的急性毒性试验. 水利渔业, 2007, 27（5）：93-95

［24］吕耀平，李小玲，贾秀英. Cr^{6+}、Mn^{7+} 和 Hg^{2+} 对青虾的毒性和联合毒性研究. 上海水产大学学报, 2007, 16（6）：549-554

［25］Gendusa T C , Beitinger T L. External biomarkers to assess chromium toxicity in adult lepomis macrochirus. Bull. Environ. Contam. Toxicol, , 1992, 48（2）：237-242

［26］Trama F B, Benoit R J. Toxicity of Hexavalent Chromium to Bluegills. J. Water Pollut. Control Fed. , 1960, 32（8）：868-877

[27] Mishra R. Effect of dichromate on lipid and amino acid contents of liver and muscle of *Clarias batrachus*. (L.). Environ. Ecol., 1997, 15 (1): 41-45

[28] Cearley J E. Toxicity and bioconcentration of cadmium, chromium, and silver in *micropterus salmonides* and *Lepomis macrochirus*. University of Oklahoma, Oklahoma City, 1971, OK: 76 (Publ in Part As 8511, 8517)

[29] Drummond R A, Olson G F. Response of Brook Trout (*Salvelinus fontinalis*) exposed to four metals and four pesticides. Draft Manuscript from A Jarvinen files, USEPA, Duluth, 1987, MN: 10

[30] Kuehn R, Pattard M, Pernak K D, et al. Results of the harmful effects of water pollutants to *Daphnia magna* in the 21 day reproduction test. Water Res., 1989, 23 (4): 501-510

[31] Buhler D R, Stokes R M, Caldwel R S, et al. Tissue accumulation and enzymatic effects of hexavalent chromium in rainbow trout (*Salmo gairdneri*). Jour. Fish Res. Board Can., 1977, 34: 9

[32] Fromm P O, Stokes R M. Assimilation and metabolism of chromium butrout. Jour. Water Poll-out. Con. Fed., 1962, 34 (11): 1151

[33] 郑新梅, 丁亮, 刘红玲, 等. 对硝基酚对大型溞和斑马鱼胚胎的毒性. 生态毒理学报, 2010, 5 (5): 692-697

[34] 梁峰, 杨绍贵, 孙成. 六价铬对黄颡鱼仔鱼和稚鱼急性毒性效应研究. 农业环境科学学报, 2010, 29 (9): 1665-1669

[35] 赵志刚, 张志生, 高士祥. 硝基苯对 3 种中国土著水生生物的毒性研究. 农村与生态环境学报, 2011, 27 (1): 54-59

[36] 赵志刚, 张志生, 高士祥. 大型溞母溞暴露于氨氮所产子代对氨氮的毒性耐受性研究. 环境科学研究, 2011, 24 (2): 205-209

[37] 赵华, 李康, 吴声敢, 等. 毒死蜱对环境生物的毒性与安全性评价. 浙江农业学报, 2004, 16 (5): 292-298

[38] Caldwell D J, Mastrocco F, et al. Derivation of an aquatic predicted no-effect concentration for the synthetic hormone, 17 alpha-ethinyl estradiol. Environmental Science & Technology, 2008, 42 (19): 7046-7054

[39] Posthuma L, Traas T P, Suter G W. Species Sensitivity Distributions in Ecotoxicology. Boca Raton, FL, USA: Lewis, 2002

[40] CSIRO. A Flexible Approach to Species Protection. http://www.cmis.csiro.au/envir/bur-rlioz/. 2008

[41] 李霖, 刘俊, 顾庆龙, 等. 毒死蜱农药对草履虫的毒性研究. 河南农业科学, 2009, 12: 82-85

[42] 刘国光, 徐海娟, 王莉霞, 等. 毒死蜱对淡水原生动物群落的急性毒性. 农业环境科学学报, 2004, 23 (4): 814-817

第7章 水生态完整性质量基准方法与应用

7.1 水生态完整性基准方法

流域水环境的生态完整性包括三方面的要素：生物完整性、物理完整性和化学完整性（图7-1）。同时满足生物、物理和化学完整性的水生态系统才具有生态完整性。

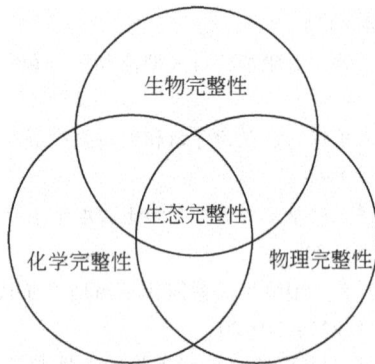

图7-1 生态完整性的基本要素

7.1.1 流域水环境生态学基准表征方法

流域水环境生态学基准的表征方法包括描述型生态学基准（narrative ecocriteria）及数值型生态学基准（numeric ecocriteria）两种方法。

描述型生态学基准：采用描述性的语言对应该满足指定水生生物用途的流域水环境的生态完整性进行描述。

数值型生态学基准：采用数值的方法对应该满足指定水生生物用途的流域水环境的生态完整性进行描述。

本章介绍流域水环境生态学数值型基准的计算方法。

7.1.2 流域水环境生态学基准建议值的计算方法

综合指数法是计算流域水环境生态学基准的最常用方法，综合指数计算方法如图 7-2 所示。

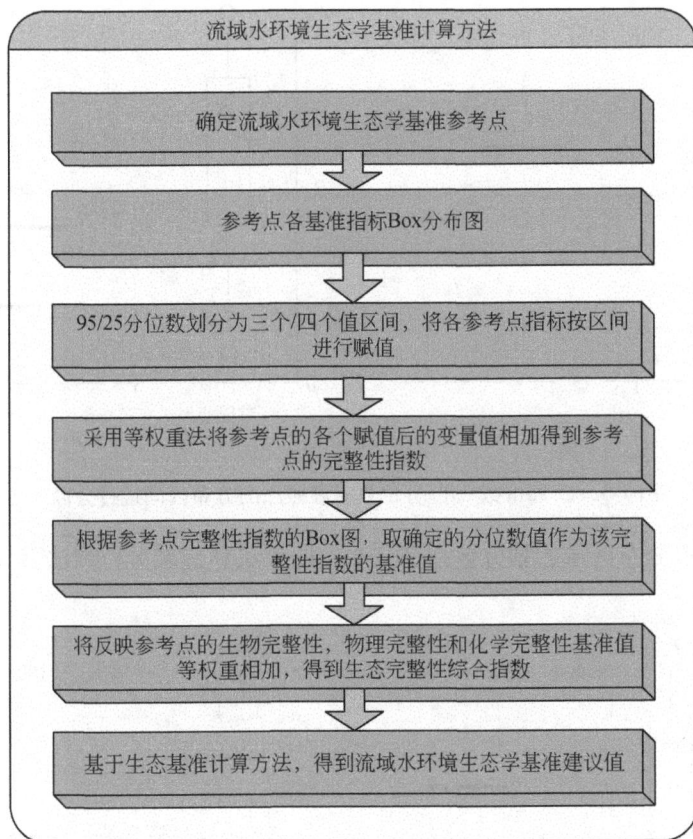

图 7-2 流域水环境生态学基准建议值计算方法

综合指数法是计算流域水环境生态学基准，具体步骤如下：

首先，得到所确定的参照点的每个基准变量 Box 图，采用 95th/25th 分位数划分三/四个区间，将参照点的监测值同 Box 图比较得到该参照点每个基准变量的隶属区间，得到相应的值。

可分别采用95th分位数或者25th分位数为划分边界对参照点的分布区建进行划分（图7-3）。当选择的参照点的受损害较小或比较接近自然状态时，可以选择25th分位数作为划分边界，当选择的参照点与自然状态差距较远或包括受损害较大时，可以选择95th分位数作为划分边界。

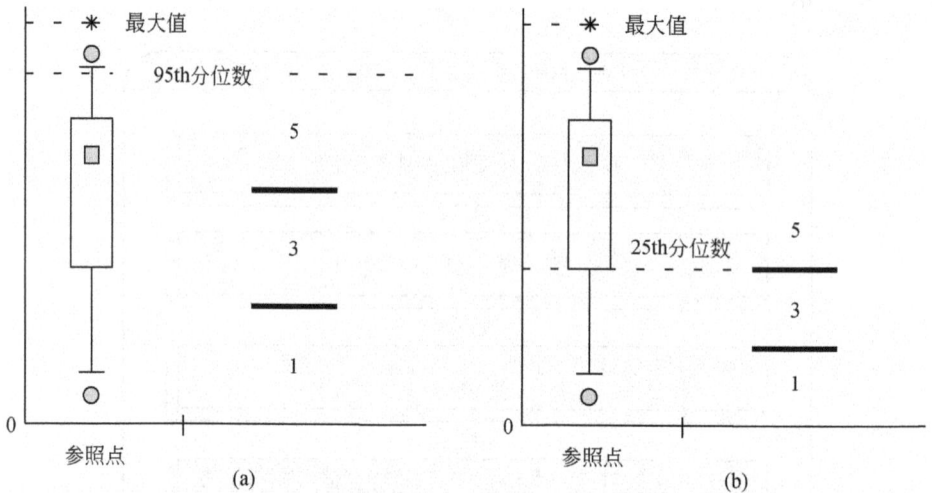

图7-3　以95th或25th分位数对参照点的分布区间进行分区

对参照点分布区域的划分包括三分法、四分法和标准分位数法（图7-4）。

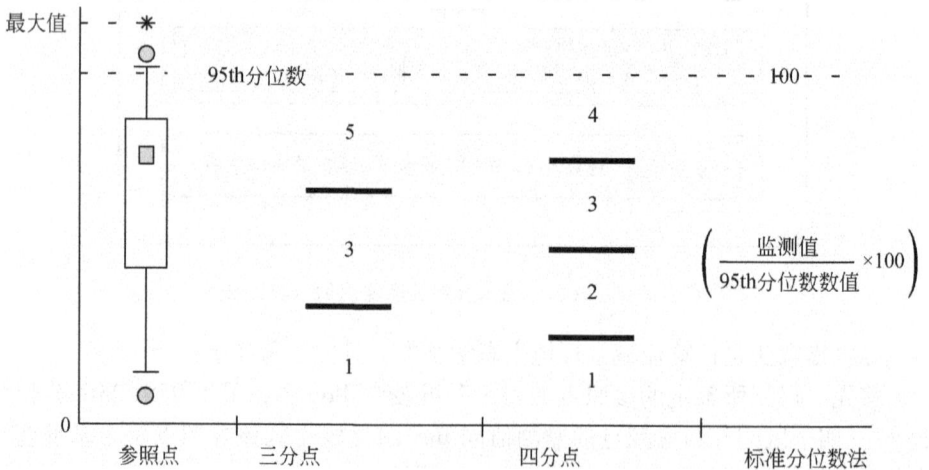

图7-4　三种不同的赋值方法

三分法是将参照点的分布区间划分为三部分，分别进行赋值1、3和5，表示水体的生态完整性为"差、中和好"；四分法是将参照点的分布区间划分为四部分，分别进行赋值1、2、3和4，表示水体的生态完整性为"差、一般、良好和优秀"；标准分位数法则是将监测值与95th分位数所对应的参照点的值进行相除得到的比值，比值越大，说明与参照点的状态越接近。

其次，将每个参照点的基准变量的赋值进行等权重相加，得到该参照点的完整性指数。每个参照点的所有基准变量都可以通过与所有参照点的Box图进行对比后可得到赋值，采用等权重相加，可以得到每个参照点的一个综合完整性指数值。例如，浮游植物的基准变量指标通过相加后可以得到反映浮游植物完整性的数值。

再次，根据参照点完整性指数的Box图，取25th/90th分位数值作为该完整性指数的基准值。最后，将反映参照点的生物完整性、物理完整性和化学完整性基准值等权重相加，得到反映生态完整性的生态学参照综合指数。

生态学完整性指数应包括：①生物完整性指数如底栖大型无脊椎动物、鱼类、水生植物、浮游植物、浮游动物及底栖生物的群落结构等；②物理完整性指数如水流、水文地理环境、盐度、温度、光照、土地利用和深度等；③化学完整性指数如溶解氧、营养物浓度、浊度、重金属含量、pH等。因此，理论上应该分别得到这三方面完整性，然后通过等权重相加得到反映生态学完整性的参照综合指数。

7.1.3 基于浮游生物的水生态学基准建议值的提出

浮游生物是水体中的一个重要生物群落，它的覆盖面广、繁殖快、对环境的变化敏感、处于营养金字塔的底层，在野外调研中最容易采集，可以作为指示生物群落。其中浮游植物可以作为流域富营养化的监测指标，营养物浓度的变化会促使水体生物群落功能结构的变化，浮游植物群落作为初级生产者会对此最早做出反应；浮游植物群落的变化随后会引起更高营养级别生物群落如无脊椎动物、鱼类等的变化；叶绿素a是一种简单经济的检测方法，可以有效地反映浮游植物群落的变化；浮游动物很容易鉴定；浮游生物繁殖快、生命周期短，可以在短时间内反映出水体环境的变化。

因此我们可以基于浮游生物群落变化对生态环境压力的响应关系来确定生态学基准（图 7-5）。基准推荐值提出以后由区域技术咨询组专家进行综合分析。

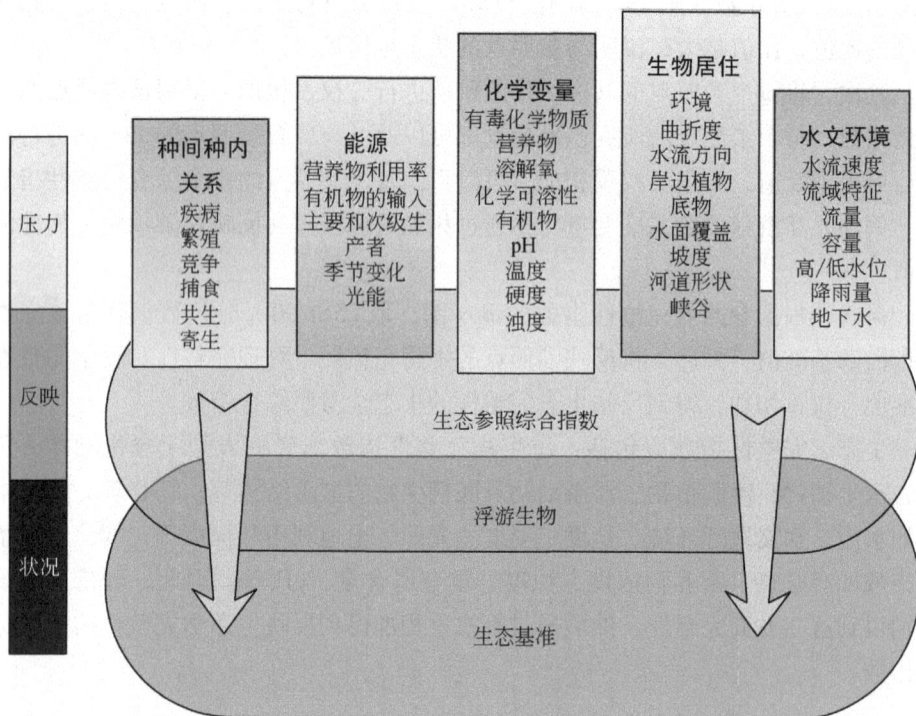

图 7-5　环境压力、生态参照综合指数与生态基准的相互关系

7.2　水生态安全基准技术规范

7.2.1　流域水环境生态学基准技术框架

流域水环境生态学基准的制定流程如图 7-6 所示。

流域水环境生态学基准制定的技术路线如图 7-7 所示，流域水环境生态学基准制定的技术框架如图 7-8 所示。

1	初步确定分类和参考状态
2	对确定的参照点及受损地点进行生境调查
3	确定最终分类和参照点
4	基准变量指标的筛选与评价
5	基准变量指标的调查
6	建立生态学基准
7	对参照点及生态学基准值的验证与评价

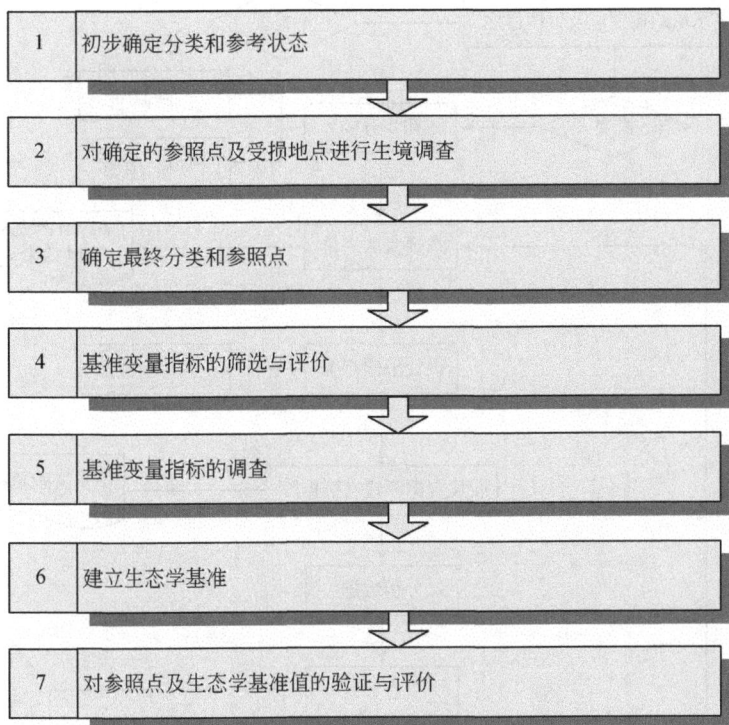

图 7-6　流域水环境生态学基准制定流程

7.2.2　流域水环境参考状态选择方法与技术

参考状态用以描述流域内不受损害或受到极小损害水体的生态学特征，体现了水体在不受人类活动或干扰情况下的"自然"状态。选择合适的水环境参考状态是进行确定水生态基准的关键。

1. 流域水环境分类方法

不同生态特征的水体环境应该具有不同的生态学基准。因此首先需要对水体进行合理的分类或分区，从而建立针对每类水体的参考状态。有意义的分类不是随意的，专业的判断有助于合理的分类。通过分类，可以减少生物信息的复杂度，降低生物学调查结果的敏感性和误差。

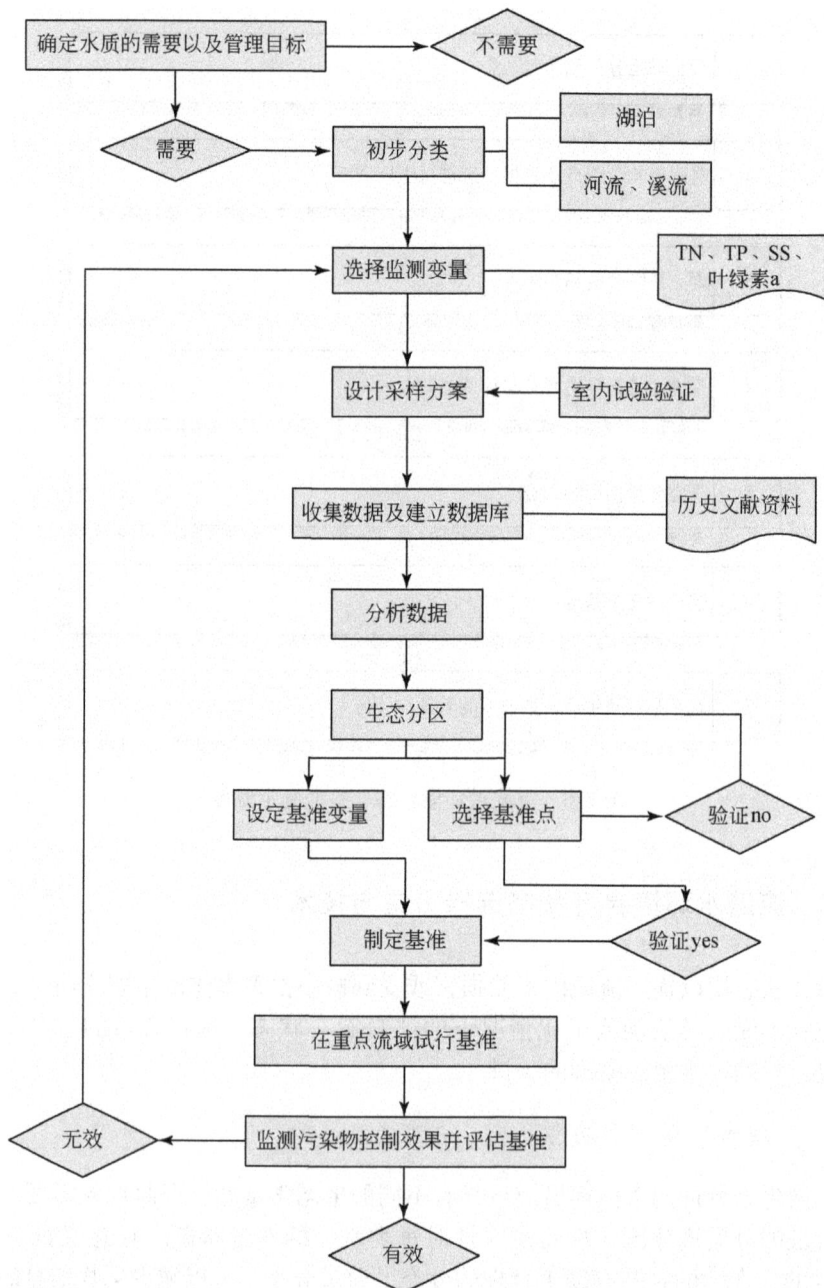

图 7-7　流域水环境生态学基准制定技术路线

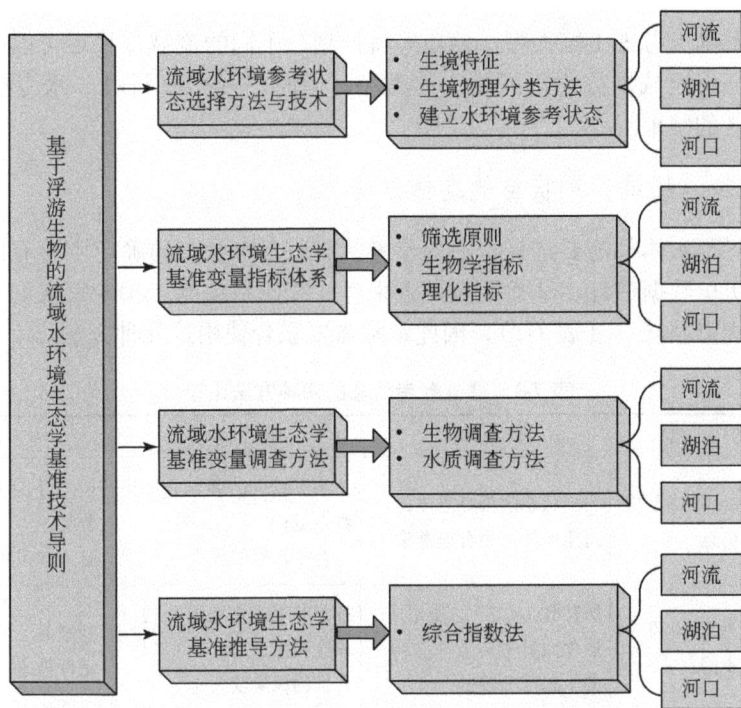

图 7-8 基于浮游生物的流域水环境生态学基准制定技术框架

对水体的分类或分区可以在地理区域、流域以及生境特征等不同的空间尺度上进行（图 7-9）。首先可以根据气候、地貌等特征将水体划分为不同的地理区

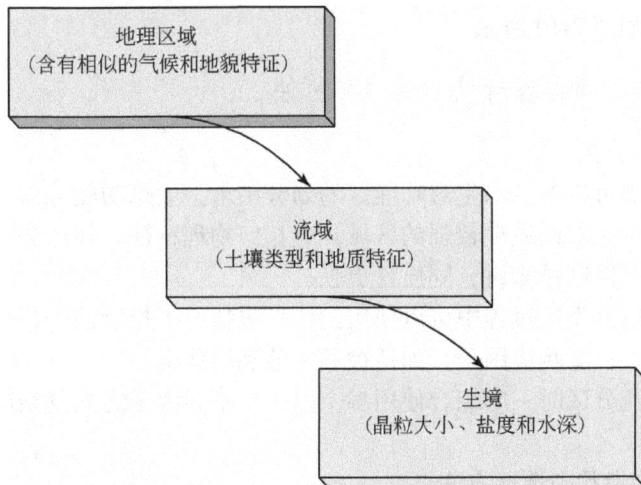

图 7-9 水环境分类

域，在此基础上考虑土壤类型、地质等特征划分不同的流域，最后可以基于具体的生境特征将流域划分为不同的水体类型；同时，可充分利用"水专项"水生态功能分区的结果。

2. 流域水环境参考状态的选择方法

针对每类水体都需要选择合适的参考状态。参考状态的确定主要有以下四种方法：①历史数据估计；②参照点调查采样；③模型预测；④专家咨询。每种方法都有其优点及缺点（表7-1），因此常常需要联合使用这几种方法。

表7-1　建立参考状态的四种方法比较

	历史数据	调查数据	模型预测	专家咨询
优点	反映生境的历史状态信息	当前状态的最好描述；适用于任何集合或群落	适用于较少的调查和历史数据量；适合于水质的预测	适用于生物集合的分类；融入常识和经验
缺点	历史数据的调查目的不同	所有地点均受到人类干扰；退化的参考地点导致得到的生态基准较低	种群和生态系统模型的可靠性较低；外推的风险较大	专家的主观判断；定性描述

在水体生境调查与评价的基础上，依据最小干扰和代表性的原则，选取参照点。但实际上有些水体受人类干扰很大，生态环境与"自然"的状态相差较大，因此没有合适的参照点可以选择，这时候可以采用生态模型的方法，确定参考状态的技术路线如图7-10所示。

3. 河流的分类与参考状态的选择方法

1）河流的分类

河流的分类可以参照水生态功能区的划分结果。生态功能分区的最基本目标是描绘出生态学相对同质性较强的区域。有相似物理特征，如地势和坡度的景观地形区域相对其他区域来讲，同质性更强。

对河流进行分类的过程中可以使用的信息包括：①控制因子，如气候、地形和矿物可利用性；②响应因子，如植被和土地利用状况。

在实际河流分区时，应综合使用多个因子，不同因子之间复杂的相互作用也要考虑进去。

2）河流参考状态选择方法

由于绝对的未受人类干扰的生境是不存在的，因此可以接受遭受一定干扰的

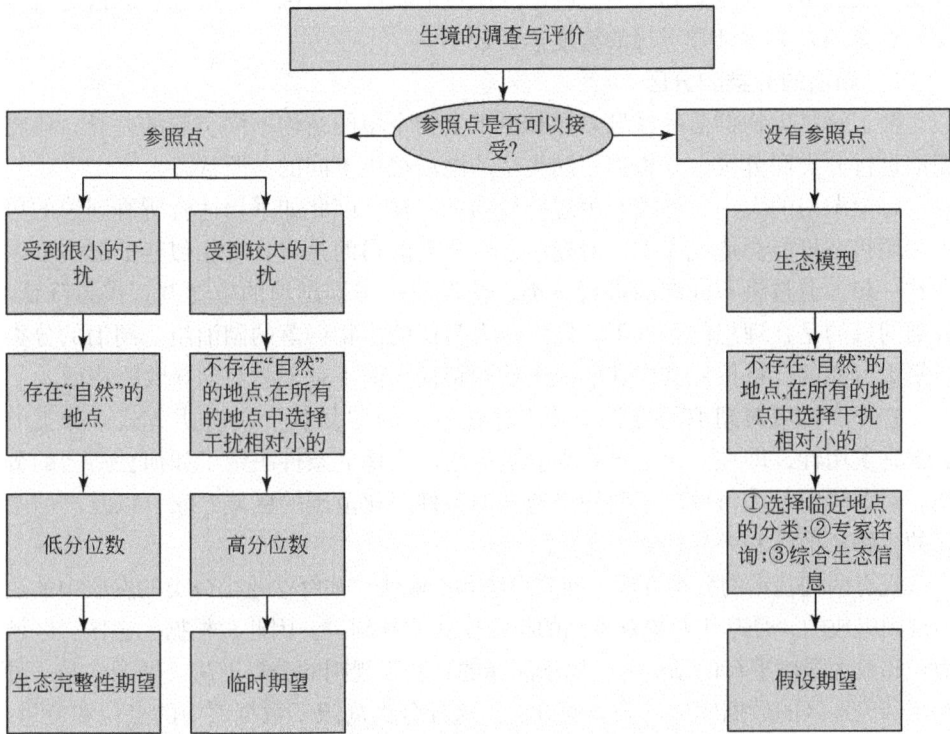

图 7-10 选择参考状态的技术路线

地点作为参照点。在建立参照状态时的关键是决定如何确定一个受最小干扰程度的地点。不同区域之间的土壤条件、河流形态、地质、植被状态以及主要土地用途是不同的，所以可接受的参照点会因具有不同地理特征的区域而有所不同。

  具有代表性且受影响程度最小的参照点的选择包括了各种影响因素的信息，这些信息包括以前的调查资料以及对于人为干扰情况的了解。这些信息按重要性的大致顺序如下：①没有较大的污水排放口；②没有其他污染物的排放；③没有已知的泄露或污染事件；④较低的人口密度；⑤较少的农业活动；⑥道路或高速公路密度较低；⑦最低限度的非点源污染，包括农业、城市、砍伐、采矿、饲养、酸沉降等；⑧没有已知的鱼类饲养或其他可能改变群落组成的活动。

4. 湖泊的分类与参考状态的选择方法

  在生态评价和生态学基准制定过程中，关键的一步就是参照状态的建立。对于湖泊来说，参照状态是对受到最小人为干扰和污染的生物群落状况的期望。这些期望通常是以可能受到人为影响的参照点的状况为基础的。最理想的情况就是参照点受到人类污染和干扰的程度达到最小。

1）湖泊的分类和分区

为了解释生物群落的区域差异和由于生物生境的结构不同引起的差异，应将湖泊进行分类和分区，并根据不同类型的湖泊提出不同的参照状态。

每个湖泊的大小、种类和生态特征均不一样，因此如采用适合所有湖泊的单一参照状态可能会造成误差。对湖泊进行分类的目的是将具有相似特征的湖泊组合在一起。通过将不同湖泊进行分类，使得同一类别湖泊的生物调查误差降低。分类的目的是在理想的条件下，确定具有类似的生物群落的湖泊组。湖泊的分类要最大可能的严格按照其内在的或天然的特征，而不是人类活动导致的特征。

在一个区域对湖泊的分类中并不存在单一的"最佳"的分类方式。分类的关键是实用性，即在一个地区将来会被应用。当地的条件决定了如何去适当的分类。对湖泊的分类将取决于熟知当地湖泊条件变化范围的区域专家，以及湖泊之间的生物相似性和差异性。

现有两种基本的分类方法，即演绎法和推溯法。演绎法是由分类的发展中的逻辑规则组成的，是基于对象观察到的特征模式的基础上。因此，根据生态区、区域面积和最大深度进行的湖泊分类属于演绎的、基于规则的分类方法。推溯法是一种利用其他地区的数据库进行分类的方法。这种分类局限于数据库中的点位和变量，一般包括聚类分析方法。推溯法对于大量的数据集的探索性分析是很有用处的。

在对湖泊进行演绎性分类体系中，如果某些湖泊特征容易受到人类活动影响，或对物理或化学条件产生反应，那么就不应该作为分类的参考指标。这些特征可能包括营养状况、叶绿素浓度和营养物浓度。此种情况下的分类依据是生态区的划分，而营养状况则是对生态区的一种响应。如果单纯用营养状况作为分类的变量，可能会导致错误的分类和不正确的评价。

一个有用的分类体系要表现出层次性，而且要从最高水平开始，尽可能的分层。该步骤是从高层次上（如地理学）对湖泊分类，然后继续在各分类层次中再分类并达到一个合理的点。应当简化分类结果，以避免对评价没有意义的冗杂的分类的产生。最好的分类体系中应包括一到两个相关的等级。下面所描述的分类体系适用于天然湖泊和水库。

（1）地理区域。地理区域（如生态区、自然地理领域）确定景观水平的功能，如气候、地势、区域地质学、土壤、生物地理学和辽阔土地使用方式。生态区是基于地质学、土壤学、地形学、主要土地用途和天然植被来划分的，并且可用来解释不同地区的水质和水生生物区系的变异性。生态区包括可以被当做分类变量的特征指标。例如，通过区域地形学划分的生态区当中的不同流域特征有相似之处，水质特征（如碱度）就由区域基岩和土壤所决定。在生态区域中，可能仅仅利用像湖泊盆地形态学（如深度、面积、发展比例等）去分类就已足够。人为建立的水库和其他人工湖泊不具有"天然"的参照状态。因此，在建立参考状态时要将水库和天然湖泊区分开。

（2）水域特征。水域特征影响着湖泊水文参数、沉积、营养负荷、碱度以及溶解性固体。像上面所述的那样，在一个生态区内很多水域特征值的变化是相对一致的，若生态区是主要的分类变量，那么这些水域特征的重要性可能会降低。可以被用做分类变量的水域特征指标包括：①湖泊排水系统类型，如流动、排水、渗流和水库类别等；②土壤用途；③水域/湖泊区域比例，尤其是水库；④斜坡，尤其是水库；⑤土壤和地形学，关注土壤侵蚀性等。

（3）湖泊盆地特征。湖泊盆地形态学影响湖泊水动力学和湖泊对污染的响应。一些水库的特征指标随时间，尤其是区域浅水作用和受到高泥沙承载量的水库的淤积而改变。形态学度量指标包括：①深度，含平均值、最大值、②表面积；③湖底类型和沉积物；④岸线比例，其中岸线长度为等面积圆的周长；⑤水库的建立时间；⑥变温层/均温层，关注水库。

（4）湖泊水文学。湖泊水文学是水质的基础。营养物的含量和溶解氧受到混合和环流模式的影响。水文因素包括：①水力停留时间；②成层和混合；③环流；④水位的变化。

（5）水质特征。根据水域特征的种类可以将湖泊分为不同种类，如泥灰岩湖泊、碱湖、雨养沼泽湖泊等。在同一生态区，尽管由于区域、水域、流域的不同和水文特征的影响，但很多水质量特征都是相对统一的。水质的分类由以下几个变量决定：①碱度；②盐度；③电导率；④浊度或透明度；⑤水色；⑥溶解性有机碳；⑦溶解性无机碳。

人类行为如开采、土地利用等改变了水环境的质量，特别是沉积物和营养盐的浓度，同时也影响了水的碱度、盐度、电导率、水色以及溶解性有机碳。需注意根据水质的分类能反映出天然条件和未受人为影响的状况。

2）湖泊参考状态选择方法

湖泊参照点的选择包括以下几种方法：①专家咨询；②参照点采样评价；③历史数据；④模型预测。

A. 专家咨询

专家可以对其他途径获得的信息和资料进行信息平衡和全面的评估。在进行所有其他步骤之前应该成立一个专家小组，来指导整个参照点的选择过程。该小组应包括有经验的水生物学家、物理学家、渔业生物学家和自然资源管理人员。

B. 参照点采样评价

参照点的确定必须要经过精心选择，因为它们将会被作为基准点，用来比较其他各受试点的状况。参照点的条件应该代表了受人类影响程度最小的条件的最佳范围，这些条件可以适用于同一地区的相似湖泊。参照点在该地区须具有代表性，并且与该地区的其他湖泊相比较，受影响的程度小。

未被人类干扰的地点是最理想的参照点。然而，人类对土地的利用以及大气的污染，早已改变了环境和水资源的质量，真正未受人类干扰的地方已经很少。事实上，可以认为这样的地点已经不复存在。因此，"受影响最小"的程度应有一个标准，用来进行参照点的选择。如果受影响较小的地区严重退化，那就需要在更广阔的区域寻找合适的点位。

如果该区域中不存在受影响相对小的地区，那么选择参照点的过程就要稍加修改，变得更加现实且要反应可达到的目标，如以下几个方面：

（1）土地利用和天然植被。天然植被对水的质量产生积极的影响，而且对河网有水文响应，参考湖泊中的天然植被在流域中至少占一定的百分比。

（2）湖岸带。沿着湖岸和河网的天然植被区可以稳定湖岸线免受侵蚀，并可以通过异地输入增加水生食物来源。它们还可以通过吸收和中和营养物、污染物来减少非点源污染，无论土地如何被利用，参考湖泊地区应至少有一些天然岸带。

（3）排放。禁止或允许排放到表面水域的最低水平。

（4）如果一个固定的参照状态的定义被认为过于严格或不切实际，那就需要依靠经验来修正。例如，由于水库的自然条件无法定义，最好是用现在的条件来代替。这种方法同样也适用于少量或没有植被覆盖的生物区。至少应对生态区湖泊流域做代表性的调查或统计，来确定最好的点位。像有很大比例的森林或天然植被的地区，工业和城市利用率低的地区，都具有很好的条件可被选为参照点。

选定的湖泊参照点应该是每种类型的代表，然后对足够数量的参照点进行采样，以确定每个等级的特征。一般的最优抽样量的经验法则是每种类型选取10～30个参照点。如果一个地区的所有湖泊都受人类影响，那就在每种类型（如生态区）中选取10～30个相对影响较小的参照点，"最好"的参照点应选择受人为干扰和影响程度最小的地方，而不是依据最理想的生物群落选择。在未受人类影响的湖泊参照点数量较大的地区，可采用分层随机抽样（在每种类型的湖泊中随机抽样），产生参照状态的无偏估计。

如果不存在或无法找到足够的受损程度最小的参照点，就要从整个调查区域中选取参照状态。这种地方不存在最小受损的地点，同时资源受到人为干扰的程度强烈且相对统一，如在大型城市化或农业化地区受损严重的湖泊。

C. 历史数据

一些湖泊有大量的历史数据库，这些数据包括水质、浮游藻类、浮游动物和鱼类。尽管如此，历史数据不一定可以代表未被干扰的条件。应该认真检查这些生物学数据以及其附加的历史信息，以保证其代表的条件真的优于目前的条件。可能是由于一些特定原因选择这些湖泊，如唯一的湖、靠近实验室或者水源地等。

D. 模型预测

我们可以利用一些模型方法，如数学模型、统计模型或者两者的结合。数学模型可能产生不稳定的预测结果。然而，基于物理和化学理论的数学模型原则上可以预测河流和水库的水质。统计模型在构建上是很简单的，如 Vollenweider 模型来预测营养状况，但是这需要大量充足的数据来建立预测关系。如果有足够的数据可以构建一个统计模型，那么就可以通过模型得出湖泊参考状态。

5. 河口的分类与参考状态的选择方法

1）河口的分类

在基准制定过程中分类是个核心步骤。基准建立过程中水体的物理分类可降低作为参考状态的差异性，且基准可代表并反映相对一致的自然状态。河口分类有助于不同河口之间的比较，且使变量的测量受其固有特性的影响尽可能小。这也有助于基准的实施应用。

分类过程一般首先从传统的河口生境类型划分着手，可根据景观特征将河口划分为平原海岸型、潟湖及沙坝型、峡湾型和构造型，辨析不同地形地貌对于营养物敏感度的影响。其次，基于物理特征层面实施分类，可依次考虑咸淡水混合、层化与环流、水力停留时间（如淡水停留时间）、径流、潮汐及波浪等因素。对不同影响因子作用下河口的营养物敏感性进行分析，对营养物敏感性相似的河口进行归类。

A. 一级分类

根据地貌特征可将河口分为溺谷型河口、峡湾型河口、潮流河口、三角洲前缘河口、构造型河口和海岸潟湖河口。

溺谷型河口由早期河谷填充而成的，这类河口存在于高地貌的海岸线。一些典型区域早期被认为是海岸平原型河口，但它们的能量动力学与溺谷型河口一致而与海岸平原型河口不同。

峡湾型河口形成于第四纪海平面变化时，在高地貌区域由冰川冲刷形成。低浅峡湾是低地貌、浅水体、温带峡湾河口。典型峡湾型河口具有狭长、深度大、两岸峭壁的特点。作为深度最大的一种河口类型，峡湾型河口一般具有冰川侵蚀形成的 U 字形峡谷。

潮流河口与大河体系联系在一起、受潮汐影响且在口门处通常存在未发育完全的盐度锋。三角洲前缘河口存在于受潮流作用或者受盐水入侵影响的三角洲区域。由于河流输送的泥沙在近岸水体的积累比再分配（如波浪、潮流）导致的扩散快从而形成了三角洲。

构造型河口形成于构造过程，如构造作用［断层及地壳变动过程（大尺度地质褶曲及其他变形）］、火山作用（火山行为产生）、冰后回弹及地壳均衡这些更新世以来发生的构造过程。

海岸潟湖河口是内陆浅的水体，通常与海岸平行由障岛沙洲与海洋分离开来，其通过一个或多个小的潮流通道与海洋相通。这些潟湖相对于河流过程来说更易受到海洋过程的影响而发生改变。这类河口通常也被称为沙坝型河口。

B. 二级分类

在一级分类的基础上，将潮汐的变化考虑在内，可将河口分成三类：弱潮河口、中潮河口和强潮河口。

弱潮河口，潮差 <2m，由风与波浪作用决定，潮汐只在口门有效。

中潮河口，潮差 $2 \sim 4m$，潮流作用占优势，如美国西部、东南部中潮地区的河口。

强潮河口，潮差 > 4m，潮流作用占绝对优势。

C. 河口内部分区

在河口分类的基础上，针对单个河口生态系统，根据实际需要和自然特征，可选择性地开展河口内部分区，分区主要考虑因素为盐度、环流、水深、径流特征等。河口分区在一定程度上能增加实践中的可操作性。

按盐度一般将河口划分为三个区：感潮淡水区（S < 0.5）、混合区（0.5 < S < 25）和海水区（S > 25）。

渤海表层盐度年平均值为 $29.0 \sim 30.0$，因此将大辽河口按盐度分为两个区：感潮淡水区（S < 0.5），混合区（0.5 < S < 30）。感潮淡水区的水生态基准按流域方法制定，此处只讨论混合区水生态基准的确定。

2）河口参考状态选择方法

河口生物基准参考状态的确定主要有以下四种方法：①历史数据估计；②参照点采样；③模型预测；④专家咨询。每种方法都有其缺点及优点，有时需几种方法联合使用。

很多情况下，历史数据对于描述历史的生物状况是非常有用的。在生物基准建立过程中应用历史数据评估河口及近岸历史的生物群落结构是第一步。对历史数据的总结也有助于根据历史的变化确定采样点。这些记录可从已发表的文献、研究所、大学及一些政府机构获得。在应用这些数据时必须小心，因为一些生物调查采用了不当的站位、不合适的采样方法、不合适或不严格的质量控制过程，或者与生物标准需要测定的完全不同。历史数据不能单独用于确定精细的参考状态。

应用参照点的生物量作为参考条件与监测点做对比。河口与近岸海水参照点要远离点源或无点源污染，且适用于一个区域的不同监测点。不论参照点还是监测点都会存在自然原因导致的时空变化。取多个参照点的中间值的方法可充分考虑自然的不确定性及变化。监测点的状态通过与参照点的对比来进行分类。

A. 选择参照点

参照点的选择必须根据物理或化学条件，如没有污染物质、流域自然植被占有较大比例、很少或没有工业点源、很少或者没有城镇污水排放或农业非点源污染。测试点应该选择有一个或多个人为干扰存在的点。实现参照点的定义及选择已成功应用于溪流鱼类及无脊椎动物模型。

选择参照点的目的是为了通过参照点来描述最佳的生物集群。监测点或评估点可通过与参照点的对比来确定是否受损。不同地区不同水体的参照点的特点差别很大。一般来说理想的参照点都存在以下特点：①沉积物及水体不存在大量污染物；②自然的水深；③自然的环流及潮汐作用；④代表未受破坏的河口及近岸岸线（一般覆盖有植被，岸线未受侵蚀）；⑤水体自然的颜色及气味。

这个方法中，单一的未受损的点不能代表一个区域或参照点的生物量，随之而来的困难是典型栖息地的获得，面源或点源的污染物可被潮汐或水流传输到很广的区域。基于多个参照点确定的参考条件才有代表性，且对于确定定量的或数字的生物基准是重要的。

在每个确定的分类中确定代表性的参照点。监测点应该有达到一定的数量使之能足够代表该区域存在的条件。要求每一类的不能低于 10 个，一般 30 个参照点比较合适。如某个区域存在较多生物量未受破坏的参照点，则采取分层随机采样方法可避免产生物偏差的参考条件。

B. 应用参照点来确定参考条件

参照点测定的生物条件将代表本区域几乎未受人为活动影响的最自然的河口与近岸水体的状况。人为活动的影响包括：流域活动、栖息地改变（航道疏浚、污泥处置、海岸线变化）、非点源输入、大气沉降及渔业活动。人类活动可能是有害的如排污，也可能是有益的如资源保护或修复。无论哪种情况，管理者在建立生物基准时必须评估这类活动对生物资源和栖息地的影响。参照点应选择人为影响最少的点。

由于是生物基准的关键部分，参照点必须仔细选择。参照点代表这个区域受损最小的条件。最小受损及代表性是选择基准点时首先要考虑的。

参照点必须代表河口及近岸水体调查区域的最优状况，不能代表受破坏的状况。应避免参照点含有本地独特的生物条件。

7.2.3 流域水环境生态学基准变量指标调查方法

1. 流域水环境生物学基准变量指标调查方法

流域水环境生物学指标调查方法按照相关国家规范进行：

GB/T 12763.6—2007，海洋生物调查规范

GB/T 14581—1993，湖泊和水库采样技术指导

HJ/T 52—1999，河流采样技术指导

HJ 168—2010，环境监测：分析方法标准制修订技术导则

2. 流域水环境物理、化学指标调查方法

每个站位的理化指标都应该进行测定。各种指标的分析方法见表 7-2，测定的常规理化指标包含温度、pH、DO、盐度、表面辐射及深度。这些参数通过 CTD 或水质分析仪现场测定。样品采用 Niskin 采水器采集。水样采集后，立即经 $0.45\mu m$ 醋酸纤维滤膜（预先用 1:1000HCl 浸泡 24h，并用 Milli-Q 水洗至中性）过滤，滤液分装于两个 100ml 聚乙烯瓶（预先用 1:5 HCl 浸泡 24h，并用去离子水洗至中性）中，一份于 $-20℃$ 下冷冻保存用于磷酸盐（PO_4^{3-}-P）、硝酸盐（NO_3^--N）、亚硝酸盐（NO_2^--N）、氨氮（NH_4^+-N）、溶解态总磷（DTP）、溶解态总氮（DTN）的测定；另一份加入固定剂氯仿后常温保存用于硅酸盐（SiO_3^{2-}-Si）的测定。另取一份水样用聚醚砜膜过滤，滤膜于 $-20℃$ 下冷冻保存用于颗粒态磷（PP）、颗粒态氮（PN）的测定。重金属样品采用聚碳酸酯膜过滤。

石油烃类用专用采水器采集，装于玻璃瓶中，用 1:3 的 H_2SO_4 固定。

表 7-2　各种指标的分析方法

指标	分析方法	参考文献及标准
pH（海水）	pH 计	GB/T 12763.4—2007
pH（淡水）	玻璃电极法	GB/T 6920—1986
DO（海水）	碘量滴定法	GB/T 12763.4—2007
DO（淡水）	电化学探头法	HJ 506—2009
盐度	盐度计	GB/T 12763.4—2007
SPM	重量法	GB/T 12763.4—2007
COD（海水）	碱性高锰酸钾法	GB/T 12763.4—2007
COD（淡水）	快速消解分光光度法	HJ/T 399—2007
硝酸盐（海水）	Cu-Cd 还原法	［15］
硝酸盐（淡水）	紫外分光光度法	HJ/T 346—2007
亚硝酸盐（海水）	重氮偶氮法	［15］
亚硝酸盐（淡水）	分光光度法	GB/T 7493—1987
氨氮（海水）	水杨酸钠法	［15］
氨氮（淡水）	水杨酸分光光度法	HJ 536—2009
DON	碱性过硫酸钾氧化法	［15］
PN	碱性过硫酸钾氧化法	［15］
磷酸盐	磷钼蓝法	［15］
DOP	碱性过硫酸钾氧化法	［15］
PP	碱性过硫酸钾氧化法	［15］
硅	硅钼蓝法	［15］
石油烃	紫外法	GB/T 12763.4—2007
Cu	原子吸收或 ICP-MS	［15］，GB/T 7475—1987
Pb	原子吸收或 ICP-MS	［15］，GB/T 7475—1987
Zn	原子吸收或 ICP-MS	［15］，GB/T 7475—1987
Cd	原子吸收或 ICP-MS	［15］，GB/T 7471—1987
Cr	原子吸收或 ICP-MS	GB/T 12763.4—2007，GB/T 7467—1987
Hg	原子荧光法	GB/T 12763.4，HJ/T 341—2007
叶绿素	荧光法	GB/T 12763.4，DB43/T 432—2009
浮游植物	显微镜计数	GB/T 12763.4，DB43/T 432—2009
浮游动物	显微镜计数	GB/T 12763.4，DB43/T 432—2009

7.2.4 流域水环境生态学基准制定的质量保证体系

质量保证（quality assurance）是流域水环境生态学基准制定过程的全面质量管理，包含了人员与设备控制过程、采样过程、样品分析过程、数据统计过程、参照点选择过程以及基准计算过程的全部活动和措施。

1. 人员与设备控制

1）人员控制

（1）工作人员都经过相关专业必要的岗位培训，持有合格的上岗证书；

（2）项目运行过程中的同岗位人员相互进行资料校对、审核，质量审核员持有国家授权单位颁发的内部质量审核员证书。

2）仪器设备控制

（1）所用仪器设备生产厂家均符合计量法的规定，并通过相应的国家质量认证；

（2）选用的仪器设备均在法定的检定和校准有效期内，满足动态监测的质量目标要求；

（3）选用的仪器设备能满足环境监测的需要，并保持良好的工作状态，确保使用过程中的质量要求；

（4）作业过程中，设备操作员根据不同情况认真记录设备的调试情况、数据采集状态下的所有参数和参数改变时的具体时间及参数变化。

3）试剂药品

（1）分析所用的药品、试剂均为有资质且质量可靠的厂家生产；

（2）所用标准物质及试剂均在有效期内。

2. 采样过程

河流、湖泊、水库以及入海河口现场样品采集、登记、预处理、运输、交接和记录等按相应的技术规范执行。

河流、湖泊、水库以及入海河口的质控要求及质控样品进行合格判定参照《地表水和污水监测技术规范》（HJ/T 91—2002）和《水和废水监测分析方法（第四版）》执行。

海洋环境质量监测要注意采样器材、预处理装置和样品容器等对监测结果的影响。易玷污测项样品容器要检查本底空白，一般抽取 5%～10%（不少于 2

个）进行空白测试，测试不合格应重新清洗。采用现场平行样进行样品采集质量控制，一般不少于样品总量的10%，每批样品不少于2个。水质监测需另增加现场空白样，一般一天不少于一个。样品采集质控合格判定按照《海洋监测规范》（GB17378—2007）质量控制参考标准执行。

淡水生物资源调查及质量控制过程按照《全国淡水生物物种资源调查技术规定》执行。海洋生物资源调查及质量控制按照《海洋生物调查规范》（GB/T12763.6—2007）执行。

3. 样品分析过程

采用平行样分析、加标回收样分析、标准样品或质控样品分析等进行实验室内质量控制。每批样品的平行样测定率应达到10%以上，加标回收样、标准样品或质控样品测定率应达到10%，当样品数量较少时，每批样品的每个项目应至少测定1个平行样和加标回收样（或标准样品或质控样品）。河流、湖泊、水库以及入海河口的质控要求及质控样品进行合格判定参照《地表水和污水监测技术规范》（HJ/T 91—2002）和《水和废水监测分析方法（第四版）》。海水质控样品合格性判定按照《海洋监测规范》（GB17378—2007）质量控制参考标准执行，微生物和叶绿素a采用平行样分析进行实验室内质量控制，平行样分析比例不少于待测样品10%，样品数量较少时，不应少于1个。生物种类分析鉴定采用实验室内或实验室间互校的办法进行质量控制。海洋生物种类分类系统按《海洋生物分类代码》（GB/T17826—1999）执行。原则上，生物的分类鉴定，尤其是优势种，应鉴定到种的水平上并计数，确实鉴定不到种的，可上升至上一级分类单位；室验室内或室验室间不同鉴定人员所鉴定的种（属）误差应小于20%。

淡水生物资源样品分析及质量控制过程按照《全国淡水生物物种资源调查技术规定》执行。海洋生物资源样品分析及质量控制按照《海洋生物调查规范》（GB/T12763.6—2007）执行。

4. 数据统计过程

在样品测定中，误差总是存在的，在实际分析中并不能得到准确无误的真值，测定中的数据只能作出相对准确的估计。所以定量分析的结果必然存在不确定，需要对实验得到的数据进行分析，判断数据的可靠性和代表性。数据处理包含的主要内容有，监测数据的记录整理、监测数据有效性检查、监测数据离群性检查、监测数据统计检验、监测数据方差分析和监测数据回归分析。

资料的数字化，包括地理底图、原始资料和图件的数字化，应遵照相关技术标准进行。所使用的 Surfer 8.0、Mapinfo8.5、SPSS14、MS Office 等计算机软件，应确保为正版软件。保护数据完整性，包括但不限于数据输入或采集、数据储存、数据传输和数据处理的完整性。数据处理保证对任务所获得的各种数据、资料和报告执行统一的技术标准。

7.3 基于浮游生物生态完整性基准主要指标与应用

7.3.1 流域水环境生态学基准变量指标的筛选原则

对于选定的参考地点，应该筛选合适的变量来构成生态学基准的指标体系。所选变量指标应该符合敏感性选择，即所选变量指标应该对人类的干扰做出响应，并且随人类干扰强度的变化而变化（升高或降低），指标数值上的变化可以反映人类的干扰程度的变化。

图 7-11 解释了基准变量指标的筛选原则。随着人类干扰强度的降低，指标 A 表现出升高的趋势，而指标 B 则没有明显的变化趋势，因此指标 A 对于人类干扰具有敏感性，而指标 B 则不具敏感性。指标 A 可以作为构成生态学基准指标体系的变量。

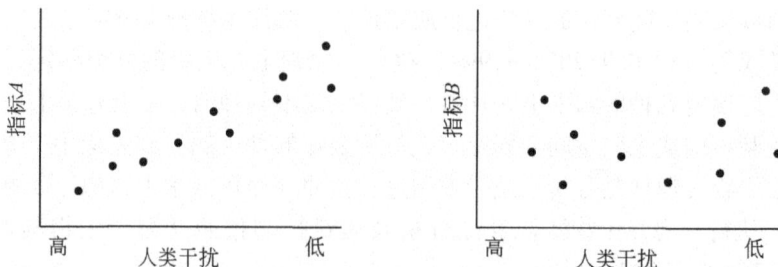

图 7-11 指标 A 和指标 B 随人类干扰影响的变化

选择的生态学基准指标体系应该体现生态系统的以下特征：
（1）群落的复杂性，如多样性或丰富度；
（2）群落组成的单一性或优势度；
（3）对干扰的耐受性；
（4）不同营养层级的作用关系；
（5）与环境因子的响应关系。

7.3.2 流域水环境生态学基准变量指标

流域生态学基准指标体系由生物完整性指标以及环境因子指标构成，如图 7-12 所示。

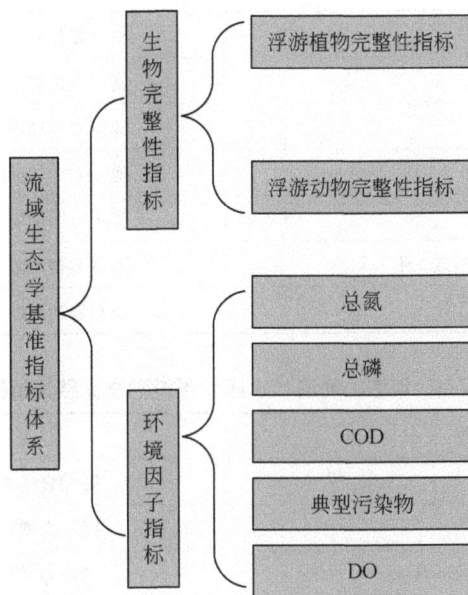

图 7-12　流域生态学基准指标体系

1. 浮游植物完整性指标

人类的干扰会造成浮游植物种类和数量的变化，蓝藻、绿藻及硅藻是河流、湖泊中的常见藻类，并会对人类的胁迫压力作出响应，因此可以将这些藻类所占比例的变化作为基准变量指标。另外可以选择浮游植物种类数、浮游植物多样性指数、优势度指数以及生物量或初级生产力的变化作为浮游植物的基准变量指标。各个基准变量指标以及选择的依据见表 7-3。

2. 浮游动物完整性指标

浮游动物是河流、湖泊（水库）生态系统中非常重要的一个生态类群，在淡水生态系统中有着承上启下的作用。在人类的干扰下，浮游动物类群的数量和结构也会发生变化。可以选择作为浮游动物完整性变量的指标以及选择依据见表7-4。

表7-3 河流、湖泊（水库）浮游植物完整性指标

指标	选择依据
蓝藻比例	富营养化状态下比例增加
绿藻比例	富营养化状态下比例增加
硅藻比例	富营养化状态下比例降低
种类数	随压力增加而降低
多样性指数（H）	随压力增加而降低
优势度指数（D）	随压力增加而升高
叶绿素营养状态指数 TSI（chl）	随营养物质浓度的增加而增加
藻类生长潜力（AGP）	随营养物质浓度的增加而增加

表7-4 河流、湖泊（水库）浮游动物完整性指标

指标	选择依据
轮虫比例	随捕食压力增加而降低
种类数	随压力增加而降低
优势度指数（D）	随压力增加而升高
多样性指数（H）	随压力增加而降低
丰富度指数（d）	随压力增加而降低
浮游动物摄食率	随压力增加而降低

根据河流、湖泊的实际调查情况及实际数据获取情况，也可以将底栖大型无脊椎动物、鱼类以及沉水植物纳入河流、湖泊（水库）的生态学基准变量指标体系。

3. 环境因子指标

环境因子如氮、磷、COD、DO 及其他典型污染物（重金属等）会对流域的生态系统产生影响，同时在一定程度上也会体现生态系统特征。河流、湖泊（水库）的环境因子指标及其选择依据见表7-5。

表7-5 河流、湖泊（水库）环境因子指标

指标	选择依据
总磷（TP）	磷是控制藻类生长的关键营养元素。但当氮、磷比较低，或者自然水体中的磷含量较高时，氮就变成了关键因素。在河流中，氮作为限制因子比在湖泊中的作用更明显
总氮（TN）	
溶解氧（DO）	水华现象发生时会引起溶解氧短时间内的巨大变化
化学耗氧量（COD）	反映了水中受还原性物质污染的程度
典型污染物（如重金属）	考虑典型污染物对生物的毒性效应

7.3.3 流域水环境生态学基准指标评分标准

相关流域水环境生态学基准指标的初步评分标准研究见表7-6。

表 7-6 流域水环境生态学基准指标评分标准

指标项目		分数		
		1	3	5
浮游植物指标（IPI）	蓝藻比例	<5% 或 >95%	5%~25% 或 75%~95%（不包括25%，75%）	25%~75%
	绿藻比例			
	硅藻比例			
	叶绿素营养状态指数 TSI（chl）	<5%	5%~25%	>25%
	藻类生长潜力（AGP）			
	种类数			
	多样性指数（H）			
	优势度指数（D）			
浮游动物指标（IZI）	轮虫比例	<5% 或 >95%	5%~25% 或 75%~95%（不包括25%，75%）	25%~75%
	种类数	<5%	5%~25%	>25%
	优势度指数（D）			
	多样性指数（H）			
	丰富度指数（d）			
	浮游动物摄食率			
理化指标（IWI）	总氮营养状态指数 TSI（TN）	>95%	75%~95%	<75%
	总磷营养状态指数 TSI（TP）			
	COD 营养状态指数 TSI（COD_{Mn}）			
	重金属			

7.3.4 基于浮游生物生态完整性基准计算方法的应用

如果基准建议值设置得太高，太多流域不符合条件，需要投入大量人力、物力去管理；如果基准设置得太低，则又不能保证流域的生态完整性，不具有指导作用。因此检验和评价流域水环境生态学基准建议值的合理性是很有必要的。按照这个技术导则的方法，在国家水专项的支持下选择太湖和辽河作为评价和检验地点，分别代表湖泊和河流类型。数据来源于 2009 年夏、冬两季的太湖和辽河现场调查和历史数据。

1. 案例 1：太湖

1）参照点的选择

根据太湖的内同性与外异性及地域完整性原则，以自然地理及水动力学特征为依据，将太湖分为 7 个区域：东太湖、梅梁湖、贡湖、西南区、西北区、湖心区、湖东滨岸区。如图 7-13 所示。

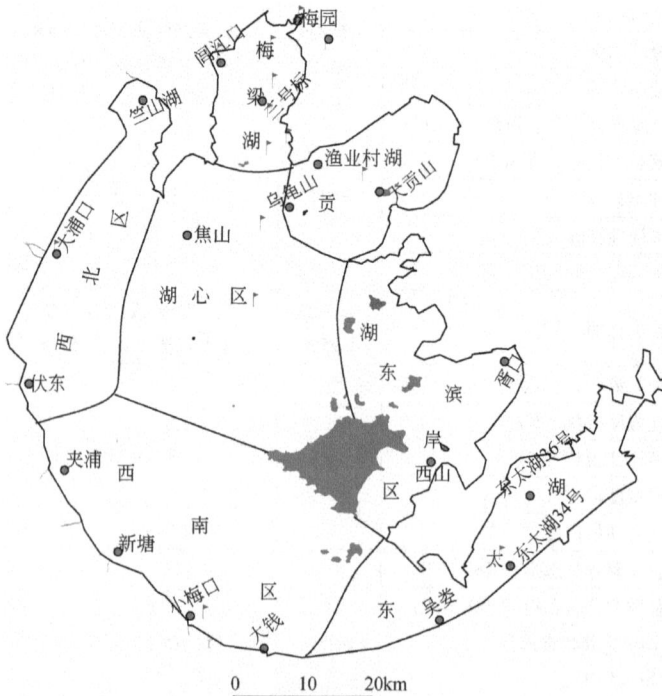

图 7-13　太湖分区示意图

2002～2007 年历史资料研究表明太湖 TN、TP、COD_{Mn} 含量大小的空间分布特征明显，均为梅梁湖和西北区污染较严重；东太湖、湖东滨岸区湖水较清洁。这与太湖富营养化指数浓度的分布也相吻合。2009 年太湖水域采样分布如图 7-14 所示，采样坐标见表 7-7。

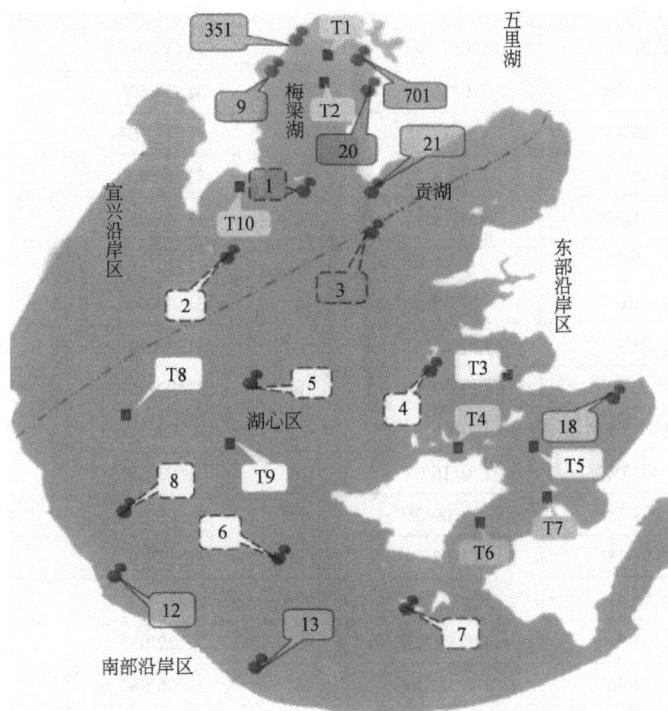

图 7-14 太湖采样分布图

表 7-7 2009 年太湖采样坐标表

太湖夏季			太湖冬季		
点位名称	点位坐标（十进制）		点位名称	点位坐标（十进制）	
	北纬	东经		北纬	东经
351	31°31′14″	120°01′36″	351	31°30′46″	120°11′13″
9	31°30′11″	120°07′41″	9	31°24′47″	120°09′16″
T2	31°29′43″	120°10′19″	1	31°21′23″	120°06′01″
1	31°24′40″	120°09′24″	2	31°21′25″	120°13′00″
T10	31°23′29″	120°06′39″	3	31°23′35″	120°13′09″

太湖夏季			太湖冬季		
点位名称	点位坐标（十进制）		点位名称	点位坐标（十进制）	
	北纬	东经		北纬	东经
2	31°20′09″	120°05′50″	21	31°29′40″	120°12′31″
3	31°21′38″	120°12′48″	20	31°30′03″	120°12′16″
21	31°23′28″	120°13′29″	T2	31°30′39″	120°12′31″
20	31°28′45″	120°11′31″	701	31°31′26″	120°12′30″
T1	31°30′50″	120°12′17″	T1	31°14′40″	120°15′52″
701	31°31′00″	120°12′43″	4	31°11′04″	120°19′48″
4	31°15′28″	12°12′43″	T3 + T4	31°10′13″	120°24′08″
T3 + T4	31°11′05″	120°19′32″	18	31°09′04″	120°22′41″
T5 + T7	31°09′47″	120°22′44″	T5 + T7	31°07′09″	120°20′48″
18	31°12′52″	120°27′42″	T6	31°02′45″	120°15′29″
T6	31°06′09″	120°19′53″	7	30°02′31″	120°12′33″
7	31°03′08″	120°16′08″	B1	31°03′35″	120°09′03″
6	31°03′28″	120°09′05″	6	31°08′27″	120°07′58″
13	30°57′18″	120°07′59″	B2	31°13′59″	120°06′42″
12	30°58′47″	120°07′59″	5	31°17′25″	120°10′08″
8	31°07′51″	120°01′25″	B3	31°22′03″	120°11′05″
T8	31°12′46″	120°00′36″	B4	31°06′04″	120°19′56″
T9	31°11′03″	120°05′18″			
5	31°13′45″	120°06′11″			

因此在选择参照点时，我们以东太湖和湖东滨岸区的采样点为参照点即T3 + T4、T5 + T7、18、T6、7。

2）参照点各基准指标的选择

（1）理化指标（IWI）：铬 VI、镉、铜、铅、锌；

（2）浮游植物指标（IPI）：蓝藻比例、绿藻比例、硅藻比例、多样性指数 H、优势度指数 D、种类数；

（3）浮游动物指标（IZI）：轮虫比例、多样性指数 H、优势度指数 D、种类数。

共计 15 个基准指标，满分 75 分。

做出夏、冬两季各基准指标的 BOX 图（图 7-15～图 7-18）。

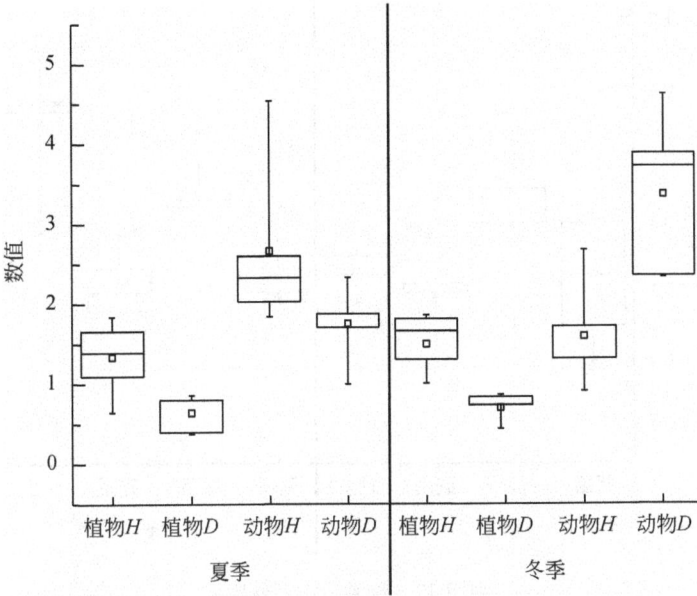

图 7-15 浮游生物 H、D 数值

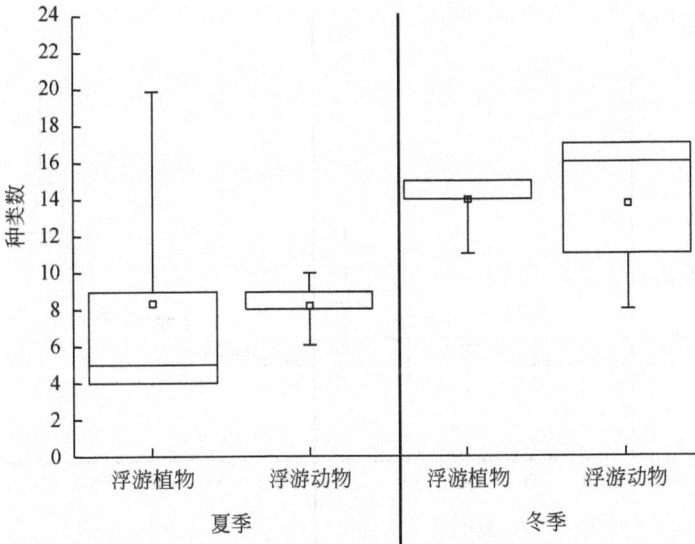

图 7-16 浮游生物种类数

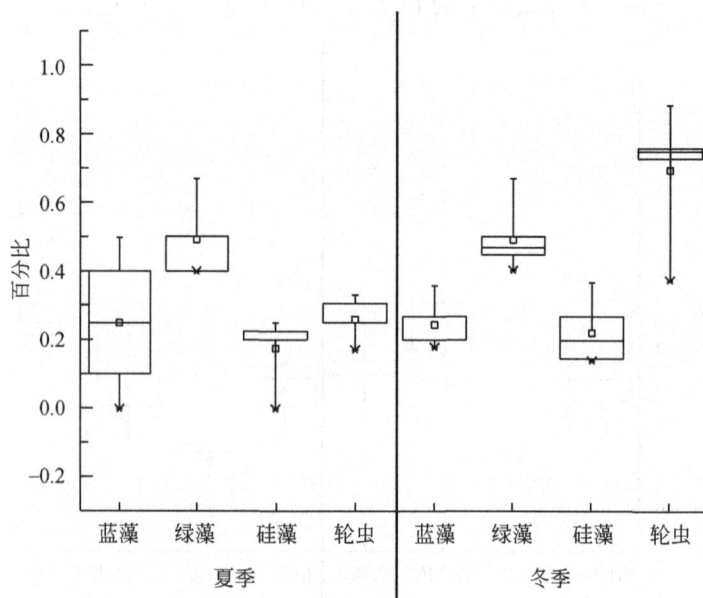

图 7-17　浮游生物百分比

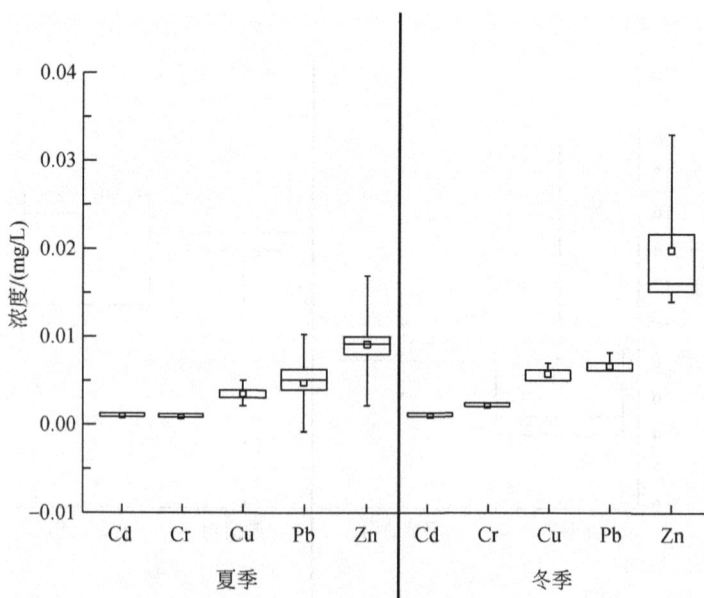

图 7-18　重金属含量

3）计算夏、冬两季的生态基准参照综合指数值

依据 BOX 图按照评分标准对各参照点评分。

采用等权重法将参照点的各个赋值后的变量值相加得到参照点的各完整指数（IWI、IPI、IZI）（表7-8，表7-9）。

表7-8 夏季基准参照指数

点位名称	IWI						IPI							IZI				
	Cd	Cr	Cu	Pb	Zn	合计	蓝藻	绿藻	硅藻	种类数	H	D	合计	轮虫	种类数	H	D	合计
T3 + T4	3	3	3	3	1	13	3	5	5	5	5	5	28	3	3	5	5	16
T5 + T7	3	3	5	5	3	19	5	5	3	5	5	5	28	5	5	5	5	20
18	3	3	5	5	5	21	5	5	5	5	5	5	30	5	5	5	3	18
T6	3	3	5	5	5	21	5	5	5	5	5	1	26	5	5	5	3	18
7	3	3	3	5	5	19	3	5	5	3	3	3	22	3	5	5	5	18

表7-9 冬季基准参照指数

点位名称	IWI						IPI							IZI				
	Cd	Cr	Cu	Pb	Zn	合计	蓝藻	绿藻	硅藻	种类数	H	D	合计	轮虫	种类数	H	D	合计
T3 + T4	1	1	1	1	1	5	3	5	3	5	5	5	26	3	5	5	5	18
T5 + T7	1	3	1	1	1	7	3	5	3	5	5	5	26	5	5	3	5	18
18	1	1	1	3	3	9	3	5	3	5	1	5	22	3	5	5	3	16
T6	3	3	3	3	3	15	3	5	3	5	5	3	24	5	5	5	5	20
7	3	3	3	1	1	11	5	5	5	5	5	5	30	3	5	5	5	18

根据参照点完整指数的 BOX 图，取 90 分位数值作为该完整性指数的基准参照指数值（图7-19，图7-20）。

将反映参照点的生物完整性、物理完整性和化学完整性基准值等权重相加，得到反映生态完整性的生态学基准参照综合指数值。

2009 年夏季太湖的水生态基准参照综合指数值：IEI = IWI + IPI + IZI = 21 + 30 + 20 = 71；

2009 年冬季太湖的水生态基准参照综合指数值：IEI = IWI + IPI + IZI = 15 + 30 + 20 = 65。

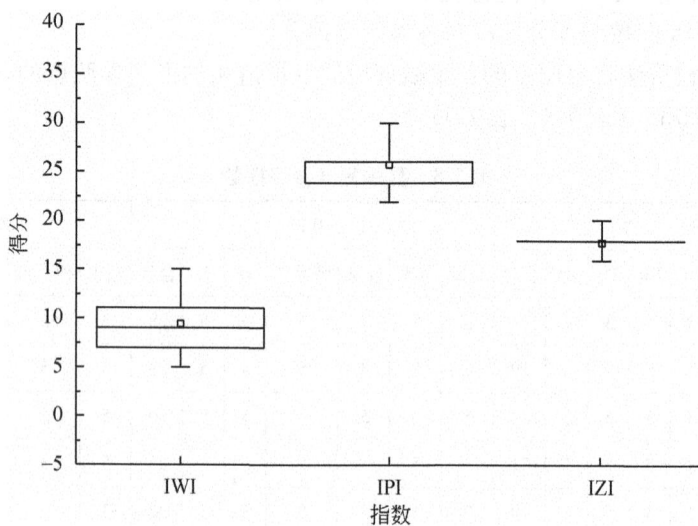

图 7-19   冬季 BOX 图主要指数得分

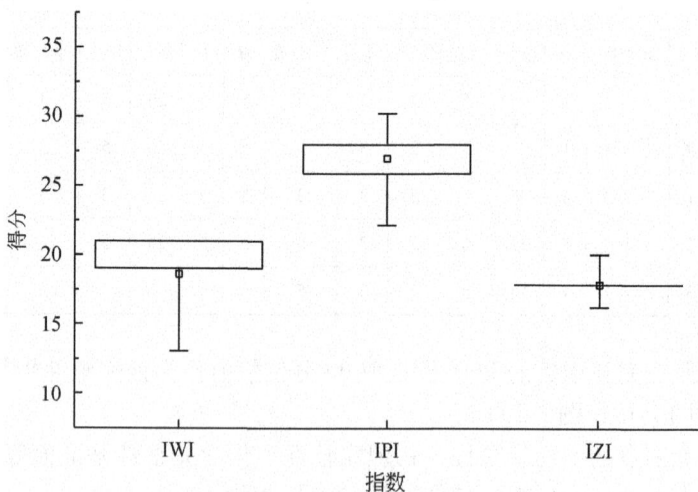

图 7-20   夏季 BOX 图主要指数得分

4）2009 年夏冬两季太湖的生态评价

按照综合指数法计算各个采样点的生态评价值，并按照由小到大的顺序排列好（表 7-10）。

表 7-10 夏、冬两季太湖生态评价表

夏季		冬季	
点位名称	评分	点位名称	评分
351	41	5	31
9	43	21	35
701	43	4	39
8	45	T2	43
20	47	B3	43
1	49	2	45
T10	49	701	45
T2	51	B2	45
3	51	1	47
21	51	T5 + T7	47
T1	51	6	47
4	51	351	49
T9	51	9	49
6	53	T1	49
12	53	T3 + T4	49
T8	53	20	51
5	53	18	51
13	55	B1	51
2	57	3	53
T3 + T4	57	B4	53
7	59	T6	59
T6	65	7	59
T5 + T7	67	—	—
18	69	—	—

5）太湖氨氮、叶绿素的生态基准值

A. 氨氮生态基准

以各采样点的生态评分值作为横坐标，氨氮检测值作为纵坐标，做出散点图。

得到氨氮－生态评分关系（基于浮游生物）的方程：$y = -0.57 \ln(X) + 3.53$，$R^2 = 0.61$；太湖流域的生态基准参照综合指数值 IEI $= 24 + 21 = 45$；由此可以计算出氨氮的生态基准建议值，当 $X = 45$ 时，$y = 1.36$ mg/L。太湖氨氮生态基准评价如图 7-21 所示。

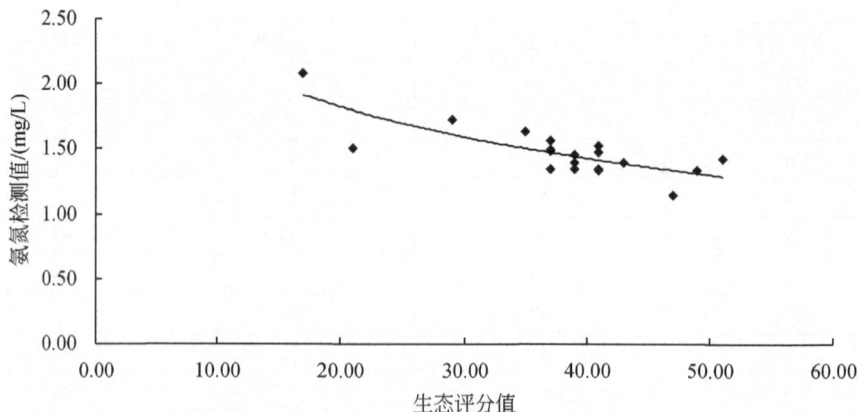

图 7-21　太湖氨氮生态基准评价图

B. 叶绿素 a 生态基准

以各采样点的生态评分值作为横坐标，叶绿素 a 检测值作为纵坐标，做出散点图。

得到叶绿素 a - 生态评分关系（基于浮游生物）的方程：$y = -4 \times 10^{-7} x^6 + 7 \times 10^{-5} x^5 - 0.0052 x^4 + 0.19 x^3 - 3.68 x^2 + 34.44 x - 115.14$，$R^2 = 0.66$。

太湖流域的生态基准参照综合指数值 IEI = 24 + 21 = 45。由此可以计算出叶绿素 a 的生态基准建议值，当 $x = 45$ 时，$y = 5.07 \mu g/L$。叶绿素 a 生态基准评价如图 7-22 所示。

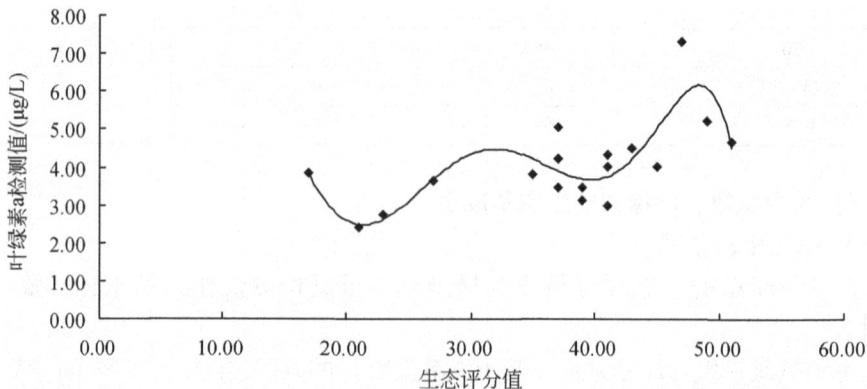

图 7-22　太湖叶绿素 a 生态基准评价图

2. 案例 2：辽河

1）参照点的选择

辽河流域监测站位如图 7-23 所示，采样点位见表 7-11。

图 7-23　辽河监测站位图

表 7-11　辽河采样点坐标

夏季			冬季		
点位名称	点位坐标（十进制）		点位名称	点位坐标（十进制）	
	北纬	东经		北纬	东经
浑河大桥 – 断面 1-1	41°44. 895′	123°26. 187′	浑河大桥 – 断面 1-1	41°44. 895′	123°26. 187′
浑河大桥 – 断面 1-2	41°44. 845′	123°26. 249′	浑河大桥 – 断面 1-2	41°44. 845′	123°26. 249′
浑河大桥 – 断面 1-3	41°44. 724′	123°26. 482′	浑河大桥 – 断面 1-3	41°44. 724′	123°26. 482′
浑河大桥 – 断面 3	41°44. 698′	123°25. 984′	浑河大桥 – 断面 2	41°44. 698′	123°25. 984′
浑河大桥 – 断面 2	41°44. 610′	123°25. 604′	浑河大桥 – 断面 3	41°44. 610′	123°25. 604′
鲁家大桥 – 断面 1	42°11. 021′	123°29. 102′	鲁家大桥 – 断面 1	42°11. 021′	123°29. 102′
鲁家大桥 – 断面 2-3	42°10. 790′	123°29. 332′	鲁家大桥 – 断面 3	42°11. 033′	123°29. 184′

续表

夏季			冬季		
点位名称	点位坐标（十进制）		点位名称	点位坐标（十进制）	
	北纬	东经		北纬	东经
鲁家大桥 – 断面2-1	42°11.033′	123°29.184′	鲁家大桥 – 断面4	42°10.940′	123°28.871′
鲁家大桥 – 断面2-2	42°10.940′	123°28.871′	将军桥 – 断面1	41°51.930′	123°53.352′
将军桥 – 断面1	41°51.930′	123°53.352′	将军桥 – 断面2-1	41°52.029′	123°53.166′
将军桥 – 断面2-1	41°52.029′	123°53.166′	将军桥 – 断面2-3	41°51.923′	123°53.179′
将军桥 – 断面2-3	41°51.923′	123°53.179′	大伙房水库 – 断面1	41°53.23′	124°05.11′
大伙房水库 – 断面1	41°53.23′	124°05.11′	大伙房水库 – 断面2		
大伙房水库 – 断面2			大伙房水库 – 断面3	41°52.27′	124°05.51′
大伙房水库 – 断面3	41°52.27′	124°05.51′	北道沟浑河桥 – 断面1	41°22.31′	122°49.22′
北道沟浑河桥 – 断面1	41°22.31′	122°49.22′	北道沟浑河桥 – 断面2		
北道沟浑河桥 – 断面2-1			营口河入海口 – 断面2	40°41.00′	122°12.11′
北道沟浑河桥 – 断面2-2			营口河入海口 – 断面3	40°40.43′	122°13.50′
营口河入海口 – 断面1	40°41.00′	122°12.11′	赵家街大辽河大桥 – 断面1	40°49.17′	122°07.57′
营口河入海口 – 断面2	40°40.43′	122°13.50′	赵家街大辽河大桥 – 断面2		

续表

夏季			冬季		
点位名称	点位坐标（十进制）		点位名称	点位坐标（十进制）	
	北纬	东经		北纬	东经
赵家街大辽河大桥 – 断面 1	40°49.17′	122°07.57′	曙光大桥 – 断面 1	41°07.24′	121°54.06′
赵家街大辽河大桥 – 断面 2-2			曙光大桥 – 断面 2		
赵家街大辽河大桥 – 断面 2-3			曙光大桥 – 断面 3		
赵家街大辽河大桥 – 断面 2-1					
曙光大桥 – 断面 1	41°07.24′	121°54.06′			
曙光大桥 – 断面 2-2					
曙光大桥 – 断面 2-3					
曙光大桥 – 断面 2-1					

　　由于辽河历史资料较少，无法通过历史资料来选择参照点，因此这里将铬Ⅵ、镉、铜、铅、锌作为选择参照点的监测指标。以我国地表水 1 类水质标准作为基数，用每个监测指标的最大值除以对应的基数然后相加，最后计算每个采样点的几何平均值并排序（表 7-12）。

表 7-12　辽河夏冬两季重金属几何平均值排序

夏季		冬季	
点位名称	几何平均值	点位名称	几何平均值
浑河大桥 – 断面 1-1	0.44	浑河大桥 – 断面 1-1	0.52
浑河大桥 – 断面 1-2	0.44	浑河大桥 – 断面 1-3	0.42

夏季		冬季	
点位名称	几何平均值	点位名称	几何平均值
浑河大桥－断面1-3	0.44	浑河大桥－断面2	0.39
浑河大桥－断面3	0.19	浑河大桥－断面3	0.63
浑河大桥－断面2	0.25	鲁家大桥－断面1	0.78
鲁家大桥－断面1	0.25	鲁家大桥－断面3	0.84
鲁家大桥－断面2-3	0.25	将军桥－断面1	0.75
鲁家大桥－断面2-1	0.13	将军桥－断面2-1	0.49
鲁家大桥－断面2-2	0.13	将军桥－断面2-3	0.84
将军桥－断面1	0.18	大伙房水库－断面1	0.59
将军桥－断面2-1	0.18	大伙房水库－断面2	0.24
将军桥－断面2-3	0.17	大伙房水库－断面3	0.6
大伙房水库－断面1	0.12	北道沟浑河桥－断面1	0.54
大伙房水库－断面2	0.12	北道沟浑河桥－断面2	0.22
大伙房水库－断面3	0.12	营口河入海口－断面2	0.34
北道沟浑河桥－断面1	0.30	营口河入海口－断面3	0.74
北道沟浑河桥－断面2-1	0.30	赵家街大辽河大桥－断面1	0.71
北道沟浑河桥－断面2-2	0.30	赵家街大辽河大桥－断面2	0.64
营口河入海口－断面1	0.36	曙光大桥－断面1	0.55
营口河入海口－断面2	0.53		
赵家街大辽河大桥－断面1	0.25		
赵家街大辽河大桥－断面2-2	0.25		
赵家街大辽河大桥－断面2-3	0.25		
赵家街大辽河大桥－断面2-1	0.26		
曙光大桥－断面1	0.42		
曙光大桥－断面2-2	0.42		
曙光大桥－断面2-3	0.42		
曙光大桥－断面2-1	0.65		

  夏季选择几何平均值小于 0.20 的点作为参照点，那么夏季辽河的参照点是大伙房水库－断面1、大伙房水库－断面2、大伙房水库－断面3、鲁家大桥－断面2-1、鲁家大桥－断面2-2、将军桥－断面1、将军桥－断面2-1、浑河大桥－断面3；冬季选择几何平均值小于 0.25 的点作为参照点，那么冬季辽河的参照点是大伙房水库－断面2、北道沟浑河桥－断面2。

2）参照点各基准参照指标的选择

理化指标（IWI）：无（因为在参照点选择时主要考虑了理化指标，所以在这里的计算不考虑它，以避免对计算结果的影响）。

浮游植物指标（IPI）：蓝藻比例、绿藻比例、硅藻比例、多样性指数 H、优势度指数 D、种类数。

浮游动物指标（IZI）：轮虫比例、多样性指数 H、优势度指数 D、种类数、丰富度指数 d。

共计 11 个基准指标，满分 55 分。

3）计算夏冬两季的生态基准参照综合指数值

依据 BOX 图按照评分标准（评分标准见附件 4）对各参照点评分。

采用等权重法将参照点的各个赋值后的变量值相加得到参照点的各完整指数（IZI，IPI）（表 7-13，表 7-14）。

表 7-13 夏季基准参照指数

点位名称	IPI							IZI					
	蓝藻	绿藻	硅藻	种数	H	D	合计	轮虫	种数	H	d	D	合计
大伙房水库 – 断面 1	3	3	3	3	5	3	20	3	3	5	3	3	17
大伙房水库 – 断面 2	5	5	3	3	3	3	22	3	3	3	3	3	15
大伙房水库 – 断面 3	5	5	5	5	3	3	26	5	3	3	5	5	21
鲁家大桥 – 断面 2-1	3	5	5	5	5	5	28	5	5	5	5	5	25
鲁家大桥 – 断面 2-2	5	5	5	5	5	3	28	3	5	3	5	3	19
将军桥 – 断面 2-3	5	5	3	3	3	5	24	5	5	5	5	5	25
将军桥 – 断面 1	5	5	5	5	5	5	30	5	5	5	5	5	25
将军桥 – 断面 2-1	5	3	5	5	5	3	26	5	5	5	5	5	25
浑河大桥 – 断面 3	3	3	3	5	5	5	24	5	5	5	5	5	25

表 7-14 冬季基准参照指数

点位名称	IPI							IZI					
	蓝藻	绿藻	硅藻	种类数	H	D	合计	轮虫	种数	H	d	D	合计
大伙房水库 – 断面 2	5	5	5	3	3	3	24	5	5	3	5	3	21
营口河入海口 – 断面 3	3	3	5	5	5	5	26	5	3	5	5	5	23
大伙房水库 – 断面 1	5	5	5	3	5	5	28	5	5	5	5	5	25
大伙房水库 – 断面 3	5	5	3	3	5	5	26	5	5	5	5	5	25
曙光大桥 – 断面 1	5	3	3	5	3	5	24	5	5	5	3	5	21

根据参照点完整指数的 BOX 图，取 90 分位数值作为该完整性指数的基准参照指数值（图 7-24，图 7-25）。

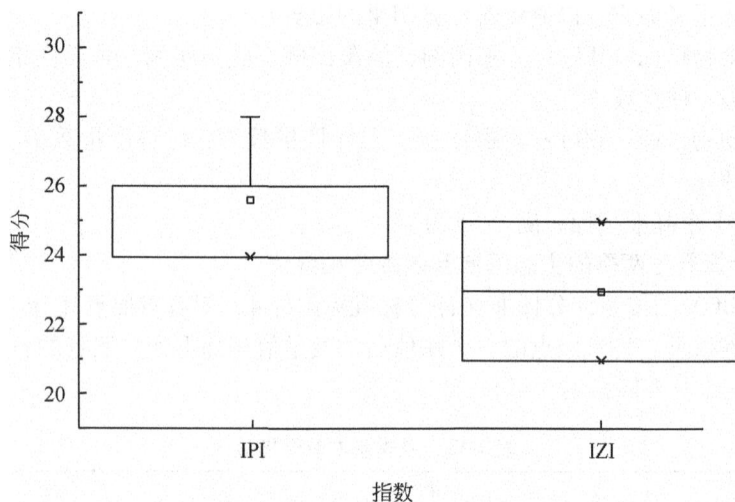

图 7-24　冬季 BOX 图主要指数得分

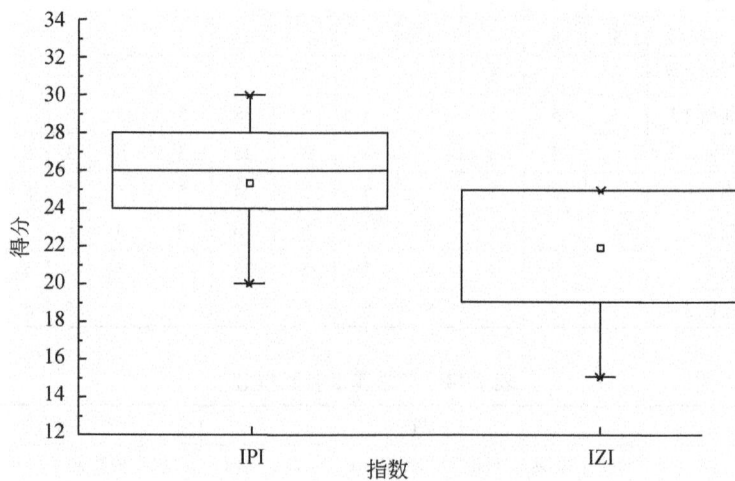

图 7-25　夏季 BOX 图主要指数得分

将反映参照点的生物完整性、物理完整性和化学完整性基准值等权重相加，得到反映生态完整性的生态学基准参照综合指数值：

2009 年夏季辽河的水生态基准参照综合指数值 $IEI = IPI + IZI = 30 + 25 = 55$；

2009 年冬季辽河的水生态基准参照综合指数值 $IEI = IPI + IZI = 28 + 25 = 53$。

4）2009 年夏冬两季辽河的生态评价

按照综合指数法计算各个采样点的生态评价值，并按照由小到大的顺序排列好（表7-15）。

表 7-15 夏冬两季辽河生态评价表

夏季		冬季	
点位名称	评分	点位名称	评分
赵家街大辽河大桥 – 断面 2-2	29	将军桥 – 断面 1	39
曙光大桥 – 断面 2-2	29	北道沟浑河桥 – 断面 2	39
赵家街大辽河大桥 – 断面 1	33	浑河大桥 – 断面 1-1	41
曙光大桥 – 断面 1	33	浑河大桥 – 断面 3	41
曙光大桥 – 断面 2-1	33	将军桥 – 断面 2-1	41
赵家街大辽河大桥 – 断面 2-3	35	营口河入海口 – 断面 2	41
大伙房水库 – 断面 1	37	赵家街大辽河大桥 – 断面 1	43
大伙房水库 – 断面 2	37	赵家街大辽河大桥 – 断面 2	43
鲁家大桥 – 断面 1	43	浑河大桥 – 断面 1-3	45
营口河入海口 – 断面 1	43	大伙房水库 – 断面 2	45
营口河入海口 – 断面 2	43	北道沟浑河桥 – 断面 1	45
曙光大桥 – 断面 2-3	43	曙光大桥 – 断面 1	45
浑河大桥 – 断面 1-1	45	浑河大桥 – 断面 2	47
浑河大桥 – 断面 1-2	45	将军桥 – 断面 2-3	47
北道沟浑河桥 – 断面 2-1	45	鲁家大桥 – 断面 1	49
浑河大桥 – 断面 1-3	47	营口河入海口 – 断面 3	49
鲁家大桥 – 断面 2-2	47	鲁家大桥 – 断面 3	51
鲁家大桥 – 断面 2-3	47	大伙房水库 – 断面 3	51
大伙房水库 – 断面 3	47	大伙房水库 – 断面 1	53
北道沟浑河桥 – 断面 1	49		
浑河大桥 – 断面 3	49		
将军桥 – 断面 2-3	49		
浑河大桥 – 断面 2	49		
北道沟浑河桥 – 断面 2-2	49		
将军桥 – 断面 2-1	51		
鲁家大桥 – 断面 2-1	53		
赵家街大辽河大桥 – 断面 2-1	53		
将军桥 – 断面 1	55		

5）辽河氨氮、叶绿素的生态基准值

选取全部位点的 75%、参照点的 25%。选取两者之间的值域作为氨氮基准建议值，即 1.52 ~ 2.34mg/L。水体氨氮和叶绿素基准值的确点如图 7-26、图 7-27 所示。

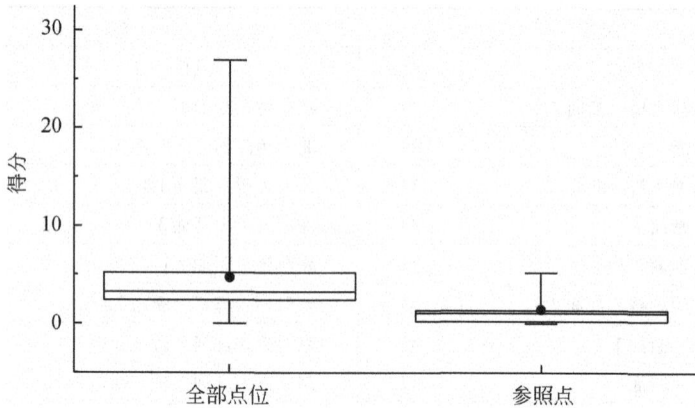

图 7-26　氨氮基准值的确定

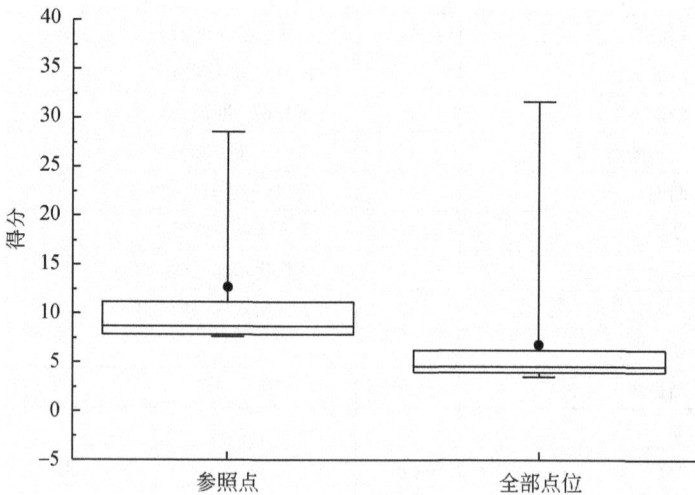

图 7-27　叶绿素基准值的确定

分布频率的选择：下限取全部点位的 75%，上限取参照点的 25%。叶绿素基准建议值为 6.2 ~ 7.2mg/L。

3. 案例3：辽河口

1）指标的选取

以2010年4月辽河口调查数据，选择以下3种检测指标作为基准变量。

（1）理化指标（IWI）：Chl-a、SPM、COD、TN、TP；

（2）浮游植物指标（IPI）：蓝藻比例、绿藻比例、硅藻比例、多样性指数H、优势度指数D、均匀度指数e；

（3）浮游动物指标（IZI）：轮虫比例、多样性指数H、优势度指数D、均匀度指数e。

相关采样站位分布如图7-28所示，采样坐标见表7-16。

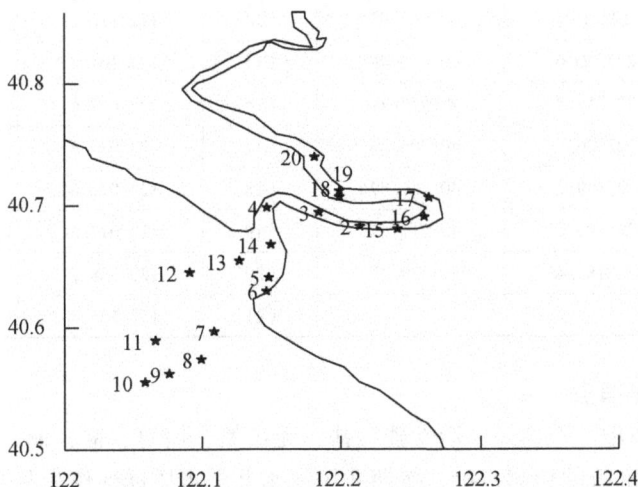

图7-28　2010年4月辽河口采样站位分布图

表7-16　辽河口采样坐标

2010 年 4 月			2010 年 7 月		
点位	东经	北纬	点位	东经	北纬
B1	122°227.4′	40°684.21′	C1	122°241.7′	40°681.88′
B2	122°213.9′	40°682.72′	C2	122°265.3′	40°693.6′
B3	122°184.4′	40°694.12′	C3	122°258.2′	40°690.1′
B4	122°147.1′	40°698.03′	C4	122°227.8′	40°707.93′
B5	122°148.4′	40°641.03′	C5	122°194.8′	40°713.42′
B6	122°146.7′	40°629.47′	C6	122°179.4′	40°736.78′

	2010 年 4 月			2010 年 7 月	
点位	东经	北纬	点位	东经	北纬
B7	122°108. 8′	40°596. 52′	C7	122°171. 4′	40°751. 73′
B8	122°099. 4′	40°573. 97′	C8	122°222. 9′	40°681. 57′
B9	122°076. 3′	40°562. 25′	C9	122°184. 4′	40°693. 82′
B10	122°058. 7′	40°555. 37′	C10	122°186. 8′	40°693. 12′
B11	122°066. 2′	40°589. 32′	C11	122°161. 4′	40°709. 53′
B12	122°090. 9′	40°645. 25′	C12	122°148. 7′	40°689. 52′
B13	122°127. 1′	40°654. 53′	C13	122°148. 3′	40°648. 67′
B14	122°15′	40°667. 83′	C14	122°116. 2′	40°614. 45′
B15	122°240. 6′	40°680. 48′	C15	122°104. 4′	40°588. 65′
B16	122°259. 7′	40°690. 6′	C16	122°077. 6′	40°558. 92′
B17	122°263′	40°706. 33′	C17	122°040. 5′	40°539. 7′
B18	122°199. 2′	40°706. 87′	C18	122°027. 6′	40°538. 2′
B19	122°199. 2′	40°711. 67′	C19	122°074. 5′	40°616. 97′
B20	122°181. 4′	40°739. 35′	C20	122°088. 7′	40°648. 77′
			C21	122°125. 7′	40°665. 47′

2）选择参照点

将 DO、COD、石油烃、活性磷酸盐、无机氮、铬Ⅵ、镉、铜、铅、锌、汞、砷作为选择基准点的检测指标。按照我国海水Ⅱ类水质标准作为基数，用各个检测去除以对应的基数然后相加，最后算每个采样点的算术平均值并排序，见表7-17。

表 7-17 采样点数据

参照点站位	1	2	3	4	5	6	7	8	9
水质算术平均值	2. 35	2. 65	2. 39	2. 17	1. 57	1. 46	1. 18	1. 25	1. 27
站位	10	11	12	13	14	15	16	17	18
水质算术平均值	1. 11	1. 28	1. 46	1. 75	2. 32	3. 12	3. 27	3. 62	3. 33
站位	19	20							
水质算术平均值	4. 76	1. 80							

辽河口选择算术平均值在 1.45 以下的点作为参考点（7、8、9、10、11），每个参考点有 Chl-a、SPM、COD、TN、TP、蓝藻比例、绿藻比例、硅藻比例、多样性指数 H（IZI）、优势度指数 D（IZI）、均匀度指数 e（IZI）11 个指标。

首先得到每个监测变量的 Box 图（4 个数据），采用 25th 分位数划分 1（<5% 或 >95%），3（5% ~ 25% 或 75% ~ 95%，包括 5%、25%、75%、95%），5（75% ~95%）3 个区间，将参考点的监测值同 Box 图比较得到该参考点每个监测变量的隶属区间，得到相应的值。

与参照点相比较得到每个指标的评价值，然后将每个参考点的 4 个监测变量的值进行等权重相加，得到该参考点和对照点的 ICI 和 IPI 指数（表 7-18）。

表 7-18　参照点和对照点的 ICI 和 IPI 指数

参照点站位		8#	9#	10#	11#
化学参数	SPM（g/L）	3	5	3	5
	叶绿素（μg/L）	3	3	5	5
	DO（mg/L）	3	5	5	3
	COD（mg/L）	5	1	5	3
	TP	3	5	3	5
	TN	3	5	5	3
	ICI	20	24	26	24
浮游植物	硅藻比例	3	3	3	3
	绿藻比例	3	5	5	5
	蓝藻比例	3	5	5	3
	多样性	3	3	5	5
	优势度	3	3	5	5
	均匀度	3	3	5	5
	IPI	18	22	26	28

将 4 个 RS 的 ICI 和 IPI 值，做出 Box 图，根据 90th 分位数得到对应的 ICI 和 IPI，作为 ICI 和 IPI 的生态学基准值。

从图 7-29 中可以看出 90th 分位数的 ICI = 26，IPI = 28。

2010 年 7 月航次，7 月选择算术平均值在 1.10 以下的点为参考点（13、15、16、17、18、19、20），采样点见表 7-19。

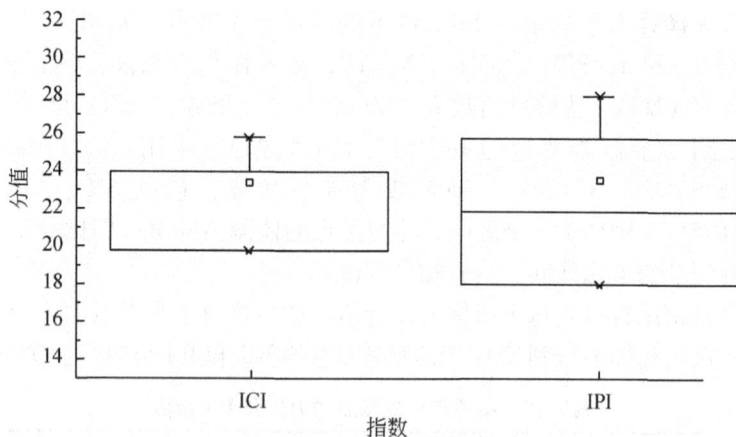

图 7-29　ICI 和 IPI 的 Box 图

表 7-19　采样点数据

站位	水质算术平均值	站位	水质算术平均值
1	2.03	12	1.45
2	1.85	13	1.09
3	1.73	14	1.32
4	1.68	15	0.88
5	1.50	16	0.95
6	1.79	17	0.86
7	2.09	18	1.01
8	1.90	19	0.74
9	1.27	20	1.00
10	2.06	21	1.38
11	1.24		

　　首先得到每个监测变量的 Box 图（9 个数据），然后采用 25th 分位数划分 1（<5% 或 >95%），3（5% ~ 25% 或 75% ~ 95%，包括 5%、25%、75%、95%），5（75% ~95%）3 个区间，将参照点和监测点的监测值同 Box 图比较，得到该点每个监测变量的隶属区间，得到相应的值（以计算叶绿素为例）（图 7-30）。

　　将 7 个参照点的 ICI、IPI 和 IZI 值，做出 Box 图，根据 90th 分位数得到对应的 ICI、IPI 和 IZI，作为 ICI、IPI 和 IZI 的生态学基准值。指数分析见表 7-20。

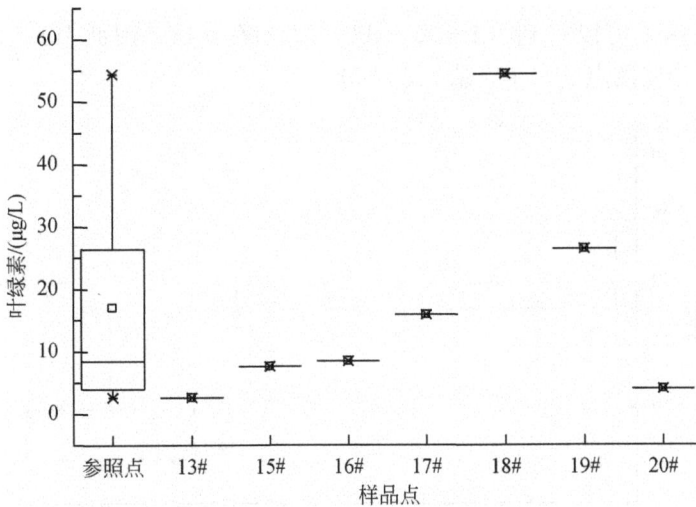

图 7-30　监测变量叶绿素的 Box 图

表 7-20　参照点和对照点的 IZI 和 IPI 指数

	参照点 站位	13#	15#	16#	17#	18#	19#	20#
化学参数	DO	3	5	5	5	3	3	3
	SPM/（g/L）	5	3	3	1	3	5	5
	叶绿素/（μg/L）	1	5	5	5	3	5	3
	COD/（mg/L）	5	5	3	1	3	5	1
	TN	1	5	5	5	1	3	3
	TP	3	1	5	3	5	3	5
	ICI	18	24	26	20	18	24	20
浮游植物	硅藻比例	5	5	3	3	3	3	5
	绿藻比例	1	3	1	1	1	1	3
	蓝藻比例	1	1	1	1	1	1	1
	多样性（H）	5	3	3	5	5	1	5
	优势度（D）	3	3	3	5	5	3	3
	均匀度（e）	3	3	5	5	1	5	5
	IPI	18	18	16	20	16	14	22
浮游动物	轮虫比例	3	3	3	3	3	3	3
	多样性指数（H）	5	5	1	1	1	1	1
	均匀度（e）	5	1	1	1	1	1	1
	优势度（D）	5	1	1	1	1	1	1
	IZI	18	10	6	6	6	6	6

根据图 7-31 可以得到 ICI = 26，IPI = 22，IZI = 18，因此 IEI = ICI + IZI + IPI = 66。其他监测点的水生态值见表 7-21。

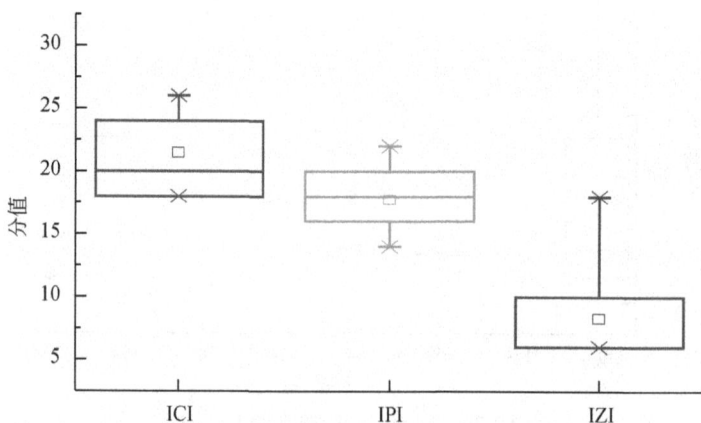

图 7-31　ICI、IPI 和 IZI 值的 Box 图

表 7-21　其他监测点的水生态值

	参照点	1#	2#	3#	4#	5#	6#	7#	8#	10#	11#	12#	14#
ICI	26	16	12	14	20	18	20	20	16	20	12	16	26
IPI	22	18	18	16	18	14	18	14	22	14	24	8	16
IZI	18	8	—	6	—	8	—	4	8	—	4	—	—
IEI	66	42	—	36	—	40	—	38	46	—	40		

辽河沿岸工农业发达，沿途接收大量工、农业和生活来源的污染物，使大辽河及其河口海域受到污染，使辽东湾海域营养盐含量大范围超标，导致该海域赤潮频频发生，海洋资源与环境受到损害。大辽河营口段位于最下游的入海口感潮段，干流长度为 95km，沿岸入河直排口主要为 2 个潮沟、5 家企业排污口。主要受上游太子河和浑河影响，区域排污造纸及营口市内通过潮沟排污，污染严重；下游受半日潮影响，发生海水倒灌，地表水质差（辽河流域水污染防治"十二五"规划编制大纲）。大辽河营口段水质经常为 V 类至劣 V 类，主要污染因子为无机氮、石油类、COD_{Mn} 和活性磷酸盐，悬浮颗粒物（SS）含量也很高，远超 4 类海水水质标准，监测点的水生态值见图 7-32。

由于无论是哪种方法，参考水体分布的上第 25 百分点和来自代表性取样分布的下第 25 百分点都是一般的建议，观测的实际分布和内在区域水质知识也是

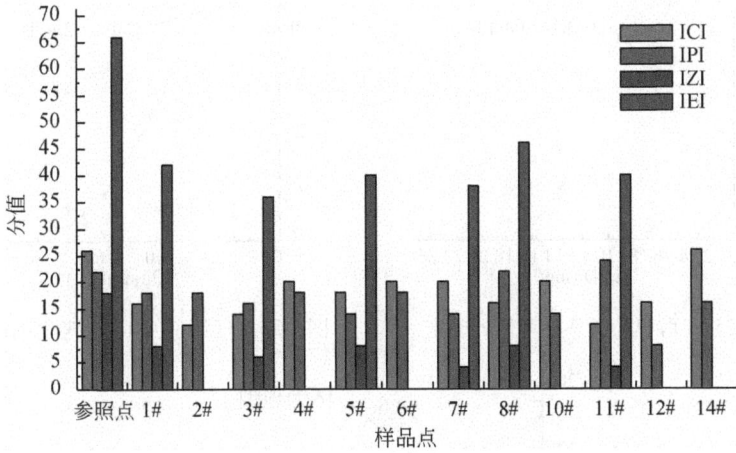

图 7-32 所有监测点的水生态值

选择阈值点的重要决定因素。如果多数水质的监测数据都受到了较大的污染影响，那么应选取上或下第 5 百分点，以期恢复到以前大概的自然条件。大辽河口已经受到严重污染，因此我们用频率分析法，总氮、总磷、COD 采取下第 5 百分点，Chl-a 采取上第 25 百分点，DO 采取下第 25 百分点。总磷的参考状态是 0.07mg/L，总氮 2.5mg/L，COD 是 3.0mg/L，DO 是 5.0mg/L，Chl-a 是 12μg/L（图 7-33 ~ 图 7-37）。

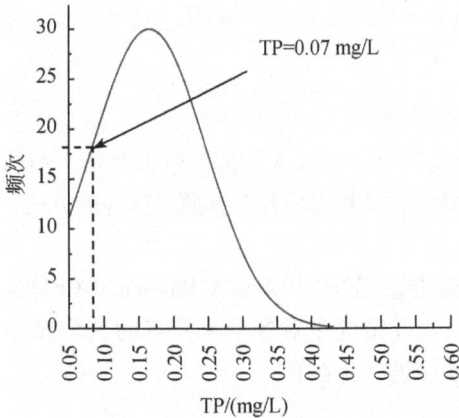

图 7-33 辽河口 TP 参考值的确定

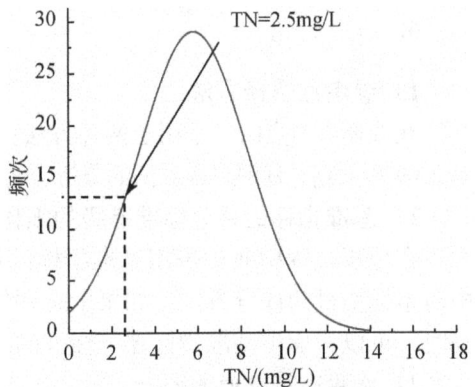

图 7-34 辽河口 TN 参考值的确定

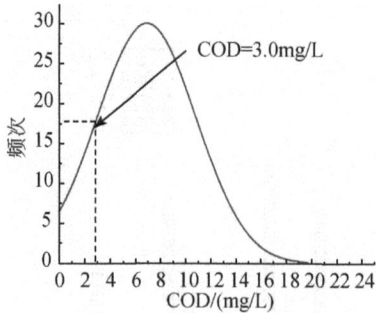

图 7-35　辽河口 COD 参考值的确定

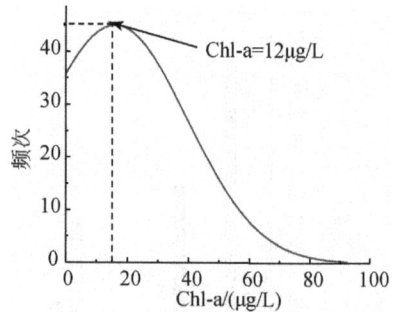

图 7-36　辽河口 Chl-a 参考值的确定

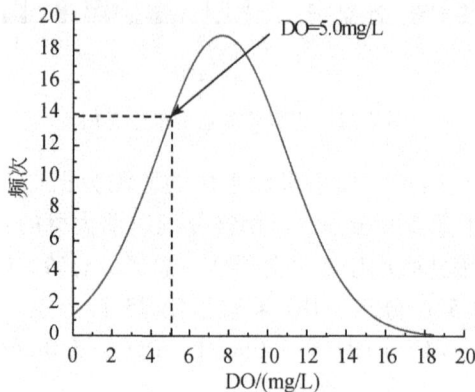

图 7-37　辽河口 DO 参考值的确定

4. 综合讨论

1）参考点选择方法

在选择参考点时，采用了两种方法：历史数据分析和实际调查数据分析。通过对 2009 年太湖、辽河采样数据的分析表明，这两种手段都能作为参照点选择的方法。

2）基准指标的评分标准等级的细化

在分析过程中我们采用基准指标的评分方法是采用 USEPA Biological Criteria 中对指标变量的评分方法。如果生态评价在实际情况中对各个采样点的区分度不高时，可以考虑将基准指标评分标准的等级再进一步细化。

3）水生态基准值的统一

由于在计算过程中选入不同数量的指标基准变量或者评分的标准不一样，最后的基准值的分数就不一样。因此可以把不同地域的水生态基准值百分制化，以便于比较分级（表 7-22）。

表7-22 太湖、辽河夏、冬两季生态评价分数百分制化

太湖						辽河					
夏季			冬季			夏季			冬季		
点位名称	评分	百分制	点位名称	评分	百分制	点位名称	评分	百分制	点位名称	评分	百分制
IEI	71	94.7	IEI	65	86.7	IEI	55	100.0	IEI	53	96.4
351	41	54.7	5	31	41.3	赵家街大辽河大桥－断面2-2	29	52.7	将军桥－断面1	39	70.5
9	43	57.3	21	35	46.7	曙光大桥－断面2-2	29	52.7	北道沟浑河桥－断面2	39	70.9
701	43	57.3	4	39	52.0	赵家街大辽河大桥－断面1	33	60.0	浑河大桥－断面1-1	41	74.5
8	45	60.0	T2	43	57.3	曙光大桥－断面1	33	60.0	浑河大桥－断面3	41	74.5
20	47	62.7	B3	43	57.3	曙光大桥－断面2-1	33	60.0	将军桥－断面2-1	41	74.5
1	49	65.3	2	45	60.0	赵家街大辽河大桥－断面2-3	35	63.6	营口河入海口－断面2	41	74.5
T10	49	65.3	701	45	60.0	大伙房水库－断面1	37	67.3	赵家街大辽河大桥－断面1	43	78.2
T2	51	68.0	B2	45	60.0	大伙房水库－断面2	37	67.3	赵家街大辽河大桥－断面2	43	78.2
3	51	68.0	1	47	62.7	鲁家大桥－断面1	43	78.2	浑河大桥－断面1-3	45	81.8
21	51	68.0	T5＋T7	47	62.7	营口河入海口－断面1	43	78.2	大伙房水库－断面2	45	81.8
T1	51	68.0	6	47	62.7	营口河入海口－断面2	43	78.2	北道沟浑河桥－断面1	45	81.8
4	51	68.0	351	49	65.3	曙光大桥－断面2-3	43	78.2	曙光大桥－断面1	45	81.8
T9	51	68.0	9	49	65.3	浑河大桥－断面1-1	45	81.8	浑河大桥－断面2	47	85.5

续表

大湖						辽河					
夏季			冬季			夏季			冬季		
点位名称	评分	百分制	点位名称	评分	百分制	点位名称	评分	百分制	点位名称	评分	百分制
6	53	70.7	T1	49	65.3	浑河大桥－断面1-2	45	81.8	将军桥－断面2-3	47	85.5
12	53	70.7	T3＋T4	49	65.3	北道沟浑河桥－断面2-1	45	81.8	鲁家大桥－断面1	49	89.1
T8	53	70.7	20	51	68.0	浑河大桥－断面1-3	47	85.5	营口河入海口－断面3	49	89.1
5	53	70.7	18	51	68.0	鲁家大桥－断面2-2	47	85.5	鲁家大桥－断面3	51	92.7
13	55	73.3	B1	51	68.0	鲁家大桥－断面2-3	47	85.5	大伙房水库－断面3	51	92.7
2	57	76.0	3	53	70.7	大伙房水库－断面3	47	85.5	大伙房水库－断面1	53	96.4
T3＋T4	57	76.0	B4	53	70.7	北道沟浑河桥－断面1	49	89.1			
7	59	78.7	T6	59	78.7	浑河大桥－断面3	49	89.1			
T6	65	86.7	7	59	78.7	将军桥－断面2-3	49	89.1			
T5＋T7	67	89.3				浑河大桥－断面2	49	89.1			
18	69	92.0				北道沟浑河桥－断面2-2	49	89.1			
						将军桥－断面2-1	51	92.7			
						鲁家大桥－断面2-1	53	96.4			
						赵家街大辽河大桥－断面2-1	53	96.4			
						将军桥－断面1	55	100.0			

百分制后，进行生态分级，一共 5 个等级：优（100～90）、良（90～80）、中（80～70）、差（70～60）、极差（60～0）（图 7-38）。

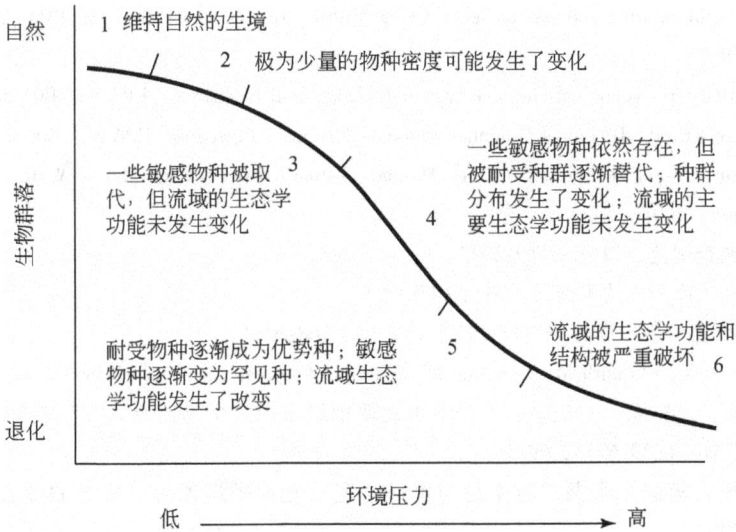

图 7-38　生态分级

由表 7-22 可以看出，采用历史数据分析的 2009 年太湖夏季参照点的有效性较好，通过它来评价其他各个采样点的生态状况并划分的生态区域，与历史资料上的区域划分基本吻合，但是 2009 年冬季太湖的分析结果却不是那么明显，这可能是由于温度对浮游生物的影响所造成的。而采用实际调查数据分析所得到的参照点，对 2009 年辽河流域的生态评价和生态区域的划分，规律却不明显。

参 考 文 献

［1］ Biological Criteria：National Program Guidance for Surface Waters. EPA-440 / 5-90-004，1990

［2］ Biological Criteria：Technical Guidance for Streams and Small Rivers，Revised Edition. EPA/822/B-96/001，1996

［3］ Lake and Reservoir Bioassessment and Biocriteria：Technical Guidance Document. EPA 841-B-98-007，1998

［4］ Estuaries and Coastal Marine Waters Bioassessment and Biocriteria Technical Guidance. EPA-822-B-00-024，2000

［5］ Biological Assessments and Criteria：Crucial Components of Water Quality Programs. EPA-822-F-02-006，2002

［6］ Summary of Biological Assessment Programs and Biocriteria Development for States, Tribes, Territories, and Interstate Commissions: Streams and Wadeable Rivers. EPA-822-R-02-048, 2002

［7］ Biological Criteria: Guide to Technical Literature. EPA-440/5-91-004, 1991

［8］ Biological Monitoring and Assessment: Using Multimetric Indexes Effectively. EPA-235-R97-001, 1997

［9］ Nutrient Criteria Technical Guidance Manual: Lakes and Reservivors. EPA-822-B01-001, 2000

［10］ Nutrient Criteria Technical Guidance Manual: Rivers and Streams. EPA-822-B00-002, 2000

［11］ Nutrient Criteria Technical Guidance Manual: Estuarine and Coastal Marine Waters. EPA-822-B01-003, 2001

［12］ 海洋调查规范. GB/T 12763-2007

［13］ 湖泊和水库采样技术指导. GB/T 14581-93

［14］ 环境监测-分析方法标准制修订技术导则. HJ 168-2010

［15］ Grasshoff K, Ehrhardt M, Kremling K. Methods of seawater analysis. Wiley-VCH, 1999

［16］ 李玉英, 高宛莉, 王庆林, 等. 南水北调中线水源区生物监测研究. 安徽农业科学, 2008, 16: 6929-6931, 6955

［17］ 王凤娟. 巢湖东半湖浮游生物与水质状况及营养类型评价. 安徽农业大学博士论文, 2007

［18］ 汪飞, 吴德意, 王灶生, 等. 以浮游生物为指示生物的苏州河生态安全评价. 环境科学与技术, 2007, 03: 52-54, 118

［19］ 金相灿, 屠清瑛. 湖泊富营养化调查规范. 第2版. 北京: 中国环境科学出版社, 1990

［20］ 章宗涉, 黄祥飞. 淡水浮游生物研究方法. 北京: 科学出版社, 1991

［21］ 韩茂森, 束蕴芳. 中国淡水生物图谱. 北京: 海洋出版社, 1995

［22］ 李雅琴, 程兆第, 金德祥. 厦门港浮游硅藻生态的研究. 厦门大学学报（自然科学版）, 1990, 03: 358-360

［23］ 陈家长, 孟顺龙, 尤洋, 等. 太湖五里湖浮游植物群落结构特征分析. 生态环境学报, 2009, 04: 1358-1367

［24］ 王金辉, 徐韧, 秦玉涛, 等. 长江口基础生物资源现状及年际变化趋势分析. 中国海洋大学学报（自然科学版）, 2006, 05: 821-828

［25］ 李祚泳, 张辉军. 我国若干湖泊水库的营养状态指数 TSI_c 及其与各参数的关系. 环境科学学报, 1993, 04: 391-397

［26］ 李云. 不同时间尺度长江口及毗邻海域浮游生物群落变化过程的初步研究. 华东师范大学博士论文, 2008

［27］ 陈亚瞿, 徐兆礼, 李志诚, 等. 杭州湾北岸上海石化总厂附近海域浮游动物生态的初步研究. 海洋环境科学, 1992, 01: 9-13

［28］ Davies S P, Jackson S K. The biological condition gradient: a descriptive model for terpreting change in aquatic ecosystems. Ecological Applications，2006，16（4）：1251-1266

[29] 孟顺龙，陈家长，胡庚东，等．2008 年太湖梅梁湾浮游植物群落周年变化．湖泊科学，2010，04：577-584

[30] 赵爱萍．镇江金山湖及附近水体浮游生物群落结构及其与环境因子关系的研究．上海师范大学博士论文，2006

|第8章| 沉积物质量基准方法与应用

沉积物是水体的一个重要组成部分，对水生态系统整体质量起着重要作用。一方面，沉积物是氮与磷等营养元素、重金属、难降解有机物等污染物在水环境中的重要归宿；另一方面，当水体环境发生变化时，蓄积于沉积物中的污染物会重新释放而进入水体，进而影响上覆水水质，此时沉积物便又成为了二次污染源[1,2]。沉积物中的污染物可直接或间接对底栖生物或上覆水生物产生致毒致害作用，并可以通过生物富集、食物链放大等过程进一步影响水生生物和人类健康。USEPA 在 1998 年的调查报告中指出，美国已发生的 2100 起有关鱼类的消费事件污染大多来自于底层沉积物。在我国也已发现无论是淡水生态系统还是海水生态系统，都存在不同程度的沉积物污染问题[3~5]。因此，沉积物污染的评价和治理凸显重要。但是，由于我国目前严重缺乏沉积物环境质量基准，无法对受污染水体的污染程度做出科学合理的判断，使得水质管理和水体修复等工作变得十分盲目和缺乏科学指导。为了能够更科学、有效的评价和治理沉积物污染问题，沉积物质量基准研究刻不容缓。

8.1 沉积物质量基准方法

沉积物质量基准，是指特定的化学物质在沉积物中不对底栖水生生物或其他有关水体功能产生危害的实际允许值。关于沉积物基准政府层面的研究发表始于20 世纪 80 年代，主要集中在北美地区，而后欧洲一些国家和地区也逐渐开始重视沉积物基准研究，但研究较为分散，统一性不如北美地区。因此，到目前为止受到普遍认可的应用的沉积物质量基准建立的方法依然大多源自北美地区[6]。目前受到认可并应用较为广泛的沉积物质量基准研究方法有十余种，分别为：筛选水平浓度法（screening level concentration approach，SLCA）、效应范围法（effect range approach，ERA）、效应水平法（effect level approach，ELA）、表观效应阈值法（apparent effect threshold approach，AETA）、一致法（consensus approach，CA）、沉积物质量三元法（sediment quality triad approach，SQTA）、生物效应数据库法（biological effect database for sediment，BEDS）、相平衡分配法（equilibrium partitioning approach, EqPA)、组织残留法(tissue residue approach, TRA)、生物测试法(spike-sediment toxicity, STA)、背景值法(background approach, BA)、证据权重法(weight of evidence approach, WEA)和水质基准法(water quality standard approach, WQSA)等。综合考虑各种方法的理论基础、推导基准值的过程和对毒性数据的要求,常用的沉积物基准建立方法可分为两类:一类为以包含不同数据的数据库为基础的数据库法,如 SLCA、ELA、ERA、AETA、BEDS 等;另一类为以相平衡分配原理为依据的相平衡分配法,如 EqPA、TRA 和 WQSA 等。

8.1.1　筛选水平浓度法

筛选水平浓度法(SLCA)是一种基于生物效应,以保护底栖生物为目的的沉积物质量指导方法(sediment quality guideline, SQG)。它根据沉积物化学污染和生物效应之间的关系,通过分析野外获取的沉积物中某污染物的浓度和底栖生物丰度数据,推算可保护一定比例底栖物种的最高可允许浓度,以此作为该污染物的筛选水平浓度,也就是该污染物的 SQC。

SLCA 利用数据库计算 SQG 值,该数据库中应包含沉积物中具有潜在危害污染物的浓度以及同一沉积物中同时共存的底栖生物数据。具体方法为:首先现场测定各监测点(至少 10 个以上)目标污染物浓度和对应底栖生物(至少 10 种以上)丰度数据;然后针对特定底栖生物,统计观察到该物种的所有监测点的目标污染物浓度分布,将浓度分布的 90% 分位点记为目标污染物对该底栖生物的筛选水平浓度(the species SLC, SSLC);最后将各种底栖生物的 SSLC 由低到高排列,选取第 5% 分位点记为最后确定的可保护 95% 底栖生物的 SSLC[7]。该方法可用于任何化学污染物质,是一种基于现场测定数据的方法,但对现场试验数据的要求量大,而且需要精确的底栖生物分类鉴定。另外,SSLC 值受所选生物种类的影响也很大。

8.1.2　效应范围法

效应范围法(ERA)可用于评价对底栖生物具有潜在危害的化学物质(chemicals of potential concern, COPC)[8]。用 ERA 推导 SQG 的过程包括以下几个步骤:获得候选数据集合、审查评价数据集合、将可接受的数据编译到任务数据库中以及数据分析(包括基准的推导)等。

通过使用参考数据库检索或者与沉积物评价方面的主要专家交流等方式对候选数据集合进行鉴定。按照他们的反馈意见，审查和评价候选数据，以确定其纳入数据库的适用性[9]。这种评价被用来确定数据集合、使用方法、测定终点的整体适用性以及化学与生物数据之间的一致程度。符合评价准则的数据将被纳入数据库中。

纳入到数据库中的数据包括加标－沉积物毒性试验数据、在美国进行的实地研究数据以及用于直接制定数值型 SQG 的行动方案的结果。不管在调查中使用了什么方法，所有这些包含在数据库中的信息都同等重要。数据库中的每个条目都包括 COPC 的浓度、研究地点、测试物种和测定终点、观察到的效应和特定化学物质之间是否具有一致性的指示，也就是无效应（NE）、没有或者有较小关系（NG 或 SG）、无关系（NC）或者是有显著性关系（＊），这表明测定的效应与沉积物化学性质高度相关。显示化学性质和生物变量无一致性的数据也包含在数据库中，但是并不能用来计算 SQG，即仅用有效应数据，也就是显著性数据来计算 SQG。

通常利用编译到数据库中的信息，使用简单的分析过程来推导 SQG。首先，将在某化学物质的有效应毒性数据按照升序排列，然后确定每种化合物有效应数据列的第 15 和第 50 百分位浓度。其中生物效应数据列中第 15 个百分点的值计为效应数据列低值（effects range low，ERL），低于该值的则说明对敏感生物敏感阶段或物种很少产生不利影响。生物效应数据列中第 50 个百分点的值计为效应数据列中值（effects rang median，ERM），超过该值则说明经常能观测到其不良影响。

Long 和 Morgan[8] 等使用 ERA，为国家状况与发展趋势项目组（national status and trends program，NSTP）推导了两种类型的非正式 SQG（ERL 和 ERM）。用来推导 SQG 的数据库数据包括来源于淡水、河口和海洋生态系统的数据。Ingersoll 等[10] 使用了相似的方法推导 ERL 和 ERM，用来评价美国不同淡水采样点的沉积物。类似地，MacDonald[11] 将 ERA 应用于实地数据的区域搜集中，推导出南加利福尼亚州湾地区 PCBs 和 DDT 的特定位点沉积物效应浓度（SECs）。

8.1.3　效应水平法

效应水平法（ELA）和上面描述的 ERA 密切相关。但是，ELA 是由扩展版本的数据库支持的，该数据库用于获得效应范围。扩展的数据库包含匹配的沉积物化学和生物学效应数据，这些数据是通过加标沉积物毒性试验和北美的野外研究得到（包括有效应数据和无效应数据）。该扩展数据库也包括由不同方法得到的 SQG。对包含在扩展数据库中的信息，采用与汇编 NSTP 原始数据库相同的选择标准进行评估和分类。

在 ELA 中，数据库中的潜在信息被用来获得两种 SQG，包括阈值效应水平（threshold effect level，TELs）和可能的效应水平（probably effect level，PELs）。TEL 是效应数据集的第 15 百分位数和无效应数据集的第 50 百分位数的几何平均值，化学浓度低于 TEL 时不良效应很少发生。PEL 是效应数据集的第 50 百分位数和无效应数据集的第 85 百分位数的几何平均值，浓度高于 PEL 时不良效应会经常观察到。MacDonald[9]将 ELA 应用于扩展数据库（即沉积物生物效应数据库 BEDS）来获得佛罗里达沿海水域的数值型 SQG（即 TELs 和 PELs）。类似地，Ingersoll 等[10]将该方法用于片角类动物和蚊的淡水毒性试验结果，得到 SQG，用以评价淡水系统的沉积物质量。此外，Smith 等[12]、CCME[13]使用 ELA 得到加拿大淡水和海洋系统的 TELs 和 PELs。

8.1.4 证据权重法

证据权重法（WEA），主要是由加拿大数学学者在 20 世纪 80 年代末期提出的一种地学统计方法，该方法基于数据驱动、离散多元统计方法应用条件概率来决定证据因子的重要程度。基于二维图像，通过相关的地学信息的叠加分析进行预测，其中每一种地学信息都作为预测的一个证据因子，而每一个证据因子的贡献由其权重值决定，进而计算空间任意位置事件发生的概率值，确定各证据因子对因变量的相对重要性。

WEA 具有易于编程、对证据因子权重解释通俗易懂、证据因子处理简单、计算结果直观明了等优点，最初应用于医学诊断领域，后来在矿物的成矿预测中得到广泛的应用。近些年来，该方法被广泛应用于风险评估中，如森林火灾发生预测、珍稀物种生存栖息地适应性评价、暴雨灾害评估以及癌症风险评价等。

WEA 是一个含义丰富的术语，它的实践者为了集合证据得出结论又开发了很多分析手法。现在并不能完全统计 WEA 的使用方法，大部分风险评价的文献都基于 WEED 和 CHAPMAN 的归类方法。这种归类方法包括证据列表、最佳专业决断、因果标准、逻辑、指数、得分和定量方法，详见表 8-1。

表 8-1 证据权重方法

方法	方法描述
证据列表	不经过整合的单个证据的表达
最佳专业决断	多条证据的定性整合

方法	方法描述
因果标准	基于标准的决定因果关系的方法
逻辑	基于定性逻辑模型的单线证据的标准化评估
得分	应用简单权重或排序的多线证据的定量整合
指数	基于经验模型将多线证据整合至一个标准
定量方法	使用正式决断分析和统计方法进行整合评价

WEA 目前已经被广泛运用在风险评估中，USEPA 在 20 世纪 80 年代首次提出用该方法评价致癌因子的风险，之后又将 WEA 与生态风险评价结合起来。该方法已成功运用在环境风险评价领域。另外，WEA 还可用来制定水体及水体沉积物基准值。如美国佛罗里达州就采用这种方法制定水域沉积物质量风险评价数值型基准。下面就简单介绍一下其应用方法。

在佛罗里达水域，将 WEA 作为发展沉积物质量评价指南的基础，并采用修正型的 WEA 获得数值型基准。这种方法依赖于数据的收集、评估、校对和分析，并建立起沉积物污染物的浓度与不利的生物效应潜力之间的关系。修正的 WEA 将不同的数据整合以获得基准值，来源自沉积物加标生物试验、沉积物毒性试验、底栖无脊椎生物群落特征评价，以及其他管辖区发展的沉积物质量评价值等的数据，将被整合至一个单一的数据库中。这些数据都需要经过筛选后才能应用到数值型基准值的推导。

扩展的 NSTP 数据库包括相平衡模型、实验室加标生物试验、沉积物毒性和底栖生物群落组成的野外调查三类研究。有效应和没有效应的数据列都将用来获得沉积物质量风险基准值，每一列数据都应超过 20 个。

通过这个方法，最终确定了三种不同的污染物浓度范围，分别是最小效应范围、可能出现效应范围和很可能出现效应范围。这三类数值范围可表示随着污染物浓度的增加，可观察到的不利生物效应的可能性逐渐增大。其中，对于水体生物不太可能造成不利生物效应的沉积物浓度范围（如最小负效应范围）是通过两个步骤确定的。首先，计算 TEL 值，这个值代表了主要有无效应数列（如最小负效应范围）的沉积物污染物浓度范围的最大限度。在这个范围之内，沉积物污染物浓度都认为对水体生物没有显著危害。TEL 的计算公式如下：

$$TEL = \sqrt{EDS\text{-}L \cdot NEDS\text{-}M} \tag{8.1}$$

式中，TEL 为阈效应水平值；EDS-L 为有效数据列的 15% 浓度值；NEDS-M 为无效数据列的 50% 浓度值。

其次，PEL 值是确定经常或者总是对生物造成不利影响的沉积物污染物浓度范围的最低值。PEL 的计算公式如下：

$$PEL = \sqrt{EDS\text{-}M \cdot NEDS\text{-}H} \qquad (8.2)$$

式中，PEL 为可能效应水平值；EDS-M 为有效数据列的 50% 浓度值；NEDS-H 为无效数据列的 85% 浓度值。

在大于 PEL 这个范围内，沉积物污染度浓度值被认为对水体生物有显著和急性的危害。在 TEL 与 PEL 之间的范围，沉积物污染物可能会对生物造成不利影响，但是很难确定其发生的概率及严重性。由此可见 WEA 与 ELA 的基准计算方法相同，其区别只在于收集的数据不同，并且 WEA 对数据赋予了权重，而 ELA 中的所有数据是等权重的。

使用 WEA 推导基准值有其优势。

第一，这个方法是建立在沉积物污染物生物效应的综合数据的基础之上。这些数据库里的信息在不同的污染物浓度水平上为评估生物效应的潜力提供了相关工具。严格的筛选程序提高了这些数据的可信性。与其他方法不同，WEA 并不建立完全的沉积物质量风险值，而是描述了一组可能、也许不可能造成不利生物效应的污染物浓度范围。这个方法明确了从化学浓度数据对生物进行效应评估的不确定性。

第二，使用 WEA 的另一个更为重要的优势在于它的全部可操作性。第三，使用该方法推导基准值，异常数值在整个基准获得过程中都不占有太多的权重。有效和无效数据列的整合，对于每一种污染物而言，为升序排列的数据表的准备提供了可能。这些数据表为在污染物广泛的浓度范围内观察到的特定生物响应方面提供了详细的信息。当然，应用 WEA 推导基准值也具有局限性。最为严重的问题是其关于形容沉积物污染物的生物有效性的数据的限制。一些附属数据，如粒径、总有机碳含量、AVS 浓度值并没有在这份报告中提供出来。在生物有效性方面，该方法并不能准确表达基准值。WEA 的另一个限制因素是它并不能完全支持污染物浓度与生物响应之间因果关系效应的定量评估。虽然加标生物试验和相平衡模型的信息包括在数据库中，但是推荐的方法也只是预测污染物浓度与生物响应值之间的关联性。除了污染物浓度，很多其他的因素也会影响调查中实际出现的响应。

8.1.5 相平衡分配法

相平衡分配法（EqPA）是 USEPA 推荐的一种方法。该方法以热力学动态平衡分配理论为基础，适用于非离子型有机化合物，且要求 $K_{OW} > 3.0$，并建立在如下假设上：

（1）化学物质在沉积物和间隙水两相之间的交换速率快且可逆，并处于热力学平衡状态，因而可以用沉积物/间隙水分配系数（K_P）进行描述；

（2）沉积物中化学物质的生物有效性与间隙水中该物质的游离浓度呈良好的相关性，但与总浓度并不明显相关；

（3）底栖生物和上覆水生物对化学物质具有相近的敏感性，因而可将水质基准应用于沉积物基准中。根据 EqPA 的基本理论，当水中某污染物浓度达到水质标准（WQC）时，此时沉积物中该污染物的含量即为该污染物的 SQC，可用下式表示：

$$C_{SQC} = K_P \times C_{WQC} \tag{8.3}$$

式中，K_P 为相应的分配系数，它反映了沉积物的机械组成、吸附特性等，被称作沉积物的"指纹特征"，并且受环境因素如 pH、Eh 等的影响，因此建立沉积物基准的关键在于 K_P 的获得；C_{WQC} 一般为目标物质的 FCV 或 FAV 值。

目前对沉积物中非离子有机污染物的沉积物质量基准研究开展的较早，大多的研究表明，上覆水对有机污染物在沉积物上的吸附影响极小，沉积物中的有机碳（OC）是吸附这类污染物的主要成分，而只有当有机物包含极性基团或者沉积物中的有机碳含量很少的时候，沉积物的其他成分才会对吸附起作用。因此以固体中有机碳为主要吸附相的单相吸附模型得到了广泛的应用，将 K_P 转化为有机碳的分配系数，当沉积物中有机碳的干重大于 0.2% 时，此时污染物的环境质量基准浓度（C_{SQC}）为

$$C_{SQC} = K_{OC} \times f_{OC} \times C_{WQC} \tag{8.4}$$

式中，K_{OC} 为固相有机碳分配系数，即其在沉积物有机碳和水相中的浓度的比值；f_{OC} 为沉积物中有机碳的质量分数。

K_{OC} 可以通过沉积物毒性试验获得，也可以由非极性有机物的 K_{OC} 与其辛醇/水分配系数 K_{OW} 之间的关系得到。

K_{OW} 与 K_{OC} 之间的回归方程建立在大量的数据之上，适于大量的化合物及粒子类型，因此得到了广泛应用，其关系如下：

$$\lg K_{OC} = 0.00028 - 0.983 \lg K_{OW} \tag{8.5}$$

定义有机碳标准化质量基准 SQC_{OC} 为 C_{SQC}/f_{OC}，则有

$$SQC_{OC} = K_{OC} \times C_{WQC} \tag{8.6}$$

利用该模型就能够导出大多数非极性化合物的沉积物基准值。而对于模型中的 C_{WQC} 一般为 FCV 或 FAV 值。USEPA 于 20 世纪 80 年代初步制定的《推导保护水生

生物及其用途的数值型国家水质基准的技术指南》在推导水质基准时计算的是双值基准，分为 CMC 和 CCC。该指南主要介绍了实验数据的收集以及水生动物 FAV、FCV、FRV、FPV 和水质基准的计算方法。其计算水质基准的方法如图 8-1 所示。

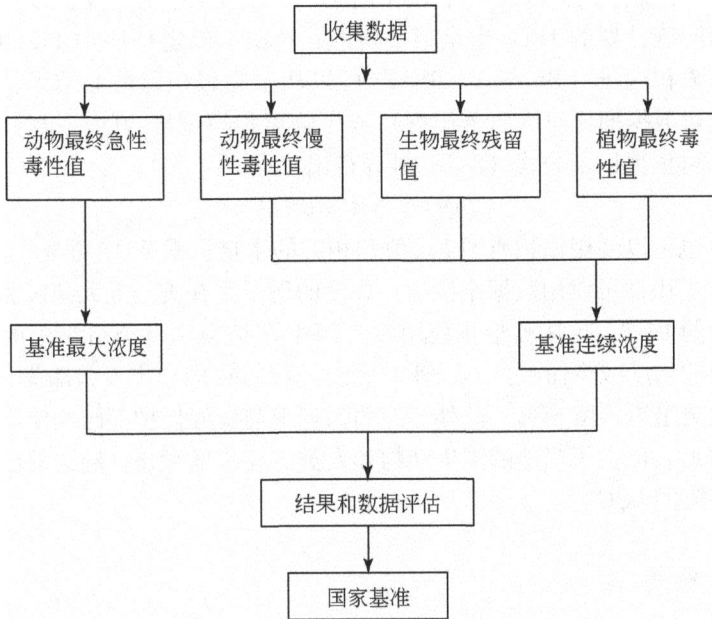

图 8-1　水质基准推算方法

在上述方法中，EqPA 被认为是建立数值型 SQC 最有前途的方法，也是 USE-PA 推荐使用的方法。基于非均相间热力学稳态交换的平衡分配法（EqP），充分利用了经过大量生物毒性毒理试验所得的水质基准值，将其包含的上覆水中化学物质生物有效性的信息直接引入沉积物质量基准，逻辑性强且简单易行、便于应用，是建立数值型 SQC 的首选方法，适用于各类化学污染物。

8.1.6　组织残留测定

为了得出沉积物基准值，本研究发展了组织残留测定（TRA）方法，也叫做生物－水－沉积物相平衡法。该方法用来表征水生生物和以水生生物为基础的食物网中与沉积物相关的 COPC 值。TRA 是用来估计在沉积物中不一定会造成不能接受的组织残留的单一或一类物质的浓度水平，即超过保护水生生物或人类健康的推荐浓度的水平。

使用 TRA 导出沉积物基准值包括以下几个步骤：首先，根据化合物在水生食物网中的潜在积累能力（如 K_{ow}）选出被用作导出沉积物基准值的 COPCs；其次，组织残留浓度水平（TRGs）是根据 COPCs 来进行鉴别的。虽然大部分现有的 TRGs 是为了保护人类健康而计划制定的，但得到那些为了保护以鱼类为食的野生动物而明确计划的 TRGs 也是很重要的；再次，确定每种 COPC 的沉积物 - 生物之间的累积因子（BSAFs）。BSAFs 可以从生物累积评估的结果、沉积物化学和组织残留数据的比对（野外调查）或生物累积模型推导的结果等途径得到。最后，SQG 可依据以下公式（8.7）推导得出：

$$SQG = TRG/BSAF \qquad (8.7)$$

SQG 值也可以使用该物质的 K_{ow} 值和相关的生物积累 WQC 推导。

TRA 的适用性可以用数据来说明，典型的例子是在美国五大湖区和南加利福尼亚海湾中的 DDT，自从被禁止使用后，DDT 在鱼类和鸟类组织中的残留随着表层沉积物的浓度减少而减少。这种方法已经应用在推导出安大略湖区以 TCDD 为基础的鱼类组织残留 SQG。此外，纽约州环境与资源保护部已经使用这种方法推导出了 SQG，保护了当地的野生动物和人类。在华盛顿州，健康部已经建立了基于人类健康的 SQG。

8.1.7 一致法

以一致法（CA）为基础的沉积物 SQG 来自于现有的 SQG，这些 SQG 是为保护底栖生物而建立的。利用 CA 方法推导 SQG 数值包含四个步骤。第一步，收集和整理不同调查人员推导出来的用来评价淡水沉积物质量的 SQG 数据；第二步，评价各种来源的 SQG，确定他们对以一致法为基础的 SQG 的应用性；第三步，使用的选择标准旨在评价推导方法的透明度，以效应为基础 SQG 的程度以及 SQG 的独特性；第四步，将满足这些选择标准的以效应为基础的 SQG 分组，便于推导以 CA 为基础的沉积物效应浓度（SEC）[14]。特别地，将保护底栖生物的 SQG 按照它们原来描述的意图分成两类，包括阈值效应浓度（TEC）和可能效应浓度（PEC）。阈值效应浓度旨在识别低于不能被检测出的对底栖生物有害效应的 COPC 浓度。阈值效应浓度范例包括阈值效应水平（TELs）[12]，低值效应范围（ERLs）[15] 和最低效应水平（LELs）[16]。可能效应浓度旨在识别高于通常或总是观察到的对底栖生物有害的 COPC 浓度[9]。PECs 实例包括可能效应水平、中值效应范围和严重效应水平。

现有 SQG 的以下分类，通过确定该种类中的 SQG 几何平均数来计算以 CA

为基础的 TECs。同样，通过确定该种类的 PEC 型值的几何平均数来计算以 CA
为基础的 PECs。计算几何平均数而不是算术平均数是因为几何平均数不受极端
值的影响，可以用来估计集中趋势，并且 SQG 可能不是正态分布。只有三个或
更多公布的 SQG 对化学物质或一组物质有效时，才计算以 CA 为基础的 TECs 或
PECs。

CA 已经被用于推导多种化学物质和媒介类型的 SQG 数值。例如，Swartz[14]
推导以 CA 为基础的海洋生态系统中 PAHs 的 SQG 值。利用类似方法，MacDonald
等[17]推导淡水和海洋沉积物中总 PCBs 的 SQG 值。Ingersoll 等[18]为淡水沉积物中
的金属、PAHs、PCBs 和几种农药制定了以一致法为基础的 SQGs 值。以 CA 为基
础的 SECs 是对现有的 SQG 进行统一的综合分析，反映因果而不是相关效应，并
且解释了沉积物污染混合物的影响[14]。MacDonald 及 USEPA 等[17~22]评价了以
CA 法为基础的 SECs 预测能力。

8.1.8 逻辑回归模型方法

逻辑回归模型方法（logistic regression modeling approach，LRMA）中，数值
型 SQG 来源于引导评估沉积物质量条件的现场研究结果。SQG 推导过程的第一
步包括从北美各采样点收集、评估、编辑沉积物化学和毒性数据。第二步，重新
获得以物质－物质为基础的信息，这些信息都来源于项目数据库，数据库里的数
据按个体沉积物样品浓度升序排列。对每个底泥样品而言，获得的数据表提供在
各种条件下的 COPC 浓度信息（不管是干重或者有机碳标准化基准）和毒性实验
的结果的终点。第三步，对获得的数据表中的数据进行筛选，避免选择的 COPC
对可观察到的毒性效应没有贡献。在这个分析中，将各个毒性样品的化学浓度与
相同的研究和地理区域的无毒性样品的平均浓度对比。选定的 COPC 毒性样品的
浓度小于或者等于无毒性样品的平均浓度不用于进一步分析，如样品中的 COPC
对底泥毒性没有实质性贡献等。分析的最后一步，筛选的数据用来建立逻辑回归
模型，这能表达选定的 COPC 浓度和观察到毒性的可能性之间的关系。最简单的
逻辑模型可以用下列等式表示[23]：

$$p = e^{B_0 + B_1(x)} / [1 + e^{B_0 + B_1(x)}] \tag{8.8}$$

式中，p 为观察到毒性效应的概率；B_0 为截距参数；B_1 为斜率参数；x 为化学物
的浓度或者其对数值。

使用一个包含成熟端足目动物的 10 天毒性实验结果的初步数据库，Field
等[23]得出逻辑回归模型来阐明七种化学物质。具体地说，研究者计算了四种金

属（铅、汞、镍和锌）、两种 PAHs（荧蒽和菲）和总 PCB 的 T10、T50 和 T90值。这些值分别代表 10%、50% 和 90% 观察到底泥毒性概率所对应的化学物浓度。除了推导具体的 T 值外，还能够用来确定任何观察到毒性概率的 COPC 的浓度。因此，底泥管理人员能够确定一个场所的可接受的底泥观察毒性的概率（如25%），和决定相对应化合物浓度（如 T25 值）。所得计算值能够作为该场所的SQG。尽管现有的成熟端足类动物的 10 天存活毒性试验的数据支持 37 种物质的逻辑模型的建立[23]，但目前并没有充足的可利用的数据来推导出淡水中无脊椎物种或者毒性试验终点的可靠的逻辑模型[6]。

8.1.9 沉积物质量三合一法

沉积物质量三合一法（SQTA）是综合化学分析（C）、底栖生物群落结构（B）、毒性鉴定（T）三个互补基元为一体的集成化方法。具体步骤如下：

（1）选定参照点沉积物（通常是相对清洁的背景区域）作为定量比较的标准。

（2）沉积物化学分析。测定各个站点沉积物样品中各种化学污染物质的含量，对于重金属，还需测定其形态及沉积物 AVS 含量（以确定是否需要进行AVS 校正）。对于有机物，则需测定沉积物 TOC。

（3）观测底栖生物群落结构变化。在各个站点现场观测底栖生物（一般选择大型底栖无脊椎动物）群落结构特征，如种类数、密度、均匀度、生物量、优势种、多样性等。

（4）沉积物生物毒性鉴定。沉积物生物毒性鉴定方法大多采用成组生物检验（Battery Test）、毒性鉴定评价程序（TIE）、整体生物评价方法等。主要进行沉积物水提取液或间隙水以及湿沉积物对水生生物的暴露毒性，通过存活率、抑制率、致死水平（LC_{50}、EC_{50}）、再生周期、异常体形特征（如致残致畸）等指标加以衡量。

（5）建立三合一信息响应矩阵。在三个基元各自定量表征的基础上，将所有站点信息数据汇总列表，用 +/- 符号表示目标站点与参照点相比是否存在显著统计差异，然后以矩阵形式对站点的污染现状进行分类。

（6）绘制沉积物质量评价 C-B-T 三轴图。将各站点三基元的百分标度统一绘制成三轴示意图，用以指示沉积物重金属污染的相对程度和空间分布模式，显示重金属污染与底栖生物之间的剂量-效应关系。基元轴上的百分标度越低，表明该站点附近沉积物中该基元的作用越小。

该方法可以制定任何类型沉积物和任何化学物质的 SQC。其优点是综合现场观测和实验室测试，可靠性、客观性较高，且容易区分出现场自然变化引起的生物效应和实验室人为测定造成的误差。缺点主要是工作量大，所需数据资料多，不能区分沉积物中未知毒性的化学物质与测定化学物质之间是否存在协同或拮抗作用，而且目前尚未建立如何从三基元数据确定最终浓度基准的统计方法。

8.1.10　表观效应阈值法

表观效应阈值法（AETA）是利用沉积物中特定化学物质浓度的现场测定值，以及至少一种生物效应指标如生物富集、底栖动物群落结构变化、底栖鱼类畸形等毒理学指标，来确定该化学物质的阈值浓度（即基准值），高于该浓度则相对于参照沉积物表现出统计显著的负生物效应。该方法允许沉积物中存在各种化学污染物质之间的相互作用、未知有毒物质的作用和其他影响生物效应的因素。AETA 的优点是对化学污染物质种类、生物指标没有限制，可以根据生物效应的程度制定不同等级的 SQC；缺点是不能获得某一特定化学污染物质的剂量 – 效应关系，也不能区分沉积物中未知毒性的化学物质与测定化学物质之间是否存在协同或其他相互作用；此外，基于生物效应现状制定的基准不能反映长期的生物效应，有可能过于或不足以保护水生生态系统。目前，尚没有标准的野外沉积物生物监测方法。

8.2　沉积物质量基准制定规范

为了保护底栖生物，特别是特定流域多数物种和重要物种的安全，为制定适合于国情的、具有中国特色的沉积物质量基准提供制定程序、技术框架和方法，来制定此规范。

导则推荐的沉积物质量基准制定的技术框架整体包括：①流域沉积物中优先污染物识别；②流域典型底栖生物筛选技术（采用相平衡法计算沉积物基准时应对水生生物进行筛选）；③流域底栖生物基准指标获取技术；④基准值的计算推导技术。

8.2.1　沉积物中优先污染物识别

流域沉积物中优先污染物的确定应综合考虑到化学物质自身的毒性、环境行为、污染物在环境中的残留现状，以及流域水环境功能与用途等多种因素。采用相应识别技术，可以筛选出毒性强、难降解、残留时间长、在环境中分布广的污染物，作为流域沉积物基准制定的目标污染物。

流域优先污染物的识别技术包括流域沉积物毒性识别、优先污染物筛选与排序方法以及优先污染物的样品分析技术。沉积物的污染类型一般可分为氨氮污染、重金属污染和有机物污染三大类，而对于具体受污染沉积物而言，往往是一种或几种类型复合污染的结果。参照 USEPA 推荐的沉积物毒性识别技术（sediment toxicity identification evaluation，TIE）可以确定流域的主要污染类型。针对流域的主要污染类型进行文献调研、污染调查、规律分析和暴露途径辨析，提出流域沉积物中有害化学品清单，再依据其毒理学数据和环境行为参数对其危害性进行排序，筛选并确定流域沉积物基准制定的目标污染物。对于已确定的目标污染物，参照 USEPA 推荐的沉积物和孔隙水样品采样监测技术规范进行瞬时浓度和连续浓度监测，确定流域沉积物中目标污染物对底栖生物的暴露浓度、时间和频次，用于流域沉积物质量基准值的推导。

1. 流域沉积物毒性识别

导则推荐使用 USEPA 推荐的毒性识别技术进行沉积物毒性来源的识别，识别技术概述如下：

（1）驯化生物。选择典型底栖生物为研究对象，在实验室条件下进行驯养，使其适应实验室环境。

（2）初始毒性试验。毒性识别评估的前期工作是对沉积物样品进行初始毒性试验，筛选出高风险沉积物样点。根据毒性识别的对象不同，毒性识别评估试验可分为全沉积物毒性识别和孔隙水毒性识别。对每个沉积物样点进行毒性试验。每天记录试验中生物的异常现象和死亡数目。

（3）毒性识别评估第一阶段。初始毒性试验结束后，根据试验结果，将毒性大的样点作为高风险样点，对这些样点进行毒性识别评估。这一阶段主要是鉴别沉积物的毒性来源特征。利用不同的手段分别去除高风险沉积物样品中的重金属、有机物和氨氮的生物毒性，然后再分别进行生物毒性试验。若去除某一类物质的生物毒性后沉积物样点不再具有生物毒性，则说明该沉积物的毒性来源于该类物质。对于全沉积物和孔隙水毒性识别评估而言，去除目标物质生物毒性的方法稍有不同。每批试验，都需要做基线毒性测试（沉积物原毒性）和空白对照毒性测试，每个处理需设置平行样。

（4）毒性识别评估第二阶段。经过第一阶段大致确定沉积物的污染来源后，这一阶段主要是进一步鉴定污染来源，并通过各种物理化学分析方法，对污染物进行测定，确定其种类和浓度。这一阶段需要适当改变去除目标物质生物毒性的方法，然后和第一阶段的结果进行对比，综合分析实验结果，进而更加全面客观地描述沉积物毒性来源。

（5）毒性识别评估第三阶段。这一阶段是进一步确定上一阶段鉴别出的物质，并且对这些毒性物质做出解释和说明。这一阶段主要是加入敏感性测试、相关性分析、症状观察、标样回加、质量平衡、毒性当量因子（TEF）分析、浓度稀释以及剂量效应关系分析等方法。通过沉积物毒性识别，可以判断出研究流域沉积物毒性的主要来源，为进一步的优先控制污染物识别提供依据。

2. 沉积物优控污染物识别

流域沉积物中优先控制污染物识别技术包括：流域沉积物污染物清单和排序技术。文献调研：研究分析大量国内外文献资料，获得文献调研污染物清单；污染源分析：全面分析调查研究流域的工业生产、居民生活、农业生产状况，并对其可能对环境造成的影响进行分析，获得流域输入污染物清单；实际样品分析：在定性或半定量分析的基础上，提出流域沉积物中污染物清单。沉积物中污染物清单为文献调研污染区清单、流域输入污染物清单和样品污染物清单的总和。

对于清单上的有害物质，依据其毒理学数据和环境行为参数对其危害性进行排序。具体步骤如下：

（1）系统采集大量样品进行定性分析，将分析结果与污染物清单相结合，找出在样品中重复出现的物质，根据其检出率进行排序，挑选出检出率较高的物质。

（2）查找污染物清单中物质的毒理学数据，挑选出危害性高的物质。

（3）对检出率高并具有较强危害的物质进行定量分析，结合定量结果与毒性数据，进行定性危害评估。筛选出沉积物中需要优先控制的污染物。也可以使用商值法进行危害评估，根据商值进行污染物排序。

8.2.2 典型底栖生物筛选

底栖生物对环境变化反应敏感，当水体受到污染时，底栖生物群落结构及多样性将会发生改变，因此能够作为反映水质状况的指示生物。为了能够更全面地了解流域底栖生物分布情况，同时为确定毒性效应测试受试生物种类提供依据，应对具体流域水环境进行系统、大量的文献调研，结合底栖生物的现场采集和鉴定，确定流域典型底栖生物种类。

　　为反映特定化学品在典型流域底栖生物的实际影响状况，在沉积物质量基准值制定中的受试生物应主要选择本地物种进行毒性测试，或收集相关资料和数据用于基准值的计算与推导。

　　一般毒性试验中，受试生物体的选择遵循以下几点：①应具有丰富的生物学背景资料和毒理学数据，生活史和生理代谢等情况清楚；②对试验毒物具有较高的敏感性；③具有广泛的地理分布和足够的数量，并可全年在某一地域范围内获得，易于鉴别；④能够在沉积物－水界面微环境下生存；⑤应是生态系统的重要组成成分，具有重大的生态学价值；⑥受沉积物理化性质（如沉积物颗粒大小、总有机碳含量等）的影响较小；⑦在实验室内易于培养和繁殖；⑧对于试验毒物的反应能够被测定，并具有一套标准的测定方法和技术；⑨适合所评价的暴露途径和测试终点；⑩应具有重要的经济价值和旅游价值，并与人类食物链联系。虽然很少有生物能满足所有的要求，但设计实验时还是要仔细评估各方面的因素，其中有两点应该是首先要考虑的：受试生物对目标污染物的敏感度和可能的暴露方式。

　　为获得科学可靠、适宜我国生态特征的沉积物质量基准，在数据收集方面应尽可能全面的涵盖各营养级和各种分类的底栖生物的毒性数据。可以在借鉴国外沉积物基准受试生物的基础上，确定我国不同流域沉积物质量基准制定的受试生物物种。受试物种的选择应以本地物种为主，也可以包括广泛分布或养殖的引进种。在基准制定中需要特别关注的是，研究流域的底栖生物中是否存在对特定化学品或目标污染物特别敏感的地方物种，或在水生生态系统中具有特殊重要性的地方物种，这些物种应作为基准制定的受试物种。同时需要关注在研究流域内，是否分布有国家、省、市等各级自然保护区，以及保护物种。这些物种通常不能作为受试生物进行毒性测试，但需要收集国内外相关文献资料，证明特定化学品或目标污染物对这些保护物种的不利效应不会显著高于那些用于毒性评估的受试生物，以保证沉积物质量基准的制定可以使得这些物种得到适当的保护。

　　对于承担着养殖功能的研究流域，受试生物中包括当地重要的养殖种类，以保证制定的沉积物质量基准能够保护这些养殖生物，并确保不会通过食物链的富集和放大作用而危害到其他生物。根据暴露时间长短，沉积物毒性试验可以分为急性毒性试验、慢性毒性试验和亚慢性毒性试验，不同试验方法具有不同的试验终点。如果污染物对生物体在短期内即可产生毒性，选择长期接触才会发生的生物效应作为试验终点显然是不合适的；如果已知污染物对生物体的繁殖造成不良影响而去选择其他的生物效应（如生长、存活率等）作为试验终点，则会影响试验结果的解释。因此，毒性试验必须选择敏感生物体的敏感试验终点来进行。

一般生物测试手段是单指标生物毒性试验，能够较准确地反映出某类污染物对某一特定生物产生的特定毒性作用（效应的产生、毒性的形成以及死亡）。

依据具体条件，毒性试验可以选择多种生物组合方案和试验终点进行。目前应用较多的生物毒性试验为端足类（*Amphipod*）动物的存活、生长或繁殖试验，双壳类动物（*Bivalve*）胚胎存活和生长试验，棘皮类（*Echinoderm*）动物发育和胚胎幼体成活试验等。另外，已有应用的受试生物还有摇蚊属（*Chironomus*）和颤蚓属（*Tubifex*）。USEPA 提供了一整套水体沉积物毒性测试方法，该方法选用了在全美分布比较普遍的三种底栖生物端足类某属（*Hyalella azteca*）、摇蚊（*Chironomus tentans*）和颤蚓（*Lumbriculus variegatus*）作为主要测试生物，测试类型有 10 天短期毒性测试、生命周期毒性测试和 28 天富集评价等。

在制定流域沉积物质量基准时，选择典型底栖生物进行毒性测试，测试方法可参照 USEPA、OECD、荷兰、澳大利亚等提供的标准沉积物毒性测试方法进行。

8.2.3 沉积物质量基准指标

针对典型流域水环境特征、污染物和有害环境因子的种类以及对环境生物暴露方式，依据现有的生物监测国家标准，借鉴 USEPA、OECD 等国家和国际组织制定的生物测试标准方法，根据特定化学品或污染物对底栖生物的毒性特征和毒性作用模式确定基准指标。基准指标主要是基于生物个体或种群水平的毒理学指标，包括对生物个体的急性和亚慢性/慢性毒性和繁殖毒性，适用于所有结构类型污染物或环境胁迫的基准推导，是污染物基准制定的基础指标。

急性毒性测试时间一般为 24~96h，测试指标为死亡或受抑制，一般用 LC_{50}（半数致死浓度）或 EC_{50}（半数效应浓度）表示。短期亚慢性毒性测试时间一般为 14~28 天，测试指标包括生长抑制和死亡，一般用 EC_{50} 表示。慢性毒性试验时间通常在 3 个月或以上，结果用 EC_{50} 表达。另外，可以选择底栖生物最敏感的生活阶段，通过短期亚慢性试验获取毒性数据，替代 3 个月以上慢性毒性试验的毒性数据用于基准值的计算和推导。

测试方法参照 USEPA 标准试验方法和 OECD 繁殖毒性试验方法技术指南。沉积物质量基准的推导和制定中应尽量选取已有标准或统一驯养规范和测试方法的代表性底栖生物物种，如选择尚无驯养和测试规范的物种，需要在基准值推导过程中对受试生物的选取、驯养和生物测试方法加以说明。

用于基准值制定的受试底栖生物主要为我国土著生物，也包括养殖业和旅游业的重要经济物种。每次毒性测试应使用单一污染物和单一测试物种进行毒性测试，且在毒性测试中需要设置符合要求的对照组。根据特定化学品和受试底栖生物的特征选择适当的生物测试方式，对于挥发性或易降解污染物应使用流水试验。当污染物的生物毒性与硬度、pH 等水质参数相关时，应随最终毒性数据报告上述试验条件。

收集用于基准值计算和推导的相关数据，通过对数据的评价和筛选，弃用一些有问题或有疑点的数据，如未设立对照组的、对照组的试验生物表现不正常的、实验条件存在偏差的、试验用化合物的理化状态不符合要求的或试验生物曾经暴露于污染物中的，类似的试验数据都不能采用，至多用来提供辅助的信息。将不符合沉积物质量基准计算要求的试验数据剔除，其中包括非中国物种的试验数据和实验设计不科学或者不符合要求的试验数据。如果可同时获取同一物种不同生命阶段毒性数据的，应选择物种最敏感生命阶段数据。

8.3　沉积物安全基准阈值应用

本研究以示范区流域水环境沉积物中多环芳烃（PAHs）和有机氯农药（OCPs）的沉积物基准和风险评估来简单介绍一下沉积物安全基准阈值的应用。

8.3.1　模型建立

理论基础之一：平衡分配法。平衡分配法适用于非离子有机化合物，且 $K_{ow} > 3.0$。平衡分配法的假设为：①化合物在沉积物有机质和间隙水中的分配近似平衡；②测量一种相的化合物浓度，加上分配系数，可以得出另外相中的化合物浓度；③不论暴露在水相，还是在其他的平衡相，如间隙水中的呼吸、摄食沉积物或上覆物或者是混合暴露，生物体效应是相等的；④对于非离子化合物，有机质对其在沉积物中的影响浓度可以用有机碳/水分配系数 K_{oc} 得到的；⑤FCV 和 FAV 对间隙水中溶解性化学物质是合适的；⑥沉积物基准值是由 K_{oc} 和 FCV 得到，浓度单位采用化合物在沉积物中有机碳的比例，即 μg/g，而不是用间隙水中的浓度单位，这是因为间隙水很难取样，并且很多的其他化学物质会和有机碳有关而导致总的浓度过高。

理论基础之二：麻醉理论学。麻醉理论及模型是用来描述麻醉剂类的化学物质的。因为 PAHs 被认为属于这类物质，因此其毒理学的原理及方法也可以适用于它们。模型采用了 156 种化学品的 LC_{50} 值及 33 种水生生物，包括鱼类、两栖类、节肢动物、软体动物、环节动物、腔肠动物及棘皮动物。该部分的详细介绍是用来表明：①麻醉类化学物质的毒性，包括 PAHs，主要依赖于其辛醇/水分配系数 K_{OW}；②K_{OW} 与毒性呈直线关系，其斜率对于所有水生物种是相同的，不同的化学品和物种截距不同；③物种的 LC_{50} 值用 $K_{OW} = 1.0$ 的物质标准化；④混合的毒性是相加的。模型认为目标脂肪是位于有机体内，另外，还假定对于所有物种有相同的脂肪－辛醇线性自由能关系，这也就是说 $lgLC_{50}/lgK_{OW}$ 对所有的物种是相同的。

麻醉模型的背景：

1. 体内积存量模型

最初的 QSAR 模型对于麻醉剂的毒性判断主要依靠 $lgLC_{50}$ 和 lgK_{OW} 的相关性。在水生生物鱼类等研究基础上[14~17]，提出 LC_{50} 和 K_{OW} 的大致关系为

$$lgLC_{50} \cong - lgK_{OW} + 1.7 \tag{8.9}$$

生物浓缩因子 BCF（L/kg）定义为湿有机体中某化学品的浓度 C_{Org}（mmol/kg 湿重）与该物质在间隙水中的浓度 C_d（mmol/L）：

$$BCF = \frac{C_{Org}}{C_d} \tag{8.10}$$

与 LC_{50} 相当的临界体内积存量 C_{Org}^* 可以用下式计算：

$$C_{Org}^* = BCF \times LC_{50} \tag{8.11}$$

对鱼类来说，存在如下关系：

$$lgBCF \cong lgK_{OW} - 1.3 \tag{8.12}$$

因此：

$$lgC_{Org}^* = lgBCF + lgLC_{50}$$
$$\cong lgK_{OW} - 1.3 - lgK_{OW} + 1.7$$
$$\cong 0.4$$

或者

$$C_{Org}^* \cong 2.5\,\mu mol/g \text{ 湿重} \tag{8.13}$$

这样，将 LC_{50} 和 K_{OW} 之间的关系合理化，并认为死亡率是由化学物质在生物体内的临界积存量决定的。

2. 目标脂肪模型

体内积存量模型应用 BCF 反映了麻醉剂在整个生物个体的浓度情况。如果不同的物种进行实验，种特异的 BCFs 和脂肪浓度将会要求转变 LC_{50} 为每种物种

的体内积存量。一个更为直接的方法就是将致死性与目标化合物在靶组织中的浓度联系起来，而不是整个个体中的浓度。如果这种划分不依赖于物种，那么将会排除种特异的 BCFs 的影响。关于目标组织的争论仍在继续，但是姑且认为目标组织是机体脂肪的一部分，因此命名为目标脂肪。

目标脂肪模型建立的假定基础是化学物质的浓度在目标组织中达到了极限浓度。这个极限浓度是种特异的，而不是普遍应用于所有生物体。目标脂肪/水（L/kg 脂肪）分配系数定义为化合物在目标脂肪中的浓度 C_L（mmol/kg 脂肪）和间隙水中的浓度 C_d（mmol/L）。

$$K_{LW} = \frac{C_L}{C_d} \tag{8.14}$$

当化合物的浓度在水相中等于 LC_{50} 时，脂肪组织中的临界体内积存量 C_L^* 如下式：

$$C_L^* = K_{LW} \times LC_{50} \tag{8.15}$$

假定麻醉理论是正确的，那么任何一种化合物的浓度等于 C_L^* 时，50% 的死亡率就会发生。这样任何化合物的 LC_{50} 将能够用同一个 C_L^* 计算得到，即

$$LC_{50} = \frac{C_L^*}{K_{LW}} \tag{8.16}$$

或 $$lgLC_{50} = lgC_L^* - lgK_{LW} \tag{8.17}$$

普遍认为：多种有机物在两种液体介质中的分配系数的对数是直线关系，这样，对于目标脂肪和辛醇，则有

$$lgK_{LW} = a_0 + a_1 lgK_{OW} \tag{8.18}$$

这种直线关系就是线性自由能关系。结合以上两个公式，可以得出 $lgLC_{50}$ 和 lgK_{OW} 的线性关系为

$$lgLC_{50} = lgC_L^* - a_0 - a_1 lgK_{OW} \tag{8.19}$$

同样的线性关系也有实验得到。

8.3.2 参数确定

本研究采用公式（8.4）建立 PAHs 和 OCPs 各组分的沉积物质量基准值（ESB_{WQCOC}），基本公式如下：

$$C_{SQC} = K_{OC} \times f_{OC} \times C_{WQC}(FCV) \tag{8.20}$$

式中，K_{OC} 为固相有机碳分配系数；f_{OC} 为沉积物中有机碳的质量分数；C_{WQC} 为水质基准值，一般采用最终慢性值（FCV），本研究采用 USEPA 推荐的 FCV。由此

可以得出 16 种 PAHs 和 6 种 OCPs 的沉积物基准值 ESB$_{WQCOC}$。

1. 沉积物中单个 PAH 基准值（C_{OC,PAH_i,FCV_i}）的推导

沉积物中一种 PAH 的临界浓度与 FCV 是相关的，是由相平衡分配法派生出来的，因为 PAHs 在间隙水和沉积物中的分配是和其他的非离子有机化合物类似。因此，沉积物中的有效浓度可以从水中的有效浓度及特殊 PAH 的 K_{OC} 获得。应用 K_{OC} 获得 PAHs 在沉积物中的有效浓度是可以利用的，这是因为这些化合物的分配主要是由沉积物中的有机碳决定的，同时也为了使沉积物基准的建立更具有普遍适用性，摆脱各个地区因有机质含量不同而造成的沉积物质量基准不同的限制。

在这里 K_{OC}（L/kg$_{OC}$）可以得到，同样 $K_{OC} \cong K_{OW}$，每一种 PAHs 的 C_{OC,PAH_i,FCV_i} 依旧利用相平衡分配法，用 FCV 作为水的浓度，则有

$$C_{OC,PAH_i,FCV_i} = K_{OC} \times FCV_i \tag{8.21}$$

因为 K_{OC} 对于非离子有机化合物被假定独立于沉积物类型，同样适用于 C_{OC,PAH_i,FCV_i}。

2. PAHs 混合物的毒性单位 ESBFCV 的推导

一种 PAH 在沉积物中的浓度（C_{OC,PAH_i}）和沉积物中的 C_{OC,PAH_i,FCV_i} 的商可以认为是平衡分配沉积物基准毒性单元 ESBTU$_{FCV_i}$。这样，PAH 混合物的 ESB 就是所有 PAHs 的 ESBTU$_{FCV_i}$ 的和，即

$$\sum ESBTU_{FCV} = \sum_i \frac{C_{OC,PAH_i}}{C_{OC,PAH_i,FCV_i}} \tag{8.22}$$

对于一种沉积物而言，如果 ESBTU$_{FCV_i}$ 小于等于 1.0，则认为 PAHs 中混合物的浓度不会对底栖动物构成伤害，那么平衡分配有机物基准由以下公式获得

$$ESB = \sum ESBTU_{FCV_i} \leqslant 1.0 \tag{8.23}$$

如果 ESBTU$_{FCV_i}$ 大于 1.0，则沉积物中 PAHs 的浓度不适合于保护底栖动物。

$$ESB = \sum ESBTU_{FCV_i} > 1.0 \tag{8.24}$$

8.3.3 沉积物质量基准构建

本研究中 OCPs 的修复限值的测算，是根据上述建立的基准值推算模型计算出实际沉积物中六六六和 DDT 的修复限值，在 $f_{OC} > 0.5\%$ 的颗粒物中，有机碳是

最主要的吸附相，此时可计算有机质标化了的沉积物质量标准。因此需要两种参数来建立六六六和 DDT 的修复限值：①沉积物有机碳和水相中的浓度的比值 K_{OC}（L/kg）；②相关化学成分的水质基准 C_{WQC} 或 FCV（μg/L）。

OCPs 的 SQC 值见表 8-2。

表 8-2   OCPs 所需参数及其 SQC$_{oc}$ 值

污染物	lgK_{OC}	K_{OC}	WQC/(μg/L)	SQC$_{OC}$/(μg/g)
DDD	4.93	85 113.80	0.001	85.11
DDE	5.04	109 647.82	0.001	109.65
DDT	5.14	137 341.93	0.001	137.34
α-BHC	3.12	1 318.26	0.092	121.28
β-HCH	3.14	1 380.38	0.163	225.00
δ-HCH	3.72	5 248.07	2.44	12 805.30
γ-HCH	3.67	4 677.35	0.08	374.19

多环芳烃（PAHs）的 SQC 值见表 8-3。

表 8-3   PAHs 所需参数及其 SQC$_{oc,i}$ 值

污染物	lgK_{OC}	K_{OC}	FCV/(μg/L)	C_{OC,PAH_i,FCV_i}/(μg/g)
苊烯	3.17	1 472.31	306.90	452.00
苊	3.94	8 790.23	55.85	491.00
芴	4.14	13 708.82	39.30	538.00
菲	4.49	31 188.90	19.13	596.00
蒽	4.46	28 641.78	20.73	594.00
荧蒽	5.00	99 540.54	7.11	707.00
芘	4.84	69 023.98	10.11	697.00
苯并 [a] 蒽	5.58	377 572.19	2.23	841.00
屈	5.62	413 047.50	2.04	844.00
苯并 [b] 荧蒽	6.16	1 445 439.77	0.68	979.00
苯并 [k] 荧蒽	6.18	1 527 566.06	0.64	981.00
苯并 [a] 芘	6.00	1 006 931.67	0.96	965.00
茚并[1,2,3-cd]芘	6.61	4 055 085.35	0.28	1 115.00
二苯并[a,h]蒽	6.60	3 971 915.49	0.28	1 123.00
苯并[g,h,i]苝	6.40	2 494 594.73	0.44	1 095.00

8.3.4 有机污染物风险评价

根据 EPA 推荐的相关沉积物机理（Narcosis Theory）[2]，实际沉积物中 PAHs 等都不是以单一的形式存在，而是以多种混合物的形式存在，同种性质的化合物的毒性具有相加性，可以将每种污染物的毒性单元值相加后得到沉积物中某类污染物的总的毒性值。某一种污染物在沉积物中的毒性单元（$ESBTU_{FCV_i}$）定义为该污染物在沉积物中的有机碳标化浓度（$C_{OC,i}$）与其在沉积物中的基准值 $C_{OC,i}$，FCV_i（实际上也就是 $ESBWQC_{OC}$）的比值。而混合物的沉积物毒性单元（$\sum ESBTU_{FCV}$）就是所有同类污染物不同组分的 $ESBTU_{FCV_i}$ 的和。对于沉积物样品而言，如果 $\sum ESBTU_{FCV} \leqslant 1.0$，则认为该类污染物在沉积物中不会对底栖生物构成伤害，反之，$\sum ESBTU_{FCV} > 1.0$，则认为该类污染物可能对底栖生物构成威胁，需要对其进行适当的污染控制甚至修复。

基准值是确定的沉积物中污染物最高阈值含量，若沉积物中污染物的含量大于基准值，则认为沉积物已经发生了污染。沉积物对底栖动物具有毒性，因而会出现各种不良生物效应，同时对水生生态系统造成损害。根据以上对沉积物质量基准建立方法，分别得到 $\sum PAHs$、$\sum DDTs$ 和 $\sum HCHs$ 的沉积物质量基准值，与沉积物中的实际浓度作比值（以下均称作超标倍数），进而分析评价沉积物中这三类污染物的生态风险（图 8.2~图 8.5）。

在丰水期辽河采样点中，$\sum PAHs$ 在沈阳浑河大桥南（L1-1-1）处超过基准值，超标倍数为 1.5，另外，除沈阳浑河大桥中（L1-1-2）的超标倍数为 0.8 外，其他的均低于 0.5。说明 PAHs 虽然具有一定程度的潜在污染，但是影响不会很大。$\sum DDTs$ 在沈阳沈水湾公园码头（L1-2）和北道沟浑河桥（L5-1）处明显超标，超标倍数分别为 2.8、3.6。$\sum HCHs$ 在北道沟浑河桥（L5-2）处发现超标，超标倍数为 2.44，其余都较低。说明 OCPs 在北道桥附近的污染比较严重，具有一定的风险性。

枯水期辽河采样点中，$\sum PAHs$ 的超标倍数均低于 0.1。说明 PAHs 的潜在污染影响很小。$\sum DDTs$ 在沈阳沈水湾公园码头（L5-1-3）、（L5-1-1）和营口入海口处（L6-2）处明显超标，超标倍数分别为 3.7、1.4 及 1.4。$\sum HCHs$ 虽未发现超标的点位，但是超标倍数较 $\sum PAHs$ 和 $\sum DDTs$ 普遍较高，说明其潜在的危害性不能忽视。

根据图 8-4 和图 8-5 中可以看出，太湖丰水期和枯水期的各个点位中，

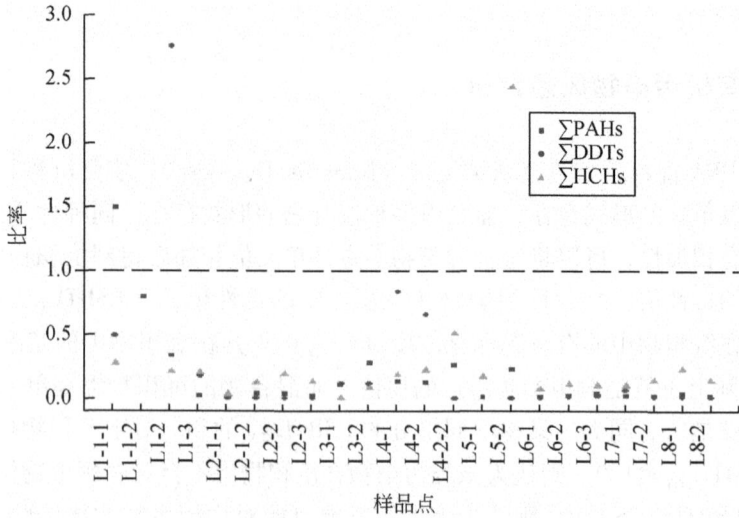

图 8-2　丰水期辽河沉积物中主要污染物的生态风险

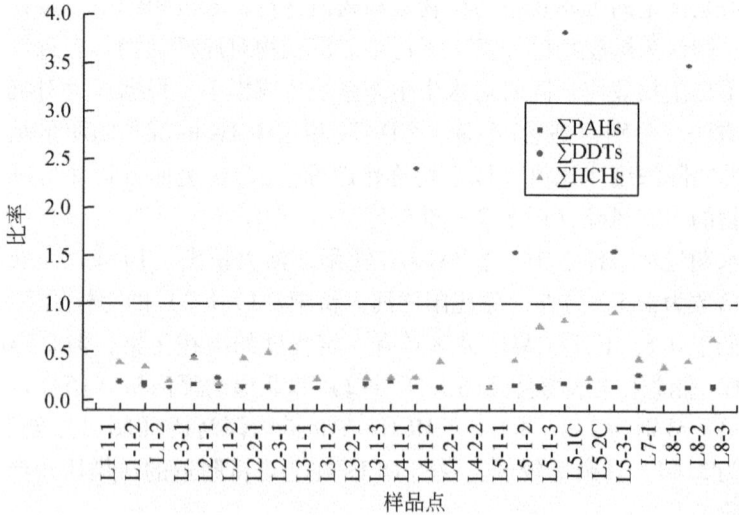

图 8-3　枯水期辽河沉积物中主要污染物的生态风险

$\sum$PAHs、$\sum$DDTs 和 $\sum$HCHs 均未超标，且超标倍数都小于 0.5。说明和辽河相比，太湖具有的潜在风险危害性较小。沉积物污染没有辽河的严重。

WQC（水质标准）或者 FCV 的选用是计算污染物限值的关键参数，水质标准的差别直接影响着污染物 SQC 值。由于各国国情不同，保护目标和保护程度不同，水质基准的制定方面也存在区别，这些方面导致了各个区域的 SQC 值存

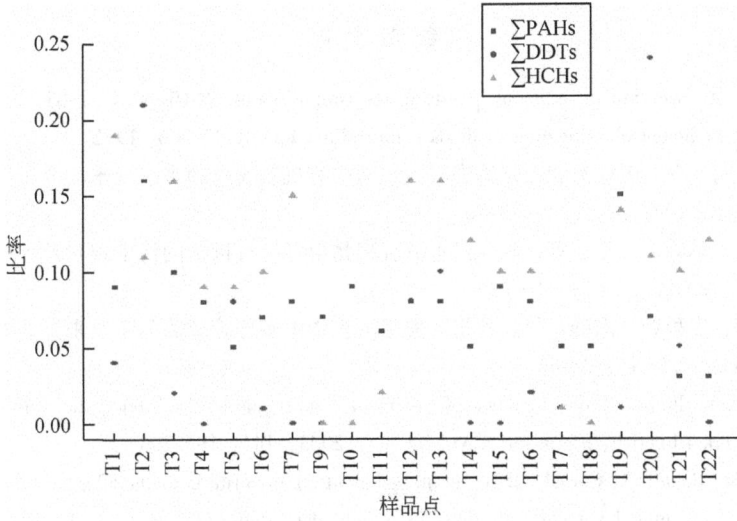

图 8-4   丰水期太湖沉积物中主要农药组分的生态风险

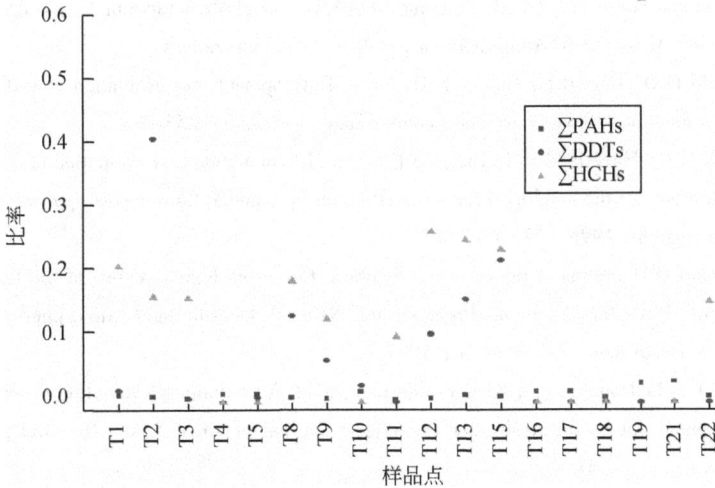

图 8-5   枯水期太湖沉积物中主要农药组分的生态风险

在差异。选用不同水质标准，各个区域的 SQC 值存在差别。选用 EPA 水质标准计算出的 SQC 值与选用我国渔业水质标准所计算出的 SQC 值低 2 倍。对于 DDT，选用不同水质标准，计算出的 SQC 值偏差较大。本研究采用较为普遍且严格的 EPA 推荐的水质基准或者 FCV 值推算沉积物质量基准。

参 考 文 献

［1］ USEPA. An overview of sediment quality in the United States. 68-01-6951，1987

［2］ USEPA. Sediment classification methods compendium. 823-R-92-006，1992

［3］ 李洪，付宇众. 大连湾和锦州湾表层沉积物中有机氯农药和多氯联苯的分布特征. 海洋环境科学，1998，17（2）：73-76

［4］ 麦碧娴，林峥，张干，等. 珠江三角洲沉积物中毒害有机物的污染现状及评价. 环境科学研究，2001，14（1）：19-23

［5］ 杨永亮，麦碧娴，潘静，等. 胶州湾表层沉积物中多环芳烃的分布及来源. 海洋环境科学，2003，22（4）：38-43

［6］ CRANE M. Proposed development of sediment quality guidelines under the European Water Framework Directive：a critique. Toxicol. Lett. ，2003，142：195-206

［7］ Neff J M，Bean D J，Cornaby B W，et al. Sediment quality criteria methodology validation：calculation of screening level concentrations from field data. Battelle Washington Environmental Program Office for USEPA，1986

［8］ Long E R，Morgan L G. The potential for biological effects of sediment-sorbed contaminants tested in the National Status and Trends Program. NOAA Technical Memorandum NOS OMA 52. National Oceanic and Atmospheric Administration，1991：175，appendices

［9］ MacDonald D D，Carr R S，Calder F D，et al. Development and evaluation of sediment quality guidelines for Florida coastal waters. Ecotoxicology，1996，5：253-278

［10］ Ingersoll C G，Haverland P S，Brunson E L，et al. Calculation and evaluation of sediment effect concentrations for the amphipod *Hyalella azteca* and the midge *Chironomus riparius*. Journal Great Lakes Research，1996，22：602-623

［11］ MacDonald D D. Sediment injury in the Southern California bight：review of the toxic effects of DDTs and PCBs in sediments. Prepared for National Oceanic and Atmospheric Administration. U. S. Department of Commerce，1997

［12］ Smith S L，MacDonald D D，Keenleyside K A，et al. A preliminary evaluation of sediment quality assessment values for freshwater ecosystems. Journal of Great Lakes Research，1996，22：624-638

［13］ Canadian Council of Ministers of the Environment. Canadian environmental quality guidelines. 1999

［14］ Swartz R C. Consensus sediment quality guidelines for polycyclic aromatic hydrocarbon mixtures. Environmental Toxicology and Chemistry，1999，18（4）：780-787

［15］ Long E R，MacDonald D D，Smith S L，et al. Incidence of adverse biological effects within ranges of chemical concentrations in marine and estuarine sediments. Environmental Management，1995，19：81-97

[16] Persaud D, Jaagumagi R, Hayton A. Guidelines for the protection and management of aquatic sediment quality in Ontario. Water Resources Branch, Ontario Ministry of the Environment, 1993

[17] MacDonald D D, Ingersoll C G, Berger T A. Development and evaluation of consensus-based sediment quality guidelines for freshwater ecosystems. Archives of Environmental Contamination and Toxicology, 2000, 39: 20-31

[18] Ingersoll C G, MacDonald D D. An assessment of sediment injury in the west branch of the Grand Calumet River. Volume I. prepared for environmental enforcement section. Environment and Natural Resources Division. United States Department of Justice, 1999

[19] MacDonald D D, Ingersoll C G, Moore D, et al. Calcasieu Estuary remedial investigation/feasibility study (RI/FS): Baseline Ecological Risk Assessment workshop, workshop summary report. Report prepared for CDM Federal Programs Corporation, 2000

[20] MacDonald D D. An evaluation of the toxicity of contaminated sediments from Waukegan Habor, Illinois, following remediation. Archives of Environmental Contamination and Toxicology, 2000, 39: 452-461

[21] MacDonald D D, Moore D R J, Pawlisz A, et al., Calcasieu Estuary remedial investigation/feasibility study (RI/FS): Baseline Ecological Risk Assessment (BERA) -Baseline Problem Formulation. Volume1. Prepared for United States Environmental Protection Agency, 2001

[22] USEPA. Predictions of sediment toxicity using consensus-based freshwater sediment quality guidelines. EPA 905/R-00-007. Great Lakes National Program Office. United States Environmental Protection Agency, 2000

[23] Ingersoll C G, MacDonald D D, Wang N, et al. Predictions of sediment toxicity using consensus-based freshwater sediment quality guidelines. Archives of Environmental Contamination and Toxicology, 2001, 41: 8-21

第9章 营养物基准与标准研究进展

水环境中氮、磷等营养物质是维持浮游植物生长的基础，并通过浮游植物这一重要初级生产者影响调节着系统的物质循环和能量流动。然而，随着人类社会的发展，大量氮、磷等营养物质被排放入水，使水体营养物过量，导致有害藻类和植物过度生长，从而导致水生生物的死亡和水生态系统的破坏。营养物基准（nutrient criteria）一般指水环境中，营养状态参数对水生态系统或水生物体不产生有害影响的最大剂量（或称无可见副作用剂量）或浓度。营养物基准主要是基于生态学原理和方法，制定的维持良好水生态结构和功能的水体中营养物阈值。

9.1　水环境营养物质量基准方法

从国内外营养物基准制定的进展来看，河口以及河流、湖库等水体的营养物基准制定普遍滞后于其他水质指标基准的制定，目前仍处于探索阶段[1]。美国早在 1976 年就发布了第一部国家水质基准，1998 年制定了区域营养物基准的国家战略，此后 8 年先后编制完成了湖泊/水库（2000 年 4 月）[2]、河口海岸（2001年 10 月）[3]、河流（2000 年 7 月）[4]和湿地（2006 年 12 月，草案）的营养物基准技术指南，并首先制定一级分区湖泊营养物基准，各州根据营养物基准技术指南陆续制定本州的营养物基准。欧洲各国也在分别制定湖泊营养物基准。欧盟于 2002 年制定了《水框架指令实施战略》[5]，其中针对过渡水体及海岸水体的参照状态问题提出了指导意见和方法。然而，其主要从水生态保护角度涵盖了部分生物指标，并未从营养物控制角度，系统地考虑营养物管理相关指标。

营养物基准制定主要涵盖 6 个步骤[6]，分别为：①组建区域技术协作组，调查了解水环境背景状况；②流域水生态分类；③选择基准变量指标；④建立历史及现状数据库，开展补充采样监测；⑤建立参照生态状态，提出推荐基准值；⑥基准值评价、解释和校正。

9.1.1　水环境背景调查

在基准的制定过程中专家评估是非常重要的。专家在河口与近岸水体基准建立过程中的作用比湖泊和河流更大。在河口及近岸水体大部分数据分散于大学及研究所中，这部分数据很难收集。专家利用自己的知名度可促进相关数据的收集，且帮助审查这些数据的重复性和异常值。

由于不同河口及近岸水体对营养盐的敏感性差异很大，因此很难应用已出版的营养盐浓度值进行预测。然而，对单个河口来说藻类累积导致的低氧的一般范围可根据经验确定。在基准制定过程中，这类评估需要将多年的观测结果与专家的经验相结合。

9.1.2 流域水生态分类

对水体进行分类或分区有两种方法：先验分类法和后验分类法。先验分类体系基于预设信息与理论，如运用水文学和区域特征来进行分类；后验方法基于单纯从数据角度采用判别分析方法如聚类分析进行分类。在实际应用中可以结合这两种方法对水体进行合理准确的分类。在分类过程中可以根据水体的水文特征（水量大小、汛期及水量季节变化、含沙量与流速等）、水环境特征（温度、pH、透明度、溶解氧、浊度、盐度、深度、营养元素、污染物）对水体进行分类。

对已经确定的分类可以进行统计学检验，分类的单因素检验包括所有两个或更多组之间的标准统计学检验：t 检验、方差分析、符号检验、威氏秩次检验以及曼惠特尼检验。这些方法是用来检验各组间的明显差异，从而确定或拒绝分类。准确的分类有利于参照点和生态基准的建立。分类应该是一项重复的评估过程，这个评估过程应该包含多个量度来评判生态区分类的成功。

9.1.3 基准变量指标筛选

生态学基准是在大量现场调查的基础上通过统计学分析制定的。氮、磷等营养物质对水生生物的毒理作用相对较小，其危害主要在于促进藻类生长而暴发水华，从而导致水生生物的死亡和水生态系统的破坏。因此，防止水体富营养化的营养物基准是基于生态学原理和方法制定的，而非用生物毒理学方法。

从上述研究来看，营养物质中常量元素方面以 N、P、Si 关注较多，微量元素以 Fe 关注较多；营养盐的限制作用表现出十分明显的地域差别和季节性变化，N、P、Si、Fe 等可能在不同时期、不同程度地成为限制因子；其中，N、P 是导致富营养化的主要营养物；在河口或近海，Si 可能在 N、P 浓度相对较高的前提下，限制硅藻的生长；Fe 是协同限制营养物，在某些海域限制作用明显，但仍然是次于 N 的作用。此外，在实践中出于管理的需求，制定基准的指标也可不仅仅限于营养物质。按照美国的做法，理论上应包括用于解释水体富营养化原因和结果的所有变量。例如，生物学变量如叶绿素 a 和流域特征变量如单位土地面积的营养物流失参数等。一般来说，有 5 个指标为基准的基本变量，即总氮、总磷、叶绿素 a、透明度或藻类浊度、溶解氧。其中，总氮、总磷是营养物指标，也是主要原因变量；藻类生物量如 Chl-a、SD、或藻类浊度、大型藻类干重等是生物学指标，也是初始响应变量，以体现初级生产力对营养物质的反应。在存在低氧、缺氧问题的区域，溶解氧应被考虑。沉水植物、底栖动物、Fe、Si 等指标亦可根据区域实际情况酌情纳入。

能够反映水体营养状态的变量很多，但只有部分指标可用于营养状态的评价[7]，营养物基准指标选取时应遵循以下几个原则：①所选的指标应当不易受其他外界因素的影响，即相对稳定。例如，由于不同形态氮之间容易相互转化，宜采用相对稳定的变量（总氮）作为主要的营养物指标，其他形态氮可择优作为辅助的指标。②受地理、气候和历史等自然与人为因素的影响，不同地区影响水体富营养化的关键变量会存在一定差异，因此要因地制宜，不同地区选取的指标各有不同。③由于浮游藻类的生长是富营养化的关键过程，因此所选指标应当与藻类生长有明确的相关关系，从而为富营养化控制标准提供良好的基础，如叶绿素 a、水体透明度等。④基准采用的指标应当具有水体发生富营养化的早期预警功能，为水体富营养化的控制提供可靠的依据。⑤所采用的指标当前有标准监测分析方法，易于全国推广。

9.1.4 数据库建设

收集近几十年来目标流域水环境的理化因子（如溶解氧、温度、SS、浊度、透明度、pH、COD、重金属、有机污染物、总有机碳、氨氮等）及生物种群特征（如初级生产力、种类、丰度、生物量、多样性、均匀性）等资料。依据水生态分区分析各理化因子的时空分布规律及变化趋势；分析各生态分区内生物群落的物种组成、物种和种群的空间分布及历史变化趋势。在水生态分区的基础上，应用统计方法分析各理化因子与物种组成、物种和种群空间分布之间的关系，筛选出不同生态分区内影响生态环境质量的关键理化因子；进一步剖析在关键理化因子作用下，不同生态分区中水生生物的指标种、物种丰度、生物量和多样性等生态学指标的变化特征，辨识对关键理化因子具有表征作用的生态学指标。

9.1.5　参照水生态区构建

参照水生态区被用来确定水体的参考状态，从而制定出水体的生态学基准值，因此参照区的选择必须谨慎。参照区指不受损害或受到极小损害且对该水体或邻近水体的生物学完整性具有代表性的具体地点或范围，参照区或参照点应选择水体内最接近自然的位置。在参照区点的选择过程中应遵循两个原则：

（1）受人类的干扰最小（minimal impairment），参照区点因选取未受人为活动干扰的地点，但在具体的水体中真正未受干扰的参照点很难找到，因此实际上常常选取受到人类干扰最小的地点作为参照点。

（2）具有代表性（representativeness），所选择的参照区点必须可以代表水体调查区域的最优状况，在水体生态环境调查与评价的基础上，依据最小干扰和代表性的原则，选取参照点。但实际上有些水体受人类干扰很大，生态环境与"自然"的状态相差较大，因此没有合适的参照点可以选择，这时候可以采用生态模型的方法。

9.1.6　基准值评价和校正

推荐基准值首先按照各步骤针对各个基准指标逐一建立，继而由 RTAG 专家进行综合分析，包括分析各指标推荐基准值的匹配状况。若出现压力指标浓度高、响应指标浓度低等不相匹配的问题，将由 RTAG 专家进行综合诊断及决策。推荐的基准值需要提交 RTAG 专家进行评价、确定和解释。基准值的校正则主要由地方政府根据实际状况开展。

9.2　研究进展

营养物基准是富营养化控制标准的理论基础和科学依据，一些发达国家已经制定或正在制定地表水的营养物基准或相关营养物控制标准。营养物基准研究目的主要是控制流域或区域水环境中的富营养化污染现象，防治水体系统因富营养化导致的系统损害或退化。结合污染生态学及生物地球化学等上游学科的研究，强调在水环境中营养盐的物理、化学和生物过程及其在生态效应机理研究的基础上，建立水环境营养物水质基准的技术和方法。

9.2.1 湖泊水库基准

1. 国内研究进展

与发达国家相比，我国水质基准特别是湖泊营养物基准研究极为薄弱，主要参考国外的相关基准值，但由于水生生物区系具有地域性，代表性物种不同，其他国家的水质基准不能够完全反映中国的水生生物保护的要求，所以如果完全参照其他国家的水质基准来制定我国的水质标准，将会降低我国水质标准的科学性，可能导致保护不够或过分保护。随着湖泊流域和周边地区人口增长和经济快速发展，导致进入湖泊 TN、TP 和 COD_{Mn} 等污染物增加，湖泊水环境污染不断加重，尤其是在我国东部平原湖区，入湖污染物增加引起湖泊水环境质量急剧下降[7~9]。湖泊水体 TN、TP 等污染物浓度增加，导致湖泊水体富营养化不断加重。据 2007 ~ 2010 年对东部平原湖区、东北平原与山地湖区和云贵高原湖区 138 个面积大于 $10km^2$ 湖泊的水质调查，采用 TN、TP、Chl-a、SD、SS 和 COD_{Mn} 6 个水化学指标进行评价的湖泊营养指数（TSI）显示，138 个湖泊中有 85.4% 的湖泊超过了富营养化标准，其中达到重富营养化标准的占 40.1%，而全湖全年均为贫营养水平的仅泸沽湖 1 个；国内部分湖泊的部分湖区，在一些季节里存在贫营养状态，但全湖平均也大都为中营养水平，如云南抚仙湖、江西军山湖等；中营养和贫营养湖泊总计仅为 14.6%。其中，东北平原与山地湖区湖泊富营养化比例最高，达 96.0%；其次是东部平原湖区的长江中下游地区，为 85.9%；云贵高原湖区最低，为 61.5%。我国五大淡水湖（鄱阳湖、洞庭湖、太湖、洪泽湖和巢湖），其水环境质量都不容乐观，除洞庭湖目前尚处于中营养水平外，其余四大淡水湖，整体上已经处于富营养化水平。近年来，我国湖泊富营养化事件频发，在应对这些重大湖泊污染事件时，已明显暴露出我国对湖泊环境质量特征与过程方面认识的不足，在污染物生态与健康效应等方面的基础储备不够。湖泊富营养盐基准是对湖泊富营养化进行评估、预防、控制和管理的科学基础，但是我国至今还没有针对湖泊富营养化特点的富营养盐基准；因此，在参考发达国家先进经验的基础上，开展我国湖库水体营养物基准与控制标准的研制非常迫切。

2. 国外研究进展

从水环境营养物基准制定的进展来看，河流、湖库等水体的营养物基准制定普遍滞后于其他水质指标基准的制定。

1）营养物指标的选取

湖泊营养物基准指标主要包括营养物变量（磷、氮）、生物学变量（有机碳、叶绿素 a、透明度、溶解氧、大型植物、生物群落结构）和流域特征（土地利用）等[9]。

湖泊中磷含量的常规分析中采用总磷表示，包含所有有机的、无机的、可滤过的和颗粒状的磷[10]。在许多磷限制的湖泊中，总磷和叶绿素水平通常呈简单的线性关系。湖泊水体的氮含量主要以总氮表示，总氮包括了所有硝酸盐氮、亚硝酸盐氮、氨氮和总有机氮。氮磷比是影响湖泊水体富营养化的重要因素之一，因为碳输入比与氮和磷的供给比相连[11]。一般认为，当氮磷重量比大于为10∶1时，磷可以考虑为藻类增长的限制因素[12]。日本湖泊学家板本曾研究指出，当湖水的总氮和总磷浓度的比值为10∶1～25∶1时，藻类生长与氮、磷浓度存在着直线相关关系[13]。

营养物富集的响应是复杂的，至今很少有研究能提供输入和响应之间关联的确切证据。需要加强对营养物输入和浮游植物响应的季节影响、不同水体的自然敏感度和环境差异等的关注[14]。在有些湖泊中，如无机浊度高或流速高的湖泊，总磷不是影响藻类或生物量的重要因素，叶绿素 a 会是最为重要的指标。例如，美国弗吉尼亚州将叶绿素 a 作为确定营养物基准的基础，亚利桑那州也选择其浓度作为浮游植物主导的水体和大型植物主导的水体的最主要指标[10]。在一般的湖泊中，透明度的变化主要源于水体中悬浮的藻类数量的差异，能够很好地表征湖泊的富营养化程度。USEPA 建议采用夏季透明度来评估富营养化，并明确指出用塞氏透明度指示湖库的营养状态，但是不适用于着色或者有机悬浮性固体的水体[2]。Ludovivi 等[15]提出，热力学指标可作为湖泊生态系统发展状况的生态指示。对意大利 Trasimeno 湖的研究表明，小型浅水湖的营养状态与 Carlson TSI 指标、基于磷负荷的 Vollenweider 富营养化模型及 Hillbrich Ilkowska 方法得到的结果均一致，并发现湖泊平均水深在决定营养结构和状态的变化上充当重要的角色。另外一些研究发现 COD 与富营养化存在较好的相关性，但关系尚不明确，DO 在富营养化发生过程中一直发生动态变化，也很难作为水体富营养预警性指标[16]。建立湖泊富营养盐基准时，建议一般遵循的原则有：①湖泊富营养化控制的关键指标，应该因地制宜，不同分区的富营养盐基准可以不同；②指标应与藻类生长具有明显的相关关系；③指标应考虑具有水体富营养化的预警功能。

2）确定湖泊参照状态的方法

参照水生态状态也可指"受影响最小的状态或认为可达到的最佳状态"，提供着决定随时间推移由人类引起的湖泊生态变化的基线，若没有分区湖泊的参照状态，则很难得出湖泊现状及未来潜在变化受人类影响的程度。美国和欧洲在确定湖泊参照状态的方法基本类似，主要包括调查数据和历史数据的统计分析、模型预测和推断、古湖沼学重建和专家判断[17,18]。

A. 统计学方法

USEPA 指南中首推统计学方法，即利用生态分区内收集到的湖泊历史和现状的大量数据进行统计分析确定营养物参照状态。该方法分为参照湖泊法（reference lake approach）和湖泊群体分布法（lake population distribution approach）两类[19]。

参照湖泊法是利用生态分区中的参照湖泊基准指标的中值（也有采用平均值）的频率分布的上 25% 点为该分区湖泊的参照状态，因为这个水平最大地保护区域自然营养湖泊类型的多样性[2]。群体分布法是当参照湖泊数量不足时，选择区域内全体湖泊最好的四分之一（即频率分布的下 25%）作为营养物基准参照状态。USEPA 指南指出，两种方法确定的基准值结果相近。美国在确定全国 14 个一级分区的参照状态时将两种结合起来使用。

利用湖泊监测站点的原始数据来建立参照状态最为合适，但是许多湖泊的历史监测资料不齐全或无法获得，为参照状态的确定带来极大困难，因此需要运用多种方法来确定参照状态。在美国各州及欧洲各国建立参照状态制定基准时，普遍将数学统计与模型回归相结合[10]。Dodds 等提出通过协方差分析量化区域变化的方法来确定营养物参照浓度[20]，然后建立多重线性回归模型。

B. 模型预测与推断

在许多地区，人类对湖泊流域自然环境的影响已经经历了很长的时期，利用调查数据、专家意见或历史数据难以建立湖泊的参照状态[21]。模型预测无论在指标选择还是参照状态确定上都有广泛利用。虽然 USEPA 推荐采用统计学的方法，但是各州在具体建立参照状态时，几乎都涉及和借助了回归模型方法[22]。欧洲用于确定参照状态的模型方法可以归纳为两种方法：①利用大量数据建立可靠的压力 - 响应关系，建立拟合曲线，通过推断低压力水平条件下的压力 - 响应关系来确定湖泊的参照状态；②利用响应和预测变量之间内在联系的信息建立模型确定参照状态，其中预测变量为独立的且不受人类活动影响的变量（如地理变量）。前一种方法的主要不足是参照状态外推常常在已知数据/关系之外，后一种方法的优点是允许有自然环境梯度。模型法需要大量数据、校准和验证，需要的费用较高[23]。

USEPA 推荐两种模型方法：一是土壤形态指数法（MEI），即湖深 - 溶解性固体指数，是指湖水中总可溶性固体与湖泊平均深度之比，用于预测参照状态下的磷浓度，但是需要用参照湖泊数据进行校准和验证；二是总量平衡模型法，虽然该模型本身不能建立参照状态，但可利用进入湖泊的负荷和湖泊的水文条件来估测营养物的浓度，从而用于估计水体在受人类干扰前可能的状态。模型推断法对生态分区湖泊的环境条件要求不高，因此可用于流域受人类影响较严重的湖泊的参照状态确定。

C. 古湖沼学重建

古湖沼学重建法[24]，首先运用硅藻预测模型（转换函数）对环境变量和营养状态进行推断，然后利用其他信息（如纹泥、已知的污染事件、放射性同位素、花粉）对沉积物泥芯进行校准，从而定量恢复历史时期湖泊营养状态演化序列[2]。相关指标应用于湖泊营养状态演化方面的研究始于 20 世纪 60 年代，如应用硅藻类别的 A、C 比，成功恢复了美国西雅图华盛顿湖近代营养状况演化历史[25]。Leavitt 等[26]在加拿大 227 号湖泊进行了大量的试验论证沉积物中古营养指标的准确性问题，Wetzel 等[27]利用色素指标恢复了美国印第安纳州 Pretty 湖营养状况演化。该法的优点是采样站点明确，即不需要有参照湖泊，但需要大量数据库的统计模型和某时期的水环境中沉积物的泥芯样本。沉积物中有机物的保存通常是贫乏的，而且残骸只限制存在于少数有机群中，同时古湖沼学方法也需要复杂的数据分析和专家解释。目前，古湖沼学方法定义湖泊参照状态的研究还不够系统，只在部分地区有使用。科学的确定参照点位置、硅藻化石有限的生物组合、营养物参照值的确定等问题还有待解决，需要进一步的研究。

D. 历史数据和专家判断

利用湖泊的历史监测数据建立参照状态作用有限，湖泊在 20 世纪受人类影响严重且发生明显的环境变化之前，调查和监测数据很少，很少有记录追溯到可严格认为是"参照"的水生态系统的状态。即使历史数据存在，但它们经常采用不同的方法采集样品和分析，导致与近年的数据相比存在可疑，而且数据的质量可能低劣或未知。专家判断结合了历史数据和现今的结构与功能，但由于专家判断常常是对参照状态叙述性的表达，可能会引入主观性或偏见，确定的值也常常是静态的，不包含动力学和与自然生态系统相关的内在可变性。因此该法不能单独使用，但与其他方法结合时能得出有力的结果。

确定湖泊营养物水平的参照状态没有最佳方法，只有各生态区最适合的方法。采用合适方法，确定参照水生态状态的决定取决于该类型可用点位的质量[7]，主要应考虑：①在未受干扰或几乎未受干扰的状态较多的地方，首选有效的参照湖泊法；②如果被降级的状态较多，则首选方法是建立营养盐－生态响应关系的模型；③专家意见作为最后的手段，且应伴随可接受的确认程序。研究发现，不同方法确定的结果之间存在一些差异，每种方法各有优缺点。

3）营养物基准值的确定

湖泊营养物基准的最终确定是根据营养物基准各变量的参照状态以及富营养化暴发的营养物阈值水平，通过统计学分析方法和模型推断法确定不同湖泊营养物基准值范围或最大上限，综合水体和参照状态的反降级政策、湖泊的特定用途、保护濒危物种以及对下游的影响确定。具体的基准可以是数字型的，也可以是叙述型的，以及二者相结合的形式。亚利桑那州制定描述统计表，采用显著权重法解释叙述性营养物基准[28]。美国大部分州和欧盟国家采用数字型和叙述型相结合的基准。湖泊往往具有多种功能，应当根据最严要求的功能确定湖泊的营养基准。

9.2.2　河口区营养物基准

河口区水环境是一个结构复杂、功能独特的水生态系统。陆地、海洋、大气在物理和生物等多学科、多因子变量间的交互作用，形成了基础生物生产力最高、生态功能脆弱和敏感、人类活动最为活跃的区域。与其他生态系统相比，河口生态系统最基本的生境特征在于受淡水径流及海洋潮汐两种主要动力作用的影响，陆海物质在此交汇，咸淡水体在此混合，使河口的理化过程、生物过程更为复杂。河口区营养物基准的制定和实施是人类为防止河口水生态系统的富营养化而提出的一种重要手段，亦是开展河口营养物监测、评估和管理，维护河口生态系统健康的基础。近几十年来，国内外学者们围绕河口区营养物质循环分布、理化因子与初级生产力关系、营养盐生态动力过程等方面开展了大量研究[29~31]，为了解富营养化的发生过程提供了基础依据。然而，如何吸收利用相关研究成果，从营养盐基准制定的角度分析相关的科学基础问题，提出有效操作方式和方法；对此，学术界的关注和系统研究显然不够。

1. 国内研究进展

通常河口地区是人口密集、经济文化高度发达的区域，河口地区的生态环境也是目前越来越受关注并广泛研究的领域。近几十年来，我国经济迅速发展，人口急剧增长。一方面，随着经济的发展，城市规模的扩大，排入河流的污染物不断增加；另一方面，我国是农业大国，是化学肥料的最大生产国，化肥和农药的大量施用加上城市污染物的排放使我国的主要河口都受到不同程度的污染。我国主要河口如长江口、珠江口等都成为赤潮的高发区域。尤其是进入20世纪90年代后，赤潮发生频率剧增，同时赤潮持续的时间不断加长，发生面积也在不断扩大。

我国河口营养物基准的制定处于刚起步阶段，现行标准中涉及营养物指标的有《地表水环境质量标准》（GB38382—2002）、《海水环境质量标准》（GB30972—1997），前者适用于淡水水域、后者适用于咸水水域，两类标准对于咸水、淡水交汇的河口区的适用性值得商榷。

我国现在对河口和沿岸海域富营养化状况评价基本还是采用第一代评价方法如营养状态质量法、富营养化指数法等，这类评价方法是以我国颁布的渔业水质标准和海水水质标准并根据我国海湾（渤海湾、大连湾等）实际水质状况而制定的。而且由于各河口区水温、气象、盐度、密度、水动力条件等自然特征各异，现行标准的单一营养物标准值理论上无法用于所有河口环境[1]。由此，研究和制定我国河口区营养物基准、加强河口区营养物监测和管理十分必要，其不仅"对下"有利于海域环境保护，亦能"对上"推动流域社会经济的优化发展。

2. 国外研究进展

1) 指标的选取

自 1926 年 Harvey 发现海水中 N∶P 为 16∶1 以来，国内外开始广泛关注营养盐对植物生长的限制作用[32]。1958 年 Redfield 比值（浮游植物 C∶N∶P =106∶16∶1）的提出更极大地促进了该领域的研究[3]。20 世纪 70 年代以来，究竟哪种营养元素更具限制作用更成为国内外学者研究和争论热点。我国也主要集中在渤海、胶州湾、长江口的营养盐限制问题上展开了一系列探讨[33]。分析营养盐的限制作用，有利于回答应该针对哪种物质或指标制定基准的问题，使目的性和针对性更加明确。在河口营养物基准制定过程中，首先要明确用于衡量限制作用的要素，即限制浮游植物种群增长，或净初级生产力潜在增长，还是净生态系统生产力增长。从实践角度，认为净初级生产力是衡量营养盐限制作用的较好因子[3]。其次，对于关注哪一类营养物的问题，按照保守的做法一般倾向于将 N、P、Si、Fe 均纳入考虑，在针对具体河口时，对某一方面有所侧重亦认为是合适的。

2) 河口生态系统对营养物的响应特征

受湖沼学家于 20 世纪 60 年代广泛开展的湖泊富营养化研究的影响，第 1 代河口及沿岸富营养化模型为 Vollenweider 式模型，即强调把营养盐负荷的变化作为一个信号，而将浮游植物生物量和初级生产力的增加、浮游植物分解产生的有机物以及由此而造成的底层水低氧等现象作为对信号的响应，响应的大小与营养盐负荷成比例。围隔实验和早期对近岸生态系统信号和响应的观测常常与第一代概念模型一致，因此人们以为淡水富营养化模型可以适用于河口–近岸系统。

但是，过去 20 年的研究发现，有两类观测与第一代概念模型不一致：①虽然在某些潟湖和河口可以建立 Vollenweider 式模型，但这些模型与湖泊模型有很大差别。如建立了作为流域土地利用函数的 15 个加拿大河口的浮游植物生物量变化的经验模型。这些模型显示：单位 N 输入产生的叶绿素量要比参照的湖泊模型的叶绿素量小 10 倍。这说明在对外部 N 的转化方面，河口与湖泊存在根本的差别；②对许多的河口的信号 – 响应关系的观测表明，营养盐负荷信号与浮游植物生物量或初级生产力响应之间只存在很弱的相关性。

藻类产量的变化与 N 输入速率相关。这一来自不同区域的结果表明，第一代概念模型可能不适用于河口和沿岸海域，至少是在对营养盐输入信号的变化如何导致浮游植物生物量或初级生产力的增加的理解方面。因此，河口和沿岸海域的富营养化过程一定还包含有其他过程或因素。再者，人们已逐渐认识到，在对营养盐过富的响应方面，沿岸生态系统无论在响应的大小还是特征方面都存在重大差异。有些河口 – 近岸生态系统对营养盐输入非常敏感，而有些则具有对营养盐过富的直接响应起缓冲作用的系统属性[34]。河口和沿岸系统具有过滤器的作用，可以调控系统对营养盐负荷的变化信号的响应。由于过滤器作用的强度是一个系统专属的属性，因此期望用一个普适的、简单的营养盐负荷信号的线性函数的经验模型（即第一代概念模型）来描述系统的响应是不现实的。

此外，近几十年的研究发现，河口 – 近海生态系统对营养盐过富的响应与湖泊有很大差异，前者具有更为显著的系统属性差别和更为复杂的直接和间接响应，如有害/有毒赤潮的产生、底栖生物群落的演变等[34]。除了初级响应外（包括植物生物量、生产力、有毒藻华频率、或溶解氧），人们已经开始认识到其他响应的重要性，如种水平上的群落演变、间接响应、生物地球化学过程速率的变化以及季节变化模式或大小的改变等。第二代概念模型较第一代概念模型有了突破性进展。对沿岸海域人为营养盐过富的直接响应和间接响应给出了清晰的图解。本概念模型的中心依然是营养盐过富刺激浮游植物生物量的累积，进而增大藻生物量的有机物向底层的垂直通量，并引起底层水低氧/缺氧。但是，同样重要的响应如其他水生植物（包括大型藻、附生植物）生物量的变化、营养盐比值的变化以及由此引起的浮游植物群落组成的改变、有害和有毒藻华发生频率的增加等。这些对营养盐过富的初级的、直接的响应还可引起更复杂的次级响应的变化，如水体透明度，维管植物的分布和丰度，浮游和底栖无脊椎动物的生物量、群落组成、生长和再生产速率，鱼类和无脊椎动物的自然生境及其灾难性干扰造成的动物大规模死亡，沉积物中有机碳的输入导致氧化还原状态以及沉积物的生物地球化学的改变，关键生态功能季节模式的改变等。

　　河口物理特征充当了"过滤器"角色，除了光照、温度、盐度等因子影响生物过程以外，河口地形、冲淡水、风、环流也通过影响水体的混合与循环，来影响营养物输入、循环和吸收[35]。对单个河口来说，上述"过滤"作用使营养负荷与系统响应之间因果关系具有不确定性，某一类输入不一定产生理想中的某一类输出，可见，河口生态系统对营养物响应机制十分复杂。对不同河口来说，各个河口物理特征一般较为独特，"过滤"效果不同，系统对营养负荷的响应特征差异较大。美国在其区域性营养物基准国家战略中曾明确指出，不同的地质、气候条件以及不同水体类型对营养物的浓度水平反应具有很大的差异[6]，因而，在制定基准时首要的要求是划分地理区域和水体类型。若水体类型明确为河口水域，则开展地理区域的划分：一是生态区域划分，即根据各区域的地质、土壤、气候、植被、生物、水文、水化学等特征，在国家范围内划分较大尺度的生态区。如美国目前常用的Ⅲ级生态区域图中的 79 个陆域生态区；亦可根据实际情况将生态区进一步细分到适当的程度。二是鉴于区域内部的差异性，依据河口生态系统的营养物敏感性，对区域内若干水生态进行分类，便于营养物基准的制定实施。

3）参考状态的确定

　　建立河口区营养物参照状态主要有两种基本途径，一是基于现场观测数据分析；二是基于流域分析。对应于参照点是否可寻、生态系统退化是否严重等情景，采取的途径不一样，具体分析方法亦相应有所变化。各方法在确立参照状态的操作过程中，均应考虑区域内的季节和年际水文变化因素[3]。

　　由于河口及近岸水体的复杂性，参考条件的确定方法差别很大，需根据具体情况具体分析，主要有以下几种情况：

　　（1）河口生态环境情况完好，参考点容易确定。由于参照点受环境影响较小、营养物浓度波动小，理论上认为参照点不存在趋势性变化，参照点各指标值的频率分布曲线中值可以较好地表达受"最低影响"的参照状态。这种情况需大量时空数据支持，参照状态一般取参照点相应指标的频率分布曲线的中值。

　　（2）河口生态环境部分退化，但参照点可寻。实际条件下难以存在基本未受影响的参照点，受到营养物影响程度较小的部分地域被认为具备"参照状态的环境质量"，可作为参照点。可以取参照点营养物指标频率分布曲线的上 25 个百分点对应值或所有观测点营养物指标频率分布曲线的下 25 个百分点对应值。在数据不足的情况下，借鉴河口分类成果，可建立类比河口数据库，得到相似河口生态系统的营养物频率分布曲线。一般而言，该数据库建设需要 15 个以上相似河口的数据支撑，15 个以下略显不足，若只有 1～2 个相似河口，则仅能定性地用于辅助分析。

（3）河口生态环境严重退化，参照点不可寻。这种情况主要通过分析历史变化过程来识别参照状态，是不存在参照点时的替代方法。可通过三类途径实现：一是历史记录分析（包括历史营养物数据、水文数据）；二是柱状沉积物采样分析；三是模型回顾分析。历史记录分析的实现首先要求具备充足的数据库；其次，分析者应具有丰富的研究经验，能够进行敏锐、科学的判断，在复杂历史情况中去伪存真、层层剖析；再次，需要选择相对稳定的时间、空间段；最后，要求在相似物理特征子区中开展分析。若历史变化过程较清晰，主要借助回归过程曲线来识别参照状态。若历史变化过程模糊，存在较多无法评估和剔除的干扰影响时，可对历史数据及现状数据进行综合评估，借助频率分布曲线法来完成。柱状沉积物分析法则较适用于受外界扰动最小的沉积区域，尤其是营养物浓度远低于现状的历史状态分析。对于较浅的河口，一般难有良好沉积区，不宜使用该方法。模型回顾分析法存在很多的不确定性，譬如在计算机回顾模拟过程中，数据难以量化时则无法校正历史营养状态、水文状态，因而颇具争议。诚然，当前两类途径无法实现时，仍可考虑采用该方法。

（4）河口生境严重退化，且历史数据不足。此种情况主要基于流域分析的途径，通过建立营养物负荷－浓度响应关系模型，使各指标的参照负荷直接对应于参照状态下的浓度值。若河口的上游流域基本未受干扰，则流域的营养物负荷代表着较好的自然状态，为参照负荷。若上述条件不满足，而河口上游流域存在一些开发程度低、受影响小的子流域或流域片区，则可以通过子流域、流域片区的营养负荷推算整个流域的最小营养负荷。但后者的采用必须考虑整个流域地理相似性，判断能否足以支持将参照子流域推广到整个流域。如若不能，则须找出第二类甚至第三类典型子流域来做推算。

参 考 文 献

[1] 孟伟，王丽婧，郑丙辉，等．河口区营养物基准制定方法．生态学报，2008，28（10）：5133-5140

[2] USEPA. Nutrient Criteria Technical Guidance Manual：Lakes and Reservoirs（EPA-822-B-00-001）.2000

[3] USEPA. Nutrient Criteria Technical Guidance Manual：Estuarine and Coastal Marine Waters（EPA-822-B-00-003）.2001.

[4] USEPA. Nutrient Criteria Technical Guidance Manual：Rivers and Streams（EPA-822-B-00-002）.2000

[5] European Commission. Common Implementation Strategy for the Water Framework Directive2

Transitional and Coastal Waters: Typology, Reference Conditions and Classification Systems. 2003

[6] USEPA. National Strategy for the Development of Regional Nutrient Criteria. 1998

[7] 霍守亮，陈奇，席北斗，等. 湖泊营养物基准的制定方法进展. 生态环境学报，2009，18 （2）：743-748

[8] 杨桂山，马荣华，张路，等. 中国湖泊现状及面临的重大问题与保护策略. 湖泊科学，2010，22 （6）：799-810

[9] USEPA. Ambient Water Quality Criteria Recommendations: Lakes and Reservoirs in Nutrient Ecoregion II（EPA-822-B-00-007）. 2000：20-21

[10] Walker J L, Younos T, Zipper C E. Nutrients in lakes and reservoirs-a literature review for use in nutrient criteria development. Blacksburg: Virginia Water Resources Research Center, 2007

[11] Dodds W K. Trophic state, eutrophication and nutrient criteria in streams. Trends in Ecology and Evolution, 2007, 22 （12）：669-676

[12] 李小平. 美国湖泊富营养化的研究和治理. 自然杂志，2002，24 （2）：63-68

[13] Ludovisi A, Poletti A. Use of thermodynamic indices as ecological indicators of the development state of lake ecosystems. 1. entropy production indices. Ecological Modelling, 2003, 159：203-222

[14] Alvarez L J, Fernandez F J, Munoz S R. Mathematical analysis of a three-dimensional eutrophication model. Journal of Mathematical Analysis and Applications, 2009, 349：135-155

[15] Ludovisi A, Poletti A. Use of Thermodynamic indices as ecological indicators of the development state of lake ecosystems: 2. exergy and specific exergy indices. Ecological Modelling, 2003, 159：223-238

[16] 张远，郑丙辉，富国，等. 河道型水库基于敏感性分区的营养状态标准与评价方法研究. 环境科学学报，2006，26 （6）：1016-1021

[17] Lewis W M, Melack J M, Mcdowell W H, et al. Nitrogen yields from undisturbed watersheds in the americans. Biogeochemistry, 1999, 46：149-162

[18] Smith R A, Alexander R B, Schwarz G E. Natural background concentrations of nutrients in streams and rivers of the conterminous United States. Environmental Science&Technology, 2003, 37 （14）：3039-3047

[19] Solheim A L. Reference conditions of european lakes: indicators and methods for the water framework directive assessment of reference conditions. 2005

[20] Dodds W K, Oakes R M. A technique for establishing reference nutrient concentrations across watersheds affected by humans. Limnology and Oceanography: Methods, 2004, 2：333-341

[21] Fox J C. Nutrient criteria development: notice of ecoregional nutrient criteria. Washington DC: United States Environment Protection Agency, 2001：1673

[22] Paul M J, Gerritsen J. Nutrient criteria for Florida Lakes: A comparison of approaches. 2002

[23] Thebault J M. Simulation of a mesotrophic reservoir (Lake Pareloup) over a long period (1983-1998) using ASTER2000 biological model. Water Research, 2004, 38: 393-403

[24] Braak C J F, Juggins S. Weighted averaging partial least squares regression (WA-PLS): An improved method for reconstructing environmental variables from species assemblages. Hydrobiologia, 1993, 8: 485-502

[25] Stockner JG, Benson W W. The succession of diatom assemblages in the recent sediment of Lake Washington Limnol. & Oceanogr. 1967, 12: 513-532

[26] Leavitt P R, Hann B J, Smol J P, et al. Paleolimnological analysis of whole lake experiments: An overview of results from experimental lakes area lake 227. Canadian Journal of Fishery Aquatic Science, 1994, 51: 2322-2332

[27] Wetzel R G. Limnology, Lake and River Ecosystems. London: Academy Press, 2001: 245-260

[28] Arizona Department of Environmental Quality (ADEQ). Narrative nutrient standard implementation procedures for lakes and reservoirs. 2008: 6-8

[29] Turner R E, Rabalais N N. Coastal eutrophication near the Mississippi River delta. Nature, 1994, 368: 619-621

[30] Nixon S W, Ammerman J W, Atkinson L P, et al. The fate of nitrogen and phosphorus at the land-sea margin of the North Atlantic Ocean. Biogeochemistry, 1996, 35: 141-180

[31] Doering O C. Economic linkage driving the potential response to nitrogen over-enrichment. Estuaries, 2002, 25: 809-818

[32] 刘慧, 董双林, 方建光. 全球海域营养盐限制研究进展. 海洋科学, 2002, 26 (8): 47-53

[33] 蒲新明, 吴玉霖, 张永山. 长江口区浮游植物营养限制因子的研究——春季的营养限制情况. 海洋学报, 2001, 23 (3): 57-65

[34] Cloem J E. Our evolving conceptual model for the coastal eurtophication problem. Mar. Eco., 2001, 210: 223-253

[35] Chai C, Yu Z M, Song X X. The status and characteristics of eutrophication in the Yangtze River (Changjiang) Estuary and the adjacent East China Sea, China. Hydrobiologia, 2006, 563: 313-328

第10章 水生态风险评价应用

19世纪工业革命之后，在区域经济持续发展的同时，人类活动也引发了一系列生态危害问题，如物种灭绝、土地退化和全球变暖等，致使环境质量下降，严重影响了人类的生活质量，并制约着社会和经济的可持续发展[1]。20世纪90年代后，伴随着环境污染问题的日益突出，环境风险评价作为风险评价的一个重要分支，逐渐成为新的研究热点。它以环境化学、环境生物学、污染生态学、环境与生态毒理学等学科为理论基础，综合运用生物学、物理学、化学及数理模型分析等技术方法，评估和预测污染物对生态系统与人体健康的危害风险影响。

10.1 生态风险评价概述

10.1.1 生态风险概念

1. 风险

风险一般指遭受损失、损伤或毁坏的可能性，在《现代汉语词典》（第5版）中的定义为"可能发生的危险"。它存在于人的一切活动中，不同的活动会带来不同性质的风险，如经常遇到的灾害风险、事故风险、金融风险、环境风险等。从经济学和数学的角度来讲，风险可定义为"用事故可能性与损失（或损伤）的幅度来表达的经济损失与人员伤害的度量"。目前，普遍承认的"风险"概念为：风险（R）是事故发生概率（P）与事故造成的环境（或健康）后果（C）的乘积，即

$$R = P \times C \tag{10.1}$$

2. 生态风险及其特点

生态风险（ecological risk，ER）是指个体、种群、群落及整个生态系统正常结构或功能受外界压力源的胁迫，从而在目前和将来减少该系统内部某些要素或其本身的健康、生产力、遗传结构、经济价值和美学价值的可能性。

风险可以减缓、推迟和回避，而承担风险又可分为自愿与非自愿。风险具有不确定性，主要体现在危害事件是否会发生、发生时间、承受风险的对象、影响

范围、影响程度等方面不确定。在一定理论和技术的基础上，风险是可以预测的。生态风险除了具有一般意义上"风险"的含义外，还具有复杂性、不确定性、危害性、内在价值性和动态性等特点。

3. 生态风险产生原因

目前生态风险产生的主要原因可分为人类生产活动、生物技术、生态入侵等三种类型[2]。制定水环境质量基准主要是针对人类生产活动产生的环境污染物进行生态风险评价。按照从简单到复杂的顺序，可以将生态系统分为个体、种群、群落和生态系统等四个层次水平的生态结构。针对不同层次水平的生态结构及其内部功能的相互关系，每一生态水平的范围、功能、结构和变化等特性都可用相关的度量方式来表征，生态风险评价的主要目的是评估化学污染物等压力对这些生态特性产生影响的风险。

在工、农业生产的发展过程中，初期还没有清洁生产和循环经济的理念。很多工业企业在生产过程中产生大量废气、废渣、废水等"三废"物质，相应的处理技术落后，导致工业"三废"的排放量不断增加；农田化肥和农药的施用量缺乏控制，造成严重的农业面源污染；工业"三废"、农业面源污染的增加对生态环境造成极大的危害。其中，流域水环境受到严重污染，导致水生生物和水禽种群数量下降甚至灭绝，同时威胁沿岸城市、村镇的饮用水安全。

10.1.2　生态风险评价

1. 生态风险评价概念

生态风险评价（ecological risk assessment，ERA）是指预测人为活动或不利事件对生态环境产生危害或对生物个体、种群、群落及生态系统产生不利影响的可能性，以及对该风险可接受程度进行评估的技术方法体系。它是研究制定相关生态质量基准与污染物环境控制标准，实施环境风险管理的基础依据。1992 年USEPA 将生态风险评价定义为："生态风险评价就是评价在一种或者多种压力暴露下，产生不良生态效应结果的可能性。"这一过程用于系统地评价和组织数据、信息、假设和不确定性，以有助于制定环境决策的方式，理解和预测压力和生态效应之间的关系。风险评价的压力包括化学、物理或生物压力，可能同时考虑一个或多个压力，如化学物质、地貌变化、疾病、入侵物种和气候变化等因素[3]。欧洲学者认为：风险评价是评估在一系列特定情况下特殊事件将要出现的可能性的过程，主要用来作为当前形式下的决策支持和预测未来风险的工具。生态风险评价就是针对由人类活动释放到环境里的物质对组成生态系统的所有生物造成的风险评价[4]。澳大利亚环保委员会给出的定义是：生态风险评价是限定和评价暴露于一种特定压力或多种压力之下的特定区域内的植物、动物或者生态环境所受到的不利影响的可能性和大小的一套正规科学的方法体系[1]。风险的概念是环境保护的核心，特别是在具有健康和安全危害的化学物质的分析和管理中。风险评价是政府决策和行政管理决策的基础，对经济和公众具有重要影响。

2. 生态风险评价的发展历程

风险评价最早于 20 世纪 50 年代在核能和航天技术的领域得到应用和发展，随后应用到环境污染物的人体健康风险评价和生态风险评价。生态风险评价以环境与健康风险为研究基础，是健康风险评价的延伸和发展，适应于环境管理的要求并为其服务。迄今已经历了近 40 多年的发展，评估内容、评估范围、评估方法都有了很大的发展，由单一风险源扩展到多风险源，由单一受体发展到多介质受体，评估范围由局部小区域扩展到流域、区域水平[5]。主要发展过程为：

（1）20 世纪 70 年代以前，早期阶段——环境污染事故分析评价。早期的环境风险评价，风险源以意外事故发生的可能性分析为主，没有明确的风险受体，更没有明确的暴露评价和风险表征，整个评价过程以简单的定性分析为主，处于初期发展阶段。

（2）20 世纪 70 年代到 80 年代中期，成长发展阶段——环境与人体健康评价。20 世纪 70 年代，环境风险评价得到很大发展，为风险评价体系建立的技术准备阶段。此期间进行的环境风险评价从风险类型来说为化学污染，风险受体为人体健康。USEPA 于 1975 年正式发布第一个风险评价文件《氯乙烯的社区人群暴露定量风险评价》，1976 年 USEPA 提出要在管理过程中采取严格的健康风险和经济影响评价。

20 世纪 80 年代初，风险评价以单一化学污染物的人体健康风险研究为主要内容。1981 年，美国橡树岭国家实验室受 USEPA 委托，进行人类健康影响评价，在此研究中发展和应用了一系列针对组织、种群、生态系统水平的生态风险评价方法，并将此方法类推到人体健康的致癌风险评价中。这一研究在强调所有相关生物物种水平的同时，也指出生态风险评价应该评价确定危害影响的可能性。[5]随后风险评价渐趋成熟，产生了适应于环境管理目标和环境管理观念的转变。USEPA 于 1983 年发布的《联邦政府的风险评价：管理和过程》中形成了危害识别、暴露评价、剂量-效应评价和风险表征的四个步骤的风险评价过程。风险评价研究的内容开始逐渐从毒理风险、人体健康风险向生态风险转变,尺度也从种群、群落向生态系统扩展[6]。

(3) 20世纪80年代末到90年代,成熟发展阶段——全面生态风险评价。20世纪80年代末到90年代,风险评价已经从人体健康评价逐渐拓展到生态风险评价,风险压力因子也从单一化学物质扩展到多种化学物质以及可能造成生态风险的各种因素,风险受体也从人群发展到生态系统和流域景观水平。

在欧洲,荷兰在政府在1986~1990年启动的环境管理项目中引入了风险评价的方法。在风险管理中认识到"效果为导向的方法"的重要性。风险管理的政策设定了判断技术危害的风险的标准。生态风险评价已经成为风险管理和政策决策的支持。在评价数学方法上(统计模型),主要采用污染物扩散模型、种群动态模型等,风险影响效果多以定量化的生物有机体死亡率、生长发育、繁殖力等指标来表示。

在美国,风险评价开始作为一种环境管理工具,风险受体扩展到水、气、土等多介质及种群、群落、生态系统水平,开始考虑多种化学污染物的风险源可能造成的生态风险的事件。1992年,USEPA发布了全球第一个《生态风险评价框架》,明确表述了生态风险评价的技术准则;1998年USEPA颁布了《生态风险评价指南》,补充强调要在评价者和管理者详细研讨的基础上建立合理的评价计划[7]。

(4) 20世纪末到21世纪初,成熟深化阶段——交叉学科的生态风险评价。进入21世纪90年代后期,风险源的类别不断增加,除了化学污染源、生态事件外,也开始考虑人类活动的影响,生态风险评价评估范围已经扩展到流域及景观区域尺度,将生态风险评价与地质环境、海洋环境和大气物理等诸多因素结合起来,向宏观方向拓展。同时,随着现代生物技术的发展,逐渐发展了分子水平的毒理学研究,毒理学家们试图建立分子水平和种群水平毒性效应数据之间的联系,将分子水平的毒理学测试数据应用到生态风险评价中,向微观领域纵深发展。2000年以来的一些研究,特别是2008年12月美国国家研究委员会(NRC)发布的《科学和决策:发展中的风险评价》报告,为USEPA风险评价的成果和应用的重大变化打下了基础。[7]在区域生态风险评价的过程中,人们逐渐认识到,区域环境特征不仅会影响风险受体的行为、分布等,也会影响压力因子的时空分布规律。区域生态风险评价突出强调区域性,在区域水平上描述和评估环境污染、人类活动或者自然灾害对生态系统及其组分产生不良效应的可能性和大小的过程。区域生态风险评价所涉及的环境问题的成因及结果都具有区域性。[5]区域生态风险评价在研究手段上,大多借助于地理信息系统(GIS)工具,分析并描述风险分布与风险等级。区域生态风险评价的研究将逐步完善定量风险研究方法,建立基于多风险源、多受体的生态风险评价模型，强化区域生态风险研究中的不确定性分析及处理[8]。

3. 生态风险评价类型

由于生态系统的多样性和环境污染的复杂性，具体的生态风险评价类型是多种多样的。生态风险评价的分类依据不同，分类结果也不相同。一是根据风险源的性质，划分为化学污染类风险源生态风险评价、生态事件类风险源生态风险评价、其他复合风险源类生态风险评价；二是根据风险源的数量，划分为单一风险源生态风险评价和多风险源生态风险评价；三是根据风险受体的数量与空间尺度，划分为单一物种受体小范围生态风险评价、多物种受体区域范围生态风险评价。

对于化学物质的风险评价根据其进入生态系统的时效性，可以分为前瞻性生态风险评价、监视性风险评价和回顾性生态风险评价。前瞻性生态风险评价主要用于新化学物质的生态风险评价；监视性生态风险评价往往是以环境监视的方法发现和评价可能已经存在但是还未明确的生态风险；回顾性生态风险评价往往用于评价环境污染物已经造成的生态风险。

（1）前瞻性生态风险评价，是对即将进入环境的化学物质进行的评价，它的特点是评价毒理学试验数据有限，必须人为构建假设的暴露场景，将毒理学数据转化为 PNEC，从假设的暴露场景推算 PEC。如果 PEC 大于 PNEC，还可以通过采取防护措施、提供更好的生产、运输过程的密闭措施，减少预测的暴露水平，从而达到风险管理的目的。它着重评价尚未发生或可能发生的污染事件，是一种预防性的风险评价。这类评价有两个特点：评价问题的范围由化学物质的假设生产、运输和使用场景所确定；该化学物质还没有进入假设暴露场景的环境中。在评价出发点上，前瞻性评价主要关注新化学物质，通常是从假设暴露场景和有限的毒理学数据开始着手。

（2）监视性生态风险评价，目的是发现已存在但是尚未确定的生态风险。监视对象的选择和监视结果的分析是监视性生态风险评价的关键；任何监视计划都无法在各种测度、各个位点上进行准确的监视性测定。因此必须明确监视对象、明确获取信息的途径等，具体指监视目标、目标的属性范围、关键属性的变化定义、确定变化发生所需要区域的面积以及统计学置信度等。受资源局限，监视性监测终点往往是测定污染源，此外也可以采用生态系统的其他终点及其组合，确认监视性终点后制定取样策略，同时还要依靠各类数据信息的提取能力[2]。

（3）回顾性生态风险评价，是对已经发生和正在发生的风险事件进行评价。

注重环境对污染物迁移、转化和效应影响，以及实际测定污染环境各个介质中的化学物质浓度水平；采用毒理学试验数据结合污染场地的生物学研究成果（如生物标志物等）；并且现场调研的理化数据和生物学数据在提出问题和分析问题的过程中发挥重要作用。回顾性生态风险评价有两个特点：评价问题的范围由已经实际发生的生态风险事件所确定；测定和研究污染场地中化学物质在各个环境介质的实际污染程度、生物个体、种群和群落的实际暴露情况及其产生的生态效应[2]。

10.2　生态风险评价内容

10.2.1　生态风险评价指标

主要根据 USEPA《生态风险评价指南》和中国等的相关文件[9,10]，一些生态风险评价领域的基本指标定义如下：

（1）胁迫因子（stressor factor），影响生态系统结构和功能的各种物理、化学、生物因素。

（2）暴露（exposure），胁迫因子对受体的接触或共存。

（3）风险表征（risk characterization），整合暴露信息和胁迫因子效应信息，评价胁迫因子暴露所引起不利效应发生可能性的过程。

（4）暴露表征（characterization of exposure），科学评估受体对胁迫因子暴露途径与暴露剂量的过程。

（5）评价受体（ecological entity），暴露于胁迫因子的单个或一组物种、生态系统的功能特征、特殊生境等。

（6）生态风险评价（ecological risk assessment），评价生态系统暴露于一种或多种胁迫因子时不利效应发生的可能性或概率。

（7）评价终点（assessment endpoint），能有效表达环境价值的生态实体及其相关属性。

（8）生态效应表征（characterization of ecological effects），定量评估胁迫因子生态效应大小的过程。

（9）生态相关性（ecological relevance），能有效关联生态系统和评价终点，并准确反映生态系统重要特征的相关属性。

（10）评价概念模型（conceptual model），问题提出阶段形成的胁迫因子与评价受体之间的关系模型。

（11）生态系统和受体特征测度（measure of ecosystem and receptor characteristics），表征评价受体行为和功能的指标，主要指胁迫因子分布、评价受体生活史特征以及会影响胁迫因子暴露和效应的其他相关因素。

（12）效应测度（measure of effect），衡量胁迫因子对价终点性质影响程度的指标。

（13）半致死浓度［median lethal concentration（LC_{50}）］，引起暴露生物一半死亡的胁迫因子浓度。

（14）种群（population），指在一定时间内占据一定空间的同种生物的所有个体。

（15）群落（community），在一定生活环境中的所有生物种群的总和叫做生物群落，简称群落。

（16）预测无效应浓度（predicted no effect concentration，PNEC），根据毒理学试验，某受试生物承受且未产生任何不良影响的污染物最大浓度。

10.2.2 各国生态风险评价方法

1. 欧洲生态风险评价方法

欧盟的生态风险评价起源于荷兰。荷兰政府在 1986～1990 年计划中首先将风险管理方法应用于环境管理法规。在"以风险源为导向的风险管理方法"的基础上，认识到"以效应为导向的风险管理方法"这一概念在风险管理中的重要性。风险管理政策根据此概念制定了判断危害风险的技术标准：

（1）可接受的最大风险水平，不论如何考虑经济或社会效益，都不能超过的风险水平；

（2）可忽略的风险水平，就是在这个水平下试图进一步降低风险是不明智的；

（3）在可接受的最大风险水平和可忽略的风险水平之间的风险应合理地降至最低水平。

荷兰房屋、自然规划和环境部（NMHPPE）于 1989 年提出了风险管理框架，其关键是应用阈值（决策标准）来判断特定的风险水平是否能接受。该框架的创新之处在于利用不同生命组建水平的风险指标，如死亡率或其他临界响应值，用数值明确表达最大可接受或可忽略的风险水平。随后欧盟运用风险管理的方法推出了一个新概念——CEIDOCT（comparable environmental impact data on cleaner technologies），从而推出了"清洁技术"的理念和评价方法。2006 年 11 月 30 日欧盟推出《化学品注册、评估及许可法规》（REACH）。REACH 将对约 3 万种常用化学品通过注册、评估和许可 3 个环节实施安全监控。

欧洲的生态风险评价研究与美国的生态风险评价有较大不同，其目标以预防风险发生、通过风险管理措施将风险控制在可接收范围内为主。其研究集中在：①发展更实用的污染物排放估计方法；②针对评价数据参差不齐的现状，开发专业简便的数据判断方法；③逐步发展亚急性效应和慢性效应在生态风险评价中的应用，对高残留、高生物有效性物质予以特别关注。

2. 美国生态风险评价方法

美国的生态风险评价是在人体健康风险评价的基础上发展起来的。1983 年 NRC 发布的《联邦政府的风险评价：管理和过程》影响深远并且还在使用中，通常被称为环境风险评价《红皮书》。其中形成了危害识别、暴露评价、剂量 – 效应评价和风险表征四个步骤的风险评价过程。1990 年 USEPA 风险评价专题讨论会正式提出生态风险评价的概念，探讨把 1983 年提出的人体健康风险评价方法引入生态风险评价中。1992 年，USEPA 完成了全球第一个生态风险评价框架，在这个框架里面首次明确表述了生态风险评价的准则。经过几年的研讨、修订和完善，1998 年 USEPA 正式颁布了《生态风险估价指南》，提出生态风险评价"三步法"，即提出问题、分析和风险表征。同时要求在正式的科学评估之前，首先制定一个总体规划，以明确评估目的。[11,12]

3. 中国生态风险评价方法

中国的生态风险评价起步较晚，目前环保部还没有发布相关生态风险评价技术导则等技术性文件。2010 年水利部参照 USEPA 的《Ecological Risk Assessment Guideline》（EPA/630/R-95/002F—1998）颁布了水利行业指导性技术文件《生态风险评价导则》（SL/Z 467—2009）。从 20 世纪 90 代年以来，我国学者在介绍和引入国外生态风险评价研究成果的同时，对水环境生态风险评价和区域生态风险评价等领域的基础理论和技术方法进行了探讨。有关生态风险评价的研究主要是评价污染物可能给生态系统及其组分带来的概率损失，各学者对生态风险评价的定义也以污染物作为主要的风险源。生态风险评价要利用生物估学、毒理学、生态学、环境学、地理学等多学科的综合知识，采用数学模型、概率论等风险分析的技术手段来预测、评价具有不确定性的灾害或事故对生态系统及其组分可能造成的损伤。

10.3 生态风险评价过程

10.3.1 基本步骤

生态风险评价以暴露表征和效应表征为基础，包括问题提出、风险分析与风险表征三个阶段，主要依据 USEPA 和我国相关生态风险评价文件要求的主要步骤[9,10]，给出的详细框架（图 10-1）。

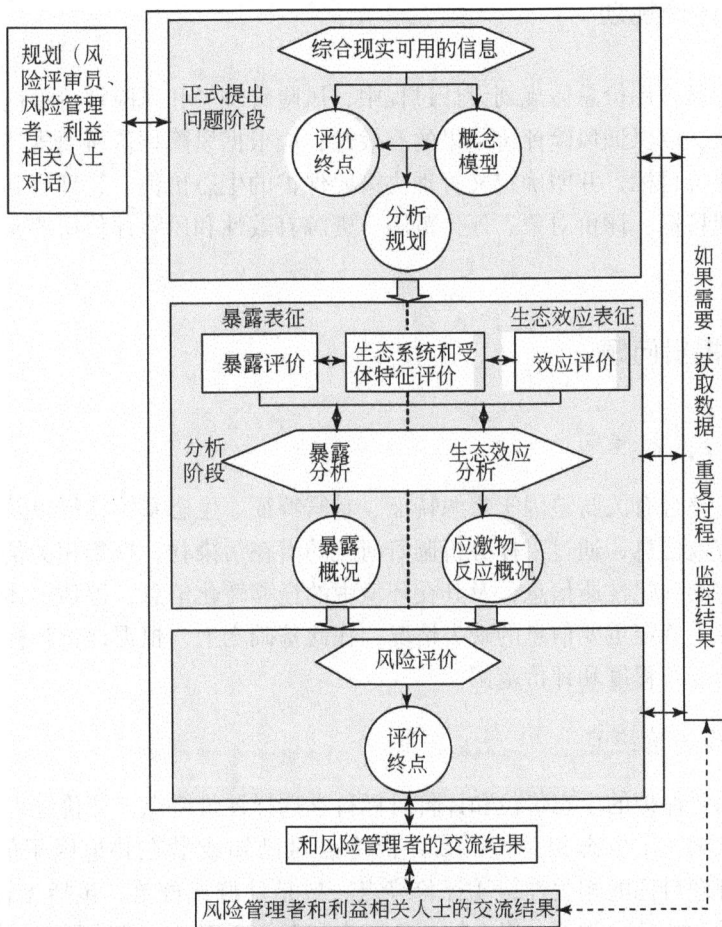

在每个阶段内，长方形代表输入、六边形代表行动、圆形代表输出

图 10-1 美国生态风险评价流程

（1）提出问题阶段是风险评价第一阶段，是整个评价的基础，主要是明确存在的问题、风险评价目标、评价范围、制定数据分析和风险表征的方案。

（2）风险分析阶段是风险评价第二阶段，主要是完成暴露表征和生态效应表征，前者主要分析胁迫因子暴露途径和暴露强度，后者是在对暴露状况进行分析后，估计预测可能产生的生态效应。

（3）风险表征是风险评价的第三阶段，通过对暴露表征和生态效应表征结果综合分析进行风险估计，描述风险大小。

10.3.2　评价规划

在生态风险评价总体规划设计过程中，风险管理者和风险评价者应进行充分的交流沟通，以保证风险评价结果的有效性；应根据风险评价所要支持的政策类型来确定评价目标，并明确定义管理决策要保护的生态价值；管理者和评价者之间应就管理目标、评价对象、评价范围、资源有效性和风险评价所要支持的决策达成一致。

10.3.3　提出问题

1. 整合有效信息

收集、整合有关胁迫因子来源特征、暴露特征、生态系统特征以及生态效应等方面的有效信息，通过采样分析调研河流的潜在污染物，搜集相关信息；搜集潜在污染物的理化性质信息，及其在环境中的迁移转化信息；评估上述信息的质量和有效性，确定重要信息的缺失情况，在此基础之上，根据评价目标初步估计风险评价的复杂程度和评价范围。

2. 选择评价终点

应根据要保护的生态价位和评价目标科学选择评价终点，评价终点的选择应符合以下原则：①生态相关性；②评价终点对已知或潜在胁迫因子的敏感性；③终点与管理目标的相关性；④评价终点一般是种群或群落，包括无脊椎动物、鱼类、鸟类、哺乳动物等，以个体的生产率和存活率表征种群或群落的风险。

应优先选择能以不同的方式对多重胁迫因子做出敏感响应的评价终点，以提供比较不同胁迫因子效应的基础，在区别各种效应的基础上可表达多重胁迫因子的综合效应。

评价终点的选择并不与终点属性测度的测定可行性直接相关，如果终点测度不能直接测定，可从类似实体的反应来预测。河流风险评价中常用的量化评价终点包括：①比较污染物暴露水平和引起不良效应的水平；②现场和参考介质的生物检测；③现场和参考介质的原位毒理学试验；④比较现场和参考介质的可观察效应。

3. 建立概念模型

应在整合有效信息的基础上，对评价终点的潜在胁迫因子、暴露特征和生态效应特征作出假设，并综合考虑有效信息数量和质量对风险假设准确性的影响。

应根据上述假设建立概念模型框架。概念模型框架是进行交流的有力工具，典型的概念模型框架应是包含图框和箭头以及用来阐述关系的流程图。

对生态系统认识水平的限制和有效信息数量的缺乏等都有可能引起概念模型的不确定性，风险评价者应整理已知信息，鉴别模型，根据不确定性排列模型组分，必要时可以用替代模型降低概念模型的不确定性，同时通过制定周密方案消除不确定性来源，并在问题提出阶段结束时对不确定性进行总结描述。

4. 食物链模型

食物链模型结构如下：

$$ED_T = \sum \frac{(C_x \times I_x)}{\text{bw}} \tag{10.2}$$

式中，ED_T 为估计的每日摄入量［mg/（kg-bw·d）］；C_x 为介质 X 中所关注的污染物的浓度（mg/d）；I_x 为介质的摄入量（mg/g 或 kg/d）；bw 为体重（kg）。

5. 制订分析计划

根据概念模型制定分析计划，确定风险评价方案、资料需求、测度和风险分析方法。分析计划应提供风险评价的测度大纲，用以描述潜在外推情况、模型特征、数据类型及质量情况。一般有效应测度、暴露测度、生态系统和受体特征测度等三种测度类型。

评价所收集数据的数量、质量以及分析方法是否满足管理决策需求，如果需要新的数据，应考虑获取数据的可行性，如果数据缺失且无法获得，可用外推模型和已有数据。

分析计划是管理者和评价者的校验点和技术评估点，应确保能满足管理者的需要，同时它也是风险评价问题提出阶段工作的总结，如果问题阐述明确，并且有足够的数据，可进入风险分析阶段。

10.3.4 风险分析

1. 模型分析

建立风险评价模型，验证数据有效性，若不能满足模型评价要求则需重新收集数据。如果数据无法获得，可采用参数估值、模型外推等方法获得数据。

所有模型的计算参数值和参数估计方法都应满足数据质量保证的要求，可通过以下方法提高数据质量：

（1）分析评价模型研究目标和研究范围是否与风险评价相关，分析其不确定性，以保证模型输出结果的可用性。研究目标和研究范围评估工作应考虑以下因素：①模型参数中确定的测度；②胁迫因子的时空分布差异；③模型中生态系统和胁迫因子之间的关系定位；④胁迫因子的环境条件；⑤胁迫因子的暴露途径。

（2）分析风险评价模型是否有足够的能力识别重要的差异和变化。

科学分析评价风险分析阶段存在的不确定性。暴露和效应分析中不确定性主要来源如下：①各项参数值的估计；②有效数据缺失；③GIS 应用在空间定量上引入的不确定性；④模型建立和应用过程中不确定性来源主要是过程模型结构和经验模型各变量的关系。

2. 暴露表征

科学客观调查胁迫因子特征，准确描述胁迫因子来源、类型，主要包括：①胁迫因子的来源；②最先接受胁迫因子的环境介质；③影响胁迫因子环境分布的因素；④产生同样胁迫因子的其他源；⑤背景环境是否存在胁迫因子；⑥胁迫因子释放源是否处于激活状态；⑦源在环境、生物或群落中是否有明显的特征。

许多胁迫因子存在背景值和多重来源，明确表征这些来源的特征，对多重胁迫因子来源的研究应依据问题提出阶段确立的评价目标选择：①仅关注那些对生态风险增加有贡献的源；②考虑所有源，并计算对胁迫因子总的风险贡献；③考虑影响评价终点的所有胁迫因子，并计算对评价终点的累积风险。

研究描述环境中胁迫因子时空分布特征，准确描述胁迫因子的环境存在形式、分布状况、次生胁迫因子产生情况。主要研究内容应包括：①胁迫因子迁移途径；②次生胁迫因子产生方式和产生机理；③胁迫因子分布状况研究。

暴露评价应按以下规定进行：①评价描述受体对胁迫因子的暴露途径、暴露强度；②采用暴露强度、暴露时间向量和暴露空间向量来表征暴露状况；③针对暴露评估程序和方法建立暴露框架流程图，通过暴露框架流程图保证充分收集和分析风险表征所需要的信息，并核实概念模型中确认的暴露途径。暴露框架流程图应能确定受体的暴露途径、暴露强度和暴露的时空范围。

暴露差异性可用分布描述或用期望分布的点估计描述表征。

3. 生态效应表征

1）生态效应表征三个基本要素：

（1）可能发生或正在发生的胁迫因子暴露表征研究结果；

（2）暴露水平和生态效应的关系；

（3）当评价终点不能直接测定时，寻找与之关联的可测度的生态效应。

2）胁迫因子 – 生态效应分析方法

（1）胁迫因子 – 效应关系在风险评价的定性进行研究，同时可进行定量研究。定量研究方法应包括：①效应的点估计法；②胁迫因子 – 效应关系曲线法；③多点估计累积分布函数法；④胁迫因子 – 效应关系合成过程模型法。

（2）对于生物胁迫因子，暴露估计可采用单点估计或剂量 – 效应曲线估计法。对于生物引种应激效应描述则不宜采用简单的剂量 – 效应关系法估计。

（3）对于化合物效应分析，可应用模型生物在实验室进行实验研究，并利用实验数据建立剂量 – 效应曲线。

（4）当有多重实验的数据可用时，可用多点估计法来估计效应。多点估计应表示为累积分布函数，累积分布函数包括累积频率分布函数和累积效应分布函数。

（5）当有多重胁迫因子存在时，可对胁迫因子 – 效应关系分别进行研究，然后合并剂量 – 效应关系；也可将多重胁迫因子与效应一并研究。

（6）实际评价过程中对化合物效应研究应包括以下 3 个内容：①毒物引起的损伤、功能紊乱或其他推定效应应与毒物暴露关联；②毒物的暴露受体应是生活在受影响环境中的生物；③毒物效应的证实应将正常的生物或群落于受控条件下暴露于毒物。

一般在可获得的毒性数据较少时使用评估因子法推算 PNEC，评估因子（AF）的大小依赖于可获取毒性数据的数量和质量，例如物种数目、测试终点、测试时间等，AF 的取值范围通常为 10 ~ 1000。

$$PNEC = \frac{[效应]_{测试结果}}{AF} \tag{10.3}$$

当可获得的毒性数据较多时，采用物种敏感度分布法获得的 5% SSD 和 AF 的修正方法推导 PNEC。

$$PNEC = \frac{5\% \, SSD(50\% \, c.i.)}{AF} \quad (10.4)$$

式中，5% SSD 表示由 SSD 得到的可保护 5% 物种的浓度；50% $c.i.$ 表示 50% 置信区间；AF 为评估因子。

3）关联效应测度和评价终点方法

（1）可应用经验方法和机理方法关联效应测度与评价终点，当效应数据充分，而对效应机理缺乏了解时，可进行以不确定性因子或分类学为基础的经验外推；机理模型是外推一个系统或过程的特征，并结合因果关系提供一种预测能力，这种能力不依赖于经验模型所需的剂量–效应信息。模型有两种主要类型：单物种种群模型、多物种群落和生态系统模型。

（2）在分析阶段使用外推模型之前应认真考虑下列问题：①评价终点是否具有特异性；②是否需要增加时空范围内的受体或外推模式；③是否满足外推所需数据的要求；④外推技术是否与生态信息一致。

4）胁迫因子–效应框架

应形成胁迫因 γ–效应框架按评价终点来表达效应，框架可以文件方式或机理模型的方式表达。

10.3.5　风险表征

1. 风险估计

（1）风险可采用以下方法估计：①以定性分类的方式来表达风险估计；②以单点暴露–效应对比的方式来表达风险估计；③以综合完整胁迫因子–效应关系的方法来表达风险估计；④以暴露和效应数据为基础，采用部分或完全近似的机理模型来表达风险估计；⑤基于经验方法，包括野外观测数据来表达风险估计。

（2）定性分类表达风险估计可使用诸如"低"、"中等"、"高"或"存在"、"不存在"等词语进行风险定性分类，在暴露、效应数据有限或定量结果不易表达的时候应用该方法。

（3）当定量暴露数据和效应数据充分时，可应用单点风险估计，即两个数据的比值（商）估计的方法来表达风险估计。使用商值估计风险，评价者应考虑以下因素：①效应浓度怎样与评价终点关联；②需要说明外推情况；③暴露点估计如何与潜在的暴露时空差异相关联；④是否有充分的数据来保证终点评价的置信区间。

商值法评价公式为

$$RQ = \frac{EEC}{PNEC} \qquad (10.5)$$

式中，EEC 为环境中的污染物浓度；PNEC 为预测无效应浓度。

重金属可以分别采用商值法和潜在生态危害系数法。

$$E_i = T_i \times \frac{C_i}{C_0} \qquad (10.6)$$

式中，T_i 为重金属毒性系数，参考 Hakanson 的提出的毒性系数；C_i 为重金属的监测浓度；C_0 为重金属环境质量标准参比值。

（4）若胁迫因子－效应框架能够准确描述胁迫因子暴露水平与效应的数量关系曲线，此时可应用综合完整的胁迫因子－效应关系的方法来表达风险估计，估计不同暴露水平上的风险。

2. 风险解释

风险评价结果的置信度可通过比较和解释风险估计过程中的证据排列得以提高。证据排列应考虑以下因素：①证据和评价终点的关联；②证据和概念模型的关联；③研究中所使用数据的质量；④暴露－效应因果关系；⑤证据不确定性和方向。

风险表征中应描述和估计评价终点的可能变化，并判断这些变化是否具有危害性。有害变化判断可依据以下内容：①效应属性；②效应强度；③空间尺度；④时间尺度；⑤恢复可能性。

风险表征应区别正常生态灾害引起的生态系统变化与胁迫因子引起的生态系统变化。应进行生态系统恢复可能比预测研究，区别可逆变化、不太可逆变化、不可逆变化。

10.4 污染物风险评价

10.4.1 毒性数据推算

1. 数据的质量和选择

生态风险评价模型需要暴露参数和毒理学效应数据两种类型的数据。可以通过文献查询和 IRIS、MSDS、SIDS、CANCERLIT 等网络数据库查询这些毒理学测试数据。对于现有数据库或文献中毒理学数据很少的化学物质，可以通过测试获得第一手的毒理学数据。数据数量和数据质量对于推导模型参数，并且通过模型获得贴近实际情况的风险评价结果非常重要。一般从四个方面评价化学物质毒理学数据：

（1）特定终点测试方法的有效性评价；

（2）采用测试方法的各个测试结果的可靠性评价；

（3）数据和风险评价的相关性评价；

（4）数据充分性评价。

Klimisch 等开发的数据评分系统将数据的可靠性分为以下四类：

（1）无限可靠数据，获得数据的测试方法是国际公认的，或者完全遵循或非常接近国家或国际标准测试规则，最好符合 GLP 规范。

（2）有限可靠数据，测试中记载的测试参数不完全符合标准测试方法，但是可接受的数据是充分的，或者没有按照标准方法描述测试结果，但测试记录完好、科学、可接受。

（3）不可靠数据，指研究中描述的测试系统和测试物质之间有干扰，或使用的测试系统或测试生物与相关暴露无关；采用不可接受的测试方法，用于评估的测试记录不足，或者专家判断测试数据不可信。

（4）不确定的数据，没有提供充分的实验细节，并且仅仅列出摘要或者二级文献[13]。

一般认为前三类的数据可以用于进行风险评估的统计分析。

数据数量选择：使用模型外推技术，就是利用最小的数据量来产生一个可信赖的评估，这除了对数据的质量有要求外，对最小的输入数据数量也有要求。如 SSD 模型一般要求控制数据量为 10～15 个随机选择量就能符合统计分析的要求。文献中虽然有更小的数据量使用，甚至在水环境管理中，OECD 建议用 5 个数据量来构建 SSD 曲线，然而 Wheeler 等通过统计分析检查数据的变异性时发现随机量达到 10～15 个数据时参数变异较为稳定，在 10 个数据以下，参数值变化较宽，并且可能对 HC_5 这个特殊效应终点产生不可靠评估。因此在应用 SSD 曲线进行生态风险分析时，为了实现较精确一致的评估，需要对数据的数量和质量选择制定一定的标准供生态评估者参考[14]。

2. 评估因子法

评估因子法是生态风险评价最基础的方法。评估因子法较为简单，在选择评估因子时有很大的不确定性。它是一种比较保守的经验方法，使用评估因子法很可能导致 PNEC 过分保守，风险评价结果趋向于高风险的可能性增加。在数据不充分的情况下，评估因子法可以初步确定化学物质的 PNEC 用于评估生态风险，具有简单可操作性。

欧盟和北美一些国家在数据有限的情况下，采用评估因子法评价化学物质的生态风险。当数据较多时，一些欧盟和澳洲国家、美国等综合使用物种敏感度分布曲线法和评估因子法。

3. 评估因子确定

评估因子的作用旨在减少实验室数据间的差别、物种的种内和种间的差异、由短期暴露数据推导长期暴露结果以及由实验室数据推导野外数据的误差。评估因子法使用可获取的生物毒性效应数值与评价因子的比值（或乘积）推导 PNEC。评估因子的大小取决于可获取毒性效应数据的数量和质量、物种数量、测试方法和测试终点等因素。评估因子的取值范围通常为 10~1000。

10.4.2 数据外推安全系数

1. 评价系数计算 PNEC

根据欧盟等相关文件内容[4]中化学物质可获得的水生生态毒理学数据的种类和数量，推导水生环境 PNEC 的评价系数，见表 10-1。通常将评价终点数值除以评价系数即为 PNEC。有多个物种的多项评价终点时，取最低值除以评价系数得到 PNEC。

表 10-1　化学物质水生生态效应评价推荐外推评价系数

数据要求	推荐评价系数
三个营养级别，其中每个营养级别（通常为鱼、溞和藻）至少有一项短期 L(E)C$_{50}$ 或通过 QSAR 推导的结果	1000
一个长期试验（鱼或溞）的 NOEC 或通过 QSAR 推导的结果	100
两个营养级别的两个种（鱼和溞或鱼和藻）的长期 NOEC 或通过 QSAR 推导的结果	50
三个营养级别的至少三种（通常为鱼、溞和藻）的长期 NOEC 或通过 QSAR 推导的结果	10
野外数据或模拟生态系统	根据具体情况确定

注：EEU，1994；PNEC =［Effect］measured /AF。

(1) 评价中，如果采用短期毒性外推 PNEC，评价系数 1000 则相对保守和具有保护性，限制化学物质对环境的潜在危害。对于给定的化学物质，假设各方面的不确定性对总的不确定性有贡献，其中一种不确定性可能在总的不确定性中所占的比例最大，这时需要修正评价系数。根据可以获得的证据，调整评价系数的取值大小。通过短期毒性试验外推间歇式排放的物质 PNEC 时，评价系数不可低于 100。基础数据组不全的情况下，仅仅已知大型溞的急性毒性数据，也可采用评价系数 1000 计算 PNEC。

(2) 如果获得的长期 NOEC 值的试验生物，可以通过短期毒性试验证明为最敏感种（短期试验 LC_{50} 值为最低值），则该生物的长期 NOEC 值适宜采用评价系数 100。如果获得的长期 NOEC 值的试验生物，通过短期试验证明不是最敏感种（短期试验 LC_{50} 值不是最低值），则采用该评价系数不能够保护更敏感生物时，采用短期试验数据除以评价系数 1000 计算 PNEC，但依靠短期试验获得的 PNEC 值不得高于依据长期试验获得的 PNEC 值。此外，有两个营养级别的生物的长期 NOEC 值，并且通过短期试验证明这两种生物非最敏感种，适宜采用评价系数 100。当最敏感物种的急性毒性 LC_{50} 值低于最低的 NOEC 值时，将最低 LC_{50} 除以评价系数 100 计算 PNEC。

(3) 通过短期试验证明获得的两个生物类别或营养级别两项长期 NOEC 值的试验生物中，其中一种生物为最敏感种时，包括两个 NOEC 值中的最低值除以评价系数 50 计算 PNEC。通过短期试验证明获得的长期 NOEC 值的两种试验生物并非最敏感种，或者包括三个生物类别或营养级别水平的三项 NOEC 中的最低值，适用评价系数 50。评价系数 50 不适用于最敏感种急性毒性 LC_{50} 值低于最低的 NOEC 值的情况，在该种情况下，PNEC 通过最低 LC_{50} 除以 100 推导。

(4) 评价系数 10 仅适用于三个物种的三个营养级别的至少三项长期试验。（如鱼、大型溞和藻）。

2. 间歇排放评价

对于间歇排放的物质，一般暴露持续的时间都比较短，原则上只进行短期暴露评价。水生生态系统如果进行至少三个不同营养水平的短期毒性试验，则评价系数选择 100。

要慎重处理外推结果。因为有些物质可能被水生生物迅速吸收，因此在排放结束后会产生延迟的毒性效应。这种情况下，通常采用评价系数 100 进行校正，但有时也许更高或更低的值更合适。对于具有生物富集性的化学物质，一般建议采用不低于 100 的评价系数。如果已知化学物质具有非特异性活性，种内差异较小，在这种情况下，评价系数可以减小，但短期毒性试验评价系数不得低于 10。

3. 沉积物 PNEC 计算

沉积物风险主要是由于颗粒物吸附化学物质后沉降作用造成的污染。沉积物中的污染物随着时空变化对地表水的污染的状况产生影响，因此水生生态系统的污染不仅仅与水相中的污染物有关。

如果无法获得沉积物生物的毒理学数据，则采用相平衡分配法确定评价化学物质对沉积物中生物的潜在风险，这是一种"筛选方法"。

如果可以获得有关生产者、消费者和分解者的毒性数据，则采用评价系数法计算 PNEC$_{沉积物}$。

如果仅仅能够获得一种沉积物中生物的试验结果，则要综合采用评价系数法和相平衡分配法进行风险评价，选择较高的 PEC$_{土壤}$/PNEC$_{土壤}$ 值作表征风险。

1）相平衡分配法计算 PNEC

首先进行如下假设：

（1）沉积物中生物与水相中生物对化学物质的敏感性相同；

（2）沉积物中的浓度与孔隙水以及深海生物间具有热力学平衡，各个相中的浓度可以通过分配系数进行预测；

（3）沉积物/水分配系数可以通过检测，或者通过分别检测沉积物特性和化学物质特性后运用分配法推导得出。

根据上述假设，可以按照下面公式计算 PNEC$_{沉积物}$。

$$PNEC_{沉积物} = \frac{K_{沉积物-水}}{RHO_{沉积物}} \cdot PNEC_{水} \cdot 1000 \tag{10.7}$$

式中，PNEC$_水$ 为水中的预测无效应浓度（mg/L）；RHO$_{沉积物}$ 为沉积物的湿体积密度（kg/m^3）；$K_{沉积物-水}$ 为沉积物 – 水分配系数（m^3/m^3）；PNEC$_{沉积物}$ 为沉积物中的预测无效应浓度（mg/kg）。

采用相平衡分配法进行计算时，无论 $K_{沉积物-水}$ 是检测值还是估计值，都应考虑经水相的吸收以及沉积物的吸收。对于 K_{ow} 大于 3 的化合物这一点尤其重要。当 lgK_{ow} 在 3～5 时，可以采用相平衡分配法进行计算。当 lgK_{ow} 超过 5 时，相平衡分配法需要修正。考虑到沉积物的吸附作用，这类化合物的 PEC$_{沉积物}$ 需要除以系数 10 进行修正。但该方法仅用于沉积物中生物的风险评价。如果没有沉积物或沉积物中生物的数据，或 lgK_{ow} 大于 5 时可以利用水生生态系统的风险评价涵盖沉积物风险评价。

2）评价系数法计算 PNEC

如果能够获得底栖生物完整的沉积物试验结果，就可以采用评价系数方法推导 PNEC$_{沉积物}$。但是要详细评估获得的沉积物试验结果。外推沉积物效应数据时，均选用长期毒性数据。表 10-2 给出了化学物质在沉积物中生物效应数据外推 PN-EC$_{沉积物}$时的推荐评价系数。

表 10-2 化学物质沉积物系统效应评价推荐评价系数

数据要求	推荐评价系数
一项长期试验（NOEC 或 EC$_{10}$）	100
代表不同食性以及生活方式的物种两项长期试验（NOEC 或 EC$_{10}$）	50
代表不同食性以及生活方式的物种三项长期试验（NOEC 或 EC$_{10}$）	10

上表推荐的评价系数主要应用于长期毒性数据。如果仅仅能够获得底栖生物的短期试验数据，则采用最低值和评价系数 1000 进行外推。根据可以获得的长期试验的具体情况修正评价系数。

4. 陆生生态系统 PNEC 计算

陆生生态系统包括地表生物群落、土壤生物群落以及地表水生物群落。这部分仅考虑直接通过渗透水或土壤暴露对土壤生物的效应。理想的土壤试验应包括：初级生产者（如植物）；消费者（如无脊椎动物代表了土壤中很重要的组成部分）；分解者（主要包括微生物，因为它们在食物网和能量循环中起着非常重要的作用）。若被评价的化学物质没有这些信息，缺少此类数据时，可以采用沉积物的相平衡分配法作为替代方法进行评价。

开展生态毒理学试验的土壤特征包括有机质、黏土成分、土壤 pH 以及土壤含湿量等各种不同的参数。土壤的这些性质与生物对化学物质的生物利用率以及毒性效应有关，表明来自不同土壤的试验数据不具有可比性。一般将结果转化为标准土壤数据，有机质含量为 3.4%。假设生物对非离子有机化合物的吸收量由有机质含量决定，NOEC 与 LC$_{50}$按照下面公式校正：

$$\text{NOEC 或 L(E)C}_{50(标准)} = \text{NOEC 或 L(E)C}_{50(标准)} \cdot \frac{\text{Fom}_{土壤(标准)}}{\text{Fom}_{土壤(试验)}} \quad (10.8)$$

式中，Fom$_{土壤(标准)}$为标准土壤中有机质的比率（kg/kg）；Fom$_{土壤(试验)}$为试验土壤中的有机质比率（kg/kg）。

推导 PNEC 时，需要区别对待以下三种情况：

（1）如果无法获得土壤生物的毒理学数据，则采用相平衡分配法评价对土壤生物的潜在风险，这是一种"筛选方法"；

（2）如果可以获得有关生产者、消费者和或分解者的毒性数据，则采用评

| 262 |

价系数法计算 PNEC$_{土壤}$；

（3）如果仅能够获得一种土壤生物的试验结果，则综合采用依赖于评价系数法和相平衡分配法进行风险评价。选择 PEC$_{土壤}$/PNEC$_{土壤}$ 较高值作为风险表征结果。

1）利用平衡分配法计算 PNEC

土壤的平衡分配法与沉积物相同，也是假设化学物质的生物利用率以及对土壤生物的毒性仅由土壤孔隙水的浓度决定，而不考虑吸附于土壤颗粒的化学物质被生物摄入的效应。PNEC$_{土壤}$ 的计算公式如下：

$$\text{PNEC}_{土壤} = \frac{K_{土壤-水}}{\text{RHO}_{土壤}} \cdot \text{PNEC}_水 \cdot 1000 \tag{10.9}$$

式中，PNEC$_水$ 为水中的预测无效应浓度（mg/L）；RHO$_{土壤}$ 为土壤的湿体积密度（kg/m^3）；$K_{土壤-水}$ 为土壤–水分配系数（m^3/m^3）；PNEC$_{土壤}$ 为土壤的预测无效应浓度（mg/kg）。

对于 lgK_{ow} 大于 5 的化学物质在土壤摄入后的暴露，PEC$_{土壤}$ 需要采用评价系数 10 修正。原则上水生生物的毒性数据不能用于土壤生物，因为水生生物的效应仅仅与土壤生物受到土壤孔隙水暴露时的效应相似。因此，如果通过平衡分配法计算得到的 PEC$_{土壤}$/PNEC$_{土壤}$ 值大于 1，那么土壤生态系统的效应评价必须进行土壤生物试验。

2）利用评价系数法计算 PNEC

表 10-3 给出了各种情况下化学物质效应评价的评价系数，如果能够获得更多土壤生物敏感性的信息，则应对评价系数进行修正。评价陆生生态系统效应时，可以通过毒性试验研究直接获得短期 L(E)C$_{50}$ 或长期 NOEC 值，因此毒性数据可以采用评价系数直接进行外推。

表 10-3 化学物质陆生生态效应评价推荐外推评价系数

数据要求	推荐评价系数
一项短期试验的 L(E)C$_{50}$ 值（植物、蚯蚓或微生物）	1000
一项长期毒性试验的 NOEC 值（植物或蚯蚓）	100
两个营养水平的两项长期毒性试验的 NOEC 值	50
三个营养水平的三个物种三项长期毒性试验的 NOEC 值	10
野外数据或模拟生态系统	根据实际情况

10.4.3 污染物风险评价

污染物的生态风险评价可以通过单物种测试结果进行评价，也可以通过多物种的生态系统进行风险评价。

1. 单物种研究的风险评价

化学物质对单一物种为受体的毒性测试是生态风险评价的基础，由此可以确定化学物质的毒性效应浓度。风险区域内的种群的群落结构丰富，不可能测试每一个物种的毒性效应浓度，因此通常使用外推法来获得化学物质的预测 PNEC，两种常用的外推方法是评估因子法和物种敏感度分布法。

评估因子法：对于一种化学物质，如果可以获得的毒性数据比较少，通常采用评估因子法推导其 PNEC。由一个最敏感物种的急性毒性数据或慢性毒性数据除以一个适当的评价因子得到 PNEC。根据可获得毒性数据的物种数量、毒性测试终点、毒性测试时间周期、数据质量等因素，确定评估因子的大小，取值范围通常为 10 ~ 1000。评估因子法比较简单，但是评估因子的选择具有高度不确定性。一般认为评估因子法是一种比较保守的方法，有可能高估风险的可能性，导致产生过度保护的风险管理政策。虽然评估因子法缺乏理论依据，但是在测试数据不足时，它仍然是初步的风险评价中一种最简单可行的方法[4]。

物种敏感度分布法：如果一种化学物质可以得到充足的毒性数据，通常采用物种敏感度分布曲线法计算预测无效应浓度。物种敏感度分布曲线法假设生态系统中各个物种的可接受效应浓度服从一个概率函数的分布，并且假设有限数量的生物物种是完整生态系统的随机抽样，因此可以认为评估有限数量物种的可接受效应浓度同样适用于完整的生态系统。物种敏感度分布曲线的斜率和置信区间表明了风险估计的确定性[4]。通常，以最大环境许可浓度阈值（HC_x，通常取值 HC_5）表示 PNEC。HC_5 表示该浓度条件下产生毒性效应的物种不超过总物种数的 5%。虽然可以任意选择保护水平，但是这个保护水平综合考虑了统计学因素和环境保护需求[14]。

在评估化学物质的效应时，虽然基于单一物种测试数据的外推技术能够应用于预测化学物质的生态风险预测，但是外推法建立在一系列假设之上，这些假设不可能准确地反映生态系统的竞争和捕食关系，以及有这些关系产生的间接效应。因此基于单一物种测试结果的外推技术获得的生态风险评价结果与根据生态系统实际的风险水平之间存在较大偏差[14]。

2. 多物种研究的风险评价

生态系统的表征一般需要三个方面的数据：数量、质量和系统的稳定性。首先是数量，主要是通过生物数量和生产力来描述；其次是质量，主要是物种的组成和丰度；再次是系统稳定性，是指生态系统经过长时间，或者受到外界环境变化的影响，所具有的保持或恢复自身结构和功能相对稳定的能力。理想的生态风险评价应该在生态系统的层面上考察生态系统的结构和功能、综合考虑污染物的分布、污染水平及其产生的不良效应。多物种研究的测试终点，在群落水平上的指标包括物种组成和丰度、生物多样性指标等；物种水平上的指标通常为代表不同营养水平、功能、或物种的其他重要特征[13]。

理想情况下，应当测定需要保护的代表性生态系统的暴露生态系统 PNEC，但是全尺度的现场测试成本高且复杂。介于实验室测试和现场测试的中间方法成为更有效、更经济的高层次的生态风险评价方法。微宇宙（microcosm）和中宇宙（mesocosm）生态模拟系统的目的是确定化学物质的环境归趋过程及其如何影响不同物种的生物利用度和物种之间的相互关系。它是指应用小型或中型生态系统或实验室模拟生态系统进行试验的技术，能对生态系统的生物多样性及代表物种的整个生命循环进行模拟，并能表征应激因子作用下物种间通过竞争和食物链相互作用绝对的无效应终点。例如在以单物种测试为基础的外推法和以多物种测试为基础的微宇宙法中定义的可接受的效应终点是 HC_5 或 EC_{20} 而不是 NOEC，这有两个原因，首先 HC_5 或 EC_{20} 比 NOEC 更可信赖，更具有统计学意义；其次 HC_5 或是 EC_{20} 被认为是可以忍受的最大抑制值，而且许多学者已报道 NOEC 值与 5%~30% 抑制在统计学上并没有显著差别[14]。

10.5　水生态风险评价应用

本研究针对我国太湖和辽河重点示范流域，综合本课题中其他水质基准研究成果，对流域水环境中特征污染物 Cd、Cr 和硝基苯进行了特定区域水生态的风险评价；并就太湖流域水体中藻类产生的微囊藻毒素的浓度水平与分布状况进行评价探讨，为示范流域特征污染物的水质基准适用性研究提供科学基础。

10.5.1　研究方法

本研究生态风险评价采用本课题组推导的水环境质量基准值的慢性基准值作

为 PNEC 值来评价辽河和太湖部分污染物的生态风险，因而采用商值法（包括评估因子法和重金属潜在生态危害法）进行风险评价。Cd 和 Cr 的生态风险分别采用商值法和潜在生态危害指数法表示，在商值法中比较了本研究推算的慢性基准值 CCC、USEPA 慢性基准值 CCC 的计算结果。潜在生态危害指数法中，C_0 值分别采用《地表水环境质量标准》（GB3838—2002）的 I ~ V 类水质标准值计算。硝基苯的生态风险采用商值法表示，其中 PNEC 值分别采用本研究推导的慢性水质基准 CCC 和国家地表水环境质量标准值。此外还采用本研究实验物种的 LC50 值外推 PNEC 计算硝基苯的生态风险商。本课题组在 2009 ~ 2010 年分别多次在辽河和太湖流域进行的样品采集与检测，根据测定的污染物浓度和本研究推导计算的水环境质量基准值进行了重金属 Cd、Cr 以及有机物硝基苯的风险评价。

10.5.2　Cd 的水生态风险

1. 辽河水体 Cd 风险

根据本研究计算的水质基准和 USEPA 颁布的水质基准值，2009 年 6 月和 12 月，辽河水体 Cd 的生态风险（图 10-2、图 10-3）均高于 1，即存在生态风险。其中 6 月营口辽河入海口、天家台辽河大桥和曙光大桥处风险商接近或高于 10，2009 年 12 月北道沟浑河桥、营口入海口、赵家街辽河大桥处风险商接近甚至高于 10。但是河口地区水中 Ca、Mg 离子含量高，计算基准值也应相应升高，因而实际生态风险并没有这么高。但是因本研究未测定水质硬度值，因而无法根据水质硬度调整相应的水质基准值进行准确的风险商计算。

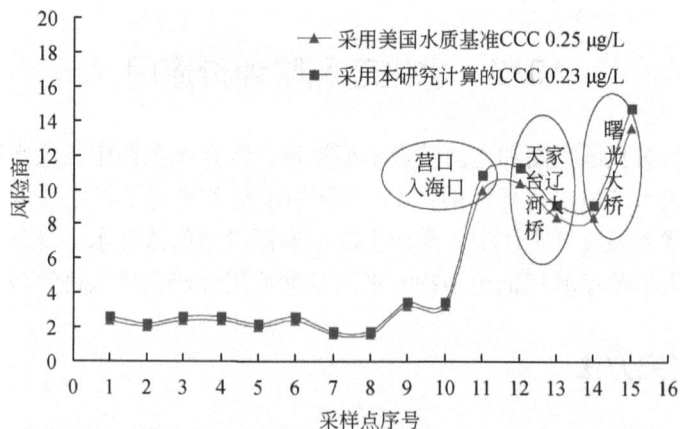

图 10-2　2009 年 6 月辽河水体 Cd 的风险商

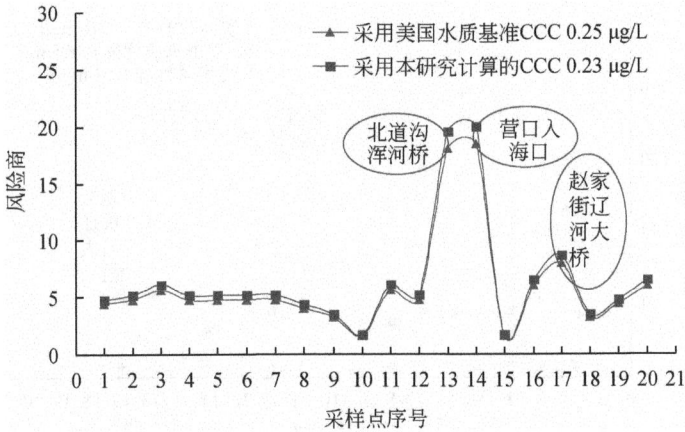

图 10-3　2009 年 12 月辽河水体 Cd 的风险商

　　采用国家地表水水质标准和潜在生态危害指数法的评价结果如图 10-4、图 10-5 所示。结果显示，按照地表水 Ⅰ 类水质标准，2009 年 6 月营口入海口、天家台辽河大桥段，2009 年 12 月赵家街辽河大桥、盘锦曙光大桥段辽河水体 Cd 潜在生态危害指数大于 40 小于 80，具有中度潜在生态危害。2009 年 6 月曙光大桥，2009 年 12 月北道沟浑河桥、营口入海口段辽河水体 Cd 潜在生态危害指数大于 80 小于 160，具有强度潜在生态危害。按照 Ⅱ ~ Ⅴ 类地表水水质标准，2006 年辽河水体潜在生态危害指数均小于 40，只有轻度的潜在生态危害。潜在生态危害指数法无法反映硬度对 Cd 的水生生态毒性的影响。

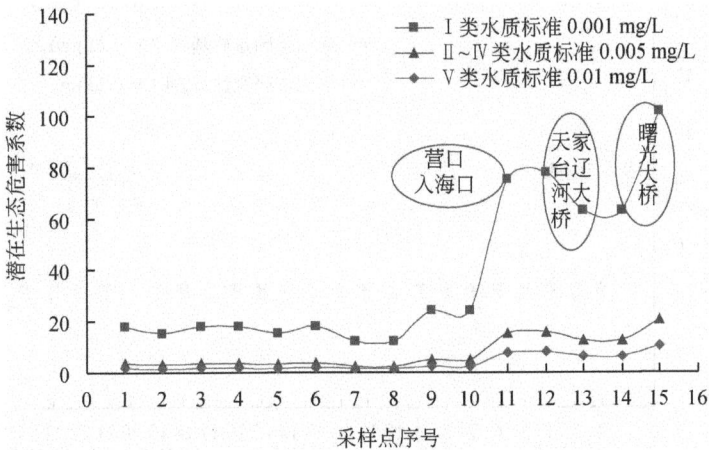

图 10-4　2009 年 6 月辽河水体 Cd 潜在生态危害指数

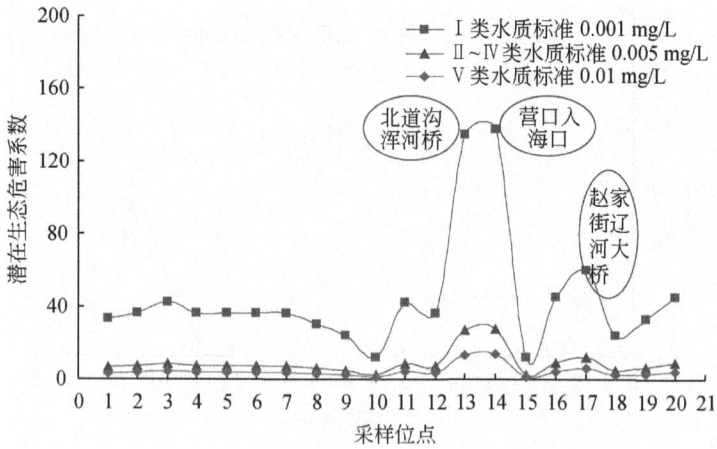

图 10-5 2009 年 12 月辽河水体 Cd 潜在生态危害指数

2. 太湖水体 Cd 风险

采用商值法计算太湖水体 Cd 污染的生态风险（图 10-6、图 10-7），结果显示水体生态风险商均大于 1，均具有生态风险。采用国家地表水水质标准和潜在生态危害指数法的评价结果显示（图 10-8，图 10-9），采用地表水 I 类水质标准计算，2009 年 6 月三山西、新塘港，2009 年 12 月漫山太湖水体的潜在生态危害指数大于 40，具有中度潜在生态危害。其他水域仅有轻度潜在生态危害。采用 II ~ V 类水质标准作为参考值，则太湖水体整体只有轻度潜在生态危害。

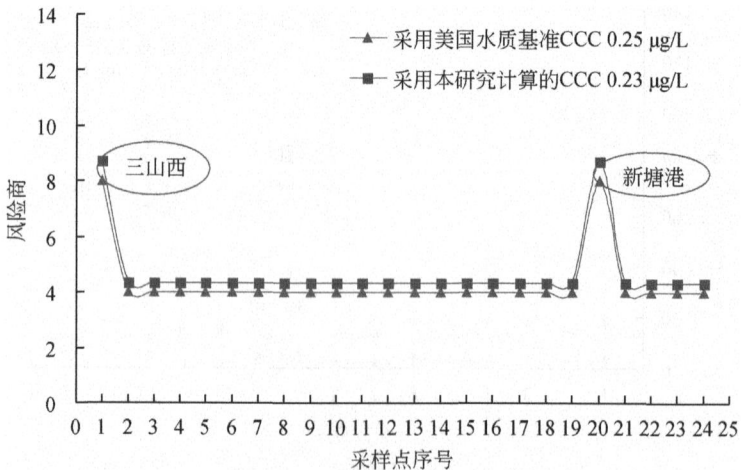

图 10-6 2009 年 6 月太湖水体 Cd 的风险商

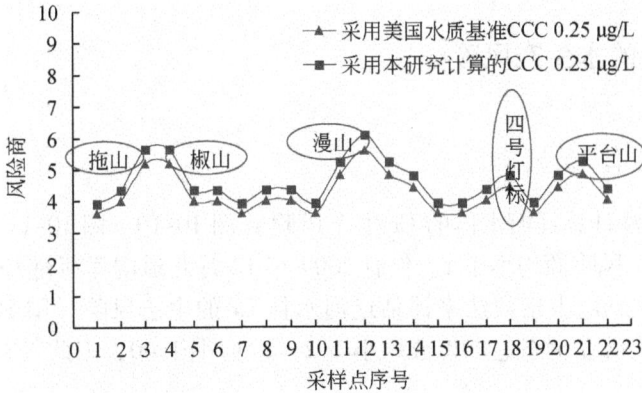

图 10-7　2009 年 12 月太湖水体 Cd 的风险商

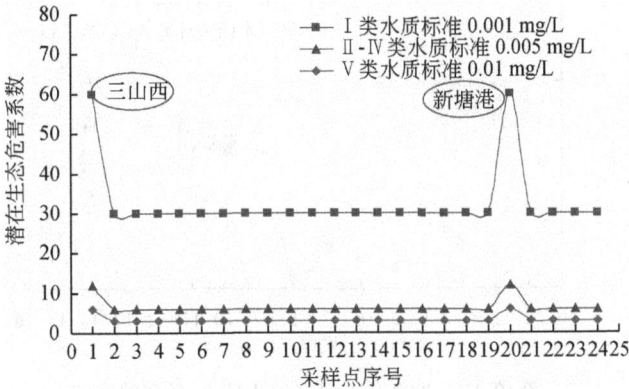

图 10-8　2009 年 6 月太湖水体 Cd 潜在生态危害指数

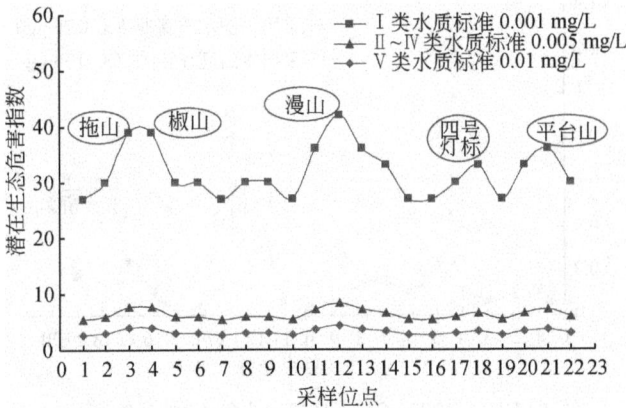

图 10-9　2009 年 12 月太湖水体 Cd 潜在生态危害指数

10.5.3 Cr 的水生态风险

1. 辽河水体 Cr 风险

采用商值法计算辽河水体的 Cr 生态风险（图 10-10、图 10-11），结果显示 2009 年辽河 Cr 风险商均小于 1。仅有 2009 年 12 月北道沟浑河桥 Cr 风险商接近 1。采用潜在生态危害指数法来评估辽河水体 Cr 的生态风险（图 10-12、图 10-13），结果表明潜在生态危害指数均小于 2，远远小于 40，因此仅有极微弱的潜在生态危害。

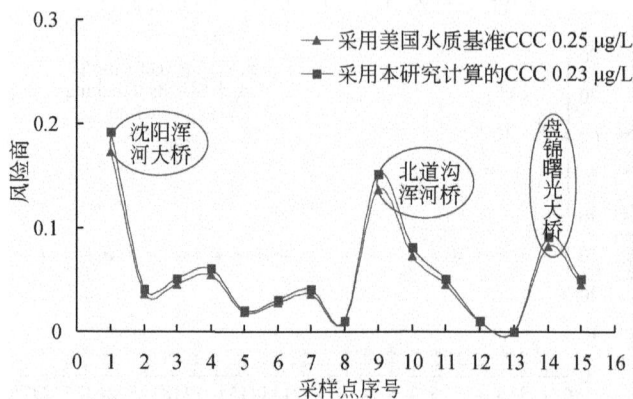

图 10-10　2009 年 6 月辽河水体 Cr 的风险商

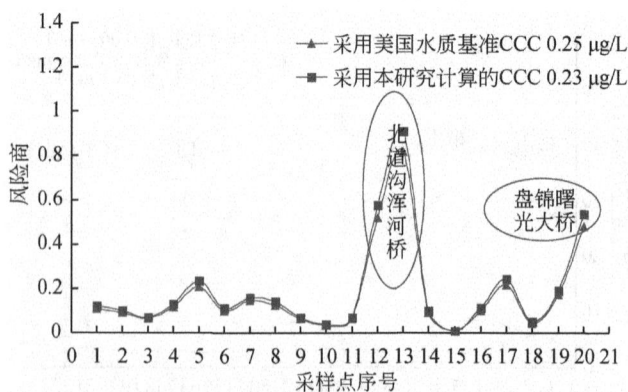

图 10-11　2009 年 12 月辽河水体 Cr 的风险商

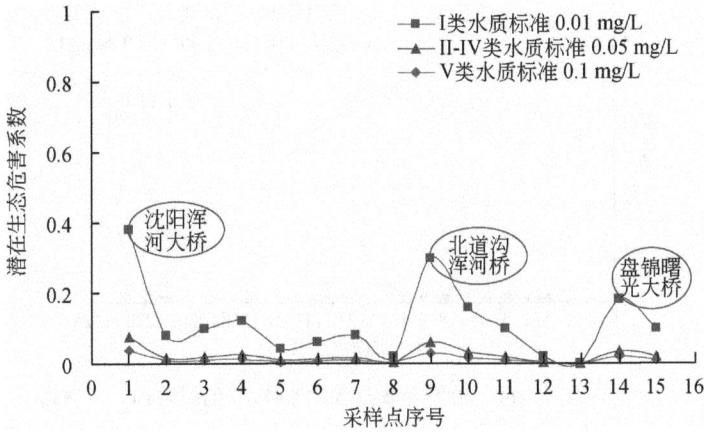

图 10-12　2009 年 6 月辽河水体 Cr 潜在生态危害指数

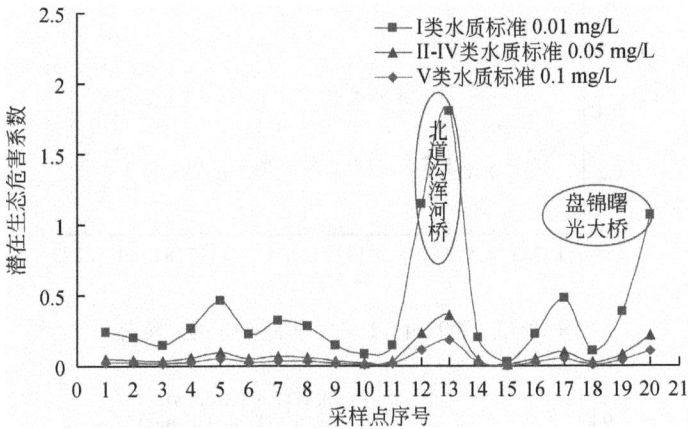

图 10-13　2009 年 12 月辽河水体 Cr 潜在生态危害指数

2. 太湖水体 Cr 风险

采用商值法计算太湖水体的 Cr 生态风险（图 10-14、图 10-15），结果显示采取美国和研究推导的 CCC 为 PNEC，2009 年 6 月平台山水体 Cr 风险商接近/大于 4。除此以外，2009 年其他区域太湖水体 Cr 风险商均小于 1。

采用潜在生态危害指数法来评估太湖水体 Cr 的生态风险，结果表明（图 10-16、图 10-17）太湖水体潜在生态危害指数均小于 10，远远小于 40，因此仅有极微弱的潜在生态危害。

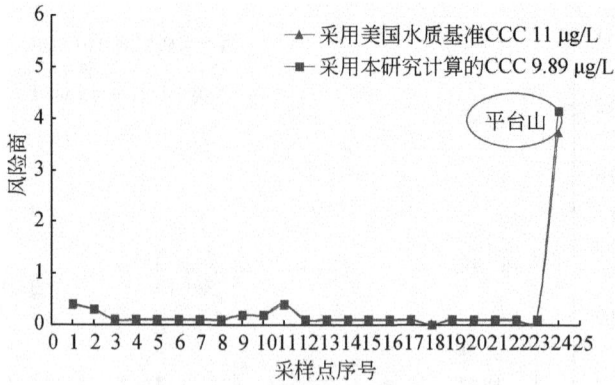

图 10-14　2009 年 6 月太湖水体 Cr 的风险商

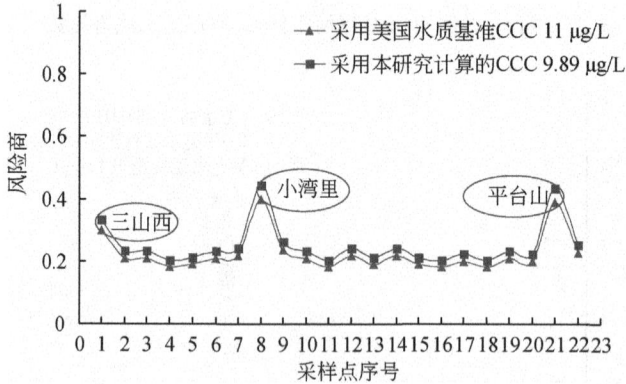

图 10-15　2009 年 12 月太湖水体 Cr 的风险商

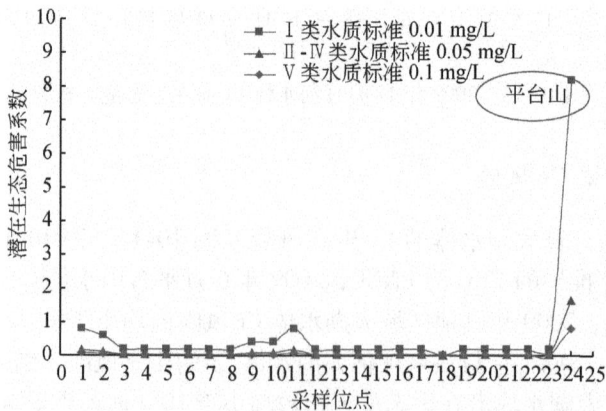

图 10-16　2009 年 6 月太湖水体 Cr 潜在生态危害指数

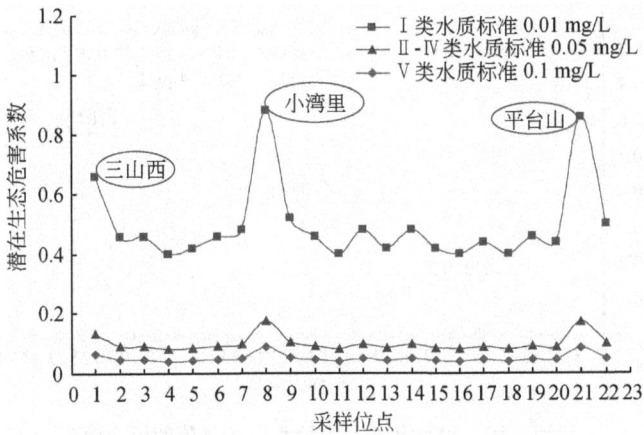

图 10-17　2009 年 12 月太湖水体 Cr 潜在生态危害指数

10.5.4　硝基苯的水生态风险

分别采用本研究推算的水生生物 CCC、美国健康基准值作为 PNEC 来评估风险水平，结果显示（图 10-18 ~ 图 10-20）2009 年辽河、太湖水体的硝基苯风险商都小于 0.1。即使是保守的评价因子法，采用本研究的毒理学试验结果青虾 LC_{50} 值计算 PNEC，风险商也均小于 0.6。因此辽河、太湖水体的硝基苯浓度基本不会造成生态风险。

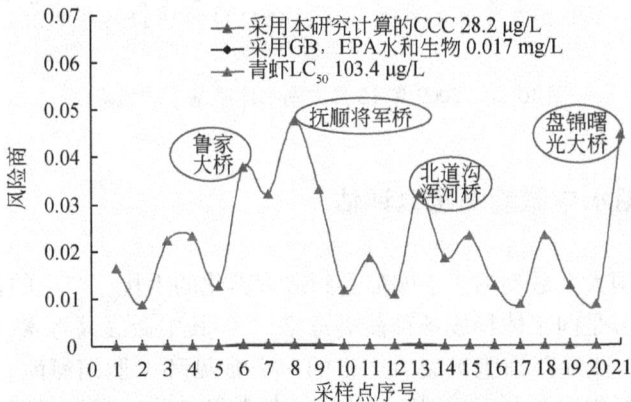

图 10-18　2009 年 12 月辽河水体硝基苯的风险商

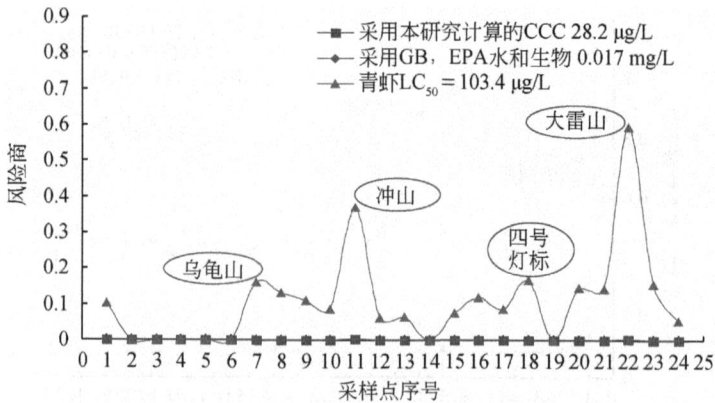

图 10-19　2009 年 6 月太湖水体硝基苯的风险商

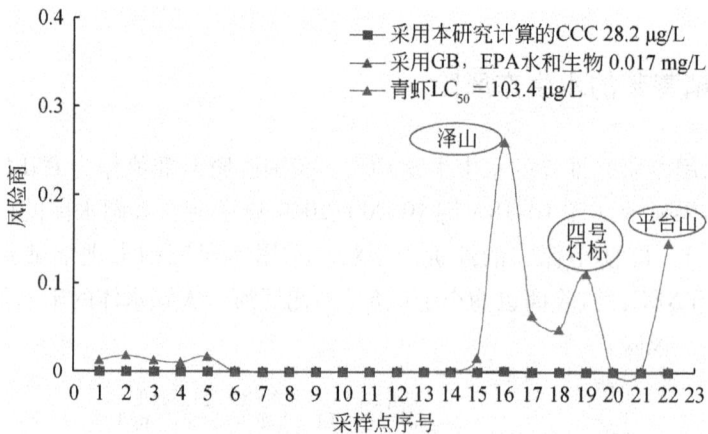

图 10-20　2009 年 12 月太湖水体硝基苯的风险商

10.5.5　太湖水中微囊藻毒素评估

目前，我国大多数湖泊、水库都受到富营养化的困扰，产生的蓝藻水华污染造成的主要危害是向水体释放各种藻类毒素[15]，其中微囊藻毒素（microcystins，MCs）是由淡水蓝绿藻细胞破裂后产生的一类常见环七肽缩氨酸[16]，它们可通过对肝脏中的肝细胞和肝巨噬细胞的作用，抑制肝细胞中蛋白磷酸酶的活性，威胁水生生物和人体的健康[17~19]。太湖是我国第三大淡水湖，作为饮用水、工农业用水以及娱乐用水等水源地，已经受到严重污染，近些年来蓝藻水华暴发的事件频发。为了解太湖水中微囊藻毒素的污染情况，研究人员于 2009 ～ 2010 年分季节多次采集太湖水样，采用高效液相色谱法[20~23]检测太湖水样中 MCs 的含量，并且探讨评价了两种 MCs（MC-LR 和 MC-RR）的污染分布特征。

1. 样品与结果

研究组于 2009 ～ 2010 年在太湖水域采集水样，采样检测点位具体分布如图 10-21 所示，点位经纬度见表 10-4。

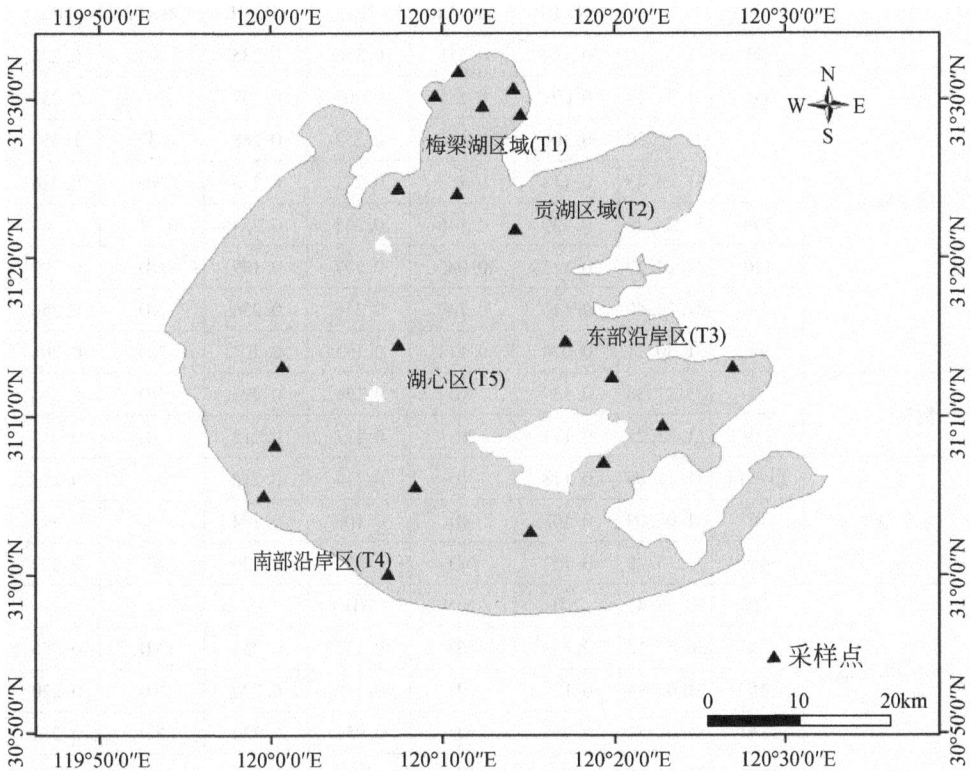

图 10-21　太湖藻毒素样品采样点示意图

水样前处理采用国标方法 GB-T 20466—2006 进行。对太湖 38 个冬夏水样品中两种藻毒素（MC-RR、MC-LR）进行定量分析，结果如表 10-4。从检测的结果可以看出，太湖水体中大部分采样点位 MCs 均有检出。其中 2009 年 12 月 20 个采样点，MC-RR 除了 5#和 12#采样点没被检出外，其余 18 个采样点均被检出，MC-RR

的平均含量达到 0.114μg/L。MC-LR 有 10 个采样点被检出，其平均含量达到
0.152μg/L，MC-LR 的污染水平略高于 MC-RR。MCs 总量最高值0.356μg/L，总量
平均值 0.179μg/L。在 2010 年 8 月 18 个采样点中，MC-RR 除了 T8 采样点没有检
出外，其余都有检出，MC-RR 的平均含量达到 0.238μg/L，MC-RR 的最高含量达
到 0.295μg/L。MC-LR 只有 T1 和 20#被检出，但两个采样点的污染含量较高，均
值达到 1.115μg/L。MCs 总量平均值 0.369μg/L。

表 10-4   太湖水体微囊藻毒素浓度　　　　　（单位：μg/L）

太湖分区	样品编号	采样地点	2009 年 12 月			2010 年 8 月		
			MC-RR	MC-LR	MCs	MC-RR	MC-LR	MCs
梅梁湖区	701	31.31.00	0.141	0.215	0.356	0.235	ND	0.235
	351	31.31.14	0.091	0.216	0.307	0.237	ND	0.237
	T1	31.30.50	0.106	0.146	0.252	0.268	1.320	1.590
	T2	31.29.43	0.118	0.153	0.271	0.216	ND	0.216
	20#	31.28.45	0.139	0.146	0.285	0.254	0.910	1.160
	T10	31.23.29	0.113	0.085	0.197	0.199	ND	0.199
	1#	31.24.40	0.116	0.140	0.256	0.256	ND	0.256
	9#	31.30.11	0.079	0.114	0.193	0.203	ND	0.203
贡湖区	3#	31.21.38	0.139	ND	0.139	0.295	ND	0.295
	21#	31.23.28	0.111	ND	0.111	0.213	ND	0.213
东部沿岸区	T3 + T4	31.11.05	0.118	ND	0.118	0.213	ND	0.213
	T6	31.06.09	0.108	ND	0.108	0.294	ND	0.294
	4#	31.15.28	0.137	ND	0.137	0.229	ND	0.229
南部沿岸区	12#	30.58.47	ND	ND	ND	—	—	—
	13#	30.57.18	0.133	ND	0.133	0.256	ND	0.256
	6#	31.03.28	0.139	ND	0.139	0.220	ND	0.220
	8#	31.07.51	0.056	ND	0.056	0.220	ND	0.220
湖心区	5#	31.13.45	ND	ND	ND	—	—	—
	T8	31.12.46	0.112	0.107	0.219	ND	ND	ND
	T9	31.11.03	0.095	0.198	0.293	0.239	ND	0.239
	平均值		—	0.114	0.152	0.179	0.238	1.115	0.369

注：ND 表示未检出。

我国《生活饮用水水质卫生规范》（GB 5749—2006）和《地表水环境质量标准》（GB3838—2002）中将 MC-LR 的标准值列入并定为 $1\mu g/L$。按照此标准，2009 年 12 月 MC-LR 的检出率为 50%，检出浓度为 $0.085 \sim 0.216\mu g/L$，平均浓度为 $0.152\mu g/L$，均未超出标准值。2010 年 8 月 MC-LR 的检出率为 11%，检出浓度为 $0.91 \sim 1.32~\mu g/L$，平均浓度为 $1.11\mu g/L$，超出标准值。调查结果发现，2010 年 8 月夏季水样 MCs 的含量高于 2009 年 12 月冬季，说明太湖水体蓝藻水华的暴发以及 MCs 污染水平存在着明显的季节性。

2. 评价探讨

由于太湖是一个袋状湖湾，可将其分为梅梁湖区（701、351、20#、T2、1#、T1、T10、9#）、贡湖区（21#、3#）、东部沿岸区（4#、T3 + T4、T6）、南部沿岸区（12#、13#、8#、6#）和湖心区（5#）。太湖水体 MCs 污染具有区域性分布特征，从表 10-4 可以看出，位于太湖北部的梅梁湖区采样点 MCs 的含量较高，冬夏两季的总含量均在 $0.19\mu g/L$ 以上。例如，点位 T1 夏季 MCs 的含量为 $1.59\mu g/L$、20#夏季 MCs 的含量为 $1.16\mu g/L$，超过了 2004 年 WHO 出版的《饮用水卫生基准》[24] 中水中 MCs 的安全限值 $1\mu g/L$。贡湖区冬季 MCs 含量为 $0.111 \sim 0.139\mu g/L$，冬季 MCs 含量为 $0.213 \sim 0.295\mu g/L$。东部沿岸区春夏 MCs 含量为 $0.108 \sim 0.294\mu g/L$，南部沿岸区春夏 MCs 含量为 $0 \sim 0.256\mu g/L$，而在湖心区春夏均未检出 MCs。由此可见，太湖北部梅梁湾的藻毒素污染最为严重，此种现象的产生可能跟梅梁湾的地理位置有关，北部的采样点处于梅梁湾区域，靠近无锡的居民区和工业生产区，农业、工业和生活污水的大量增加，促使北部采样区域的含氮量超过Ⅲ类水指标，而淡水中高含量的氮磷有助于藻毒素的产生和产毒，养鱼、水运和旅游业等开发活动，也使该区域的污染加重，从而导致 MCs 的含量高于其他采样区域。贡湖以及东南部沿岸区域污染相当，均存在夏季 MCs 含量高于冬季的特征，而湖心区污染最轻。

为了比较我国淡水水体中微囊藻毒素的污染水平，从表 10-5 可以看出，我国不同水体均受到藻毒素的污染，大部分水体 MCs 的污染含量没有超过我国相关的水质标准，但是鄱阳湖和巢湖 MCs 的最大值已经超过标准，与表 10-5 中 MCs 的数据相比较，本文中 2009 年 12 月太湖梅梁湾区域 MCs 污染含量最高为 $0.356\mu g/L$（采样点 701），2010 年 8 月太湖梅梁湾区域 MCs 污染含量最高为 $1.59\mu g/L$（采样点 T1），而在 2005 年太湖梅梁湾 MCs 污染含量的最高值为 $6.69\mu g/L$（2005 年 9 月）[25]，2001 年太湖梅梁湾 MCs 污染含量的最高值为 $10.4 \pm 1.80\mu g/L$（2001 年 7 月至 2001 年 9 月）[26]，可以看出，太湖水环境中微囊藻毒素的污染有下降趋势，这与国家近些年来开展太湖及其湖滨带生态修复技术与工程示范研究，以及逐步恢复太湖自然生态系统结构与功能的工作密不可分。

表 10-5　我国部分湖泊、水库水环境 MCs 污染状况

调查流域	采样时间/年	MCs 含量/（μg/L）		分析方法	参考文献
		均值	最大值		
三峡水库（重庆段）	2004	0.02	0.57	HPLC	[27]
淀山湖（上海市）	2002	0.09	0.206	HPLC	[2]
鄱阳湖（江西省）	2000	0.89	1.037	ELISA*	[12]
滇池（云南省）	2003	0.2	0.89	HPLC	[13]
巢湖（安徽省）	1999	0.118	2.0	ELISA*	[14]
珠江三角洲水域	2004	0.05	0.148	ELISA*、HPLC	[3]
东湖（湖北省）	2000	0.032	—	ELISA*	[31]
太湖梅梁湾（江苏）	2005	—	6.69	ELISA*、HPLC	[32]
太湖梅梁湾（江苏）	2001	—	10.4±1.80	ELISA*、HPLC	[33]

*表示酶联免疫分析法。

10.5.6　风险评价结果

根据上述风险评价工作的调查、试验及数理模式推算，结果显示，评估期的辽河和太湖水体可能存在一些 Cd 的水生态污染，且大部分水域属于轻度水生态风险，个别水域具有中度或以上水生态风险。此外，评估的辽河和太湖流域水体中，受 Cr 和硝基苯污染的水生态风险很低。本研究通过对冬夏两季太湖水体中微囊藻毒素（MC-LR，MC-RR）的分析测定，发现夏季太湖水体中 MCs 总体含量平均值达到 0.349μg/L，冬季 MCs 总量平均值达到 0.179μg/L，MCs 污染水平存在着明显的季节性并且夏季 MCs 污染高于冬季，两种藻毒素中 MC-LR 含量大于 MC-RR。同时太湖水体 MCs 污染具有区域性分布特征，太湖北部水域（梅梁湾）藻毒素的污染较为严重。应提请相关流域水环境管理部门注意这一水生态风险评价研究结果。

参 考 文 献

[1] 沈珍瑶，牛军峰，齐珺，等. 长江中游典型段水体污染特征及生态风险. 北京：中国环境科学出版社，2008

［2］白志鹏，王珺，游燕．环境风险评价．北京：高等教育出版社，2009

［3］USEPA. An examination of EPA risk assessment principles and practices. EPA/100/B04/001/ March，2004

［4］European Chemicals Bureau. Technical guidance document on preparing the chemical safety report under REACH. Implementation Project 3. 2 for Risk Assessment，2005

［5］陈辉，刘劲松，曹宇，等．生态风险评价研究进展．生态学报，2006，26（05）： 1558-1565

［6］USEPA［EB/OL］．http：//epa. gov/riskassessment/ecological-risk. htm

［7］USEPA［EB/OL］．http：//www. epa. gov/risk/history. htm

［8］邓飞，于云江，全占军．区域生态风险评价研究进展．环境科学与技术，2011，34（6G）： 141-147

［9］USEPA. Guidelines for Ecological Risk Assessment. EPA/630/R-95/002F/April，1998

［10］水利部．生态风险评价技术导则．北京：中国水利水电出版社，2009

［11］李景宜，李谢辉，傅志军，等．流域生态风险评价与洪水资源化——以陕西省渭河流域 为例．北京：北京师范大学出版社，2008

［12］张永春，林玉锁，孙勤芳，等．有害废物生态风险评价．北京：中国环境科学出版 社，2002

［13］Leeuwen van C J，Vermeire T G. Risk Assessment of Chemicals：An Introduction. 2nd edition. Berlin：Springer Netherland，2007

［14］雷炳莉，黄圣彪，王子健．生态风险评价理论和方法．化学进展，2009，21（2/3）： 350-358

［15］Zurawell R W，Chen H，Burke J M，et al. Hepatotoxic cyanobacteria：A review of the biological importance of microcystins in freshwater environments. Toxicol Environmental Health，2005，8 （1）：1-37

［16］Fingered D R，Azeiteiro U M，Esteves S M，et al. Microcystin producing blooms：a serious global public health issue. Ecotoxicol. Environ. Safe，2004，59（2）：151-163

［17］李效宇，宋立荣，刘永定．微囊藻毒素的产生、检测和毒理学研究．水生生物学报， 1999，23（5）：517-523

［18］Frazier K，Colvin B，Styer E，et al. Microcystin toxicosis in cattle due to overgrowth of blue-green algae. Veterinary and Human Toxicology，1998，40（1）：23-24

［19］Mez K，BEATTIE K A，CODD G A，et al. Identification of a microcystin in benthic cyanobacteria linked to cattle deaths on alpine pastures in switzerland. European Journal of Phycology， 1997，32（2）：111-117

［20］中华人民共和国国家质量监督检验检疫总局，中国国家标准化管理委员会．水中微囊藻 毒素的测定．GB/T20466-2006. 北京：中国标准出版社，2006

［21］Lawton L A，Edwards C，Codd G A. Extraction and high-performance liquid chromatographic method for the determination of microcystins in raw and treated waters. Analyst, 1994, 119 (7): 1525-1530

[22] Chen W, Peng L, Wan N, et al. Mechanism study on the frequent variations of cell-bound microcystins in cyanobacterial blooms in lake taihu: Implications for water quality monitoring and assessments. Chemosphere, 2009, 77 (11): 1585-1593

[23] Spoof L, Neffling M R, Meriluoto J. Fast separation of microcystins and nodularins on narrowbore reversed-phase columns coupled to a conventional hplc system. Toxicon, 2010, 55 (5): 954-964

[24] Purvis A. Guidelines for drinking-water quality. Ginebra: World Health Organization, 2004: 501-504

[25] 张志红, 赵金明, 蒋颂辉, 等. 淀山湖夏秋季微囊藻毒素-LR 和类毒素-a 分布状况及其影响因素. 卫生研究, 2003, 32 (4): 316-319

[26] 徐海滨, 孙明, 隋海霞, 等. 江西鄱阳湖微囊藻毒素污染及其在鱼体内的动态研究. 卫生研究, 2003, 32 (3): 192-194

[27] 许川, 舒为群, 曹佳, 等. 重庆市及三峡库区水体微囊藻毒素污染研究. 中国公共卫生, 2005, 21 (9): 1050-1052

[28] 潘晓洁, 常锋毅, 沈银武, 等. 滇池水体中微囊藻毒素含量变化与环境因子的相关性研究. 湖泊科学, 2006, 18 (6): 572-578

[29] 赵影, 杨志平, 王志强, 等. 巢湖水藻类毒性及对饮用水水质影响. 环境与健康杂志, 2003, 20 (4): 219-222

[30] 王朝晖, 林少君, 韩博平, 等. 广东省典型大中型供水水库和湖泊微囊藻毒素分布. 水生生物学报, 2007, 31 (3): 307-311

[31] 隋海霞, 严卫星, 徐海滨, 等. 武汉东湖微囊藻毒素污染及其在鱼体内的动态研究. 卫生研究, 2004, 33 (1): 39-41

[32] Song L, Chen W, Peng L, et al. Distribution and bioaccumulation of microcystins in water columns: A systematic investigation into the environmental fate and the risks associated with microcystins in meiliang bay, lake taihu. Water Research, 2007, 41 (13): 2853-2864

[33] Shen P, Shi Q, Hua Z, et al. Analysis of microcystins in cyanobacteria blooms and surface water samples from Meiliang Bay, Taihu Lake, China. Environment international, 2003, 29 (5): 641-647

第 11 章　混合物联合毒性方法与水质基准应用

以保护水生生物及其水生态系统安全和人体健康为主要目标，迄今世界主要国家制定的污染物水质基准值的推导方法基本上以单一污染物的毒理学数据为依据。这主要由于多种物质的联合毒性理论方法尚不够成熟，且通常实验模拟条件与实际环境复合暴露状况差别较大，导致获得的实验结果不确定性较大、可靠性较低，实际的可应用性不高。考虑到水体环境中污染物大都是以混合物的形式存在的实际情况，因此科学地将混合物的联合毒性暴露结果应用于环境基准的制定是目前环境基准与标准方法学领域的重要研究方向之一。据美国地质调查局（USGS）对河流农药污染状况的监测结果表明，超过50%的水样中均含有5种以上的农药污染物[1]。已有一些研究表明，水环境中单一污染物即使处于相关水质基准浓度水平以内，当多个污染物同时存在时，也可能对水生生物产生显著的联合毒性效应。例如，Baas 等[2]经过对某水域20年的生物监测发现，在荷兰环境单一污染物水质基准最大允许浓度（maximum permissible concentration，MPC）以内，多种污染物的联合毒性作用已经造成地表水中大型溞种群趋向灭绝。因此，仅依靠单一化合物的生态毒性数据评价水质风险和进行水质目标监控管理是不全面的[3]，研究两种或多种化学物质联合作用下产生的联合毒性效应，可为水环境基准及标准值的建立提供更为科学的依据。因此，在研究或制定水质基准或标准时，考虑实际多种污染物混合暴露而产生的联合毒理学作用的生态风险，逐步探索构建我国水环境中混合物的水质基准，将更有利于水环境污染物风险控制与管理目标的实现。

11.1　水质目标值的混合物毒性

11.1.1　混合物毒理学评估

水环境中水质目标基准或标准主要针对具有相似毒性作用机制的污染物组成的混合物。水体环境中混合物的联合毒性评价应用最为广泛的模型是：效应加和

（response addition，RA）模型与浓度加和（concentration addition，CA）模型。RA 模型用于评价具有相异作用机制的化学物质的混合物毒性；CA 模型用于评价具有相同或相似作用机制的化学物质的混合物毒性。目前，CA 模型已经广泛应用于多种类型化学物质对水生生物的联合毒性[4~6]。由于混合物组分毒性作用机制的"相似"和"相异"是一个相对模糊的概念，因此，选择水体环境中混合物的联合毒性评价和预测的最佳参考模型是 CA 模型还是 RA 模型一直都是个有争议的话题[7]。但是随着混合物组分数的增加，混合物的联合毒性趋向于 CA 模型预测，如 Junghans[8] 等报道了 25 种农药混合物在预测环境暴露浓度（PEC）下对绿藻的联合毒性，这些农药虽然具有不同的结构和毒性作用机制，其中有些农药的作用机制不明确，但是结果显示，混合物的联合毒性为 46%，与 CA 预测结果（49%）十分接近。因此，水体中混合物的水质目标管理以 CA 模型为基础，对相似作用机制的污染物组成的混合物进行管理。

欧盟在构建水质目标值时提出了建立"优先控制污染物"混合物水质值的计划。Calamari 和 Vighi[9] 在 1992 年首先提出建立了水环境中混合物的水质目标（water quality objectives，WQO）值。混合物水质目标值的推导公式如下：

$$QO_m = \sum_{i=1}^{n} \frac{c_i}{QO_i} < 1 \tag{11.1}$$

式中，QO_m 为混合物的水质目标值；QO_i 为混合物中单一组分化合物的水质基准；c_i 为组分化合物的实际暴露浓度；n 为混合物中化合物组分数。如果公式（11.1）成立，说明水体混合物对水生生物不构成威胁，符合水体中 n 种污染物的水质管理目标。

为了更好地解释公式（11.1）推导混合物水质目标值的过程，表 11-1 给出了两种情景（情景 A 和情景 B）中 5 种污染物在不同实际暴露浓度下混合物水质目标值的推导示例。情景 A 中 5 种化合物 c_i/QO_i 之和小于 1，说明混合物毒性对水生生物不构成危害，c_i/QO_i 值符合水体中这 n 种污染物的水质管理目标；情景 B 中 c_i/QO_i 值之和大于 1，说明此混合物产生的联合毒性作用对水生生物构成危害，超出 n 种污染物的水质管理目标。

表 11-1　不同情景混合物水质基准的计算示例

序号	单一化合物 水质基准 QO_i /（μg/L）	情景 A		情景 B	
		实际暴露浓度 c_i /（μg/L）	c_i/QO_i	实际暴露浓度 c_i /（μg/L）	c_i/QO_i
1	0.1	0.01	0.1	0.04	0.4

续表

序号	单一化合物 水质基准 QO_i /(μg/L)	情景 A		情景 B	
		实际暴露浓度 c_i /(μg/L)	c_i/QO_i	实际暴露浓度 c_i /(μg/L)	c_i/QO_i
2	0.5	0.02	0.04	0.3	0.6
3	1	0.1	0.1	0.5	0.5
4	2	0.3	0.15	0.6	0.3
5	5	1	0.2	2	0.4
		$\sum_{i=1}^{5} c_i/QO_i = 0.59$		$\sum_{i=1}^{5} c_i/QO_i = 2.2$	

上文中虽然提出了混合物水质目标值的推导公式[9]，但是没有提出具体的推导公式和推导方法。由于混合物水生态毒性数据，尤其是与环境暴露实测数据相结合的毒性数据比较缺乏，对混合物的风险评价增加了很大的不确定性。另外，由于环境中混合物成分复杂，即使混合物组分相同，不同浓度组合也可能导致不同的联合毒性效应。如何选择建立混合物水质基准的化学污染物，是建立混合物水质基准首先要考虑的问题。由于污染物的毒性作用模式的信息较为缺乏，Ca-lamari 和 Vighi[9]初步提出了采用定量结构–活性相关关系（QSAR）对相似和相异毒性作用模式的化合物进行分组的原则，但是采用 QSAR 方法对污染物毒性作用机制进行分类仍然存在很多问题。

USEPA 在 1985 年《水生生物的水质基准推导指南》[10]中没有提及混合物，但中央河谷水质控制委员会（RWQCB）运用混合物联合毒性模型来评估水质目标的合格率。同样，CA 模型也应用于美国加利福尼亚州 Sacramento 河流和 San Joaquin 流域盆地的水质控制计划[11]，计划中提出了与公式（11.1）相似的水环境水质目标值的计算方法，公式如下：

$$\sum_{i=1}^{n} \frac{C_i}{O_i} \leqslant 1.0 \tag{11.2}$$

式中，C_i 为混合物中组分 i 的浓度；O_i 为混合物组分中 i 的 WQO 值。如果公式（11.2）成立，表明 n 组分混合物符合该水体的水质目标值。此外，提出利用相对强度因子 RPF 方法来计算混合物的总体水质目标值。

澳大利亚和新西兰在水质管理中应用相似的方法对混合物的水质目标进行管理[12]，提出了混合物整体毒性 TTM 综合评估水质，公式如下：

$$TTM = \sum (C_i/WQG_i) \tag{11.3}$$

式中，TTM 为混合物总的毒性；C_i 为混合物中 i 组分的浓度；WQG_i 为混合物组分的水质基准或标准。如果 TTM 超过了 1，表明超过了规定的水质指标限值。此外，在欧盟的风险评价指南中[13]，虽然没有明确指出混合物毒性，但是在风险评价中应用评估因子（AF）时已经把水体混合物效应考虑在内[14]。

上述水环境质量目标管理方法中，联合毒性符合浓度加和（CA）模型，可以运用上述方法进行水质管理；如果混合物组分之间发生协同或拮抗毒性，则需要选择更复杂的联合毒性模型[15]，对水体中污染物的混合物进行有效的管理。

11.1.2 重金属联合毒性

在水环境重金属污染物水质基准的构建过程中，关于水质基准浓度下重金属混合物的水生生物毒性的评估有诸多报道。Enserink 等[16]评估了 As^{5+}、Cd^{2+}、Cr^{5+}、Cu^{2+}、Hg^{2+}、Pb^{2+}、Ni^{2+} 和 Zn^{2+} 8 种重金属在荷兰的水质基准浓度"安全"限值下，其混合物对大型溞和鲑鱼仔鱼的联合毒性效应，结果发现，在荷兰水质基准中最大允许水平 MPC 下，重金属混合物对受试生物造成了严重的致死毒性：96% 大型溞和 50% 鲑鱼幼体死亡。此试验结果促使荷兰重新修订其水质基准，将联合毒性的测试纳入水质基准的建立过程中。美国在 1986 年[17]报道了 6 种重金属在 CMC 条件下产生的联合毒性作用对虹鳟鱼和大型溞造成几乎 100% 的致死作用；在 CCC 条件下混合暴露显著抑制了大型溞的繁殖和呆头鱼的生长。此外，在评价南达科他州黑山金矿开采作业酸性矿山污水中 11 种重金属分别在 CMC 和 CCC 条件下组成的混合物的联合毒性，CMC 混合物对黑头呆鱼没有造成急性毒性作用，但是 CCC 混合物对模糊网纹溞造成 24h 内完全致死效应，而且显著地降低了模糊网纹溞 8 天存活率和繁殖率[18]。

随着水质基准的不断发展和修订，世界各国在进行水质管理时，已经把重金属污染物之间的相互作用造成的联合毒性，纳入水质基准的构建过程中。由于重金属毒性易受到各种水质参数的影响，混合物随着水质参数的作用显现不同的联合毒性。Copper 等[19]2009 年评价 Cu、Pb 和 Zn 在美国 CCC 和加拿大的水质基准值下对两种浮游溞类的联合毒性效应时发现，单一重金属在水质基准值下都没有对受试生物产生明显的毒性作用，在水质硬度的影响作用下，重金属在 CCC 和加拿大的水质基准浓度下的混合暴露对水溞的存活率和孵化率产生了抑制毒性。Otitoloju[20]指出建立重金属的水质基准值，应该着重研究重金属之间或者重金属与其他类型的污染物，对水生生物造成的协同毒性作用。因此，为了有效地评价水体环境中重金属的生态风险，需要考虑水体环境的水质参数对重金属混合物毒性的影响，制定对水生生物更加"安全"的重金属水质基准。

11.2 混合物水质基准推导方法

2006 年 Chèvre 等[21] 在"*Environmental Science & Technology*"提出运用物种敏感度分布（species sensitivity distribution，SSD）曲线法建立一组除草剂混合物的生态风险评价推导方法，作者通过计算混合物风险商 RQ_m 推导具有相似作用模式的化合物的混合物水质基准值。和公式（11.1）相同，作者认为 $RQ_m < 1$，说明混合物对水生生物不构成风险，可作为该组化合物的混合物水质基准值使用。作者指出进行水质管理中考虑混合物的联合毒性的障碍主要在于：混合物组分化合物的生态毒性数据的质量和数量造成组分的水质基准大小顺序不一致。例如，混合物中组分 A 的毒性大于组分 B，那么组分 A 的水质基准值应该小于组分 B，但是如果组分 A 的毒性数据量比组分 B 多，那么很可能组分 A 的基准值大于组分 B。混合物组分的毒性数据的不稳定将对混合物的生态风险评价造成很大的不稳定性。另外，混合物水质基准的推导方法必须满足三个准则：①混合物组分化合物的联合毒性符合浓度加和作用要有试验证据；②混合物组分的单一基准值恒定，便于计算混合物总的风险商；③推导过程简单，易于在管理中实施。

运用 SSD 曲线对混合物进行生态风险评价，是建立在混合物组分化合物具有相同的毒性作用机制的基础上，也就是说，混合物产生的联合毒性作用符合浓度加和模型。但是由于混合物内组分化合物的毒性数据量，组分的急性毒性数据还可以获得，慢性毒性数据（NOEC）值相对较少，甚至混合物组分的 NOEC 值不能获得，因此不能计算其风险商，针对上述问题，该方法提出了三项假设：①混合物组分的急性毒性数据构建的 SSD-EC_{50} 曲线相互平行，即相同作用模式的组分化合物的 SSD-EC_{50} 曲线的斜率相等；②混合物组分的慢性毒性数据构建的 SSD-NOEC 曲线与 SSD-EC_{50} 曲线平行；③组分间急性毒性和慢性毒性间的相对效能 RP_i 是恒定不变的。基于以上假设，该方法提出运用 SSD 方法进行混合物的水生生态风险评价的方法分为三个步骤：

第一步：计算混合物组分的相对效能 RP_i。首先，在混合物内选择一种化合物为参考物质（reference substance），选择原则是急性毒性数据和慢性数据数量最多的组分化合物。其次，将混合物中所有组分的急性数据用 log-logisitic 函数进行拟合，函数形式公式如下：

$$y = \frac{1}{1 + \exp[-(x - \alpha)/\beta]} \tag{11.4}$$

式中，y 为物种受影响比例；x 为毒性数据如 LC_{50} 或 NOEC 的对数值；α 和 β 为函数的拟合参数，其中 α 为曲线的横轴的位置参数，β 为尺度参数。

公式（11.5）为 log-logisitic 函数的变化形式，以便于 SSD 曲线拟合。

$$EC_{50i,s} = \frac{100}{1 + 10^{(\lg HC_{50EC_{50},i} - \lg EC_{50i,s}) \times slope}} \qquad (11.5)$$

式中，$HC_{50EC_{50},i}$ 为急性毒性的 50% 的受影响物种比例的毒害浓度；$EC_{50i,s}$ 为混合物中 i 组分物质的 s 物种的 EC_{50} 值。

该方法假定混合物组分的 SSD 曲线斜率相等，计算所有组分 SSD 曲线的共同斜率的方法有三种：①共同斜率固定为 1；②采用参考物质的急性数据的 SSD 曲线的最佳拟合斜率；③把所有组分物质的急性数据重新排列，得到总的 SSD 曲线的最佳拟合斜率作为共同斜率。

然后由 $HC_{50EC_{50},ref}$ 和 $HC_{50EC_{50},i}$ 计算组分 i 与参考物质之间的相对效能 RP_i，计算公式如下：

$$RP_i = \frac{HC_{50EC_{50},ref}}{HC_{50EC_{50},i}} \qquad (11.6)$$

式中，RP_i 的标准偏差 $\sigma \lg RP_i$ 的计算公式如下：

$$\sigma \lg RP_i = \sqrt{\sigma \lg HC_{50EC_{50},ref}^2 + \sigma \lg HC_{50EC_{50},i}^2} \qquad (11.7)$$

RP_i 的 95% 置信区间为

$$\lg RP_i \pm 1.96 \times \sigma \lg RP_i \qquad (11.8)$$

第二步：计算参考物质的 5% 的毒害浓度 HC_{5ref}。

利用参考物质的慢性毒性数据 NOEC，构建 SSD 曲线，用公式（11.7）进行非线性拟合，参数斜率固定为共同斜率，求出参考物质的 $HC_{50NOEC,ref}$。

$$Fraction\ affected_{NOEC,ref,s} = \frac{100}{1 + \exp\ (\lg HC_{50NOEC,ref} - \lg NOEC_{ref,s})\ \times slope} \qquad (11.9)$$

式中，$HC_{50NOEC,ref}$ 为慢性数据 NOEC 的 SSD-NOEC 曲线产生的 50% 毒害浓度；$NOEC_{ref,s}$ 为参考物质的 NOEC 数值。

由此，计算参考物质 5% 的毒害浓度 HC_{5ref}：

$$\lg HC_{5ref} = \lg HC_{50NOEC,ref} - \left(\frac{1}{slope}\right) \times \lg\left(\frac{95}{5}\right) \qquad (11.10)$$

HC_{5ref} 的 95% 置信区间为

$$\lg HC_{5ref} \pm 1.96 \times \sigma \lg HC_{5ref} \qquad (11.11)$$

式中，$\sigma \lg HC_{5ref}$ 为 $\lg HC_{5ref}$ 的标准偏差。

$HC_{5-95\% ref}$的计算公式如下：

$$\lg HC_{5-95\% ref} = \lg HC_{5ref} - 1.65 \times \sigma \lg HC_{5ref} \qquad (11.12)$$

第三步：预测混合物中 i 组分的 HC_{5i}。

根据假设 2，$SSD\text{-}EC_{50i}$ 和 $SSD\text{-}NOEC$ 曲线相互平行，那么混合物组分的急性数据和慢性数据的 RP_i 相等。由此，计算混合物其他组分的 HC_{5i}。

$$HC_{5-95\% i} = \left(\frac{1}{RP_i} \right) \times HC_{5-95\% iref} \qquad (11.13)$$

公式（11.12）中 $HC_{5-95\% ref}$ 为 HC_{5ref} 的 95% 置信区间低值，组分 i 的 $\lg HC_{5-95\% i}$的标准偏差与公式（11.7）中 $\lg RP_i$ 的标准偏差相等。

$$\sigma \lg HC_{5-95\% i} = \sigma \lg RP_i \qquad (11.14)$$

式中，$HC_{5-95\% i}$的 95% 置信区间为

$$\lg HC_{5-95\% i} \pm 1.96 \times \sigma \lg HC_{5-95\% i} \qquad (11.15)$$

对于一个实际水体，混合物中 i 组分对水生生物的风险可以用公式（11.10）中风险商 RQ_i 定量描述：

$$RQ_i = \frac{MEC_i}{HC_{5-95\% i}} < 1 \qquad (11.16)$$

式中，MEC_i 为实际水体中污染物 i 的暴露浓度；风险商 $RQ_i < 1$ 为该污染物对水生生物不存在风险。

水体中混合物总的风险商 RQ_m 为混合物所有组分的风险总和，公式如下：

$$RQ_m = \sum_{i=1}^{n} RQ_i = \sum_{i=1}^{n} \frac{MEC_i}{HC_{5-95\% i}} < 1 \qquad (11.17)$$

如果混合物总的风险商 $RQ_m < 1$，符合该水体的水质管理目标，可作为该水体中污染物的混合物水质基准。

混合物的生态风险评价和混合物水质基准的推导都是建立在混合物组分的相似毒性作用模式基础上，具有相似毒性作用模式的污染物理论上都可以用浓度加和模型来评估和预测联合毒性。本文推导混合物水质基准方法中一个重要假设，混合物组分的急性毒性数据和慢性数据的 SSD 曲线都相互平行。具有相同毒性作用机制化合物对单一生物种的剂量－效应曲线通常被认为具有相同的曲线斜率，尽管还没有很多实验来证明这一点[21]。因此，从管理需求上来看 SSD 曲线参数问题还要进一步探讨[22]。另外，该推导方法中另外两个假设，慢性毒性数据构建的 SSD-NOEC 曲线与急性毒性数据构建的 SSD-LC$_{50}$曲线相互平行，具有相似毒性作用机制的混合物组分的相对效能 RP_i 都相同，这两点假设实际上说明：对于每个混合物组分的急/慢性比率 ACR 是相同的。

从大部分生态风险评价流程上看，普遍认为污染物具有恒定的 ACR 值，ACR 值一般被默认为 10，虽然这个系数也饱受争议[21]。Chèvre 等[23]对瑞士日内瓦湖中 3 嗪类除草剂、氯乙酰苯胺类除草剂、磺酰脲类除草剂和苯脲类除草剂 4 种类型除草剂混合物的环境风险进行了评价，发现单一除草剂对水生态环境可以忽略，除草剂的混合暴露大大地增加了湖泊水体的生态风险。此外，采用该方法[25]推导了瑞士 Frutbach 溪流与瑞典 Höje 河流中 6 种有机磷杀虫剂和 3 种 β 抑制剂药物等 2 组混合物水质基准值。加拿大的魁北克省在 2001 年正式提出了一组农药混合物的急性水质基准值[24]。英国通过计算具有相似作用模式结构相似的化合物的联合环境质量标准（EQSs），推导水体中混合物的水质基准/标准值[25]。目前，我国正在构建水质基准体系的研究中，有学者也提出了关于研究复合污染情况下的水质基准的理念[26]。可以预见，建立混合物的水质基准是水质基准与标准构建的发展方向。

11.3 联合毒性评估应用

11.3.1 铜、镉联合毒性评估

在水环境重金属污染物水质基准的构建过程中，为了有效地评价水体环境中重金属的生态风险，需要考虑水体环境的水质参数对重金属混合物毒性的影响，制定对水生生物更加"安全"的重金属水质基准。本研究试验采用斑马鱼胚胎发育慢性试验，参照 OECD 相关毒性试验标准及我国鱼类毒性试验标准 GB/T13267—91。实验过程中，采用国标《地表水环境质量标准》（GB2002—3838）基本项目标准限值中 II、III、IV 类水标准中 Cu 和 Cd 的标准值（Cu：1mg/L；Cd：0.005mg/L），研究了两种重金属对斑马鱼胚胎的联合毒性作用。采用 0 hpf（小时胚胎孵化试验）暴露方式，试验结果显示，24 hpf 胚胎全部死亡。分析原因，我国水质标准值中 Cu 的标准限值已经远超过 24 hpf 斑马鱼胚胎 90% 的死亡率（0.44mg/L），而 Cd 的标准限值 0.005 mg/L 则远低于斑马鱼胚胎 24 hpf 致死的 NOEC 值（3.60mg/L），两种重金属混合物对斑马鱼胚胎的致死毒性作用主要来自重金属 Cu。另外也有研究表明，Cu 对我国其他鱼类的胚胎发育的致死效应浓度也远高于我国渔业水质标准（0.01mg/L）。如 Cu 对大银鱼（*Protosalanx hyalocranius*）受精卵 96h LC_{50} 为 0.0112 mg/L，但安全浓度为 0.001 12 mg/L。

试验结果表明，我国水质标准限值下 Cu 和 Cd 的混合物对斑马鱼胚胎造成

100%的致死效应，不足以保护斑马鱼的早期胚胎发育。此外，两种重金属的水质标准限值下的混合物对斑马鱼成鱼进行96h急性毒性试验，鱼死亡症状表现为鱼体色发白，鱼胸鳍处出现血红色。试验表明，在24h染毒试验中斑马鱼没有死亡，48h斑马鱼死亡率为63%±12%，72h死亡率为67%±5.8%，96h斑马鱼死亡率70%±10%，斑马鱼胚胎和成鱼对重金属混合物的敏感性表现为：胚胎 > 成鱼。结果显示，我国水质标准限值下Cu和Cd混合物对斑马鱼成鱼也会造成很高的致毒效应。

荷兰在水质基准推导方法指出：对水生生物的不同生命阶段，首先选择最敏感测试终点或最敏感生命阶段的毒性数据[13]；加拿大颁布的"保护淡水水生生物的指导纲领"考虑了水生态系统的所有组成部分[24]，目的是保护所有水生生物的整个生命周期。有研究报道，鱼类早期发育阶段对污染物的敏感性通常比幼鱼和成鱼更高[24]，因此，为了保护鱼类整个生命周期，必须考察重金属对鱼类早期发育的毒性作用，将有利于制定更严格的水质基准；研究鱼类早期发育阶段的联合毒性作用，对于仅靠单一物质毒性数据的水质基准的制定和重金属的水环境风险评价有一定的科学借鉴意义。本文的试验结果表明，我国水质标准限值下Cu和Cd的混合物对斑马鱼胚胎造成100%的致死效应，不足以保护斑马鱼的胚胎发育，两种重金属对斑马鱼的联合毒性主要来自Cu的毒性效应。

11.3.2　三种氯酚风险评价及水质基准推导

Yin等[27]2,4,6-三氯酚和2,4-二氯酚的氯酚化合物对9种中国优势水生物种的急性毒性研究结果表明，浮游溞类对氯酚化合物最为敏感，氯酚的慢性毒性试验结果也产生相同的结果。本文进行了五氯酚、2,4-二氯酚和2,4,6-三氯酚对大型溞的联合毒性研究，三种氯酚化合物对大型溞的联合毒性符合浓度加和模型。另外，氯酚化合物对一些鱼类的联合毒性研究结果表明，氯酚混合物的联合毒性表现为浓度加和作用。因此，本文选取三种氯酚化合物的浮游溞类和鱼类的毒性数据，运用以上所述方法，结合我国"三江四河"中五氯酚、2,4-二氯酚和2,4,6-三氯酚的污染水平[28]，对三种氯酚污染物的混合物生态风险进行评价，初步探讨建立三种氯酚的混合物水质基准值。

11.3.3　三种氯酚化合物毒性数据筛选

毒性数据收集后，对数据进行评价和筛选，弃用一些有问题或有疑点的数据，如未设立对照组的、对照组的试验生物表现不正常的、稀释用水为蒸馏水的、试验用化合物的理化状态不符合要求的或试验生物曾经暴露于污染物中的，类似的试验数据都不能采用，至多用来提供辅助的信息[29,30]。将不符合水质基准计算要求的试验数据剔除，其中包括非中国物种的试验数据，用去离子水作为试验用水的试验数据和试验设计不科学或者不符合要求的试验数据。本研究中所选取毒性数据方法参照标准试验方法，试验水蚤的年龄不能大于 24h，急性毒性试验期间不能喂食，蚤类急性毒性试验指标是 48h 半致死浓度 LC_{50}，慢性毒性数据为 21 天的无观测效应浓度 NOEC 值。鱼类的急慢性毒性数据包括我国的本地种，如鲫鱼、草鱼、稀有鮈鲫等，也包括一些引进物种，如虹鳟鱼和太阳鱼等。鱼类急性毒性数据采用 96h 半致死浓度 LC_{50} 值，慢性毒性数据试验周期超过 30 天的 NOEC 值。

五氯酚对水生生物的急性毒性数据见表 11-2，共有 148 个毒性数据，包括 6 种蚤类 63 个毒性数据、14 种鱼类 85 个毒性数据；五氯酚的慢性毒性数据（NOEC）见表 11-3，共有 13 个毒性数据，包括 2 种蚤类 4 个 NOEC 值、3 种鱼类 9 个 NOEC 值。2,4-二氯酚的毒性数据共有 22 个毒性数据，其中急性毒性数据 15 个，包括 2 种蚤类 6 个毒性数据、8 种鱼类 9 个毒性数据（表 11-4）；慢性毒性数据 7 个，包括 1 种蚤类 2 个毒性数据、3 种鱼类 5 个毒性数据（表 11-5）。2,4,6-三氯酚的毒性数据共有 22 个毒性数据，其中急性毒性数据 18 个，包括 2 种蚤类 7 个毒性数据、8 种鱼类 11 个毒性数据（表 11-6）；慢性毒性数据 4 个，包括 1 种蚤类 2 个毒性数据、2 种鱼类 2 个毒性数据（表 11-7）。根据急性毒性数据和慢性毒性数据数目，选择数据最多的五氯酚为混合物风险评价中的参考物质。试验 3 种氯酚化合物的急性毒性数据和慢性毒性数据数量列于表 11-8 中。

表 11-2　五氯酚对淡水水生生物急性毒性值

物种	拉丁名	试验方法	LC_{50} 或 EC_{50}/（μg/L）	参考文献
模糊网纹蚤	*Ceriodaphnia dubia*	F	307	[31]
模糊网纹蚤	*Ceriodaphnia dubia*	F	347	[31]
大型蚤	*Daphnia magna*	S	150	[32]
大型蚤	*Daphnia magna*	S	220	[32]
大型蚤	*Daphnia magna*	S	450	[32]
大型蚤	*Daphnia magna*	S	1000	[33]
大型蚤	*Daphnia magna*	S	1500	[33]
大型蚤	*Daphnia magna*	S	600	[33]

续表

物种	拉丁名	试验方法	LC$_{50}$或 EC$_{50}$/(μg/L)	参考文献
大型溞	*Daphnia magna*	S	800	[33]
大型溞	*Daphnia magna*	S	860	[34]
大型溞	*Daphnia magna*	S	145	[34]
大型溞	*Daphnia magna*	S	300	[35]
大型溞	*Daphnia magna*	S	680	[36]
大型溞	*Daphnia magna*	S	38	[37]
大型溞	*Daphnia magna*	S	55	[37]
大型溞	*Daphnia magna*	S	143	[38]
大型溞	*Daphnia magna*	S	1500	[39]
大型溞	*Daphnia magna*	S	1540	[39]
大型溞	*Daphnia magna*	S	1700	[39]
大型溞	*Daphnia magna*	S	1780	[39]
大型溞	*Daphnia magna*	S	2390	[39]
大型溞	*Daphnia magna*	S	2790	[39]
大型溞	*Daphnia magna*	S	240	[40]
大型溞	*Daphnia magna*	S	260	[40]
大型溞	*Daphnia magna*	S	400	[40]
大型溞	*Daphnia magna*	S	790	[40]
大型溞	*Daphnia magna*	S	800	[40]
大型溞	*Daphnia magna*	R	188	本研究
棘爪网纹溞	*Ceriodaphnia reticulata*	F	150	[30]
棘爪网纹溞	*Ceriodaphnia reticulata*	F	240	[30]
棘爪网纹溞	*Ceriodaphnia reticulata*	F	700	[30]
棘爪网纹溞	*Ceriodaphnia reticulata*	S	164	[38]
僧帽溞	*Daphnia cucullata*	S	1500	[40]
蚤状溞	*Daphnia pulex*	S	246	[38]
蚤状溞	*Daphnia pulex*	S	2000	[40]
低额溞	*Simocephalus vetulus*	F	160	[31]
低额溞	*Simocephalus vetulus*	F	196	[34]
低额溞	*Simocephalus vetulus*	F	204	[34]

物种	拉丁名	试验方法	LC$_{50}$或EC$_{50}$/（μg/L）	参考文献
低额溞	*Simocephalus vetulus*	F	250	[30]
低额溞	*Simocephalus vetulus*	F	255	[31]
低额溞	*Simocephalus vetulus*	F	364	[31]
低额溞	*Simocephalus vetulus*	F	670	[31]
低额溞	*Simocephalus vetulus*	S	111	[41]
低额溞	*Simocephalus vetulus*	S	121	[41]
低额溞	*Simocephalus vetulus*	S	152	[41]
低额溞	*Simocephalus vetulus*	S	155	[41]
低额溞	*Simocephalus vetulus*	S	162	[41]
低额溞	*Simocephalus vetulus*	S	169	[41]
低额溞	*Simocephalus vetulus*	S	171	[4]
低额溞	*Simocephalus vetulus*	S	178	[41]
低额溞	*Simocephalus vetulus*	S	201	[41]
低额溞	*Simocephalus vetulus*	S	218	[41]
低额溞	*Simocephalus vetulus*	S	230	[41]
低额溞	*Simocephalus vetulus*	S	231	[41]
低额溞	*Simocephalus vetulus*	S	244	[41]
低额溞	*Simocephalus vetulus*	S	253	[41]
低额溞	*Simocephalus vetulus*	S	257	[41]
低额溞	*Simocephalus vetulus*	S	277	[41]
低额溞	*Simocephalus vetulus*	S	330	[41]
低额溞	*Simocephalus vetulus*	S	348	[41]
低额溞	*Simocephalus vetulus*	S	349	[41]
低额溞	*Simocephalus vetulus*	S	368	[41]
低额溞	*Simocephalus vetulus*	S	217	[38]
金鱼	*Carassius auratus*	F	117	[42]
金鱼	*Carassius auratus*	F	156	[42]
金鱼	*Carassius auratus*	F	191	[42]
金鱼	*Carassius auratus*	F	200	[34]
金鱼	*Carassius auratus*	F	328	[34]

续表

物种	拉丁名	试验方法	LC$_{50}$或EC$_{50}$/（μg/L）	参考文献
金鱼	*Carassius auratus*	S	23	[43]
金鱼	*Carassius auratus*	S	49	[43]
金鱼	*Carassius auratus*	S	55	[43]
金鱼	*Carassius auratus*	S	56	[43]
纹鳢	*Channa punctata*	R	770	[44]
白斑狗鱼	*Esox lucius*	S	45	[45]
旗鱼	*Jordanella floridae*	F	218	[46]
旗鱼	*Jordanella floridae*	R	186	[46]
蓝鳃太阳鱼	*Lepomis macrochirus*	F	400	[47]
蓝鳃太阳鱼	*Lepomis macrochirus*	F	115	[42]
蓝鳃太阳鱼	*Lepomis macrochirus*	F	150	[42]
蓝鳃太阳鱼	*Lepomis macrochirus*	F	152	[42]
蓝鳃太阳鱼	*Lepomis macrochirus*	F	200	[31]
蓝鳃太阳鱼	*Lepomis macrochirus*	F	270	[31]
蓝鳃太阳鱼	*Lepomis macrochirus*	F	202	[34]
蓝鳃太阳鱼	*Lepomis macrochirus*	F	215	[48]
蓝鳃太阳鱼	*Lepomis macrochirus*	R	260	[48]
蓝鳃太阳鱼	*Lepomis macrochirus*	S	32	[48]
蓝鳃太阳鱼	*Lepomis macrochirus*	S	110	[50]
蓝鳃太阳鱼	*Lepomis macrochirus*	S	150	[50]
蓝鳃太阳鱼	*Lepomis macrochirus*	S	60	[50]
蓝鳃太阳鱼	*Lepomis macrochirus*	S	60	[50]
蓝鳃太阳鱼	*Lepomis macrochirus*	S	77	[51]
蓝鳃太阳鱼	*Lepomis macrochirus*	S	24	[43]
高体雅罗鱼	*Leuciscus idus*	S	400	[51]
大口黑鲈	*Micropterus salmoides*	R	136	[52]
大口黑鲈	*Micropterus salmoides*	R	189	[52]
大口黑鲈	*Micropterus salmoides*	R	194	[52]
大口黑鲈	*Micropterus salmoides*	R	194	[52]
大口黑鲈	*Micropterus salmoides*	R	275	[52]

物种	拉丁名	试验方法	LC$_{50}$或EC$_{50}$/（μg/L）	参考文献
大口黑鲈	*Micropterus salmoides*	R	287	[53]
大口黑鲈	*Micropterus salmoides*	S	136	[50]
鲻鱼	*Mugil cephalus*	S	112	[50]
驼背鱼	*Notopterus notopterus*	S	83	[53]
虹鳟	*Oncorhynchus mykiss*	F	115	[34]
虹鳟	*Oncorhynchus mykiss*	F	160	[54]
虹鳟	*Oncorhynchus mykiss*	F	66	[53]
虹鳟	*Oncorhynchus mykiss*	R	153	[54]
虹鳟	*Oncorhynchus mykiss*	R	1300	[54]
虹鳟	*Oncorhynchus mykiss*	R	18	[55]
虹鳟	*Oncorhynchus mykiss*	R	3000	[55]
虹鳟	*Oncorhynchus mykiss*	R	3000	[55]
虹鳟	*Oncorhynchus mykiss*	R	32	[55]
虹鳟	*Oncorhynchus mykiss*	R	480	[54]
虹鳟	*Oncorhynchus mykiss*	S	115	[52]
虹鳟	*Oncorhynchus mykiss*	S	121	[52]
虹鳟	*Oncorhynchus mykiss*	S	34	[52]
虹鳟	*Oncorhynchus mykiss*	S	52	[52]
虹鳟	*Oncorhynchus mykiss*	S	75	[54]
虹鳟	*Oncorhynchus mykiss*	S	76	[54]
虹鳟	*Oncorhynchus mykiss*	S	86	[54]
虹鳟	*Oncorhynchus mykiss*	S	160	[56]
虹鳟	*Oncorhynchus mykiss*	S	120	[57]
虹鳟	*Oncorhynchus mykiss*	S	150	[57]
虹鳟	*Oncorhynchus mykiss*	S	150	[57]
虹鳟	*Oncorhynchus mykiss*	S	150	[57]
虹鳟	*Oncorhynchus mykiss*	S	160	[57]
虹鳟	*Oncorhynchus mykiss*	S	180	[57]
虹鳟	*Oncorhynchus mykiss*	S	190	[57]
虹鳟	*Oncorhynchus mykiss*	S	160	[58]

物种	拉丁名	试验方法	LC$_{50}$或 EC$_{50}$/（μg/L）	参考文献
虹鳟	*Oncorhynchus mykiss*	S	75	[51]
虹鳟	*Oncorhynchus mykiss*	S	92	[51]
虹鳟	*Oncorhynchus mykiss*	S	232	[59]
虹鳟	*Oncorhynchus mykiss*	S	296	[59]
青鳉	*Oryzias latipes*	S	240	[60]
孔雀鱼	*Poecilia reticulata*	R	400	[61]
孔雀鱼	*Poecilia reticulata*	R	1020	[62]
孔雀鱼	*Poecilia reticulata*	R	204	[63]
孔雀鱼	*Poecilia reticulata*	R	970	[66]
剑尾鱼	*Xiphophorus helleri*	R	250	[63]
剑尾鱼	*Xiphophorus helleri*	R	213	[63]
稀有鮈鲫	*Gobiocypris rarus*	R	81	[65]
稀有鮈鲫	*Gobiocypris rarus*	R	102	[66]

表 11-3　五氯酚对淡水水生生物的慢性毒性值（NOEC）

物种	拉丁名	试验方法	毒性终点	NOEC/（μg/L）	参考文献
大型溞	*Daphnia magna*	R	致死	100	[66]
大型溞	*Daphnia magna*	R	繁殖	100	[66]
大型溞	*Daphnia magna*	R	种群	250	[67]
低额溞	*Simocephalus vetulus*	R	繁殖	50	[68]
虹鳟	*Oncorhynchus mykiss*	F	生长	36	[69]
虹鳟	*Oncorhynchus mykiss*	F	致死	72	[69]
虹鳟	*Oncorhynchus mykiss*	F	种群	36	[69]
孔雀鱼	*P. reticulata*	R	致死	320	[66]
孔雀鱼	*P. reticulata*	R	致死+行为	320	[66]
孔雀鱼	*P. reticulata*	R	生长	100	[66]
清鳉	*O. latipes*	R	致死	32	[66]
清鳉	*O. latipes*	R	致死+行为	32	[66]
清鳉	*O. latipes*	R	孵化+生长	320	[66]

表 11-4 2,4-二氯酚对淡水水生生物急性毒性数值

物种	拉丁名	试验方法	LC$_{50}$或 EC$_{50}$/（μg/L）	参考文献
大型溞	Daphnia magna	S	3680	[70]
大型溞	Daphnia magna	S	2600	[32]
大型溞	Daphnia magna	R	2120	[25]
大型溞	Daphnia magna	R	2738	本研究
金鱼	Carassius auratus	F	1240	[71]
金鱼	Carassius auratus	F	1760	[71]
蓝鳃太阳鱼	Lepomis macrochirus	S	2000	[72]
虹鳟	Oncorhynchus mykiss	F	2600	[54]
虹鳟	Oncorhynchus mykiss	R	2630	[56]
青鳉	Oryzias latipes	S	6300	[60]
孔雀鱼	Poecilia reticulata	R	5500	[61]
草鱼	Ctenopharyngodon idellus	R	5250	[25]
鲫鱼	Carassius auratus	R	7940	[25]
罗非鱼	Tilapia mossambica	R	8350	[25]
剑尾鱼	Xiphophorus helleri	R	5640	[65]

表 11-5 2,4-二氯酚对淡水水生生物慢性毒性值（NOEC）

物种	拉丁名	试验方法	毒性终点	NOEC/（μg/L）	参考文献
大型溞	Daphnia magna	R	繁殖	210	[73]
大型溞	Daphnia magna	R	繁殖	400	[25]
虹鳟	Oncorhynchus mykiss	ELS	生长	186	[73]
虹鳟	Oncorhynchus mykiss	ELS	致死	103	[74]
虹鳟	Oncorhynchus mykiss	ELS	致死	186	[74]
草鱼	Ctenopharyngodon idellus	R	致死	250	[25]
鲫鱼	Carassius auratus	R	致死	500	[25]

表 11-6 2,4,6-三氯酚对淡水水生生物急性毒性数值

物种	拉丁名	试验方法	LC$_{50}$或 EC$_{50}$/（μg/L）	参考文献
网纹水溞	*Ceriodaphnia dubia*	S	4000	[75]
大型溞	*Daphnia magna*	S	6640	[33]
大型溞	*Daphnia magna*	S	6000	[36]
大型溞	*Daphnia magna*	S	270	[37]
大型溞	*Daphnia magna*	S	330	[37]
大型溞	*Daphnia magna*	R	1730	[28]
大型溞	*Daphnia magna*	R	3005	本研究
星条鱼	*Jordanella floridae*	F	2207	[46]
星条鱼	*Jordanella floridae*	R	2260	[46]
蓝鳃太阳鱼	*Lepomis macrochirus*	F	410	[76]
蓝鳃太阳鱼	*Lepomis macrochirus*	S	320	[72]
虹鳟	*Oncorhynchus mykiss*	F	730	[76]
虹鳟	*Oncorhynchus mykiss*	R	1991	[57]
青将鱼	*Oryzias latipes*	S	2300	[60]
孔雀鱼	*Poecilia reticulata*	R	2200	[61]
食草鱼	*C. idellus*	R	3540	[27]
鲫鱼	*C. auratus*	R	4310	[27]
罗非鱼	*T. mossambica*	R	5660	[27]

表 11-7 2,4,6-三氯酚对淡水水生生物慢性毒性值 （NOEC）

物种	拉丁名	试验方法	毒性终点	NOEC/（μg/L）	参考文献
大型溞	*Daphnia magna*	R	繁殖	500	[77]
大型溞	*Daphnia magna*	R	繁殖	200	[27]
草鱼	*Ctenopharyngodon idellus*	R	存活率	250	[27]
鲫鱼	*Carassius auratus*	R	存活率	500	[27]

11.3.4 三种氯酚化合物 HC$_5$ 的计算

1. 相对效能 RP$_i$ 计算

本文采取文献中建议的计算共同斜率方法中的第二种方法即采用参考物质的

最佳拟合斜率作为共同斜率，运用 Origin7.5 程序中的非线性最小二乘拟合方法对参考物质的急性数据的 SSD 曲线急性非线性拟合，获得混合物组分的共同斜率，计算参考物质的 50% 的毒害浓度 $HC_{50\,EC_{50},ref}$，混合物组分 i 的 SSD-LC_{50} 曲线用同样方法进行非线性拟合，参数 slope 固定为共同斜率，求出 $HC_{50\,EC_{50},i}$，计算结果见表 11-8。拟合函数的参数和相关统计量（确定性系数 R^2 和方差 Chi^2/DoF）也列于表 11-8。从表中 R^2 和 Chi^2/DoF 可以看出，log-logistic 函数可以很好的描述参考物质五氯酚的急性毒性数据构建的 SSD-LC_{50} 曲线，曲线斜率为 1.79。log-logistic 函数拟合 2,4-二氯酚和 2,4,6-三氯酚两种氯酚化合物的 SSD-LC_{50} 曲线，方差 Chi^2/DoF 分别为 0.008、0.003，R^2 分别为 0.924、0.968（表 11-8）。log-logistic 函数也可以对 2,4-二氯酚和 2,4,6-三氯酚进行很好的描述。根据拟合函数参数计算五氯酚、2,4-二氯酚和 2,4,6-三氯酚的最终急性（FAV）值分别为 50.64μg/L、1244.10μg/L 和 706.91 μg/L，按照 USEPA 水质基准推导方法[78]，基准最大浓度 CMC = FAV/2，本文中五氯酚、2,4-二氯酚和 2,4,6-三氯酚的 CMC 分别为 25.32μg/L、622.05μg/L、353.46μg/L，与文献中 [78] 运用 SSD 方法推导出来的太湖的三种氯酚化合物的 CMC 值（25、818、648μg/L）相比，五氯酚的 CMC 数值最为接近，2,4-二氯酚和 2,4,6-三氯酚数值稍低，处于同一数量级别。

表 11-8　三种氯酚化合物的最佳拟合参数和斜率固定的拟合参数

		五氯酚	2,4-二氯酚	2,4,6-三氯酚
急性毒性值数量		148	15	18
慢性毒性值数量		13	7	4
最佳拟合	$HC_{50}/(\mu g/L)$	262.80	4354.72	2785.16
	斜率	1.79	2.35	2.14
	Chi^2/DoF	0.0015	0.0079	0.0034
	R^2	0.9835	0.9235	0.9680
斜率固定	$HC_{50}/(\mu g/L)$	262.80	4224.84	2789.72
	斜率	1.79	1.79	1.79
	Chi^2/DoF	0.0015	0.0097	0.0037
	R^2	0.9835	0.8943	0.9603
相对效能 RP_i		1	0.06	0.09
$HC_5/(\mu g/L)$		10.77	168.86	113.45

按照混合物风险评价推导方法，具有相同毒性作用模式的 SSD-LC_{50} 曲线是平行的，因此，SSD 曲线的斜率是相等的。本文采用参考物质五氯酚的斜率作为共同斜率，2,4-二氯酚和 2,4,6-三氯酚两种化合物采用共同斜率的拟合参数及相关模型统计量见表 11-8。两种氯酚的 log-logistic 模型的方差 Chi^2/DoF 分别为 0.009 和 0.004，R^2 分别为 0.894 和 0.960。结果可以看出，采用共有斜率后 log-logistic 分布仍然对两种氯酚化合物进行很好的拟合。三种氯酚化合物对溞类和鱼类的急性毒性数据（LC_{50}）点与拟合 SSD 曲线绘于图 11-1 中。运用拟合参数计算得出三种氯酚化合物的 HC_{50} 值分别为 262.80μg/L、4354.72μg/L 和 2785.16μg/L，三种氯酚对溞类和鱼类化合物的急性毒性总体上表现为：五氯酚 > 2,4,6-三氯酚 > 2,4-二氯酚，由三种氯酚化合物的 HC_{50} 值计算得出相对效能 RP_i，2,4-二氯酚为 0.06，2,4,6-三氯酚为 0.09。

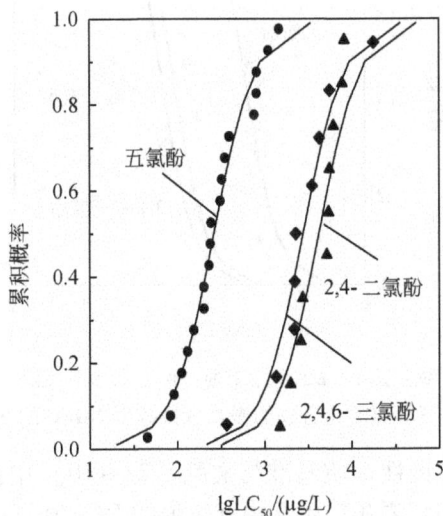

●五氯酚；▲2,4-二氯酚；◆2,4,6-三氯酚

图 11-1　三种氯酚化合物的急性毒性数据 LC_{50} 的 SSD 曲线

2. 参考物质五氯酚 HC_{5ref}

参考物质五氯酚的 HC_{50NOEC} 为 56.42 μg/L，急、慢比率 ACR 为 4.66，与文献［79］报道的五氯酚对整体水生态的最终急、慢性比率（FACR）为 4.17 的数值比较接近，结果部分地说明本文中选取的水生生物计算五氯酚的混合物风险可以代表水体中整体水生态系统，由此得出计算 $HC_{5NOEC,ref}$ 为 10.77 μg/L。

3. 2,4-二氯酚和 2,4,6-三氯酚的 HC_{5i}

根据公式（11.6）计算得出 2,4-二氯酚和 2,4,6-三氯酚的 HC_{5i} 为 168.86 μg/L 和 113.45 μg/L，预测的 HC_5 值与急性毒性 HC_{50} 的大小顺序相同。三种氯酚化合物的 SSD-NOEC 曲线与慢性毒性数据点绘于图 11-2。从图中可以看出，根据上述混合物风险评价方法预测得到的 2,4-二氯酚和 2,4,6-三氯酚的 SSD-NOEC 曲线与两种氯酚化合物各自的 NOEC 点较为吻合，说明该方法预测的精确度较高。

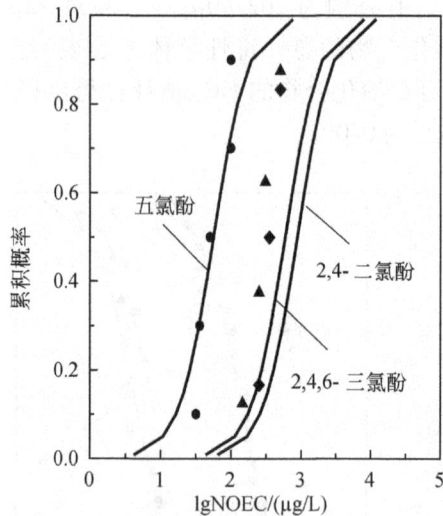

●五氯酚；▲2,4-二氯酚；◆2,4,6-三氯酚

图 11-2　三种氯酚化合物的慢性毒性数据 NOEC 的 SSD 曲线

三种氯酚化合物的慢性水质基准与文献［27～30］中报道的慢性基准 CCC 值见表 11-9。从表中可以看出，本文中五氯酚的 HC_5 值与报道的值都比较接近，而 2,4-二氯酚和 2,4,6-三氯酚与 USEPA 推荐的水质基准推导方法排序法中利用急/慢性比率（排序法）法、有报道[27]的水质基准值处于同一数量级别。

表 11-9　三种氯酚的慢性水质基准值和本文中 HC_5 值比较　　（单位：μg/L）

化合物	五氯酚	2,4-二氯酚	2,4,6-三氯酚
排序法（公式）[a]	3	45	220
排序法（FACR）[a]	12	176	162
SSD 法[a]	6	75	198

续表

化合物	五氯酚	2,4-二氯酚	2,4,6-三氯酚
生态模型法[a]	4	15	67
文献[b]	—	212	226
USEPA	13	—	—
我国水质标准	9	93	200
本文（HC_5）	10.77	168.86	113.45

注：a 表示基准数据引自文献 [79]；b 表示基准数据引自文献 [27, 28]。

从三种氯酚化合物的慢性水质基准值上看，2,4-二氯酚和2,4,6-三氯酚的慢性基准值的大小顺序不尽相同，本文中 HC_5 数值2,4-二氯酚 >2,4,6-三氯酚，与文献 [27, 28] 利用本土生物进行毒性试验结果的大小顺序相同。另外，采用USEPA 推荐的水质基准推导方法排序法中利用急/慢性比率 [排序法（FACR）] 的大小顺序与本文也相同。文献 [79] 中推导的三种氯酚化合物的慢性数据量，五氯酚、2,4-二氯酚和2,4,6-三氯酚分别为26 个、11 个和9 个，慢性数据过少可能是造成2,4-二氯酚和2,4,6-三氯酚的慢性水质基准推导过程中产生的不确定性，本文通过混合物组分之间具有相同相对效能 RP_i，解决了这一问题。

11.3.5 三种氯酚联合作用风险

从我国河流中五氯酚和2,4-二氯酚、2,4,6-三氯酚的含量水平，可以定量计算出这三种氯酚化合物在我国河流中的混合物风险商 RQ_m。如果 $RQ_m <1$ 表明混合物对水生生态的风险是可接受的，根据公式（11.1）可以作为三种氯酚混合物的水质基准。如图 11-3 所示，松花江、长江、珠江与辽河、海河、黄河、淮河以及东南诸河、西北诸河中三种氯酚化合物的混合物风险均小于1，表明在所调查河流中三种氯酚混合物的风险都可接受，因此，可作为这三种氯酚联合作用的水质基准值。在所调查河流中，大部分河流中均以五氯酚的浓度含量最高，其中长江、珠江、淮河中五氯酚的浓度分别为 0.59μg/L、0.40μg/L、0.35μg/L，而松花江和黄河中三种氯酚浓度以 2,4,6-三氯酚的浓度含量最高，分别达到 0.25μg/L 和 28.65μg/L。

我国河流中，除了黄河之外，其他河流的三种氯酚化合物中都以五氯酚的风险商最高，即风险最大，与河流中五氯酚的含量分布基本一致。黄河水体中这些氯酚类化合物的混合物风险 RQ_m 最高为 0.377，五氯酚和2,4-二氯酚、2,4,6-三

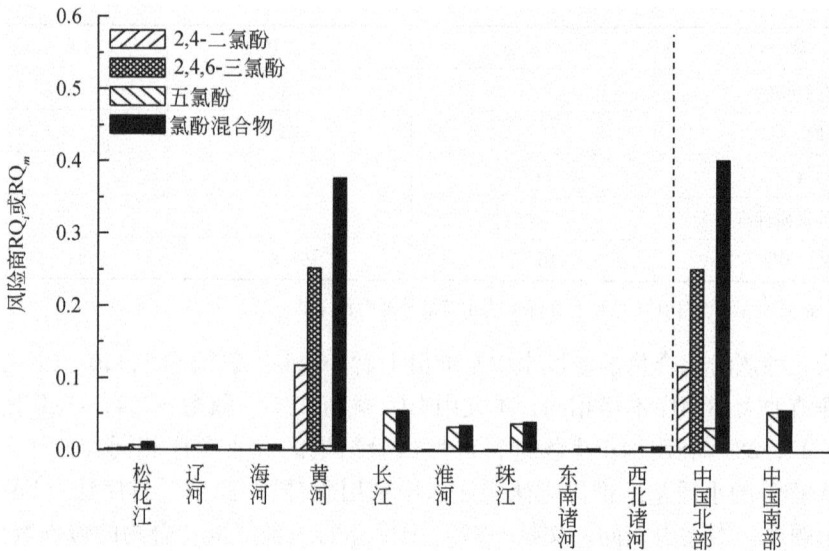

图 11-3　三种氯酚化合物在我国河流中的混合物风险

氯酚的风险商 RQ_i 分别为 0.007、0.3118、0.253，三种氯酚中 2,4,6-三氯酚对混合物总的风险贡献最大，其次是 2,4-二氯酚，五氯酚在黄河中的浓度最低 (0.07μg/L)，单一污染物在联合作用物中，总的风险贡献也最小。长江、珠江、淮河、松花江中三种氯酚混合物的风险分别为 0.055、0.039、0.035、0.010，其他河流的混合物风险均小于 0.01。整体上看，我国北部河流的评价的这三种氯酚的联合作用物（混合物）风险比南部河流的风险高，北部河流中 2,4,6-三氯酚的风险最大，而南部河流中五氯酚的风险最大。

　　联合作用物或混合物的风险评价和混合物水质基准的推导是建立在混合物组分的相同毒性作用模式基础上，具有相同毒性作用模式的污染物的联合毒性理论上都可以用浓度加和模型来评估和预测。

　　本研究中采用推导混合物的水质基准方法，主要针对相似毒性作用模式的污染物，但是环境中存在的污染物对生物机体的毒性作用方式大部分都是未知的，只有少部分污染物对部分水生生物的作用机理比较明确，如三嗪类除草剂对水中藻类的光合作用的电子传输有较强的抑制作用[8]。对于毒性作用模式不完全相同的污染物的联合毒性能够被浓度加和 CA 模型预测，如 Junghans 等[8]研究了 25 种农药在预测环境浓度 PEC 下的联合藻毒性，这 25 种农药包括 9 种光合系统 Ⅱ 抑制剂、3 种长链脂肪酸形成抑制剂、1 种卟啉合成抑制剂、1 种微管形成抑制剂、3 种乙酰乳酸合成酶抑制剂、4 种麻醉毒性除草剂、1 种质体醌损耗除草剂，还有 3 种农药作用机理不明确；尽管单个农药对藻类具有不同的作用机制或者作用方式不明确，CA 模型还是对混合物毒性能够有效预测。对于上述研究中的混合物是否也能采用本研究方法推导混合物的水质基准，尚待进一步研究。

参 考 文 献

[1] USGS. Pesticides in surface and ground water of the united states: Summary of the results of the national water quality assessment program (nawqa). 1998

[2] Baas J, Kooijman B. Chemical contamination and the ecological quality of surface water. Environ. Pollut, 2010, 158 (5): 1603-1607

[3] Vighi M, Altenburger R, Arrhenius, et al. Water quality objectives for mixtures of toxic chemicals: Problems and perspectives. Ecotoxicology and Environmental Safety, 2003, 54 (2): 139-150

[4] Backhaus T, Scholze M, Grimme L H. The single substance and mixture toxicity of quinolones to the bioluminescent bacterium vibrio fischeri. Aquatic Toxicology, 2000, 49 (1-2): 49-61

[5] Arrhenius Å, Grönvall F, Scholze M, et al. Predictability of the mixture toxicity of 12 similarly acting congeneric inhibitors of photosystem Ⅱ in marine periphyton and epipsammon communities. Aquat. Toxicol., 2004, 68: 351-367

[6] Faust M, Altenburger R, Backhaus T, et al. Predicting the joint algal toxicity of multi-components-triazine mixtures at low-effect concentrations of individual toxicants. Aquat. Toxicol., 2001, 56: 13-32

[7] Mwense M, Wang X Z, Buontempo FV, et al. Qsar approach for mixture toxicity prediction using independent latent descriptors and fuzzy membership functions. Sar. Qsar. Environ. Res., 2006, 17: 53-73

[8] Junghans M, Backhaus T, Faust M, et al. Application and validation of approaches for the predictive hazard assessment of realistic pesticide mixtures. Aquat. Toxicol., 2006, 76: 93-110

[9] Calamari D, Vighi M. A proposal to define quality objectives for aquatic life for mixtures of chemical substances. Chemosphere, 1992, 25 (4): 531-542

[10] USEPA. Guidelines for deriving numerical national water quality criteria for the protection of aquatic organisms and their uses. Tech. Report No. PB85-227049, 1985

[11] CVRWQCB. Water quality control plan for the sacramento river and san joaquin river basins, 4th edition. Central Valley Regional Water Quality Control Board, 2004

[12] ANZECC, ARMCANZ. Australian and new zealand guidelines for fresh and marine water quality. Australian and New Zealand Environment and Conservation Council and Agriculture and Resource management Council of Australia and New Zealand, 2000

[13] ECB. Technical guidance document on risk assessment in support of commission directive 93/67/

eec on risk assessment for new notified substances, commission regulation (ec) No. 1488/94 on risk assessment for existing substances, Part ii. environmental risk assessment. European Chemicals Bureau. European Commission Joint Research Center, 2003

[14] Lepper P. Towards the derivation of quality standards for priority substances in the context of the water framework directive. Final report of the study contract No. B4-3040/2000/30673/mar/e1, Fraunhofer-Institute Molecular biology and Applied Ecology, 2002

[15] Rider C V, LeBlanc G A. An integrated addition and interaction model for assessing toxicity of chemical mixtures. Toxicol. Sci. , 2005, 87 (2): 520

[16] Enserink E L, Maas-Diepeveen J L, Van Leeuwen C J. Combined effects of metals: An ecotox-icological evaluation. Water Research, 1991, 25 (6): 679-687

[17] Spehar R L, Fiandt J T. Acute and chronic effects of water quality criteria-based metal mixtures on three aquatic species. Environ. Toxico. Chemi. , 1986, 5 (10): 917-931

[18] Buhl K J. Toxicity of proposed water quality criteria-based mixtures of 11 inorganics to ceriodaph-nia dubia and fathead minnow. Tech Report No USGS/ECRC—1998-001, 1998

[19] Cooper N L, Bidwell J R, Kumar A. Toxicity of copper, lead, and zinc mixtures to ceriodaph-nia dubia and daphnia carinata. Ecotox. Environ. Safe, 2009, 72 (5): 1523-1528

[20] Otitoloju A A. Relevance of joint action toxicity evaluations in setting realistic environmental safe limits of heavy metals. J. Environ. Manage. , 2003, 67 (2): 121-128

[21] Chèvre N, Loepfe C, Singer H, et al. Including mixtures in the determination of water quality criteria for herbicides in surface water. Environmental Science & Technology, 2006, 40 (2): 426-435

[22] Smit M, Jan Hendriks A, Schobben J, et al. The variation in slope of concentration-effect rela-tionships. Ecotox. Environ. Safety, 2001, 48 (1): 43-50

[23] Chèvre N, Maillard E, Loepfe C, et al. Determination of water quality standards for chemical mixtures: Extension of a methodology developed for herbicides to a group of insecticides and a group of pharmaceuticals. Ecotoxicology and Environmental Safety, 2008, 71 (3): 740-748

[24] Quèbec M d I' d. Critères de qualitè de I'eau de surface au quèbec (water quality criteria for quèbec), Canada. 2001

[25] Zabel T, Cole S. The derivation of environmental quality standards for the protection of aquatic life in the uk. Water and Environment Journal, 1999, 13 (6): 436-440

[26] 孟伟, 刘征涛, 张楠等. 流域水质目标管理技术研究——水环境基准. 标准与总量控制. 环境科学研究, 2008, 21 (1): 1-8

[27] Yin D, Hu S, Jin H, et al. Deriving freshwater quality criteria for 2,4,6-trichlorophenol for protection of aquatic life in China. Chemosphere, 2003, 52 (1): 67-73

[28] Gao J, Liu L, Liu X, et al. Levels and spatial distribution of chlorophenols-2,4-dichlorophe-nol, 2,4,6-trichlorophenol, and pentachlorophenol in surface water of China. Chemosphere,

2008，71（6）：1181-1187

[29] Hermens J, Leeuwangh P, Musch A. Joint toxicity of mixtures of groups of organic aquatic pol-
lutants to the guppy (poecilia reticulata). Ecotoxicology and Environmental Safety, 1985,
9 (3): 321-326

[30] Hedtke S, West C, Allen K, et al. Toxicity of pentachlorophenol to aquatic organisms under
naturally varying and controlled environmental conditions. Environ. Toxic. Chemistry, 1986,
5 (6): 531-542

[31] Oda S, Tatarazako N, Watanabe H, et al. Genetic differences in the production of male neo-
nates in daphnia magna exposed to juvenile hormone analogs. Chemosphere, 2006, 63 (9):
1477-1484

[32] Adema D. Daphnia magna as a test animal in acute and chronic toxicity tests. Hydrobiologia,
1978, 59 (2): 125-134

[33] Kim K, Lee Y, Kim S. Combined toxicity of copper and phenol derivatives to daphnia magna:
Effect of complexation reaction. Environment International, 2006, 32 (4): 487-492

[34] Thurston R, Gilfoil T, Meyn E, et al. Comparative toxicity of ten organic chemicals to ten com-
mon aquatic species. Water Research, 1985, 19 (9): 1145-1155

[35] Hermens J, Canton H, Steyger N, et al. Joint effects of a mixture of 14 chemicals on mortality
and inhibition of reproduction of daphnia magna. Aquatic Toxicology, 1984, 5 (4): 315-322

[36] LeBlanc G. Acute toxicity of priority pollutants to water flea (daphnia magna). Bulletin of En-
vironmental Contamination and Toxicology, 1980, 24 (1): 684-691

[37] Oikari A, Kukkonen J, Virtanen V. Acute toxicity of chemicals to daphnia magna in humic wa-
ters. Science of the Total Environment, 1992, 117: 367-377

[38] Mount D, Norberg T. A seven-day life cycle cladoceran toxicity test. Environmental Toxicology
and Chemistry, 1984, 3 (3): 425-434

[39] Kaushik N, Stephenson G. Toxicity of pentachlorophenol to zooplankton. Technol. Transfer.
Conf. , Part B: Water Quality Research, 1986: 192-203

[40] Canton J, Adema D. Reproducibility of short-term and reproduction toxicity experiments with
daphnia magna and comparison of the sensitivity of daphnia magna with daphnia pulex and daph-
nia cucullata in short-term experiments. Hydrobiologia, 1978, 59 (2): 135-140

[41] Willis K, Ling N, Chapman M. Effects of temperature and chemical formulation on the acute
toxicity of pentachlorophenol to simocephalus vetulus (schoedler, 1858) (crustacea: Clado-
cera). New Zealand Journal of Marine and Freshwater Research, 1995, 29 (2): 289-294

[42] Phipps G, Holcombe G. A method for aquatic multiple species toxicant testing: Acute toxicity of
10 chemicals to 5 vertebrates and 2 invertebrates. Environmental Pollution Series A, Ecological
and Biological, 1985, 38 (2): 141-157

[43] Inglis A, Davis E. Effects of water hardness on the toxicity of several organic and inorganic her-

bicides to fish. Bur Sport Fish Wildl. , Fish Wildl. Serv. U. S. D. I. , 1972, 67: 22

[44] Farah M, Ateeq B, Ali M, et al. Studies on lethal concentrations and toxicity stress of some xenobiotics on aquatic organisms. Chemosphere, 2004, 55 (2): 257-265

[45] Oikari A. Acute lethal toxicity of some reference chemicals to freshwater fishes of scandinavia. Bulletin of Environmental Contamination and Toxicology, 1987, 39 (1): 23-28

[46] Smith A, Bharath A, Mallard C, et al. The acute and chronic toxicity of ten chlorinated organic compounds to the american flagfish (jordanella floridae). Archives of Environmental Contamination and Toxicology, 1991, 20 (1): 94-102

[47] Van der Schalie W, Shedd T, Widder M, et al. Response characteristics of an aquatic biomonitor used for rapid toxicity detection. Journal of Applied Toxicology, 2004, 24 (5): 387-394

[48] Mayer F, Ellersieck M. Manual of acute toxicity: Interpretation and data base for 410 chemicals and 66 species of freshwater animals. US Dept. of the Interior, Fish and Wildlife Service, Washington DC, 1986: 63

[49] Pruitt G, Grantham B, Pierce J R. Accumulation and elimination of pentachlorophenol by the bluegill, lepomis macrochiru. Transac Americ Fisheries Society, 1977, 106 (5): 462-465

[50] USEPA. Pesticide ecotoxicity database [formerly: Environmental effects database (eedb)] Environmental Fate and Effects Division, Office of Pesticide Programs, 2000

[51] Wellens H. Comparison of the sensitivity of brachydanio rerio and leuciscus idus by testing the fish toxicity of chemicals and wastewaters. Z Wasser Abwasser Forsch, 1982, 15: 49-52

[52] Johansen P, Mathers R, Brown J, et al. Mortality of early life stages of largemouth bass, micropterus salmoides due to pentachlorophenol exposure. Bulletin of Environmental Contamination and Toxicology, 1985, 34 (1): 377-384

[53] Verma S, Rani S, Tyagi A, et al. Evaluation of acute toxicity of phenol and its chloro-and nitro-derivatives to certain teleosts. Water, Air & Soil Pollution, 1980, 14 (1): 95-102

[54] Hodson P, Dixon D, Kaiser K. Measurement of median lethal dose as a rapid indication of contaminant toxicity to fish. Environmental Toxicology And Chemistry, 1984, 3 (2): 243-254

[55] Dominguez S, Chapman G. Effect of pentachlorophenol on the growth and mortality of embryonic and juvenile steelhead trout. Arch. Environ. Contam. Toxicology, 1984, 13 (6): 739-743

[56] Van Leeuwen C, Griffioen P, Vergouw W, et al. Differences in susceptibility of early life stages of rainbow trout to environmental pollutants. Aquatic Toxicology, 1985, 7 (1-2): 59-78

[57] Dwyer F, Mayer F, Sappington L, et al. Assessing contaminant sensitivity of endangered and threatened aquatic species: Part i. Acute toxicity of five chemicals. Archives of Environmental Contamination and Toxicology, 2005, 48 (2): 143-154

[58] Dwyer F, Sappington L, Buckler D, et al. Use of surrogate species in assessing contaminant risk to endangered and threatened fishes. USEPA Project No. DWI14935155-01-0. Office of Research and Development, 1995

［59］ Sappington L, Mayer F, Dwyer F, et al. Contaminant sensitivity of threatened and endangered fishes compared to standard surrogate species. Environ. Toxic. Chemistry, 2001, 20 （12）: 2869-2876

［60］ Douglas M, Chanter D, Pell I, et al. A proposal for the reduction of animal numbers required for the acute toxicity to fish test （LC_{50} determination）. Aquatic Toxicology, 1986, 8 （4）: 243-249

［61］ Shigeoka T, Yamagata T, Minoda T, et al. Acute toxicity and hatching inhibition of chlorophenols to japanese medaka, oryzias latipes and structure-activity relationships. J. Hyg. Chem. , 1988, 34 （4）: 343-349

［62］ Brown J, Johansen P, Colgan P, et al. Changes in the predator-avoidance behaviour of juvenile guppies exposed to pentachlorophenol. Canadian J. Zoology, 1985, 63 （9）: 2001-2005

［63］ Khangarot B S. Acute toxicity of pentachlorophenol and antimycin to common guppy （lebistes reticulatus peters）. Indian J. Phys. Nat. Sci. , 1983, 3A25-29

［64］ Gupta P, Mujumdar V, Rao P, et al. Toxicity of phenol, pentachlorophenol and sodium pentachlorophenolate to a freshwater teleost lebistes reticulatus （peters）. Acta Hydrochimica et Hydrobiologica, 1982, 10 （2）: 177-181

［65］ 卢玲, 沈英娃. 酚类、烷基苯类、硝基苯类化合物和环境水样对剑尾鱼和稀有鮈鲫的急性毒性. 环境科学研究, 2002, 15 （4）: 57-59

［66］ Slooff W, Canton J, Hermens J. Comparison of the susceptibility of 22 freshwater species to 15 chemical compounds: I. （sub）acute toxicity tests. Aquatic Toxicology, 1983, 4 （2）: 113-128

［67］ Olmstead A, LeBlanc G. Insecticidal juvenile hormone analogs stimulate the production of male offspring in the crustacean daphnia. Environmental Health Perspectives, 2003, 111 （7）: 919-924

［68］ Hickey C. Sensitivity of four new zealand cladoceran species and daphnia magna to aquatic toxicants. New Zealand Journal of Marine and Freshwater Research, 1989, 23 （1）: 131-137

［69］ Besser J, Wang N, Dwyer F, et al. Assessing contaminant sensitivity of endangered and threatened aquatic species: Part ii. Chronic toxicity of copper and pentachlorophenol to two endangered species and two surrogate species. Arch. Environ. Contam. Toxicology, 2005, 48 （2）: 155-165

［70］ Kim K T, Lee Y G, Kim S D. Combined toxicity of copper and phenol derivatives to daphnia magna: Effect of complexation reaction. Environment International, 2006, 32 （4）: 487-492

［71］ Birge W. Toxicity of organic chemicals to embryo-larval stages of fish. Epa-560/11-79-007, 60 p. （oecdg data file）（ntis pb80-101637）

［72］ Buccafusco R, Ells S, LeBlanc G. Acute toxicity of priority pollutants to bluegill. Bulletin of Environmental Contamination and Toxicology, 1981, 26 （1）: 446-452

[73] Kühn R, Pattard M, Pernak K, et al. Results of the harmful effects of water pollutants to daphnia magna in the 21 day reproduction test. Water Research, 1989, 23 (4): 501-510

[74] Hodson P, Parisella R, Blunt B, et al. Quantitative structure-activity relationships for chronic toxicity of phenol, p-chlorophenol, 2,4-dichlorophenol, pentachlorophenol, p-nitrophenol and 1,2,4-trichlorobenzene to early life stages of rainbow trout. Can. Tech. Rep. Fish Aquat. Sci., 1991: 55, 1784

[75] Bitton G, Rhodes K, Koopman B, et al. Short-term toxicity assay based on daphnid feeding behavior. Water Environment Research, 1995, 67 (3): 290-293

[76] Holcombe G, Phipps G, Sulaiman A, et al. Simultaneous multiple species testing: Acute toxicity of 13 chemicals to 12 diverse freshwater amphibian, fish, and invertebrate families. Archives of Environmental Contamination and Toxicology, 1987, 16 (6): 697-710

[77] Radix P, Léonard M, Papantoniou C, et al. Comparison of brachionus calyciflorus 2-d and microtox (r) chronic 22-h tests with daphnia magna 21-d test for the chronic toxicity assessment of chemicals. Environmental Toxicology and Chemistry, 1999, 18 (10): 2178-2185

[78] USEPA. Guidelines for deriving numerical national water quality criteria for the protection of aquatic organisms and their uses. Tech. Report No. PB85-227049, 1985

[79] 雷炳莉，金小伟，黄圣彪，等. 太湖流域3种氯酚类化合物水质基准的探讨. 生态毒理学报，2009, 14 (1): 816-822

第12章 水生生物基准案例——流域硝基苯水质基准阈值

12.1 研究目的

水质基准是制定水质标准的科学依据，在水环境管理方面发挥着举足轻重的作用。颁布水质基准的目的在于防止污染物对重要的经济和娱乐水生生物以及其他重要物种如河流湖泊中的鱼、底栖无脊椎动物和浮游生物等造成不可接受的长期和短期的有害效应[1]。水质基准主要包括毒理学基准和生态学基准两类。其中，毒理学基准根据保护对象的不同又分为水生态基准和人体健康基准，二者主要是根据污染物对水生生物和人体的危害风险为依据来确定。

美国政府从20世纪50~60年代就开始了毒理学基准的研究，并将其用于水质标准的制定。USEPA于1985年颁布了用于保护水生生物及其用途的数值型水质基准推导技术指南，该指南规定了水质基准的推导和计算方法，最终的基准结果表述为基准最大浓度（急性）和基准连续浓度（慢性）两个数值基准[1]。其他国家和地区也分别颁布了各自水质基准的推导性文件，如欧盟[2]、加拿大[3,4]、澳大利亚和新西兰[5]等。

硝基苯（Nitrobenzene）是合成苯胺，是制造炸药、燃料、杀虫剂以及药物等产品的重要原料。此外，硝基苯可作为溶剂，用于涂料、制鞋、地板材料[6]，其较易进入水环境系统中，在我国各大河流中均有广泛检出[7,8]，易引起水质感官性状的严重恶化，并且对水生生物有一定的毒害作用[9]，先后被USEPA[10]和我国[11]列为优先控制的环境污染物。我国现行的硝基苯水质标准（GB3838—2002），环境安全标准浓度限值为17 μg/L[12]，主要是参考美国的水质基准制定。由于生态学上不同的生态系统有不同的生物区系，某一物质对一个生物区系无害的浓度水平也许会对其他区系的生物产生不可逆转的毒性效应[13]。目前国内污染物的研究对象主要集中在持久性有机污染物（POPs），而基于我国本土生物的硝基苯基准值还鲜见报道。针对我国本土生物的硝基苯水质基准研究，本土对于我国环境管理、污染控制和水质标准的制定具有重要意义。本研究就我国流域水体中硝基苯对水生生物的安全基准值的建立开展了基本方法学探讨。

12.2 技术路线

根据本课题研讨的水生生物基准推导和计算方法，本研究的大致过程分为受试生物的确定、数据收集、数据筛选、模型选择统计与分析、基准阈值的建立等几个步骤（图 12-1）。

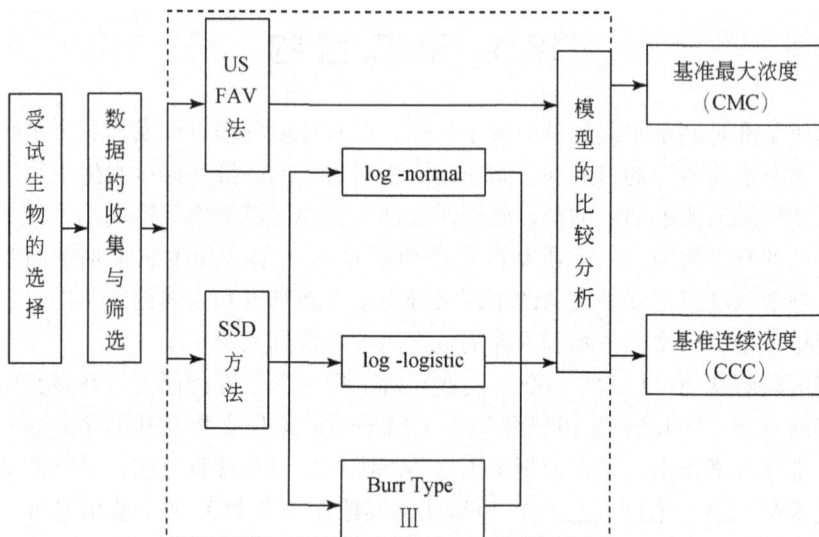

图 12-1　水质基准的推导过程

12.2.1　基准试验生物

为了能够有较好的代表性，防止基准建立过程中的"过保护"和"欠保护"现象发生，USEPA 的指南规定：受试水生动物至少要分别来自 3 门、8 科，此外还需要来自一种水生藻类或其他水生植的试验数据。USEPA 规定的试验水生生物以北美（美国）本土的为主，在选择的 8 个物种的试验动物中，节肢动物和鱼类二者共占 5~7 种。我国的生物物种以节肢动物为主，鱼类和软体动物也占较大比重。鱼类与人类生活关系密切，经济价值很高，应给予优先考虑。因此，本文基本采用 USEPA 规定的物种选择原则，同时考虑到我国以鲤科为主的鱼类，特别注意收集了鲤科鱼类的硝基苯毒性数据。比对 USEPA 和相关文献的要求[14]，初步确定我国筛选数据受试生物的范围共涉及5门10科。分别为：

网纹溞（*Ceriodaphnia dubia*），网纹溞属，溞科，鳃足纲，节肢动物门

大型溞（*Daphnia magna*），溞属，溞科，鳃足纲，节肢动物门

三角涡虫（*Dugesia japonica*），三角涡虫属，三角涡虫科，涡虫纲，扁形动物门

静水椎实螺（*Lymnaea stagnalis*），椎实螺属，椎实螺科，腹足纲，软体动物门

霍普水丝蚓（*Limnodrilus hoffmeisteri Claparède*），颤蚓属，颤蚓科，环带纲，环节动物门

黑龙江林蛙（*Rana amurensis*），蛙属，蛙科，两栖纲，脊索动物门

蓝鳃太阳鱼（*Lepomis macrochirus*），太阳鱼属，日鲈科，辐鳍鱼纲，脊索动物门

虹鳟鱼（*Oncorhynchus mykiss*），鲑属，鲑科，辐鳍鱼纲，脊索动物门

高体雅罗鱼（*Leuciscus idus melanotus*），雅罗鱼属，鲑科，辐鳍鱼纲，脊索动物门

青鳉鱼（*Oryzias latipes*），青鳉属，青鳉科，辐鳍鱼纲，脊索动物门

剑尾鱼（*Xiphophorus helleri*），剑尾鱼属，花鳉科，辐鳍鱼纲，脊索动物门

金鱼（*Carasscas auratus*），鲫属，鲤科，辐鳍鱼纲，脊索动物门

稀有鮈鲫（*Gobiocypris rarus*），鮈鲫属，鲤科，辐鳍鱼纲，脊索动物门

12.2.2 数据筛选

硝基苯的毒性数据主要来源于 USEPA 有关硝基苯的 ECOTOX 毒性数据库（http：//cfpub. epa. gov/ecotox/）和中国知网（http：//www. cnki. net）以及维普数据库数据，数据收集截至 2011 年 3 月。

为了防止"过保护"和"欠保护"，所选择的生物要有代表性，能较好地代表我国水生生物的特征，且达到一定的数据要求[4,10,14]。具体原则如下：

（1）所有毒性数据都要求有明确的测试终点、测试时间及对测试阶段或指标的详细描述；

（2）对于同一个物种或同一个终点有多个毒性值可用时，使用几何平均值；

（3）不能用单细胞生物进行急性毒性试验，试验水溞的年龄不能大于 24 h，试验用摇蚊幼虫应该是二龄或三龄；

（4）一般来说，急性毒性试验过程不能喂食；

（5）溞类或其他枝角类和摇蚊幼虫的急性毒性试验指标是 48h EC_{50} 或 LC_{50}，鱼类及其他生物是 96h EC_{50} 或 LC_{50}（如果没有相应时间的毒性数据，原则上不喂食的毒性数据也可以用）；

（6）如果一个重要物种的种平均急性值（SMAV）比计算的 FAV 还低，前者将替代后者以保护该重要物种；

（7）慢性毒性数据暴露时间越长越好，当数据较为缺乏时，生命早期（如鱼类胚胎时期）阶段的 7 天暴露数据也可以用，慢性数据的毒性终点为 NOEC 或 LOEC。对所搜到的急性数据进行统计分析，保留符合要求的毒性数据（表 12-1），并剔除不符合要求的数据（表 12-2），对同一物种或生物属有多个数值可用时，采用几何平均值。数据分析软件为 Microsoft Office Excel 2003 和 R 语言统计分析软件。

12.2.3 推导方法

1. 物种敏感性分布法

物种敏感度分布法最初由 Kooijman[15] 提出，后来经许多学者对其进行改进，目前已在生态风险评估[16] 和水质基准推导[2,4,5] 等实践中得到应用广泛。该方法假设毒性数据是从整个生态系统中随机选取的，且假设生态系统中不同物种的毒性数据符合一定的概率函数，即"物种敏感度分布"。它充分利用所得的毒性数据，运用数学模型进行拟合，通常采用 5% 物种受危险的浓度，即 HC_5 表示，或称作 95% 保护水平的浓度获得水质基准值。急性数据用于短期基准的推导，慢性毒性数据用于长期基准的推导，用于不同目的的管理。一般来说，由于慢性毒性试验周期长，需要消耗更多的财力物力，数据一般较少。当数据量较小（<10）时，可以采用急慢性比值进行推导。

2. 美国 FAV 方法

美国 1985 年颁布的基准推导指南中，运用的方法为一种改良的 SSD 方法，它是基于对数三角函数的 SSD 法，要求推算急性最大浓度值和慢性连续浓度值的双值基准阈值。进行修正得到四个公式进行推导[1]：

$$S^2 = \frac{\sum (\ln \text{GMAV})^2 - (\sum \ln \text{GMAV})^2/4}{\sum P - (\sum \sqrt{P})^2/4} \tag{12.1}$$

$$L = \frac{\sum (\text{lnGMAV}) - S(\sum \sqrt{P})}{4} \qquad (12.2)$$

$$A = S(\sqrt{0.05}) + L \qquad (12.3)$$

$$FAV = e^A \qquad (12.4)$$

式中，S 为平方根；GMAV 为属急性毒性平均值；P 为选择 4 个属毒性数据的排序百分数。

同时，美国基准推导法中还考虑污染物对高营养级生物的影响，并把植物和动物分开。考虑到硝基苯的 K_{ow} 较低，在生物体内的残留不大，并且本研究在推导水质基准时将水生动物和水生植物综合考虑推导最终慢性值，而不考虑最终残留值。

12.3 研究结果

12.3.1 毒性数据

根据物种和数据的筛选原则选出了中国物种的数据，包括裸藻门、绿藻门、硅藻门、脊索动物门、节肢动物门、环节动物门和软体动物门等 7 门共 18 科生物的毒性数据（表 12-1）。而慢性试验由于周期长、耗资大，且硝基苯可挥发，实施困难，因而相应的数据较少。国内有物种分布的仅为大型溞：21 天的 NOEC 为 2600 μg/L[17]，得出急慢性比值 ACR 为 18；蛋白核小球藻：3 天的 NOEC 为 9200 μg/L[18]，急慢性比值 ACR 为 3.4。而 USEPA 要求根据急慢性比值推导慢性值时，至少有三种生物：一种鱼类；一种无脊椎动物；推导淡水基准时要求有一种淡水相对敏感的生物[1]。因此，对于硝基苯可以制定临时基准，取经验急慢性比值 10[19]。

12.3.2 基准推导

根据图 12-1，首先应用美国的推导方法进行推导，分析硝基苯对中国物种的急性毒性数据（表 12-1），最敏感的四个属为沼虾属、鲤属、青鳉属和伪蹄形藻属，根据公式（12.1）～公式（12.4）推导得出硝基苯 FAV（即 HC_5）为 492.33 μg/L，据此得出硝基苯的急性水质基准值 CMC 为 246.17 μg/L；应用经验因子为 10[19]，推导得出慢性水质基准值 CCC 为 49.23 μg/L（图 12-2）。

表 12-1 硝基苯对淡水水生生物的急性毒性

物种	物种拉丁名称	门	科	属	LC₅₀或 EC₅₀/(μg/L)	暴露时间 /d	属几何平均值 /(μg/L)	数据来源
大型溞	Daphnia magna	节肢动物门	溞科	溞属	34 600	2	—	[21]
大型溞	Daphnia magna	节肢动物门	溞科	溞属	35 000	2	—	[22]
大型溞	Daphnia magna	节肢动物门	溞科	溞属	73 000	2	—	[23]
大型溞	Daphnia magna	节肢动物门	溞科	溞属	55 700	1	—	本实验室
网纹溞	Ceriodaphnia dubia	节肢动物门	溞科	溞属	54 400	2	—	[24]
隆线溞	Daphnia carinata	节肢动物门	溞科	溞属	39 800	2	46 913.81	[25]
摇蚊幼虫	Chironomid Larvae	节肢动物门	摇蚊科	摇蚊属	98 300	2	98 300	本实验室
日本沼虾	Macrobrachium nipponense	节肢动物门	长臂虾科	沼虾属	337	4	337	本实验室 [26]
中华圆田螺	Cipangopaludina cahayensis	软体动物门	田螺科	田螺属	104 230	4	104 230	本实验室 [26]
静水椎实螺	Lymnaea stagnalis	软体动物门	椎实螺科	椎实螺属	64 500	2	64 500	[21]
霍普水丝蚓	Limnodrilus hoffmeisteri Claparède	环节动物门	颤蚓科	水丝蚓属	96 770	2	96 770	[27]
黑龙江林蛙	Rana amurensis	脊索动物门	蛙科	蛙属	58 600	2	—	[28]
中国林蛙蝌蚪	Rana chensinenss	脊索动物门	蛙科	蛙属	117 040	4	82 816.33	本实验室 [26]
蓝鳃太阳鱼	Lepomis macrochirus	脊索动物门	棘臀鱼科	太阳鱼属	43 000	4	43 000	[29]
黄颡鱼	Pelteobagrus fulvidraco	脊索动物门	鲿科	黄颡鱼属	81 570	4	81 570	本实验室
虹鳟鱼	Oncorhynchus mykiss	脊索动物门	鲑科	太平洋鲑鱼属	24 231	4	24 231	[30]
高体雅罗鱼	Leuciscus idus melanotus	脊索动物门	鲤科	雅罗鱼属	60 000	2	—	[31]
高体雅罗鱼	Leuciscus idus melanotus	脊索动物门	鲤科	雅罗鱼属	89 000	2	73 075.3	[31]
白鲢	Hypophthalmichthysmolitrix	脊索动物门	鲤科	鲢属	100 000	2	100 000	[32]
金鱼	Carassus auratus	脊索动物门	鲤科	鲫属	126 100	2	126 100	[33]
鲤鱼	Ciprinus carpio	脊索动物门	鲤科	鲤属	1 907	4	1 907	[34]

续表

物种	物种拉丁文名称	门	科	属	LC$_{50}$或 EC$_{50}$/(μg/L)	暴露时间 /d	属几何平均值 /(μg/L)	数据来源
稀有鮈鲫	Gobiocypris rarus	脊索动物门	鲤科	鮈鲫属	133 000	4	133 000	[35]
孔雀鱼	Poecilia reticulata	脊索动物门	花鳉科	花鳉属	135 000	4	135 000	[21]
剑尾鱼	Xiphophorus helleri	脊索动物门	花鳉科	剑尾鱼属	121 000	4	—	[23]
剑尾鱼	Xiphophorus helleri	脊索动物门	花鳉科	剑尾鱼属	120 900	4	123 472.6	[36]
青鳉鱼	Oryzias latipes	脊索动物门	青鳉科	青鳉属	1 800	2	—	[37]
青鳉鱼	Oryzias latipes	脊索动物门	青鳉科	青鳉属	20 000	2	6 000	[38]
蛋白核小球藻	Chlorella pyrenoidosa	绿藻门	小球藻科	小球藻属	18 000	4	—	[39]
蛋白核小球藻	Chlorella pyrenoidosa	绿藻门	小球藻科	小球藻属	28 000	3	—	[18]
蛋白核小球藻	Chlorella pyrenoidosa	绿藻门	小球藻科	小球藻属	86 600	4	35 208.66	实验室数据
蹄形藻	Pseudokirchneriella subcapitata	绿藻门	卵胞藻科	伪蹄形藻属	20 790	4	—	[40]
蹄形藻	Pseudokirchn-eriella subcapitata	绿藻门	卵胞藻科	伪蹄形藻属	23 780	4	22 234.80	[40]
斜生栅藻	Scenedesmus obliquus	绿藻门	栅藻科	栅藻属	16 500	4	—	[23]
斜生栅藻	Scenedesmus obliquus	绿藻门	栅藻科	栅藻属	74 000	4	34 942.81	本实验室
纤细裸藻	Euglena gracilis	裸藻门	裸藻科	裸藻属	119 780	4	—	[41]
纤细裸藻	Euglena gracilis	裸藻门	裸藻科	裸藻属	122 700	4	121 231.2	[42]
舟形藻	Navicula pelliculosa	硅藻门	舟形藻科	舟形藻属	24 800	4	24 800	[42]

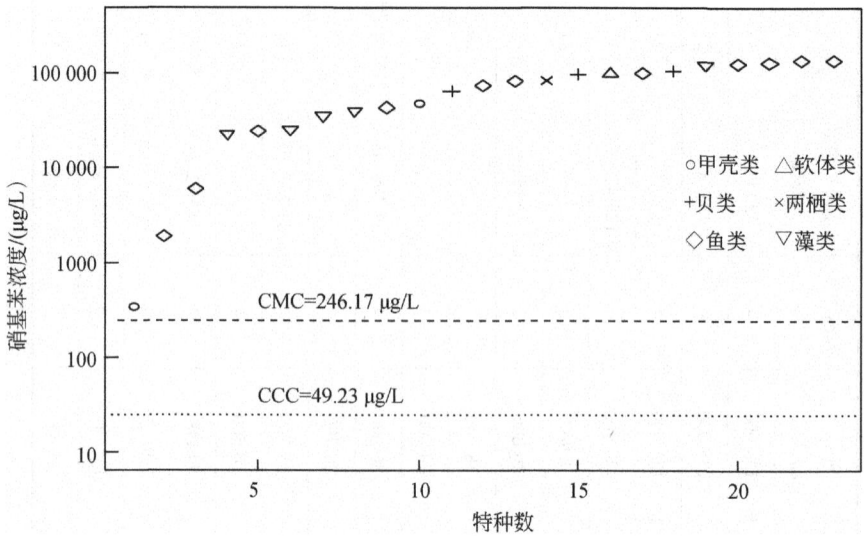

图 12-2　美国推导方法推导的硝基苯水质基准

运用不同的 SSD 参数模型（log-normal，log-logistic，Burr Type Ⅲ）对硝基苯的毒性数据进行拟合（图 12-3），实际上得到的是目前欧洲国家常用的平均连续

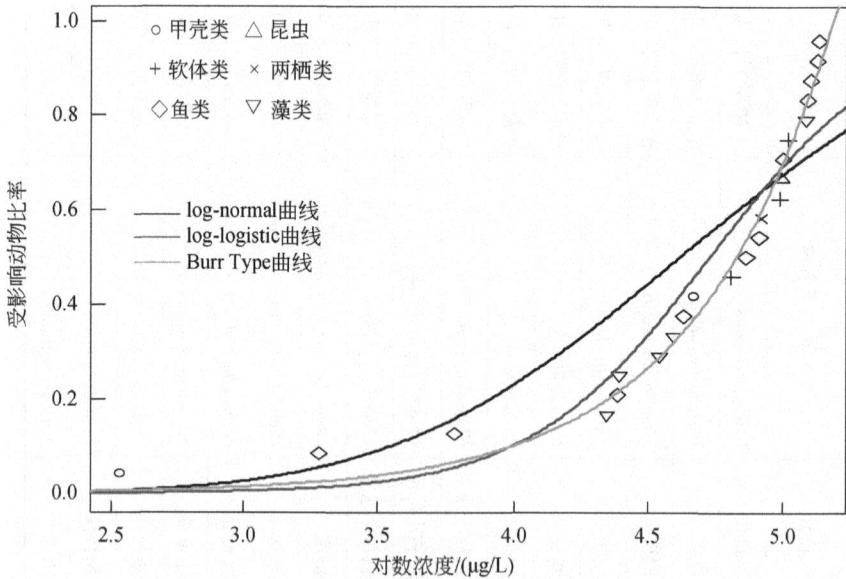

图 12-3　SSD 方法推导的硝基苯水质基准

浓度值（相当于慢性效应）的单值基准；得到的较为一致的 HC_5，从图 12-2 中可以看出 Burr Type Ⅲ 模型对硝基苯的毒性数据拟合的最好，得到 HC_5 为 4316.62 μg/L，所以硝基苯的急性基准值 CMC 为 2158.31 μg/L，除以经验急慢性比值 10[19]，得出硝基苯慢性基准值 CCC 为 431.66 μg/L。另外两种参数方法 log-normal 和 log-logistic 推导出的 HC_5 分别为 1744.16 μg/L 和5563.97 μg/L，与 Burr Type Ⅲ 推导出的结果基本处于同一数量级，但都高于美国推导方法推导出的基准值（表 12-1，表 12-2）。

表 12-2　硝基苯剔除数据及原因

物种	物种拉丁名称	门	科	属	剔除原因	参考文献
大型溞	*Daphnia magna*	节肢动物门	溞科	溞属	暴露时间不规范	[43]
大型溞	*Daphnia magna*	节肢动物门	溞科	溞属	暴露时间不规范	[44]
多刺裸腹溞	*Moina macrocopa*	节肢动物门	裸腹溞科	裸腹溞属	暴露时间不规范	[37]
斑马鱼	*Daphnia magna*	脊索动物门	鲤科	鱼丹属	非本国物种	[45]
黑头呆鱼	*Pimephales promelas*	脊索动物门	鲤科	呆鲦鱼属	非本国物种	[46]
黑头呆鱼	*Pimephales promelas*	脊索动物门	鲤科	呆鲦鱼属	非本国物种	[47]
黑头呆鱼	*Pimephales promelas*	脊索动物门	鲤科	呆鲦鱼属	非本国物种	[47]
日本三角涡虫	*Dugesia japonica*	扁形动物门	三角涡虫科	三角涡虫属	时间不规范	[37]

12.3.3　结果讨论

美国的推导方法（三角函数-SSD，双值基准法）主要在污染物实践作用频率的基础上，同时考虑了毒性数据中 P 最靠近 0.05 的四个属（当数据量 <59 时，为最敏感的四个属）；在大多数情况下与正态函数-SSD 法及逻辑斯蒂函数-SSD 法推导方法得出较为一致的结果，但在极端情况下也会产生较大的偏差，尤其是当某一敏感物种与其他物种相差较大时，易推导出偏小的结果[20]。本研究中美国 SSD-双值基准法推导与传统 SSD-单值推导方法得出的结果相差 8.8 倍左右，即数据偏差相差近一个数量级。主要由于两种方法拟合时考虑的侧重点不同：美国方法主要考虑污染物作用频率的生物可恢复性和对敏感物种的拟合，而传统 SSD-单值基准推导方法则主要考虑对全部物种的平均拟合。

传统的 SSD 方法充分利用了所得的毒性数据，相对早期经验型安全系数方法更具有统计学意义。由于目前我国本土的水生生物有效性毒性数据相当匮乏，尤其是敏感物种的毒性数据数据许多只来自一个实验室的结果，有一定的不确定性；因此在今后研究中还需要进一步验证数据的实效性。同时，本研究推导慢性基准过程中采用了经验因子急慢性比值10，且尚未考虑长期生物蓄积风险效应，也会对结果产生一定的不确定性。根据美国SSD-排序性双值基准方法得出我国硝基苯的短期急性毒性基准值为246.17 μg/L，长期慢性毒性临时基准值为49.23 μg/L。

参 考 文 献

[1] USEPA. Guideline for deriving numerical national water quality criteria for the protection of aquatic organism and their uses. National Technical Information Service Accession Number PB85-227049, 1985

[2] European Union. Technical guidance document on risk assessment. EUR 20418 EN/2. European Commission, 2003

[3] CCME. A Protocol for the Derivation of Water Quality Guidelines for the Protection of Aquatic Life. Canadian Council of Ministers of the Environment, 1999

[4] CCME. A Protocol for the Derivation of Water Quality Guidelines for the Protection of Aquatic Life. Canadian Council of Ministers of the Environment, 2007

[5] ANZECC, ARMCANZ. Australian and New Zealand guidelines for fresh and marine water quality. National Water Quality Management Strategy Paper No 4. 2000

[6] WHO. Environmental health criteria 230：nitrobenzene. 2003

[7] Jijun G, Linghua L, Xiaoru L, et al. Concentration level and geographical distribution of nitrobenzene in Chinese surface waters. J. Environ. Sci. China, 2008, 20：803-805

[8] He M C, Sun Y, Li X R, et al. Distribution patterns of nitrobenzenes and polychlorinated biphenyls in water, suspended particulate matter and sediment from mid- and down-stream of the Yellow River. Chemosphere, 2006, 65：365-374

[9] 李俊生，徐靖，罗建武. 硝基苯环境效应的研究综述. 生态环境学报, 2009, 18：771-776

[10] USEPA. Health and environmental effects profile for nitrobenzene. Report No. EPA 600/X-85/365, NTIS No. PB88-18050, 1985

[11] 周文敏，傅德黔，孙宗光. 水中优先控制污染物黑名单. 中国环境监测, 1990, 6：1-3

[12] 夏青，陈艳卿，刘宪兵. 水质基准与水质标准. 北京：中国标准出版社, 2004

[13] Maltby L, Blake N, Brock T C M, et al. Insecticide species sensitivity distribution：importance of test species selection and relevance to aquatic ecosystems. Environmental Toxicology and Chemistry, 2005, 24：379-388

[14] 周启星. 环境基准研究与环境标准制定进展及展望. 生态与农村环境学报, 2010, 26：1-8

[15] Kooijman Salm. A safety factor for LC$_{50}$ values allowing for differences in sensitivity among species. Water Research, 1987, 21: 269-276

[16] USEPA. Guidelines for ecological risk assessment. EPA 630-R-95-002F, 1998

[17] Kuhn R, Pattard M, Pernak K D, et al. Results of the harmful effects of water pollutants to *Daphnia magna* in the 21 day reproduction test. Water Research (OECDG Data File), 1989, 23: 501-510

[18] Ramos E U, Vaes W H J, Mayer P, et al. Algal growth inhibition of *Chlorella pyrenoidosa* by polar narcotic pollutants: toxic cell concentrations and QSAR modeling. Aquatic Toxicology, 1999, 46: 1-10

[19] Okkerman P C, Plassche E J V, Slooff W. Ecotoxicological effects assessment: a comparison of several extrapolation procedures. Ecotoxicology and Environmental Safety, 1991, 21: 182-193

[20] Fisher D J, Burton D T, Yonkos L T, et al. Derivation of acute ecological risk criteria for chlorite in freshwater ecosystems. Water Research, 2003, 37: 4359-4368

[21] Ramos E U, Vermeer C, Vaes W H J, et al. Acute toxicity of polar narcotics to three aquatic species (*Daphnia magna*, *Poecilia reticulata* and *Lymnaea stagnalis*) and its relation to hydrophobicity. Chemosphere, 1998, 37: 633-650

[22] Canton J H, Slooff W, Kool H J, et al. Toxicity, biodegradability and accumulation of a number of Cl/N-containing compounds for classification and establishing water quality criteria. Regul Toxicol Pharmacol, 1985, 5: 123-131 (OECDG Data File)

[23] 王宏, 沈英娃, 卢玲, 等. 几种典型有害化学品对水生生物的急性毒性. 应用与环境生物学报, 2003, 9: 49-52

[24] Marchini S, Hoglund M D, Borderius S J, et al. Comparison of the susceptibility of daphnids and fish to benzene derivatives. Sci. Total Environ. Suppl., 1993: 799-808 (Publ in Part As 3910)

[25] 陆光华, 金琼贝, 王超. 硝基苯类化合物对隆线溞急性毒性的构效关系. 河海大学学报: 自然科学版, 2004, 32: 372-375

[26] 赵志刚, 张志生, 高士祥. 硝基苯对 3 种中国土著水生生物的毒性. 生态与农村环境学报, 2011, 27: 54-59

[27] 刘祎男, 范学铭, 阚晓微, 等. 苯、苯酚、硝基苯对水丝蚓的急性毒性及超氧化物歧化酶活性的影响. 水生生物学报, 2008, 32: 420-423

[28] 王吉昌, 刘鹏, 赵文阁, 等. 硝基苯对黑龙江林蛙蝌蚪生长发育的毒性效应. 中国农学通报, 2009, 25: 472-475

[29] Buccafusco R J, Ells S J, LeBlanc G A. Acute toxicity of priority pollutants to bluegill (*Lepomis macrochirus*). Bulletin of Environmental Contamination and Toxicology, 1981, 26: 446-452

[30] Castano A, Cantarino M J, Castillo P, et al. Correlations Between the RTG-2 Cytotoxicity Test

EC$_{50}$ and In Vivo LC$_{50}$ Rainbow Trout Bioassay. Chemosphere, 1996, 32: 2141-2157

[31] Juhnke I, Luedemann D. Results of the Investigation of 200 Chemical Compounds for Acute Fish Toxicity with the Golden Orfe Test (Ergebnisse der Untersuchung von 200 Chemischen Verbindungen auf Akute Fischtoxizitat mit dem Goldorfentest). Z Wasser Abwasser Forsch, 1978, 11: 161-164

[32] 黄晓容, 钟成华, 邓春光. 苯胺. 二甲苯和硝基苯对白鲢的急性毒性研究. 安徽农业科学, 2008, 36: 10908-10909

[33] 李静, 吴端生, 彭放, 等. 硝基苯类、氯酚类化合物对金鱼的急性毒性研究. 湖南环境生物职业技术学院学报, 2007, 13: 8-10

[34] Yen J H, Lin K H, Wang S. Acute lethal toxicity of environmental pollutants to aquatic organisms. Ecotoxicological and Environmental Safety, 2002, 52: 113-116

[35] 周群芳, 傅建捷, 孟海珍, 等. 水体硝基苯对日本青鳉和稀有鮈鲫的亚急性毒理学效应. 中国科学 B 辑: 化学, 2007, 37: 197-206

[36] 卢玲, 沈英娃. 酚类、烷基苯类、硝基苯类化合物和环境水样对剑尾鱼和稀有鮈鲫的急性毒性. 环境科学研究, 2002, 15: 57-59

[37] Yoshioka Y, Ose Y, Sato T. Correlation of the five test methods to assess chemical toxicity and relation to physical properties. Ecotoxicology and Environmental Safety, 1986, 12: 15-21

[38] Tonogai Y, Ogawa S, Ito Y, et al. Actual survey on TLM (Median Tolerance Limit) values of environmental pollutants, especially on amines, nitriles, aromatic nitrogen compounds. The Journal of Toxicological Sciences, 1982, 7: 193-203

[39] Maas-Diepeveen J L, Leeuwen C J V. Aquatic Toxicity of Aromatic Nitro Compounds and Anilines to Several Freshwater Species. Report No. 86-42, Laboratory for Ecotoxicology, 1986, 10 (DUT)

[40] Bollman M A, Baune W K, Smith S, et al. Report on Algal Toxicity Tests on Selected Office of Toxic Substances (OTS) Chemicals. EPA 600/3-90-041, 1989

[41] 朱小燕, 杨英利, 李亚岚, 等. 4 种淡水藻对硝基苯的抗性机制. 华中师范大学学报 (自然科学版), 2006, 40: 570-573

[42] Marchini S, Hoglund M D, Borderius S J, et al. Comparison of the Susceptibility of Daphnids and Fish to Benzene Derivatives. Science Total Environment Suppl. , 1993: 799-808

[43] LeBlanc G A. Acute toxicity of priority pollutants to water flea (Daphnia magna). Bull. Environ. Contam. Toxicol. , 1980, 24 (5): 684-691 (OECDG Data File)

[44] Roderer G. Testung Wassergefahrdender Stoffe als Grundlage fur Wasserqualitatsstandards. Testbericht: Wassergefahrdende Stoffe, Fraunhofer-Institut fur Umweltchemie und Okotoxikologie, Schmallenberg: OECDG Data File, 1990

[45] Holcombe G W, Phipps G L, Knuth M L, et al. The acute toxicity of selected. Substituted phenols, benzenes and benzoic acid esters to fathead minnows pimephales promelas. Environmental

Pollution-Series A, 1984, 35 (4): 367-381

[46] Geiger D L, Northcott C E, Call D J, et al. Ctr. for Lake Superior Environ. Stud. , Univ. of Wisconsin-Superior, Superior, WI: 326, 1985

[47] Marchini S, Tosato M L, Norberg-King T J, et al. Lethal and sublethal toxicity of benzene derivatives to the fathead minnow, using a short-term test. Environmental Toxicology and Chemistry, 1992, 11 (2): 187-195

第13章 水生生物基准案例——流域镉水质基准阈值

13.1 目的路线

镉（Cd）是主要的水体重金属污染之一，在水中一般以 Cd^{2+} 形式存在，具有较大的生物毒性，因此，对于 Cd^{2+} 毒性作用的研究一直受到人们的重视[1~6]。研究发现，包括水体硬度[7]和 pH[8]等在内的水质因子都可以影响 Cd^{2+} 的生物毒性，其中，水体硬度对 Cd^{2+} 毒性的影响最具广泛性，因此 USEPA 将水体硬度作为研究 Cd 水质基准时必须考虑的因素之一[9]。

镉在我国各大流域普遍存在，尤其在辽河流域有较严重的污染[10]，因此镉基准的研究对我国水环境管理具有重要意义。本研究借鉴美国"国家、州、区域"三级水质基准体系，在国家、流域和区域三种尺度上对镉的水生生物基准进行了研究，推算了我国国家和 4 个典型流域的镉基准，并以辽河上游的大伙房水库为试点对区域水质基准进行了研究，研究技术路线如图 13-1 所示。本研究为构建适合我国国情的、基于水生态功能分区的水质基准和标准体系提供了有益参考。

13.2 基准方法

13.2.1 数据筛选

通过搜集迄今已发表的关于我国水生生物的镉的急性、慢性毒性数据（截至 2008 年 12 月），数据主要来自 USEPA 的 ECOTOX 数据库（http：//cfpub. epa. gov/ecotox/）、中国知网（http：//www. cnki. net）及美国镉水质基准文件[9]，并依据美国基准技术指南中的数据筛选原则，剔除不符合水质基准技术要求的数据（如无对照试验的数据、未报导试验用水硬度的数据、试验稀释用水不合格的数

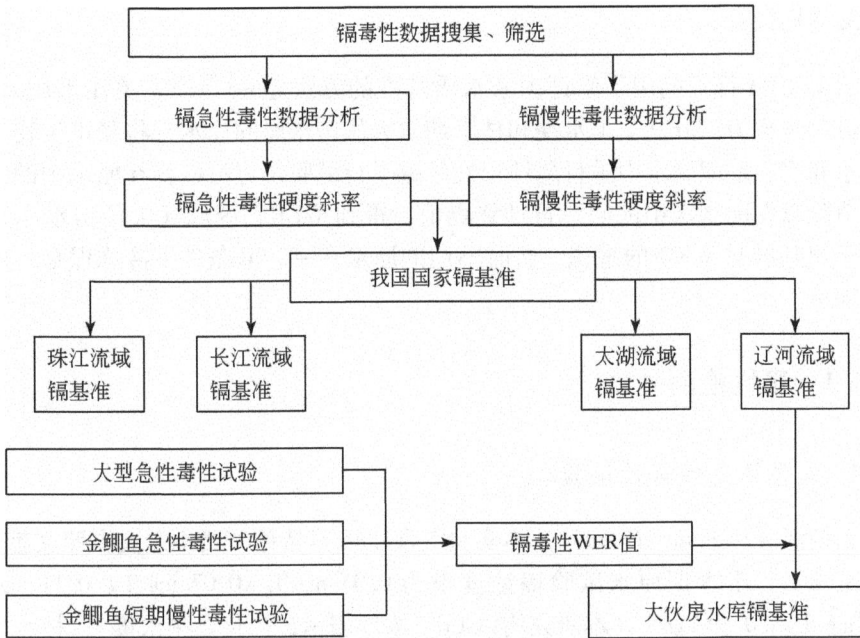

图 13-1　镉水质基准研究技术路线图

据、试验设计不规范的数据及可疑数据等），确定有效数据。

13.2.2　采用方法

1. 物种敏感度排序法

在推算国家及典型流域的镉基准时采用此法，大致过程包括：①收集毒性数据；②分析水质因子（硬度）对 Cd^{2+} 毒性的影响，求出硬度斜率；③通过分别对急性、慢性毒性数据按物种敏感度排序和计算分析，获得 FAV 和 FCV，并确定 CMC 和 CCC。具体推算步骤见技术指南[11]和镉基准文件[12]。

2. 重新计算法

为 USEPA 推荐的用于修订国家水质基准的方法之一[13,14]，主要是关注物种差异，计算过程同国家基准。分别确定 4 个流域的水生生物物种及镉毒性数据，利用国家镉水质基准的急性和慢性硬度斜率，推算流域基准的 CMC 和 CCC。

3. WER 法

为 USEPA 推荐的用于修订国家水质基准的方法之一[13~15]，关注水质差异，大致方法步骤为：分别于丰水期和枯水期取大伙房水库的原水，将受试生物在水库原水和实验室配制水中进行急性毒性暴露平行试验，将污染物在原水中的毒性终点值除以在配制水中的同一毒性终点值，得到 WER，区域（大伙房水库）基准等于州基准与 WER 的乘积。暂时不用的原水在 −20℃ 条件下冷冻保存，用前解冻即可。

13.2.3 毒性检测

1. 大型溞急性毒性试验

大型溞（*Daphnia magna*）为本实验室常年培养品种，试验方法参照文献[16]，经预试验后，丰水期原水试验镉浓度设为 0.04 mg/L、0.07 mg/L、0.11 mg/L、0.18 mg/L 和 0.30 mg/L（本研究均以 Cd^{2+} 浓度表示，非化合物浓度）；枯水期原水试验镉浓度设为 0.02 mg/L、0.04 mg/L、0.08 mg/L、0.16 mg/L 和 0.32 mg/L，配制水（硬度为 50 mg/L）试验镉浓度均设为 0.01 mg/L、0.02 mg/L、0.04 mg/L、0.08 mg/L 和 0.16 mg/L，同时分别设立空白对照组，即每浓度置溞 10 个，共设 3 个平行组，测试终点为 48-h EC_{50}。

2. 鲫鱼急性毒性试验

鲫鱼（*Carassius auratus*）购自北京大森林市场，试验开始前于实验室驯养 7 天以上，试验方法参照文献 [17]。经预试验后，丰水期原水试验镉浓度设为 7.00 mg/L、8.40 mg/L、10.08 mg/L、12.10 mg/L、14.52 mg/L 和 17.42 mg/L，配制水（硬度为 50 mg/L）试验镉浓度设为 1.50 mg/L、1.94 mg/L、2.51 mg/L、3.24 mg/L、4.19 mg/L、5.41 mg/L 和 7.00 mg/L，枯水期原水和配制水试验镉浓度均设为 2.00 mg/L、3.00 mg/L、4.50 mg/L、6.75 mg/L、10.13 mg/L 和 15.19 mg/L，同时分别设立空白对照组，每浓度放鱼苗（体长 1.8~2.2 cm）10 尾，共设 3 个平行组，测试终点为 96-h EC_{50}。

3. 鲫鱼短期（亚）慢性毒性试验

试验方法参照文献 [18]，大致步骤为：将鲫鱼鱼苗在实验室内驯养 7 天，利用丰水期原水和实验室配制水（硬度为 50 mg/L）进行 28 天短期慢性毒性暴露试验，测试终点为体长、体重和存活率。原水试验镉浓度设为 0.10 mg/L、0.22 mg/L、0.48 mg/L、1.07 mg/L、2.34 mg/L 和 5.15 mg/L，配制水试验镉浓度设为 0.02 mg/L、0.04 mg/L、0.08 mg/L、0.15 mg/L、0.31 mg/L、0.61 mg/L 和 1.20 mg/L，同时设立空白对照组，每浓度放鱼 10 尾，共设 3 个平行组。试验温度为 $20 \pm 1 \, ^\circ\!C$，光暗周期为 12h：12h。试验采用更新式，隔天换水 80%，每天统计鱼苗死亡数，试验结束时统计鱼苗体长和体重。

13.3 基准推算

13.3.1 镉的本土水生物毒性数据

1. 镉对我国淡水动物的急性毒性

镉对无脊椎动物和脊椎动物的毒性数据分别列于表 13-1 和表 13-2 中。镉在淡水生态系统中的毒性效应一直颇受关注，因此相关的毒性数据也很丰富，目前有多篇关于我国淡水生物的镉毒性效应研究的报道，其中大型溞的数据最丰富。研究表明，不同试验水质条件下的镉毒性效应，或不同的生物种群对镉毒性的反应有很大差异。如水体硬度为 170 mg/L 时，镉对基因型为 A 的大型溞的 48h-LC_{50} 仅为 3.6 μg/L，但对 S-1 品系大型溞的 48h-LC_{50} 则高达 355.3 μg/L。因此，我国现行的大型溞毒性试验的国家标准及相关国际标准中均规定所用大型溞需来自同一种群[16,19]，就是为了避免不同的大型溞种群对毒性的反应差异太大而使得试验结果难以重复。

除大型溞外，经常用来研究或者检测淡水中镉毒性的物种还有颤蚓、摇蚊幼虫、水螅、端足类、虾、螺及蚤状溞等。研究表明，水体硬度（H）为 260 mg/L 时，红裸须摇蚊幼虫对镉的 96-h LC_{50} 高达 18 565 mg/L（表 13-1），是目前已知对镉毒性抗性最强的淡水无脊椎动物。

表 13-1　镉对我国淡水无脊椎动物的急性毒性数据

物种	物种拉丁名	方法	硬度 /(mg/L)	48~96h-LC_{50} /(μg/L)	LC_{50} 或 EC_{50}/(μg/L)，(H=50mg/L)	参考文献
夹杂带丝蚓	*L. variegatus*	S、M	290	**780.0**	102.77	[20]
霍甫水丝蚓	*L. hoffmeisteri*	F、M	152	**2 400.0**	665.98	[21]

物种	物种拉丁名	方法	硬度 /(mg/L)	48~96h-LC$_{50}$ /(μg/L)	LC$_{50}$或EC$_{50}$/(μg/L)，($H=50$mg/L)	参考文献
苏氏尾鳃蚓	*B. sowerbyi*	S、U	185	**58 020.0**	12 836.34	[22]
正颤蚓	*T. tubifex*	S、M	128	**1 700.0**	575.11	[23]
正颤蚓	*T. tubifex*	S、U	250	**1 657.9**	259.21	[24]
红裸须摇蚊	*P. akamusi*	S、U	260	**18 565.0**	2 774.23	[25]
近亲尖额溞	*A. affinis*	S、U	109	**546.0**	222.31	[26]
模糊网纹溞	*C. dubia*	S、U	90	**54.0**	27.42	[27]
模糊网纹溞	*C. dubia*	R、M	80	**54.5**	31.70	[28]
模糊网纹溞	*C. dubia*	S、U	90	**55.9**	28.39	[29]
棘爪网纹溞	*C. reticulata*	S、U	240	**184.0**	30.15	[30]
棘爪网纹溞	*C. reticulata*	S、U	120	**110.0**	40.09	[31]
大型溞	*D. magna*	S、U	45	**65.0**	73.40	[32]
大型溞	*D. magna*	R、M	105	**30.0**	12.75	[33]
大型溞	*D. magna*	R、M	209	**30.0**	5.76	[33]
大型溞	*D. magna*	S、U	120	**20.0**	7.29	[31]
大型溞	*D. magna*	S、U	120	**40.0**	14.58	[31]
大型溞	*D. magna*	S、U	240	**178.0**	29.17	[30]
大型溞	*D. magna*	S、M	170	**3.6**（基因型A）	0.88	[34]
大型溞	*D. magna*	S、M	170	**9.0**（基因型A-1）	2.20	[34]
大型溞	*D. magna*	S、M	170	**9.0**（基因型A-2）	2.20	[34]
大型溞	*D. magna*	S、M	170	**4.5**（基因型B）	1.10	[34]
大型溞	*D. magna*	S、M	170	**27.1**（基因型E）	6.61	[34]
大型溞	*D. magna*	S、M	170	**115.9**（基因型S-1）	28.27	[34]
大型溞	*D. magna*	S、M	170	**24.5**（克隆F）	5.98	[35]
大型溞	*D. magna*	S、M	170	**129.4**（克隆S-1）	31.56	[35]
大型溞	*D. magna*	S、U	250	**280.0**	43.78	[36]
大型溞	*D. magna*	S、U	170	**9.5**	2.32	[37]
大型溞	*D. magna*	S、M	46	**112.0**（克隆S-1）	122.99	[38]
大型溞	*D. magna*	S、M	91	**106.0**（克隆S-1）	53.35	[38]
大型溞	*D. magna*	S、M	179	**233.0**（克隆S-1）	53.55	[38]

续表

物种	物种拉丁名	方法	硬度 /(mg/L)	48~96h-LC$_{50}$ /(μg/L)	LC$_{50}$ 或 EC$_{50}$/(μg/L), (H=50mg/L)	参考文献
大型溞	D. magna	S、M	46	**30.1** (克隆 A)	33.06	[38]
大型溞	D. magna	S、M	91	**23.4** (克隆 A)	11.78	[38]
大型溞	D. magna	S、M	179	**23.6** (克隆 A)	5.42	[38]
大型溞	D. magna	S、M	51*	**9.9**	9.68	[9]#
大型溞	D. magna	S、M	104*	**33.0**	14.18	[9]#
大型溞	D. magna	S、M	105*	**34.0**	14.45	[9]#
大型溞	D. magna	S、M	197*	**63.0**	12.96	[9]#
大型溞	D. magna	S、M	209*	**49.0**	9.42	[9]#
大型溞	D. magna	F、M	130	**58.0**	19.27	[39]
大型溞	D. magna	F、U	162	**60.0**	15.47	[40]
蚤状溞	D. pulex	S、U	57*	**47.0**	40.41	[41]
蚤状溞	D. pulex	S、U	240*	**319.0**	52.28	[30]
蚤状溞	D. pulex	S、U	120*	**80.0**	29.16	[31]
蚤状溞	D. pulex	S、U	120*	100.0	—	[31]
蚤状溞	D. pulex	S、M	54*	**70.1**	64.84	[42]
蚤状溞	D. pulex	S、U	85*	**66.0**	35.80	[43]
蚤状溞	D. pulex	S、U	85*	99.0	—	[43]
蚤状溞	D. pulex	S、U	85*	70.0	—	[43]
锯顶低额溞	S. serrulatus	S、M	11	**7.0**	39.70	[44]
锯顶低额溞	S. serrulatus	S、M	44	**24.5**	28.77	[45]
多刺裸腹溞	M. macrocopa	S、U	82	**71.3**	40.28	[46]
灰水螅	H. vulgaris	S、U	20*	**83.0**	238.73	[47]
灰水螅	H. vulgaris	S、U	210*	520.0	—	[48]
灰水螅	H. vulgaris	S、U	210*	**160.0**	30.63	[48]
寡水螅	H. oligactis	S、U	210	**320.0**	61.25	[48]
绿水螅	H. viridissima	S、U	20*	**3.0**	8.63	[47]

物种	物种拉丁名	方法	硬度 /(mg/L)	48~96h-LC$_{50}$ /(μg/L)	LC$_{50}$或EC$_{50}$/(μg/L)，($H=50$mg/L)	参考文献
绿水螅	*H. viridissima*	S、U	210*	**210.0**	40.20	[48]
克氏原螯虾	*P. clarkii*	S、M	30	**1 040.0**	1 874.24	[49]
克氏原螯虾	*P. clarkii*	F、U	53	**2 660.0**	2 492.58	[50]
克氏原螯虾	*P. clarkii*	F、U	42	**624.0**	760.85	[50]

注：下划线且加粗表示计算种平均急性值所采用的数据，同列的其他数据为相对不敏感数据而弃用（表13-2同此）；＊表示计算急性硬度斜率时采用的数据（表13-2同此）；#表示原为Chapman等的未发表数据，本研究依据文献[9]采信；S为静态法；R为更新法；F为流水式；M为测量；U为未测量（表13-2同此）。

镉对淡水脊椎动物的毒性包括对鱼类和两栖类动物的毒性。我国淡水鱼类对镉的毒性效应差异也很大，目前研究涉及约几十种鱼类，其中有我国本土的淡水鱼类，如鲤鱼和鲫鱼等，也有从国外引进的鱼类品种，如虹鳟、太阳鱼和罗非鱼等。其中，虹鳟在欧美广泛分布，在我国也有较大范围的养殖，是已知对镉最敏感的淡水鱼类，水体硬度为30 mg/L时，96 h-LC$_{50}$为0.4 μg/L；对镉最不敏感的是鲤鱼，水体硬度为100 mg/L时，96h-LC$_{50}$为4300 μg/L（表13-2）。

表13-2　镉对我国淡水脊椎动物的急性毒性数据

物种	物种拉丁名	方法	硬度 /(mg/L)	LC$_{50}$或EC$_{50}$ /(μg/L)	LC$_{50}$或EC$_{50}$/(μg/L)，($H=50$mg/L)	参考文献
亚东鲑	*S. trutta*	S、M	44	**1.4**	1.64	[45]
银鲑	*O. kisutch*	F、M	22	**2.7**	6.96	[51]
虹鳟	*O. mykiss*	S、M	44*	2.3	—	[45]
虹鳟	*O. mykiss*	S、U	41*	1.5	—	[52]
虹鳟	*O. mykiss*	F、M	23*	**1.3**	3.18	[53]
虹鳟	*O. mykiss*	F、M	23*	**1.0**	2.45	[53]
虹鳟	*O. mykiss*	F、M	23*	**4.1**	10.04	[51]
虹鳟	*O. mykiss*	F、M	31*	**1.8**	3.04	[54]
虹鳟	*O. mykiss*	F、M	44*	**3.0**	3.44	[55]
虹鳟	*O. mykiss*	F、M	31*	**0.7**	1.25	[56]
虹鳟	*O. mykiss*	F、M	29*	**0.5**	0.87	[56]
虹鳟	*O. mykiss*	F、M	32*	**0.5**	0.86	[56]

续表

物种	物种拉丁名	方法	硬度 /(mg/L)	LC_{50} 或 EC_{50} /(μg/L)	LC_{50} 或 EC_{50}/(μg/L)，($H = 50$mg/L)	参考文献
虹鳟	O. mykiss	F、M	30*	**0.4**	0.68	[56]
虹鳟	O. mykiss	F、M	30*	**1.3**	2.33	[56]
虹鳟	O. mykiss	F、M	89*	**2.9**	1.46	[56]
虹鳟	O. mykiss	S、U	140*	30.0	—	[57]
虹鳟	O. mykiss	S、U	34*	4.6	—	[58]
虹鳟	O. mykiss	S、U	140*	17.5	—	[59]
溪红点鲑	S. fontinalis	S、M	42	**<1.5**	<1.83	[60]
鲫鱼	C. auratus	S、U	20*	2 340.0	—	[61]
鲫鱼	C. auratus	S、M	20*	2 130.0	—	[62]
鲫鱼	C. auratus	S、M	140*	46 800.0	—	[62]
鲫鱼	C. auratus	F、M	44*	**748.0**	857.79	[55]
鲤鱼	C. carpio	S、U	100	**4 300.0**	1 933.66	[63]
草鱼	C. idellus	R、U	210	**2 441.0**	466.36	[4]
草鱼	C. idellus	S、U	210	**2 405.0**	459.48	[3]
斑点叉尾鮰	I. punctatus	F、M	44	**4 480.0**	5 137.57	[55]
孔雀鱼	P. reticulata	S、U	20*	**1 270.0**	3 652.82	[61]
孔雀鱼	P. reticulata	R、M	105*	**3 800.0**	1 615.34	[33]
孔雀鱼	P. reticulata	R、M	209*	**11 100.0**	2 131.22	[33]
无鳞甲三刺鱼	G. aculeatus	S、U	115	**6 500.0**	2 487.95	[64]
无鳞甲三刺鱼	G. aculeatus	R、M	107	**23 000.0**	9 566.67	[65]
条纹鲈	M. saxatilis	S、U	40*	**4.0**	5.17	[66]
条纹鲈	M. saxatilis	S、U	285*	**10.0**	1.34	[66]
绿色太阳鱼	L. cyanellus	S、U	20*	**2 840.0**	8 168.52	[61]
绿色太阳鱼	L. cyanellus	S、U	360*	**66 000.0**	6 777.03	[61]
绿色太阳鱼	L. cyanellus	S、M	86*	**11 520.0**	6 205.95	[67]
蓝鳃太阳鱼	L. macrochirus	F、M	44	**6 470.0**	7 419.66	[55]
莫桑比克罗非鱼	O. mossambica	R、U	28	**6 000.0**	11 518.28	[68]
尼罗罗非鱼	O. niloticus	S、U	50	**14 800.0**	14 800.00	[69]
青鳉	O. latipes	R、U	83	**16.0**	8.98	[70]
露斯塔野鲮	L. rohita	S、U	175	**89 500.0**	21 111.18	[71]
泽蛙蝌蚪	R. limnochari	S、U	129	**1 890.0**	635.95	[72]

与镉对淡水无脊椎动物的毒性效应类似，水体硬度与镉对淡水鱼类的毒性也呈负相关性，但在毒性数据最丰富的鱼类——虹鳟中，不同试验数据间的差异比大型溞相对要小，水体硬度为 30 mg/L 和 140 mg/L 时，96-h LC_{50} 分别为 0.4 μg/L和 30 μg/L。

镉对我国淡水两栖类的急性毒性研究相对较少，目前已知急性毒性数据的仅有泽蛙蝌蚪。水体硬度为 129 mg/L 时，镉对泽蛙蝌蚪的 96 h-LC_{50}为 1890 μg/L。

2. 镉对我国淡水动物的慢性毒性

数据列于表 13-3 中。镉对淡水脊椎动物的慢性毒性研究较少，包括的主要物种有溪红点鲑、银鲑、虹鳟、亚东鲑、大西洋鲑、白斑狗鱼、蓝鳃太阳鱼和奥利亚罗非鱼等，其中最敏感的是溪红点鲑，慢性毒性值的下限可达 1 μg/L（水体硬度为 44 mg/L），最不敏感的鱼类是大西洋鲑，慢性毒性值的上限可达 4.528 μg/L（水体硬度为 23.5 mg/L）（表 13-3）。

表 13-3　镉对我国淡水动物的慢性毒性数据

物种	物种拉丁名	试验	硬度/(mg/L)	慢性值/(μg/L)	慢性值/(μg/L)，($H=50$ mg/L)	参考文献
正颤蚓	T. tubifex	LC	250	1777.2	658.161	[24]
模糊网纹溞	C. dubia	LC	20	13.784	24.265	[18]
大型溞	D. magna	LC	53*	0.152	0.147	[9]#
大型溞	D. magna	LC	103*	0.212	0.135	[9]#
大型溞	D. magna	LC	209*	0.437	0.181	[9]#
大型溞	D. magna	LC	130	1.860	1.031	[73]
灰水螅	H. vulgaris	LC	20	13	22.885	[47]
绿水螅	H. viridissima	LC	20	0.566	0.996	[47]
银鲑	O. kisutch	ELS	44	2.102	2.275	[74]
银鲑	O. kisutch	ELS	44	7.159	7.747	[74]
虹鳟	O. mykiss	LC	250	4.31	1.596	[75]
白斑狗鱼	E. lucius	ELS	44	7.361	7.965	[74]
蓝鳃太阳鱼	L. macrochirus	LC	207	49.8	20.721	[76]
奥利亚罗非鱼	O. aurea	LC	145	52	26.953	[77]
溪红点鲑	S. fontinalis	LC	44	2.4	2.643	[78]

续表

物种	物种拉丁名	试验	硬度 /(mg/L)	慢性值 /(μg/L)	慢性值/(μg/L)，(H = 50 mg/L)	参考文献
大西洋鲑	*S. salar*	ELS	23.5	4.528	7.215	[79]
亚东鲑	*S. trutta*	ELS	44*	—	—	[74]
亚东鲑	*S. trutta*	LC	250*	16.486	6.105	[75]

注：#表示原为 Chapman 等的未发表数据，本研究依据文献 [9] 采信；

*表示用于计算慢性硬度斜率的数据。

3. 镉对我国水生植物的毒性

数据列于表 13-4。水生植物对镉毒性的抗性同样存在很大差异，最不敏感的淡水水生植物是浮萍，以 7 天繁殖率作为指标，毒性效应值为 798 040 μg/L；最敏感的淡水水生植物是美丽星杆藻，2 μg/L 的镉可以使其生长率降低 10 倍（表 13-4），但总体来说，水生植物对镉的耐受性远大于水生动物。

表 13-4　镉对淡水植物的毒性

物种	物种拉丁名	效应	毒性值/(μg/L)	参考文献
美丽星杆藻	*Asterionella formosa*	生长率降低 10 倍	2	[80]
舟型硅藻	*Navicula incerta*	EC$_{50}$	310	[81]
斜生栅藻	*Scenedesmus obliquus*	生长率降低 39%	2 500	[82]
眼虫藻	*Euglena gracilis*	形态畸形	5 000	[83]
裸藻	*Euglena gracilis*	细胞分裂抑制	20 000	[83]
镰形纤维藻	*Ankistrodesmus falcatus*	生长率降低 58%	2 500	[82]
铜绿微囊藻	*Microcystis aeruginosa*	初始抑制	70	[84]
四尾栅藻	*Scenedesmus quadricauda*	初始抑制	310	[85]
绿球藻	*Chlorococcum sp.*	生长率降低 42%	2 500	[82]
蛋白核小球藻	*Chlorella pyrenoidosa*	生长率降低	250	[86]
轮藻	*Chara vulgaris*	致死剂量	56	[87]
轮藻	*Chara vulgaris*	EC$_{50}$ 生长率	10	[87]
莱哈衣藻	*Chlamydomonas reinhardi*	EC$_{50}$（细胞密度）	203	[88]
莱哈衣藻	*Chlamydomonas reinhardi*	EC$_{50}$（细胞密度）	130	[88]
莱哈衣藻	*Chlamydomonas reinhardi*	EC$_{50}$（细胞密度）	99	[88]

物种	物种拉丁名	效应	毒性值/（μg/L）	参考文献
小球藻	*Clorella vulgaris*	IC_{50}生长率	60	[89]
小球藻	*Clorella vulgaris*	EC_{50}（生长抑制）	3 700	[33]
小球藻	*Chlorella vulgaris*	生长率降低	50	[90]
羊角月牙藻	*Selenastrum capricornutum*	生长率降低	50	[91]
羊角月牙藻	*Selenastrum capricornutum*	生长率降低	255	[92]
羊角月牙藻	*Selenastrum capricornutum*	IC_{50}生长率	10 500	[93]
羊角月牙藻	*Selenastrum capricornutum*	EC_{50}生长率	23	[94]
羊角月牙藻	*Selenastrum capricornutum*	EC_{50}生长率	130	[95]
水花鱼腥藻	*Anabaena flos-aquae*	EC_{50}	120	[96]
藻类（混合）	—	种群数量显著降低	5	[97]
穗花狐尾藻	*Myriophyllum spicatum*	EC_{50}（根重）	7 400	[98]
浮萍	*Lemna gibba*	EC_{50}生长	800	[99]
浮萍	*Lemna minor*	EC_{50}生长	200	[100]
浮萍	*Lemna minor*	叶绿素减少	54	[101]
紫萍	*Spirodela polyrhiza*	LOEC 生长	8	[102]
浮萍	*Lemna gibba*	7 天繁殖	798 040	[99]
稀脉浮萍	*Lemna paucicostata*	96h 叶绿素	1 520	[103]
少根紫萍	*Spirodela oligorrhiza*	96h 生长	4 770	[104]

13.3.2　镉毒性硬度斜率

1. 水体硬度对镉毒性效应的影响

对镉的急性、慢性毒性数据进行回归分析，结果如图 13-2 和图 13-3 所示，由图可知，随水体硬度的增大，镉对生物的毒性效应显著降低，在不同物种中体现出一致的趋势，也表明了必须计算水体硬度对镉毒性的影响参数（硬度斜率）以调整不同硬度条件下的毒性数据才能推算镉基准。

2. 硬度斜率计算

USEPA 对用于计算硬度斜率的毒性数据的要求为：①试验用水的高硬度值

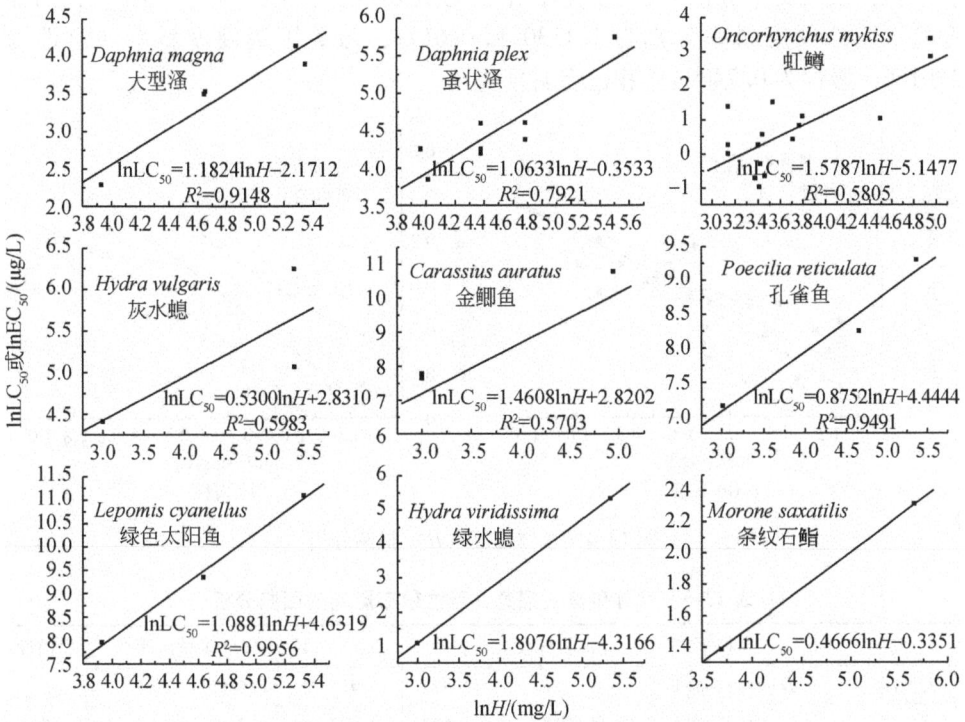

图 13-2 水体硬度（H）对镉急性毒性的影响

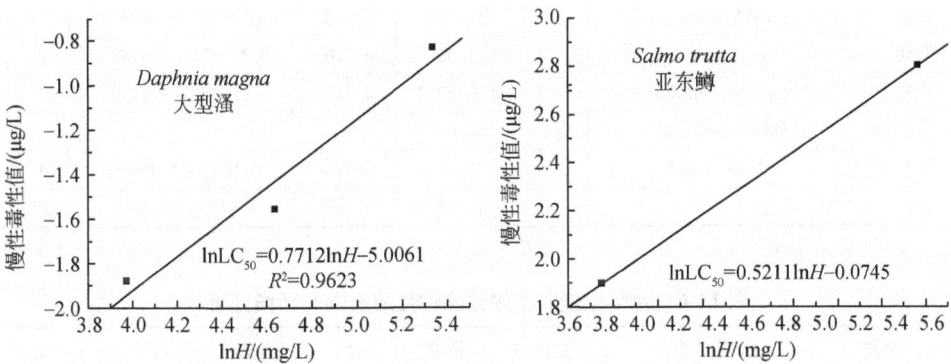

图 13-3 水体硬度（H）对镉慢性毒性的影响

高出低硬度值至少 100 mg/L；②高硬度值至少等于低硬度值的 3 倍。本研究依据这两个条件选取了合格的毒性数据（表 13-1、表 13-2 和表 13-3）对镉毒性的急性、慢性硬度斜率进行了分析计算，结果见图 13-4、表 13-5 和表 13-6，得出镉急性、慢性硬度斜率分别为 1.1530 和 0.6172，与美国镉硬度斜率（急性为 1.0166，慢性为 0.7409）[9]相比有明显差异。

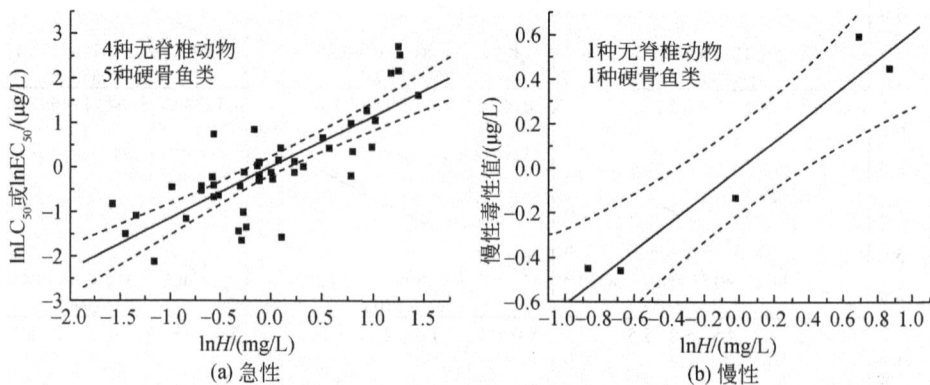

图 13-4　水体硬度（H）斜率分析

表 13-5　水体硬度对镉急性毒性效应影响的回归分析

物种	拉丁名	物种数	斜率	R^2	95% 置信区间	自由度
大型溞	*Daphnia magna*	5	1.1824	0.915	0.5195 ~ 1.8453	3
蚤状溞	*Daphnia pulex*	8	1.0633	0.792	0.5191 ~ 1.6076	6
灰水螅	*Hydra vulgaris*	3	0.5300	0.598	−4.9881 ~ 6.0482	1
绿水螅	*Hydra viridissima*	2	1.8076	—	—	0
虹鳟	*Oncorhynchus mykiss*	16	1.5787	0.580	0.8093 ~ 2.3480	14
鲫鱼	*Carassius auratus*	4	1.4608	0.570	−2.3973 ~ 5.3189	2
孔雀鱼	*Poecilia reticulata*	3	0.8752	0.949	−1.6996 ~ 3.4499	1
条纹鲈	*Morone saxatilis*	2	0.4666	—	—	0
绿色太阳鱼	*Lepomis cyanellus*	3	1.0881	0.996	0.1695 ~ 2.0068	1
合计		46	1.1530*	0.797	0.8879 ~ 1.4181	37

注：* 表示 $p < 0.01$。

表 13-6　水体硬度对镉慢性毒性效应影响的回归分析

物种	拉丁名	物种数	斜率	R^2	95% 置信区间	自由度
大型溞	*Daphnia magna*	3	0.7712	0.962	−1.1695, 2.7120	1
亚东鲑	*Salmo trutta*	2	0.5211	—	—	0
合计		5	0.6172*	0.941	0.3339, 0.9004	3

注：* 表示 $p < 0.01$。

13.3.3 镉水生态毒性排序与发布

利用镉毒性硬度斜率把镉毒性数据调整至硬度为 50 mg/L，计算 GMAV 值（GMAV 等于 SMAV 的几何平均值），按照物种敏感度进行排序；选择珠江流域、长江流域、太湖流域和辽河流域作为我国典型流域的代表，分别搜集 4 个流域的水生生物分布数据，与按物种敏感度排序后的镉毒性数据共同列于表 13-7 和表 13-8 中。

由表 13-7 可知，在获得的镉急性毒性数据中，珠江流域、长江流域、太湖流域和辽河流域的生物属数分别是 22、22、20 和 14，辽河流域相对较少，从流域物种种类上来说，前 3 个流域相似，辽河流域与这 3 条流域相比有明显差异，这与流域位处的地理区域也是相符的。

表 13-8 列出了镉慢性毒性数据中各流域的物种分布状况，数据比较稀少，珠江流域、长江流域、太湖流域和辽河流域的生物属数分别为 5、5、4 和 5，数据数量已经不符合 USEPA 规定的国家水质基准的最小毒性数据需求，但刚刚符合美国各州基于国家基准制定州基准的最小毒性数据需求（至少 4 科）。从物种的种类上看，依然是前 3 个流域比较相似，辽河流域与这 3 条流域相比有较大差别。由于慢性数据的稀少，大部分数据值对最终的基准值都有较大影响，特别是最敏感的大型溞在长江流域、太湖流域和辽河流域都有分布，但目前没有明确信息显示其分布于珠江流域，虽然大型溞是广适性物种，分布广泛，但依据 USEPA 技术指南，确定物种分布区域时一般要求有较明确的信息来源，因此，珠江流域暂未采用最敏感的大型溞数据，而代之以数值很高的正颤蚓毒性值，这对珠江流域的慢性基准将产生较大影响。

表 13-7　镉急性毒性数据排序与典型流域水生生物分布

序数	GMAV /(μg/L)	SMAV /(μg/L)	物种	拉丁名	全国 (n=27)	珠江 (n=22)	长江 (n=22)	太湖 (n=20)	辽河 (n=14)
27	21 111.183	21 111.183	露斯塔野鲮	*L. rohita*	√	√	√	√	—
26	13 056.437	11 518.280	莫桑比克罗非鱼	*O. mossambica*	√	√	√	√	√
		14 800.000	尼罗罗非鱼	*O. niloticus*	√	√	√	√	√
25	12 836.338	12 836.338	苏氏尾鳃蚓	*B. sowerbyi*	√	√	√	√	—
24	7 208.704	7 003.744	绿色太阳鱼	*L. cyanellus*	√	√	√	√	—
		7 419.662	蓝鳃太阳鱼	*L. macrochirus*	√	√	√	√	—

续表

序数	GMAV /(μg/L)	SMAV /(μg/L)	物种	拉丁名	全国 (n=27)	珠江 (n=22)	长江 (n=22)	太湖 (n=20)	辽河 (n=14)
23	5 137.571	5 137.571	斑点叉尾鮰	*I. punctatus*	√	√	√	√	√
22	4 878.665	4 878.665	无鳞甲三刺鱼	*G. aculeatus*	√	—	—	—	—
21	2 774.234	2 774.234	红裸须摇蚊	*P. akamusi*	√	√	√	√	√
20	2 325.450	2 325.450	孔雀鱼	*P. reticulata*	√	√	√	√	√
19	1 933.663	1 933.663	鲤鱼	*C. carpio*	√	√	√	√	√
18	1 526.130	1 526.130	克氏原螯虾	*P. clarkii*	√	√	√	√	√
17	857.791	857.791	鲫鱼	*C. auratus*	√	√	√	√	√
16	665.975	665.975	霍甫水丝蚓	*L. hoffmeisteri*	√	√	√	√	—
15	635.945	635.945	泽蛙	*R. limnochari*	√	√	√	√	—
14	462.910	462.910	草鱼	*C. idellus*	√	√	√	√	√
13	386.098	386.098	正颤蚓	*T. tubifex*	√	√	√	—	—
12	222.307	222.307	近亲尖额溞	*A. affinis*	√	√	√	√	√
11	102.769	102.769	夹杂带丝蚓	*L. variegatus*	√	√	√	—	—
10	46.032	85.506	灰水螅	*H. vulgaris*	√	—	—	—	—
		61.251	寡水螅	*H. oligactis*	√	—	—	—	—
		18.624	绿水螅	*H. viridissima*	√	—	—	—	—
9	40.278	40.278	多刺裸腹溞	*M. macrocopa*	√	√	√	√	√
8	33.793	33.793	锯顶低额溞	*S. serrulatus*	√	√	√	√	√
7	31.814	29.111	模糊网纹溞	*C. dubia*	√	√	√	√	√
		34.768	棘爪网纹溞	*C. reticulata*	√	√	√	√	√
6	22.541	42.760	蚤状溞	*D. pulex*	√	√	√	√	√
		11.882	大型溞	*D. magna*	√	√	√	√	√
5	8.982	8.982	青鳉	*O. latipes*	√	√	√	√	√
4	3.705	6.958	银鲑	*O. kisutch*	√	—	—	—	√
		1.973	虹鳟	*O. mykiss*	√	—	—	—	√
3	2.637	2.637	条纹鲈	*M. saxatilis*	√	√	√	√	—
2	1.834	1.834	溪红点鲑	*S. fontinalis*	√	—	—	—	—
1	1.644	1.644	亚东鲑	*S. trutta*	√	—	—	—	—

注:"√"表示有物种分布;"—"表示没有物种分布(表13-8同此)。

表13-8 镉慢性毒性数据排序与典型流域水生生物分布

序数	GMAV /(μg/L)	SMCV /(μg/L)	物种	拉丁名	全国 (n=10)	珠江 (n=5)	长江 (n=5)	太湖 (n=4)	辽河 (n=5)
10	658.1608	658.1608	正颤蚓	*T. tubifex*	√	√	√	—	√
9	26.9533	26.9533	奥利亚罗非鱼	*O. aurea*	√	√	√	√	√

续表

序数	GMAV /(μg/L)	SMCV /(μg/L)	物种	拉丁名	全国 (n=10)	珠江 (n=5)	长江 (n=5)	太湖 (n=4)	辽河 (n=5)
8	24.2653	24.2653	模糊网纹溞	C. dubia	√	√	√	√	√
7	20.7211	20.7211	蓝鳃太阳鱼	L. macrochirus	√	√	√	√	—
6	7.9650	7.9650	白斑狗鱼	E. lucius	√	—	—	—	—
5	6.6372	6.1054	亚东鲑	S. trutta	√	—	—	—	—
		7.2154	大西洋鲑	S. salar	√	—	—	—	—
4	4.7738	22.8851	灰水螅	H. vulgaris	√	—	—	—	—
		0.9958	绿水螅	H. viridissima	√	—	—	—	—
3	2.6430	2.6430	溪红点鲑	S. fontinalis	√	—	—	—	—
2	2.5886	4.1980	银鲑	O. kisutch	√	—	—	—	√
		1.5962	虹鳟	O. mykiss	√	—	—	—	√
1	0.2468	0.2468	大型溞	D. magna	√	√	√	√	√

13.3.4 我国淡水生物镉基准

1. 急性基准

依据 USEPA 技术指南对我国水生生物的镉急性毒性数据分析并排序后（表13-7），选择其中最敏感的 4 个 GMAV 值（序数为 1~4）进行推算，得出我国国家镉水生生物急性基准公式（13.1），是一个以水体硬度为自变量的函数。

$$CMC_S = (1.136\,672 - 0.041\,838\ln H) \times e^{1.1530\ln H - 4.6612} \tag{13.1}$$

式中，下标 S 为可溶性金属；H 为水体硬度。

当水体硬度为 100 mg/L 时，CMC 为 1.81 μg/L，这与美国国家镉 CMC（2.0 μg/L）相比有一定差异。

2. 慢性基准

依据技术指南对我国水生生物的镉慢性毒性数据分析排序后（表13-8），选择其中最敏感的 4 个 GMCV 值（序数为 1~4）进行推算，得出我国国家镉水生生物慢性基准公式（13.2），是一个以水体硬度为自变量的函数。

$$CCC_S = (1.101\,672 - 0.041\,838\ln H) \times e^{0.6172\ln H - 4.3143} \tag{13.2}$$

当水体硬度为 100 mg/L 时，CCC 为 0.21 μg/L，与美国国家镉 CCC（0.25 μg/L）相比有一定差异。

3. 国家镉基准对水生生物保护

将推算的国家镉基准与我国水生动物的镉毒性效应值对比，结果如图 13-5
所示，在 20～250 mg/L 的水体硬度范围内，镉 CMC 和 CCC 都可以对我国水生动
物提供充足而恰当的保护。国家镉基准与我国水生植物的镉毒性效应值的对比见
图 13-6，由图中可知，水生植物对镉的抗性远远大于水生动物，因此，镉基准也
可以对我国水生植物提供充足的保护。

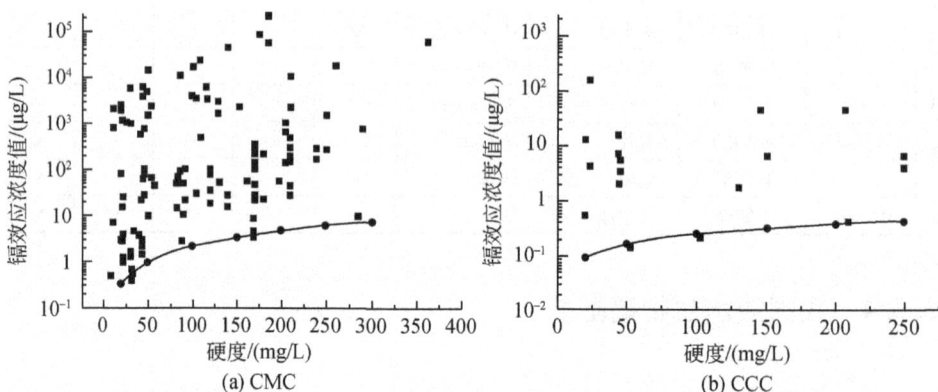

图 13-5　CMC 和 CCC 对我国水生生物物种的保护的影响

■表示我国水生生物的镉 CMC 或 CCC 毒性数据，曲线为以水体硬度为自变量的镉基准函数曲线

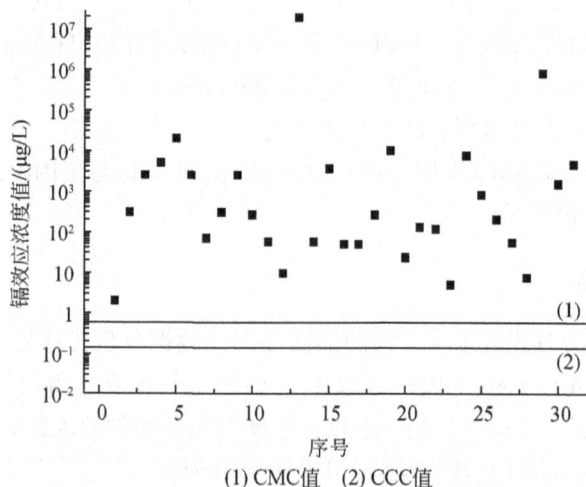

图 13-6　国家镉基准对我国水生植物的保护的效果

■表示我国水生植物镉毒性效应值，水体硬度为 50mg/L 时，CMC 值为 0.84 μg/L，CCC 值为 0.14 μg/L

13.3.5 典型流域镉水质基准

1. 流域水生生物 GMAV 和 GMCV 数值

对表 13-7 和表 13-8 中数据按照各流域物种分布情况分别重新排序，得出用于计算各流域镉基准的最敏感的 4 个 GMAV 值和 4 个 GMCV 值，分别列于表13-9和表 13-10 中。

表 13-9　典型流域水生生物的 4 个 GMAV 值

典型流域	序数	GMAV /(μg/L)	SMAV /(μg/L)	物种	拉丁名
珠江流域 (n=22)	4	33.793	33.793	锯顶低额溞	*Simocephalus serrulatus*
	3	31.814	29.111	模糊网纹溞	*Ceriodaphnia dubia*
			34.768	棘爪网纹溞	*Ceriodaphnia reticulata*
	2	8.982	8.982	青鳉	*Oryzias latipes*
	1	2.637	2.637	条纹鲈	*Morone saxatilis*
长江流域 (n=22) 太湖流域 (n=20)	4	31.814	29.111	模糊网纹溞	*Ceriodaphnia dubia*
			34.768	棘爪网纹溞	*Ceriodaphnia reticulata*
	3	22.541	42.760	蚤状溞	*Daphnia pulex*
			11.882	大型溞	*Daphnia magna*
	2	8.982	8.982	青鳉	*Oryzias latipes*
	1	2.637	2.637	条纹鲈	*Morone saxatilis*
辽河流域 (n=14)	4	29.111	29.111	模糊网纹溞	*Ceriodaphnia dubia*
	3	22.541	42.760	蚤状溞	*Daphnia pulex*
			11.882	大型溞	*Daphnia magna*
	2	8.982	8.982	青鳉	*Oryzias latipes*
	1	3.705	6.958	银鲑	*Oncorhynchus kisutch*
			1.973	虹鳟	*Oncorhynchus mykiss*

表 13-10　典型流域水生生物的 4 个 GMCV 值

典型流域	序数	GMCV /(μg/L)	SMCV /(μg/L)	物种	拉丁名
珠江流域 (n=4)	4	658.1608	658.1608	正颤蚓	*Tubifex tubifex*
	3	26.9533	26.9533	奥利亚罗非鱼	*Oreochromis aurea*
	2	24.2653	24.2653	模糊网纹溞	*Ceriodaphnia dubia*
	1	20.7211	20.7211	蓝鳃太阳鱼	*Lepomis macrochirus*
长江流域 (n=5) 太湖流域 (n=4)	4	26.9533	26.9533	奥利亚罗非鱼	*Oreochromis aurea*
	3	24.2653	24.2653	模糊网纹溞	*Ceriodaphnia dubia*
	2	20.7211	20.7211	蓝鳃太阳鱼	*Lepomis macrochirus*
	1	0.2468	0.2468	大型溞	*Daphnia magna*
辽河流域 (n=5)	4	26.9533	26.9533	奥利亚罗非鱼	*Oreochromis aurea*
	3	24.2653	24.2653	模糊网纹溞	*Ceriodaphnia dubia*
	2	2.5886	4.1980	银鲑	*Oncorhynchus kisutch*
			1.5962	虹鳟	*Oncorhynchus mykiss*
	1	0.2468	0.2468	大型溞	*Daphnia magna*

2. 典型流域镉基准推算

利用表 13-9 和表 13-10 中数据，按照美国技术指南分别推算各流域 CMC 和 CCC 值，结果见表 13-11。

表 13-11　典型流域镉基准

典型流域	基准类别	基准函数	常规基准值/(μg/L)
珠江流域	急性基准	$CMC = CF_A \times e^{1.1530\ln H - 3.1722}$	3.60
	慢性基准	$CCC = CF_C \times e^{0.6172\ln H - 2.4171}$	0.06
长江流域	急性基准	$CMC = CF_A \times e^{1.1530\ln H - 3.9692}$	3.61
	慢性基准	$CCC = CF_C \times e^{0.6172\ln H - 5.6415}$	0.06
太湖流域	急性基准	$CMC = CF_A \times e^{1.1530\ln H - 4.0925}$	3.19
	慢性基准	$CCC = CF_C \times e^{0.6172\ln H - 5.8951}$	0.04
辽河流域	急性基准	$CMC = CF_A \times e^{1.1530\ln H - 4.1692}$	2.95
	慢性基准	$CCC = CF_C \times e^{0.6172\ln H - 6.0043}$	0.04

注：$CF_A = 1.136672 - 0.041838\ln H$，$CF_C = 1.101672 - 0.041838\ln H$，$H$ 为水体硬度；常规基准值指水体硬度为 100 mg/L 时的基准值。

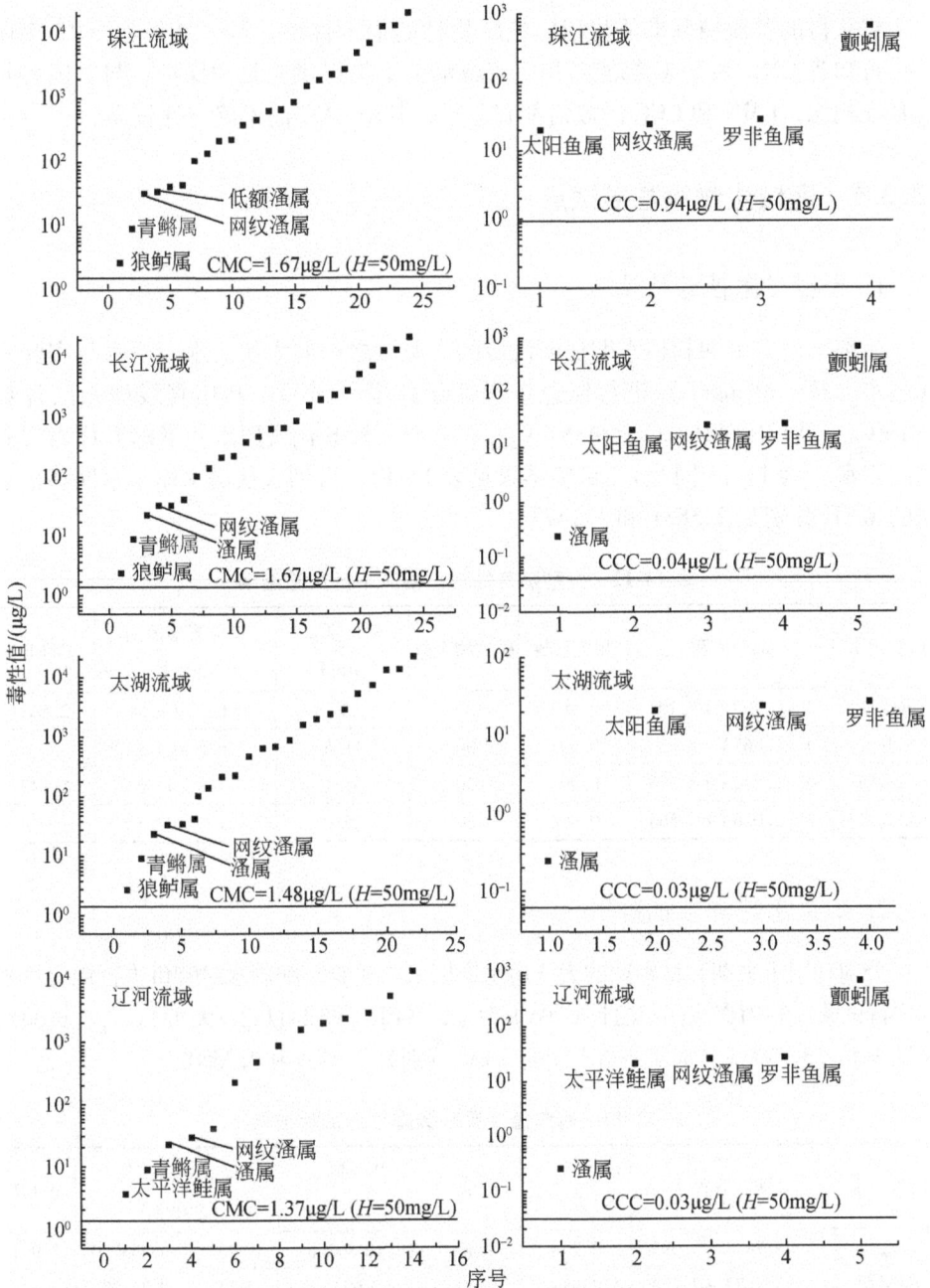

图 13-7 流域镉基准对水生生物的保护

由 CMC 与 GMAV 以及 CCC 与 GMCV 的对比可知，流域基准可对水生生物提供充足的保护。

图中数据统一调整到硬度为 50mg/L

将获得的各流域基准值与相应流域物种的镉毒性值比较，结果如图 13-7 所示，可知各 CMC 和 CCC 都能对相应流域水生生物提供充足的保护；与美国各州镉基准相比，CMC 和 CCC 的数值都有差异，其中 CCC 的不确定性较高。

13.3.6 区域生物镉基准试点

1. 大型溞急性毒性试验

分别采用丰水期和枯水期辽河流域的水源区之一的大伙房水库原水与实验室配制水（$H = 50$ mg/L）进行镉急性毒性暴露平行试验，利用直线回归法计算 48h-EC$_{50}$，WER $=$ 48h-EC$_{50,S}$/48h-EC$_{50,L}$，其中下标 S 代表原水，下标 L 代表实验室配制水（表 13-13 同此）。试验结果见表 13-12，得到大伙房水库丰水期和枯水期的 WER 分别是 2.5831 和 1.1473。

表 13-12　大型溞急性毒性暴露平行试验结果

试验用水	回归方程	相关系数	受试物个数	48h-EC$_{50}$ /(μg/L)	95% 置信区间 /(μg/L)	WER
丰水期	$Y = 2.792X + 7.708$	0.997	30	107.2	84.2 ~ 136.4	2.583
配制水	$Y = 1.461X + 7.020$	0.995	30	41.5	26.2 ~ 65.8	—
枯水期	$Y = 2.830X + 8.396$	0.997	30	63.1	41.8 ~ 95.2	1.147
配制水	$Y = 2.036X + 7.566$	0.998	30	55.0	31.0 ~ 97.5	—

2. 鲫鱼急性毒性试验

分别利用丰水期和枯水期的大伙房水库原水与实验室配制水对鲫鱼进行镉急性暴露平行试验，利用直线回归法计算 96 h-LC$_{50}$，WER $=$ 96 h-LC$_{50,S}$/96 h-LC$_{50,L}$，试验结果见表 13-13，得到丰水期和枯水期的 WER 分别为 2.9406 和 1.3550。

表 13-13　鲫鱼急性毒性暴露平行试验结果

试验用水	回归方程	r	n	96h-LC$_{50}$ /(μg/L)	95% 置信区间 /(μg/L)	WER
丰水期	$Y = 9.743X - 5.093$	0.994	30	10 862.6	10 232.1 ~ 11 532.0	2.941
配制水	$Y = 2.947X + 3.328$	0.986	30	3 694.0	3 143.3 ~ 4 341.2	—
枯水期	$Y = 3.503X + 1.876$	0.993	30	7 797.2	5 590.6 ~ 10 874.8	1.355
配制水	$Y = 3.769X + 2.136$	0.986	30	5 754.4	4 224.2 ~ 7 838.9	—

3. 鲫鱼短期（亚）慢性试验

利用丰水期原水与配制水进行鲫鱼鱼苗的 28 天短期慢性毒性平行试验，试验结果见表 13-14（试验结束时，各浓度组鱼苗的体长和体重终点无显著差异，结果未列出）。由表可知，以存活率为终点，镉在丰水期原水中的 LOEC 为 0.22mg/L，NOEC 为 0.10mg/L，慢性毒性值为 LOEC 和 NOEC 的几何平均值，经计算为 0.1483mg/L；镉在配制水中的 LOEC 为 0.08mg/L，NOEC 为 0.04mg/L，慢性毒性值计算为 0.0566mg/L。WER = 0.1483/0.0566 = 2.6201。

表 13-14　鲫鱼短期慢性毒性平行试验结果

丰水期原水		配制水	
镉浓度/（mg/L）	平均死亡率±SD/%	镉浓度/（mg/L）	平均死亡率±SD/%
0.00	3.33 ± 5.77	0.00	0
0.10	10 ± 10	0.02	3.33 ± 5.77
0.22*	23.33 ± 5.77	0.04	0
0.48*	36.67 ± 5.77	0.08*	20
1.07*	60 ± 10	0.15*	43.33 ± 11.55
2.34*	80 ± 10	0.31*	50 ± 10
5.15*	100	0.61*	63.33 ± 5.77
—	—	1.2*	100

注：*表示与对照组相比有差异显著（$p > 0.05$）。

4. 大伙房水库镉基准的推算

综合 WER 的研究结果，最终 WER 等于以上 5 个 WER 值的几何平均值，经计算为 1.9866。本研究得出的 WER 值与文献 [45]、[105] 中 WER 值的对比如图 13-8 所示，经比较可知，大伙房水库的 WER 值相对较小，表明其水质与实验室配制水接近，水质较好。

大伙房水库（实际水体硬度为 73.4 mg/L[106]）镉水质基准计算如下：

$$CMC_R = CMC_L \times 1.9866 \qquad (13.3)$$

式中，CMC_L 为水体硬度为 50mg/L 时的辽河流域急性基准；CMC_R 为大伙房水库急性基准，经计算为 2.72μg/L。

$$CCC_R = CCC_L \times 1.9866 \qquad (13.4)$$

式中，CCC_L 为水体硬度为 50mg/L 时的辽河流域慢性基准；CCC_R 为大伙房水库

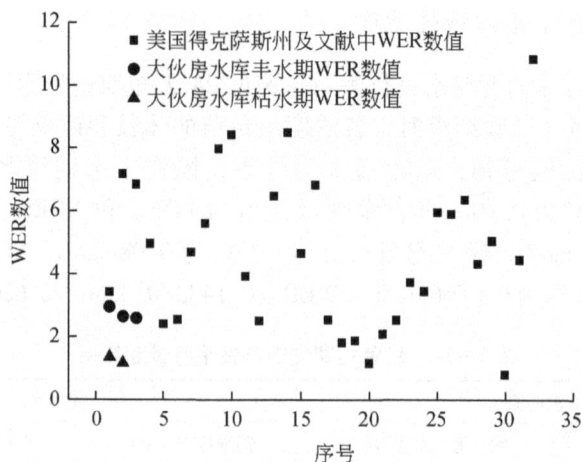

图 13-8　大伙房水库 WER 数值与文献 ［45］、［105］ 中 WER 值的对比

慢性基准，经计算为 $0.05\mu g/L$。

13.3.7　应用讨论

1. 美国镉基准对比

中美国家镉基准及我国流域镉基准与已知的美国 4 个州（爱达荷州、新泽西州、得克萨斯州和弗吉尼亚州）镉基准的对比如图 13-9 所示，由图可知，两国国家镉基准较为接近，但地方性镉基准有明显差异，其中我国流域镉 CMC 区间

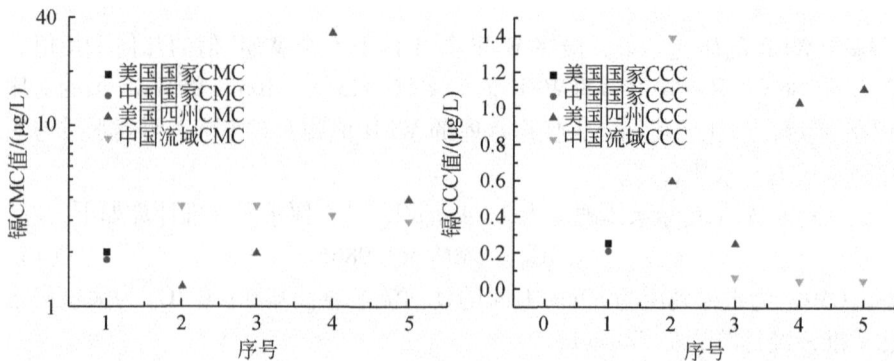

图 13-9　中美国家及地方镉基准对比

与美国四州的镉 CMC 区间发生"交叉",说明确定性相对较高,而流域镉 CCC 全部位于四州镉 CCC 的区间之外,说明由于慢性毒性数据的欠缺而导致 CCC 的确定性降低。

2. 未用数据

镉基准推算中未用的毒性数据包括不符合基准技术的数据(表 13-15)和非中国物种数据(表 13-16),重合的数据在分类时以前者优先。另有部分未用数据,如不完善的藻类试验数据和生物富集试验数据等,不再列出,参见文献 [9]。

表 13-15 弃用的不符合基准技术的数据

原因	文献	原因	文献	原因	文献
不敏感生命阶段	[23]	非规范暴露途径	[107]	受试生物有抗性	[110]
不敏感生命阶段	[51]	非规范暴露途径	[109]	受试生物有抗性	[112]
不敏感生命阶段	[51]	非规范暴露途径	[111]	受试生物有抗性	[114]
不敏感生命阶段	[53]	非规范暴露途径	[113]	受试生物有抗性	[116]
不敏感生命阶段	[63]	非规范暴露途径	[115]	受试生物有抗性	[119]
相对不敏感数据	[117]	非规范暴露途径	[118]	受试生物有抗性	[122]
非流水式试验	[120]	非规范暴露途径	[121]	受试生物有抗性	[124]
非流水式试验	[52]	非规范暴露途径	[123]	试验结果不精确	[51]
非流水式试验	[45]	非规范暴露途径	[125]	试验结果不精确	[127]
非流水式试验	[61]	非规范暴露途径	[126]	数据差异太大	[130]
非流水式试验	[128]	非规范暴露途径	[129]	数据差异太大	[22]
非流水式试验	[128]	非规范暴露途径	[131]	数据差异太大	[79]
暴露时间不规范	[132]	非规范暴露途径	[133]	稀释水不规范	[136]
暴露时间不规范	[134]	非规范暴露途径	[135]	稀释水不规范	[139]
暴露时间不规范	[137]	非规范暴露途径	[138]	稀释水不规范	[142]
暴露时间不规范	[140]	非规范暴露途径	[141]		
暴露时间不规范	[6]	试验溞龄不规范	[108]		

表 13-16　弃用的非中国物种数据

物种	文献	物种	文献	物种	文献
A. headleyi	[143]	*A. hypnorum*	[144]	*E. grandis*	[146]
A. hypnorum	[144]	*A. hypnorum*	[55]	*C. riparius*	[148]
S. confluentus	[56]	*P. gyrina*	[147]	*C. riparius*	[21]
S. namaycush	[74]	*H. azteca*	[9]	*P. magnifica*	[149]
L. carteri	[149]	*C. tentans*	[9]	*O. tshawytscha*	[150]
P. emarginata	[149]	*A. pectorosa*	[9]	*O. tshawytscha*	[51]
C. commersoni	[74]	*L. straminea*	[9]	*O. tshawytscha*	[53]
J. floridae	[151]	*L. teres*	[9]	*O. tshawytscha*	[153]
J. floridae	[152]	*U. imbecilis*	[9]	*P. promelas*	[67]
M. dolomieui	[74]	*V. vibex*	[9]	*P. promelas*	[155]
D. lacteum	[154]	*C. varicans*	[26]	*P. promelas*	[158]
Q. multisetosus	[156]	*A. bicrenata*	[157]	*P. promelas*	[159]
R. montana	[156]	*L. alabamae*	[157]	*P. promelas*	[61]
S. ferox	[156]	*C. pseudogracilis*	[160]	*P. promelas*	[159]
S. nikolskyi	[156]	*O. immunis*	[55]	*P. promelas*	[161]
S. heringlianus	[156]	*G. pseudolimnaeus*	[45]	*P. promelas*	[163]
V. pacifica	[156]	*O. limosus*	[162]	*P. promelas*	[31]
G. complanta	[164]	*O. virilis*	[165]	*P. promelas*	[20]
P. lucius	[166]	*P. oregonensis*	[167]	*P. promelas*	[169]
G. elegans	[166]	*C. commersoni*	[168]	*P. promelas*	[55]
X. texanus	[166]	*G. affinis*	[44]	*P. promelas*	[158]
X. laevis	[170]	*A. gracile*	[171]		
P. badia	[145]	*E. grandis*	[145]		

3. 适用性讨论

据前人研究，镉的毒性效应除受到水体硬度的影响以外，还受到其他诸多水质因子的影响，如 pH[8]、温度[172] 及盐度[173] 等。但是有关硬度的文献数据最多、最充分；另外，硬度高的水体，其 pH、碱度和离子强度等一般也高，因此，硬度具有较好的代表性；研究还发现，硬度和碱度对镉的毒性具有相似的影响，对二者进行合并分析与单独分析相比，统计结果没有明显的变化，因此，只需选择其一对镉的毒性数据进行调整[9]。另外，有些水质因子对镉毒性效应的影响不统一，如溶解性有机物可以降低镉对大型溞的毒性，但对于鱼类的镉毒性效应影响不大[44]，这样的水质因子不适宜用于调整镉毒性效应值。综上所述，硬度为调整镉毒性数据的水质因子。

计算硬度斜率时，要求试验数据的硬度跨度足够大，才能准确体现硬度对毒性的影响。因此，多个处于窄硬度范围的试验数据反而没有少数处于宽硬度范围的试验数据具有更好的代表性。本研究依据文献 [9] 对计算硬度斜率的数据进行了筛选。另外，大型溞的急性毒性数据共有 29 组（表 13-1），计算硬度斜率时，本研究和 USEPA 的镉基准文件都只选择了其中的 5 组，原因是从整体上看，大型溞的急性数据差异太大，而此 5 组数据属于同一文献，误差较小。

在整个水质基准的计算过程中，数据的取舍非常重要，直接关系到最后基准数值的准确与否。一些没有说明试验用水硬度的毒性数据无法根据硬度对毒性值进行调整而被舍弃；使用去离子水进行的试验因计算出的毒性值大大降低，也无法用于基准的计算；在同样的硬度和试验条件下，毒性数值明显偏高的数据可能使用了不敏感的试验生物（如曾经受到污染）或者采用了不敏感的生命阶段，其数据一般也被舍弃；同一项研究的结果有时也有差异，原因可能是试验生物的来源、基因型或发育阶段不同，也可能是试验条件，如温度、pH 等有差别，计算时一般选取相对敏感的数据；有些与同类生物和同类试验相比，差异超过 10 倍的可疑数据[79,117]，应该谨慎使用，可以根据同属或相近的生物的毒性数据决定其取舍。另外，有的试验未对试验过程中的镉溶液浓度进行监测，相对于进行了监测的数据而言，可靠性降低。

物种的选择是水质基准推算时的难点之一，USEPA 规定美国水质基准的研究必须采用北美地区水生生物的毒性数据。依据我国水生生物的镉毒性数据推算水质基准，但是我国各大流域水生生物资料匮乏，即使存在部分调查数据也由于缺乏共享机制而难以获取，因此，流域物种分布的数据不足是推算各流域基准的很大障碍。本研究通过查阅专著、文献、物种数据库、调查资料以及咨询专家和个人交流等各种方法综合分析各流域物种分布，不可否认，结论仍然存在一定的不确定性，后续需继续加强水生生物分布研究。另外，作为水产养殖大国，我国有很多引进的水产经济物种，如在我南方地区广泛养殖的罗非鱼和在北方地区广泛养殖的虹鳟鱼。为了最大范围保护水生生物及考虑到经济效益，选择物种时包括了水产养殖物种，但剔除了一些非我国物种的数据，如美国旗鱼、斑马鱼、黑头软口鲦、白鲑和美白鲤等。

在推导水质基准时，一般还需要计算 FRV 和 PPV 值，最终 CCC 等于 FCV、FPV 和 FRV 中的最小值。但水生植物对镉的抗性远大于水生动物，而且前人研究[174]发现，镉虽然可以在淡水生物体内蓄积，但并不随淡水生物的食物链富集，美国最新的镉基准文件[9]也没有考虑 FRV，因此，本研究不进行 FRV 的计算。

另外，不论国外还是国内，水质标准存在分级体系是不争的事实，但水质基准是否可以分级存在一定的争议。美国由 USEPA 颁布国家水质基准，各州可以对国家基准进行修订，产生州特异性基准，在此基础上，还可以制定区域特异性基准。但美国关于水质基准向水质标准的转化研究报导很少，以得克萨斯州为例，并不严格区分水质基准和标准，二者等同使用，在定义上也没有明显差异[105]，因此，除国家水质基准以外，美国在州及区域层面上，基准与标准区分并不明确。据目前我国国情，水质基准和标准在定义上有严格区分，需结合经济和技术上的可行性，研究水质基准向水质标准的转化，构建科学的水质基准/标准分级体系可以为制定分级的水质标准提供更加准确的科学依据，有利于我国水环境的科学管理。

数据的丰度对基准值的确定性影响很大，在流域 CMC 的计算中，毒性数据比较充沛，完全符合 USEPA 规定的"3 门 8 科"的要求，推算的 CMC 确定性也较高；但 CCC 试验数据相对匮乏，特别是流域的慢性数据更为稀少，虽然也符合 USEPA 对"重新计算法"数据的需求（至少 4 科）[175]，但推算结果的确定性却有所下降。

对于区域基准，选择大伙房水库进行了试点研究。USEPA 规定计算 WER 值至少需要 1 种无脊椎动物和 1 种脊椎动物的数据，原水水样需要分别在丰水期和枯水期共采集 3 次。选择大型溞和鲫鱼作为受试生物，符合技术要求，但由于时间限制，只分别在丰水期和枯水期采集原水 1 次，共 2 次水样。一般情况下，由于慢性毒性试验的困难，可以只利用急性毒性试验结果来计算 WER，将其统一用于区域 CMC 和 CCC 的计算。本研究利用鲫鱼鱼苗进行了 28 天的短期慢性试验，得到的 WER 与急性试验的 WER 差异不大，在一定程度上证明了急性 WER 对于 CMC 和 CCC 的通用性。与文献 [18]、[105] WER 值（分布区间为 0 ~ 11）相比，得到的 WER 值（分布区间为 1 ~ 3）处于低值区间，说明大伙房水库的水质与实验室配制水比较接近，水质较好。另外，下游区域的基准研究涉及污水稀释及河流流量等复杂因素，WER 技术的运用更加复杂，需进一步加强研究。

参 考 文 献

[1] Thompson J, Bannigan J. Cadmium: toxic effects on the reproductive system and the embryo. Reprod. Toxicol., 2008, 25 (3): 304-315

[2] 王桂燕, 胡筱敏, 周启星, 等. 对二氯苯和镉对草鱼 (Ctenopharyngodon idellus) 的联合毒性效应研究. 环境科学, 2007, 28 (1): 156-159

[3] 王桂燕, 胡筱敏, 周启星, 等. 镉对草鱼的急性毒性效应及 SOD 的影响. 东北大学学报

（自然科学版），2007，28（12）：1758-1761

［4］ 王桂燕，周启星，胡筱敏，等．四氯乙烯和镉对草鱼的单一与联合毒性效应．应用生态学报，2007，18（5）：1120-1124

［5］ 柳敏海，罗海忠，陈波，等．铜、镉对鮸鱼幼鱼鳃丝 Na$^+$-K$^+$-ATPase 和肝脏 SOD 酶活性的影响．安全与环境学报，2007，7（4）：5-8

［6］ 王少博，王维民，郭亚楠，等．重金属镉和铬对草鱼苗的急性和慢性毒性效应．兰州大学学报（自然科学版），2007，43（4）：60-64

［7］ Hansen J A, Welsh P G, Lipton J. Relative sensitivity of bull trout (*Salvelinus confluentus*) and rainbow trout (*Onvorhynchus mykiss*) to acute exposure of cadmium and zinc. Environmental Toxicology and Chemistry, 2002, 21 (1): 67-75

［8］ Markich S J, Brown P L, Jeffree R A, et al. The effects of pH and dissolved organic carbon on the toxicity of cadmium and copper to a freshwater bivalve: further support for the extended free ion activity model. Arch. Environ. Contam. Toxicol., 2003, 45 (4): 479-491

［9］ USEPA. 2001 update of ambient water quality criteria for cadmium (EPA-822-R-01-001). Office of Water, 2001

［10］ 张婧，王淑秋，谢琰，等．辽河水系表层沉积物中重金属分布及污染特征研究．环境科学，2008，29（9）：2413-2418

［11］ USEPA. Guidelines for deriving numerical national water quality criteria for the protection of aquatic organisms and their uses (PB 85 – 227049). Springfield VA: NTIS, 1985

［12］ USFDA. Compliance Policy Guide. Compliance Guidelines Branch, 1981

［13］ USEPA. Recalculation of State Toxic Criteria. Office of Water Regulations and Standards, 1982

［14］ USEPA. Interim Guidance on Determination and Use of Water-Effect Ratios for Metals. Water Quality Standards Handbook (Second Edition), 1994

［15］ TNRCC. Texas Surface Water Quality Standards. 2000

［16］ 中华人民共和国国家质量监督检验检疫总局，国家标准化管理委员会．化学品溞类急性活动抑制试验．GB/T 21830 – 2008，2008

［17］ 国家环境保护总局和水和废水监测分析方法编委会．水和废水监测分析方法（第四版）．北京：中国环境科学出版社，2002

［18］ Jop K M, Askew A M, Foster R B. Development of a water-effect ratio for copper, cadmium, and lead for the Great Works River in Maine using Ceriodaphnia dubia and Salvelinus fontinalis. Bull. Environ. Contam. Toxicol., 1995, 54: 29-33

［19］ 中华人民共和国国家质量监督检验检疫总局，国家标准化管理委员会．化学品－大型溞繁殖试验．GB/T 21828 – 2008，2008

［20］ Schubauer-Berigan M K, et al. pH-dependent toxicity of Cd, Cu, Ni, Pb and Zn to *Ceriodaphnia dubia*, *Pimephales promelas*, *Hyalella azteca* and *Lumbriculus variegatus*. Environ. Toxicol. Chem., 1993, 12: 1261-1266

[21] Williams K A, Green D W J, Pascoe D. Studies on the acute toxicity of pollutants to freshwater macroinvertebrates. Cadmium. Arch. Hydrobiol. , 1985, 102 (4): 461-471

[22] Ghosal T K, Kaviraj A. Combined effects of cadmium and composted manure to aquatic organisms. Chemosphere, 2002, 46: 1099-1105

[23] Reynoldson T B, Rodriguez, Madrid M M. A comparison of reproduction, growth and acute toxicity in two populations of Tubifex tubifex (Muller, 1774) from the North American great lakes and Northern Spain. Hydrobiol. , 1996, 344: 199-206

[24] Redeker ES, R Blust. Accumulation and toxicity of cadmium in the aquatic oligochaete *Tubifex tubifex*: a Kinetic modeling approach. Environ. Sci. Technol. , 2004, 38 (2): 537-543

[25] 郑先云, 龙文敏, 郭亚平, 等 . Cd^{2+} 对红裸须摇蚊 *Propsilocerus akamusi* 的急性毒性研究. 农业环境科学学报, 2008, 27 (1): 86-91

[26] Ghosh T K, Kotangale J, Krishnamoorthi K. Toxicity of selective metals to freshwater algae, ciliated protozoa and planktonic crustaceans. Environ. Ecol. , 1990, 8 (1): 356-360

[27] Bitton G, Rhodes K, Koopman B. Ceriofast^{TM}: an acute toxicity test based on *Ceriodaphnia dubia* feeding behavior. Environ. Toxicol. Chem. , 1996, 15 (2): 123-125

[28] Diamond J M, Koplish D E, McMahon J Ⅲ, et al. Evaluation of the water-effect ratio procedure for metals in a riverine system. Environ. Toxicol. Chem. , 1997, 16 (3): 509-520

[29] Lee S I, et al. Short-term toxicity test based on algal uptake by *Ceriodaphnia dubia*. Water Environ. Res. , 1997, 69 (7): 1207-1210

[30] Elnabarawy M T, Welter A N, Robideau R R. Relative sensitivity of three daphnid species to selected organic and inorganic chemicals. Environ. Toxicol. Chem. , 1986, 5: 393-398

[31] Hall W S, Paulson R L, Hall L W Jr, et al. Acute toxicity of cadmium and sodium pentachlorophenate to daphnids and fish. Bull. Environ. Contam. Toxicol. , 1986, 37: 308-316

[32] Biesinger K E, Christensen G M. Effects of various metals on survival, growth, reproduction, and metabolism of *Daphnia magna*. J. Fish Res. Board. Can. , 1972, 29: 1691–1700

[33] Canton J H, W Slooff. Toxicity and accumulation studies of cadmium (Cd^{2+}) with freshwater organisms of different trophic levels. Ecotoxicol. Environ. Safety, 1982, 6: 113-128

[34] Baird D J, Barber I, Bradley M, et al. A comparative study of genotype sensitivity to acute toxic stress using clones of *Daphnia magna Straus*. Ecotoxicol. Environ. Safety, 1991, 21: 257-265

[35] Stuhlbacher A, Bradley M C, Naylor C, et al. Induction of cadmium tolerance in two clones of *Daphnia magna Straus*. Com. Biochem. Physiol. Part C, 1992, 101 (3): 571-577

[36] Crisinel A, Delaunay L, Rossel D, et al. Cyst-based ecotoxicological tests using anostracans: comparison of two species of Streptocephalus. Environ. Toxicol. Water Qual. , 1994, 9 (4): 317-326

[37] Guilhermino L, et al. Inhibition of acetylcholinesterase activity as effect criterion in acute tests

with juvenile *Daphnia magna*. Chemosphere, 1996, 32 (4): 727-738

[38] Barata C, Baird D J, Markich S J. Influence of genetic and environmental factors on the toler-ance of *Daphnia magna Straus* to essential and non-essential metals. Aquat. Toxicol. , 1998, 42: 115-137

[39] Attar E N, Maly E J. Acute toxicity of cadmium, zinc, and cadmium-zinc mixtures to *Daphnia magna*. Arch. Environ. Contam. Toxicol. , 1982, 11: 291-296

[40] Barata C, Markich S J, Baird D J, et al. The relative importance of water and food as cadmium sources to *Daphnia magna Straus*. Aquatic Toxicology, 2002, 61: 143-154

[41] Bertram E, Hart B A. Longevity and reproduction of *Daphnia pulex* (de Geer) exposed to cad-mium-contaminated food or water. Environ. Pollut. , 1979, 19: 295-305

[42] Stackhouse R A, Benson W H. The influence of humic acid on the toxicity and bioavailability of selected trace metals. Aquat. Toxicol. , 1988, 13: 99-108

[43] Roux D J, Kempster P L, Truter E, et al. Effect of cadmium and copper on survival and repro-duction of *Daphnia pulex*. Water SA, 1993, 19 (4): 269-274

[44] Giesy J J. Effects of naturally occurring aquatic organic fractions on cadmium toxicity to *Simo-cephalus serrulatus* (Daphnidae) and *Gambusia affinis* (Poeciliidae) . Water Res. , 1977, 11: 1013-1020

[45] Spehar R L, Carlson A R. Derivation of site-specific water quality criteria for cadmium and the St. Louis River Basin, Duluth, Minnesota. PB 84 – 153196, 1984

[46] Hatakeyama S, Yasuno M. Effects of cadmium on the periodicity of parturition and brood size of *Moina macrocopa* (Cladocera) . Environ. Pollut. (Ser A), 1981, 26: 111-120

[47] Holdway D A, Lok K, Semaan M. The acute and chronic toxicity of cadmium and zinc to two hydra species. Environ. Toxicol. , 2001, 16: 557-565

[48] Karntanut W, Pascoe D. The toxicity of copper, cadmium and zinc to four different Hydra (Cnidaria: Hydrozoa) . Chemosphere, 2002, 47: 1059-1064

[49] Naqvi S M, Howell R D. Toxicity of cadmium and lead to juvenile red swamp crayfish, Procam-barus clarkii, and effects on fecundity of adults. Bull. Environ. Contam. Toxicol. , 1993, 51: 303-308

[50] Wigginton A J, Birge W J. Toxicity of cadmium to six species in two genera of crayfish and the effect of cadmium on molting success. Environ. Toxicol. Chem. 2007, 26 (3): 548-554

[51] Chapman G A. Toxicity of copper, cadmium and zinc to Pacific Northwest salmonids. USEPA Corvallis Oregon, 1975

[52] Buhl K J, Hamilton S J. Relative sensitivity of early life stages of arctic grayling, coho salmon, and rainbow trout to nine inorganics. Ecotoxicol. Environ. Safety, 1991, 22: 184-197

[53] Chapman G A. Toxicities of cadmium, copper, and zinc to four juvenile stages of chinook salm-on and steelhead. Trans. Am. Fish Soc. , 1978, 107: 841-847

[54] Davies H. Use of dialysis tubing in defining the toxic fractions of heavy metals in natural water. In: R W Andrew, Hodson P V, Konasewich D E, et al. Toxicity to biota of metal forms in natural water. International Joint Commission, Windsor, Ontario, 1976: 110-117

[55] Phipps G L, Holcombe G W. A method for aquatic multiple species toxicant testing: acute toxicity of 10 chemicals to 5 vertebrates and 2 invertebrates. Environ. Pollut. (Series A), 1985, 38: 141-157

[56] Stratus C I. Sensitivity of bull trout (Salvelinus confluentus) to cadmium and zinc in water characteristic of the Coeur D'Alene River Basin: acute toxicity report. Final Report to USEPA Region X, 1999

[57] Hollis L, McGeer J C, McDonald D G, et al. Cadmium accumulation, gill Cd binding, acclimation, and physiological effects during long term sublethal Cd exposure in rainbow trout. Aquat. Toxicol. , 1999, 46: 101-109

[58] Niyogi S, Kent R, Wood C M. Effects of water chemistry variables on gill binding and acute toxicity of cadmium in rainbow trout (Oncorhynchus mykiss): A biotic ligand model (BLM) approach. Comparative Biochemistry and Physiology, Part C, 2008, 148: 305-314

[59] Szebedinszky C, McGeer J C, McDonald D G, et al. Effects of chronic Cd exposure via the diet or water on internal organ-specific distribution and subsequent gill Cd uptake kinetics in juvenile rainbow trout (Oncorhynchus mykiss) . Environ. Toxicol. Chem. , 2001, 20 (3): 597-607

[60] Carroll J J, Ellis S J, Oliver W S. Influences of hardness constituents on the acute toxicity of cadmium to brook trout (Salvelinus fontinalis). Bull. Environ. Contam. Toxicol. , 1979, 22: 575-581

[61] Pickering Q H, Henderson C. The acute toxicity of some heavy metals to different species of warmwater fishes. Air Water Pollut. Int. J. , 1966, 10: 453-463

[62] McCarty L S, Henry J A C, Houston A H. Toxicity of cadmium to goldfish, Carassius auratus, in hard and soft water. J. Fish Res. Board Can. , 1978, 35 (1): 35-42

[63] Suresh A, Sivaramakrishna B, Radhakrishnaiah K. Effect of lethal and sublethal concentrations of cadmium on energetics in the gills of fry and fingerlings of Cyprinus carpio. Bull. Environ. Contam. Toxicol. , 1993, 51: 920-926

[64] Pascoe D C. The effect of parasitism on the toxicity of cadmium to the three-spined stickleback, Gasterosteus aculeatus L. J. Fish Biol. , 1977, 10: 467-472

[65] Pascoe D, Mattey D L. Studies on the toxicity of cadmium to the three-spined stickleback. Gasterosteus aculeatus L. J. Fish Biol. , 1977, 11: 207-215

[66] Palawski D, Hunn J B, Dwyer F J. Sensitivity of young striped bass to organic and inorganic contaminants in fresh and saline water. Trans. Am. Fish Soc. , 1985, 114: 748-753

[67] Carrier R, Beitinger T L. Reduction in thermal tolerance of Notropis lutrensis and Pimephales

promelas exposed to cadmium. Water Res. , 1988, 22 (4): 511-515

[68] Gaikwad S A. Effects of mixture and three individual heavy metals on susceptibility of three freshwater fishes. Pollut. Res. , 1989, 8 (1): 33-35

[69] Garcia-Santos S, FontaInhas-Fernandes A, Wilson J M. Cadmium tolerance in the *Nile tilapia* (*Oreochromis niloticus*) following acute exposure: assessment of some Ionoregulatory parameters. Environmental Toxicology, 2006, 21: 33-46

[70] Tilton S C, Foran C M, Benson W H. Effects of cadmium on the reproductive axis of *Japanese medaka* (*Oryzias latipes*). Comparative Biochemistry and Physiology Part C, 2003, 136: 265-276

[71] Dutta T K, Kaviraj A. Acute toxicity of cadmium to fish *Labeo rohita* and copepod *Diaptomus forbesi* pre-exposed to CaO and $KMnO_4$. Chemosphere, 2001, 42: 955-958

[72] 杨再福, 陈立侨, 陈华友. 重金属铜、镉对蝌蚪毒性的研究. 中国生态农业学报, 2003, 11 (1): 102-103

[73] Borgmann U, Ralph K M, Norwood W. Toxicity test procedures for *Hyalella azteca*, and chronic toxicity of cadmium and pentachlorophenol to *H. azteca*, *Gammarus fasciatus*, and *Daphnia magna*. Arch. Environ. Contam. Toxicol. , 1989, 18: 756-764

[74] Eaton J G, McKim J M, Holcombe G W. Metal toxicity to embryos and larvae of seven freshwater fish species-I. cadmium. Bull. Environ. Contam. Toxicol. , 1978, 19: 95-103

[75] Brown V, Shurben D, Miller W, et al. Cadmium toxicity to rainbow trout *Oncorhynchus mykiss Walbaum* and brown trout *Salmo trutta* L. over extended exposure periods. Ecotoxicol. Environ. Safety, 1994, 29: 38-46

[76] Eaton J G. Chronic cadmium toxicity to the bluegill (*Lepomis macrochirus Rafinesque*). Trans. Am. Fish Soc. , 1974, 4: 729-735

[77] Papoutsoglou S E, Abel D. Sublethal toxicity and accumulation of cadmium in *Tilapia aurea*. Bull. Environ. Contam. Toxicol. , 1988, 41: 404-411

[78] Benoit D A, Leonards E N, Christensen G M, et al. Toxic effects of cadmium on three generations of brook trout (*Salvelinus fontinalis*). Trans. Am. Fish. Soc. , 1976, 105: 550-560

[79] Rombough J, Garside E T. Cadmium toxicity and accumulation in eggs and alevins of Atlantic salmon Salmo salar. Can. J. Zool. , 1982, 60: 2006-2014

[80] Conway H L. Sorption of arsenic and cadmium and their effects on growth, micronutrient utilization, and photosynthetic pigment composition of *Asterionella formosa*. J. Fish Res. Board Can. , 1978, 35: 286-294

[81] Rachlin J W, Warkentine B, Jensen T E. The growth responses of *Chlorella saccharophila*, *Navicula incerta* and *Nitzschia closterium* to selected concentrations of cadmium. Bull Torrey Bot Club, 1982, 109: 129-135

[82] Prasad V D, Prasad S D. Effect of cadmium, lead and nickel on three freshwater green al-

gae. Water Air Soil Pollut. , 1982, 17: 263-268

[83] Nakano Y, Abe K, Toda S. Morphological observation of *Euglena gracilis* grown in zinc-sufficient media containing cadmium ions. Agric. Biol. Chem. , 1980, 44: 2305-2316

[84] Bringmann G. Determination of the biologically harmful effect of water pollutants by means of the retardation of cell proliferation of the blue algae Microcystis. Gesundheits-ng, 1975, 96: 238-242

[85] Bringmann G, Kuhn R. Limiting values for the damaging action of water pollutants to bacteria (*Pseudomonas putida*) and green algae (*Scenedesmus quadricauda*) in the cell multiplication inhibition test. Z Wasser Abwasser Forsch, 1977, 10: 87-98

[86] Hart B A, Schaife B D. Toxicity and bioaccumulation of cadmium in *Chlorella pyrenoidosa*. Environ. Res. , 1977, 14: 401-413

[87] Heumann H G. Effects of heavy metals on growth and ultrastructure of *Chara vulgaris*. Protoplasma, 1987, 136: 37-48

[88] Schafer H, Wenzel A, Fritsche U, et al. Long-term effects of selected xenobiotica on freshwater green algae: development of a flow-through test system. Sci. Total Environ. Ecol. , 1993, Supplemental Part 1: 735-740

[89] Rosko J J, Rachlin J W. The effect of cadmium, copper, mercury, zinc and lead on cell division, growth, and chlorophyll a content of the chlorophyte *Chlorella vulgaris*. Bull Torrey Bot Club, 1977, 104: 226-233

[90] Hutchinson T C, Stokes M. Heavy metal toxicity and algal bioassays. In: Barabos S. Water Quality Parameters. ASTM STP 573. ASTM, Philadelphia, Pennsylvania, 1975: 320-343

[91] Bartlett L. Effects of copper, zinc and cadmium on *Selenastrum capricornutum*. Water Res, 1974, 8: 179-185

[92] Slooff W J. Comparison of the susceptibility of 22 freshwater species to 15 chemical compounds. I. (sub) acute toxicity tests. Aquat. Toxicol. , 1983, 4: 113-128

[93] Bozeman J, Koopman B, Bitton G. Toxicity testing using immobilized algae. Aquat. Toxicol. , 1989, 14: 345-352

[94] Thellen C, Blaise C, Roy Y, et al. Round robin testing with the *Selenastrum capricornutum* microplate toxicity assay. Hydrobiol. , 1989, 188/189: 259-268

[95] Versteeg D J. Comparison of short- and long-term toxicity test results for the green alga, *Selenastrum capricornutum*. In: Wang W, Gorsuch J W, Lower W R. Plants for Toxicity Assessment. ASTM STP 1091. ASTM, Philadelphia, 1990: 40-48

[96] Rachlin J W, Jensen T E, Warkentine B. The toxicological response of the algae *Anabaena flosaquae* (Cyanophyceae) to cadmium. Arch. Environ. Contam. Toxicol. , 1984, 13: 143-151

[97] Giesy J J. Fate and biological effects of cadmium introduced into channel microcosms. EPA-600/3-79-039. NTIS, Springfield, Virginia, 1979

[98] Stanley R A. Toxicity of heavy metals and salts to *Eurasian watermilfoil* (*Myriophyllum spicatum* L.). Arch. Environ. Contam. Toxicol., 1974, 2: 331-341

[99] Devi M, Thomas D A, Barber J T, et al. Accumulation and physiological and biochemical effects of cadmium in a simple aquatic food chain. Ecotoxicol. Environ. Safety, 1996, 33: 38-43

[100] Wang W. Toxicity tests of aquatic pollutants by using common duckweed. Environ. Pollut. (Series B), 1986, 11: 1-14

[101] Taraldsen J E, Norberg-King T J. New method for determining effluent toxicity using duckweed (*Lemna minor*). Environ. Toxicol. Chem., 1990, 9: 761-767

[102] Sajwan K S, Ornes W H. Phytoavailability and bioaccumulation of cadmium in duckweed plants (*Spirodela polyrhiza* L. Schleid). J. Environ. Sci. Health. Part A, 1994, 29 (5): 1035-1044

[103] 刘毅华, 杨仁斌, 邱建霞, 等. 杀菌剂 Triadimefon 和 Cd 对水生生物的联合毒性. 农业环境科学学报, 2005, 24 (6): 1075-1078

[104] 湛灵芝, 铁柏清, 秦普丰, 等. 镉和乙草胺对少根紫萍的毒性效应. 安全与环境学报, 2005, 5, (3): 5-8

[105] TNRC. Texas Surface Water Quality Standards. Texas Natural Resource Conservation Commission, 2000

[106] 史玉强, 李树莹, 崔双发, 等. 辽宁大伙房水库水质及水生生物群落结构的研究. 大连水产学院学报, 2003, 18 (1): 23-28

[107] Bader J A, Grizzle J M. Effects of ammonia on growth and survival of recently hatched channel catfish. J Aquat Anim Health, 1992, 4 (1): 17-23

[108] Stuhlbacher A, Bradley M C, Naylor C, et al. Variation in the development of cadmium resistance in *Daphnia magna Straus*: effect of temperature, nutrition, age and genotype. Environ. Pollut., 1993, 80 (2): 153-158

[109] Wong C K. Effects of cadmium on the feeding behavior of the freshwater cladoceran *Moina macrocopa*. Chemosphere, 1989, 18 (7/8): 1681-1687

[110] Anadu D I, Chapman G A, Curtis L R, et al. Effect of zinc exposure on subsequent acute tolerance to heavy metals in rainbow trout. Bull. Environ. Contam. Toxicol., 1989, 43: 329-336

[111] Davies N A, Taylor M, G Simkiss K. The influence of particle surface characteristics on pollutant metal uptake by cells. Environ. Pollut., 1997, 96 (2): 179-184

[112] Currie R S, Muir D C G, Fairchild W L, et al. Influence of nutrient additions on cadmium bioaccumulation by aquatic invertebrates in littoral enclosures. Environ. Toxicol. Chem., 1998, 17 (12): 2435-2443

[113] Reddy S, Tuberty S R, Fingerman M. Effects of cadmium and mercury on ovarian maturation in the red swamp crayfish, *Procambarus clarkii*. Ecotoxicol. Environ. Safety, 1997, 37: 62-65

[114] Herkovits J, Perez-Coll C S. Increased resistance against cadmium toxicity by means of pre-

treatment with low cadmium-zinc concentrations in Bufo arenarum embryos. Biol. Trace. El-em. Res. , 1995, 49: 171-175

[115] Gottofrey J, Tjalve H. Axonal transport of cadmium in the olfactory nerve of the pike. Pharma-col. Toxicol. , 1991, 19: 242-252

[116] Kaplan D, et al. Cadmium toxicity and resistance in Chlorella sp. Plant Sci. , 1995, 109: 129-137

[117] Bodar C W M, et al. Effect of cadmium on the reproduction strategy of *Daphnia magna*. Aquat. Toxicol. , 1988, 12: 301-310

[118] Handy R D. The effect of acute exposure to dietary Cd and Cu organ toxicant concentrations in rainbow trout, Oncorhynchus mykiss. Aquat. Toxicol. , 1993, 27: 1-14

[119] Madoni, Davoli D, Gorbi G. Acute toxicity of lead, chromium, and other heavy metals to ciliates from activated sludge plants. Bull. Environ. Contam. Toxicol. , 1994, 53: 420-425

[120] Lorz H W. Effects of several metals on smolting of coho salmon. EPA-600/3-78-090, 1978

[121] Kluttgen B, Ratte H T. Effects of different food doses on cadmium toxicity to D*aphnia magna*. Environ. Toxicol. Chem. , 1994, 13 (10): 1619-1627

[122] Thomas D G, et al. A comparison of the sequestration of cadmium and zinc in the tissues of rainbow trout (*Salmo gairdneri*) following exposure to the metals singly or in combination. Com. Biochem. Physiol. C, 1985, 82 (1): 55-62

[123] Postma J F, Davids C. Tolerance induction and life cycle changes in cadmium-exposed *Chironomus riparius* (Diptera) during consecutive generation. Ecotoxicol. Environ. Safety, 1995, 30: 195-202

[124] Van Steveninck R F M, Steveninck M E V, Fernando D R. Heavy-metal (Zn, Cd) toler-ance in selected clones of duck weed (*Lemna minor*) . Plant Soil, 1992, 146: 271-280

[125] Lasenby D C, Duyn J V. Zinc and cadmium accumulation by the opossum shrimp *Mysis relicta*. Arch. Environ. Contam. Toxicol. , 1992, 23: 179-183

[126] Lawrence S G, Holoka H M H. Response of crustacean zooplankton impounded in situ to cad-mium at low environmental concentrations. Verh. Internat. Verein. Limnol. , 1991, 24: 2254-2259

[127] Cusimano R F, Brakke D F, Chapman G A. Effects of pH on the toxicities of cadmium, cop-per, and zinc to steelhead trout (*Salmo gairdneri*) . Can. J. Fish. Aquat. Sci. , 1986, 43: 1497-1503

[128] Bishop W E, McIntosh A W. Acute lethality and effects of sublethal cadmium exposure on ven-tilation frequency and cough rate of bluegill (*Lepomis macrochirus*). Arch. Environ. Contam. Toxicol. , 1981, 10: 519-530

[129] Lomagin A G, Ul'yanova L V. A new bioassay on water pollution using duckweed Lemna minor L. Sov. Plant Physiol. /Fiziol. Rast. , 1993, 49 (2): 283-284

[130] Holcombe G W, Phipps G L, Fiandt J T. Toxicity of selected priority pollutants to various aquatic organisms. Ecotoxicol. Environ. Safety, 1983, 7: 400-409

[131] Malley D F, Chang S S. Early observations on the zooplankton community of a precambrian shield lake receiving experimental additions of cadmium. Verh. Int. Ver. Theor. Angew. Limnol., 1991, 24 (4): 2248-2253

[132] 胡好远, 郝家胜, 靳璐. Cd^{2+}对草履虫种群的毒性作用. 生物学杂志, 2006, 23 (1): 19-21

[133] Melgar M J, et al. Accumulation profiles in rainbow trout (*Oncorhynchus mykiss*) after short-term exposure to cadmium. J. Environ. Sci. Health., A, 1997, 32 (3): 621-631

[134] 陈小娟, 沈韫芬, 刘义, 等. 利用微量热法研究 Cd^{2+}和 Cu^{2+}对嗜热四膜虫 (*Tetrahymena thermophila*) 的毒性效应. 应用与环境生物学报, 2004, 10 (6): 745-749

[135] Mount D R, et al. Dietary and waterborne exposure of rainbow trout (*Oncorhynchus mykiss*) to copper, cadmium, lead and zinc using a live diet. Environ. Toxicol. Chem., 1994, 13 (12): 2031-2041

[136] 冯丽瑛, 杜怡菁, 卢祥云. Cu^{2+}和 Cd^{2+}对草履虫的毒性试验. 安徽农业科学, 2008, 36 (8): 3246-3247

[137] 王方方, 宋志慧. Cu^{2+}、Cd^{2+}和三苯基锡对小锥实螺 (*Galba pervia*) 的毒性作用. 青岛科技大学学报 (自然科学版), 2007, 28 (4): 296-299

[138] Munger C, Hare L. Relative importance of water and food as cadmium sources to an aquatic insect (*Chaoborus punctipennis*): implications for predicting Cd bioaccumulation in nature. Environ. Sci. Technol., 1997, 31: 891-895

[139] 陈延君, 赵勇胜, 景体凇, 等. 镉和酚对多刺裸腹溞的联合毒性试验. 重庆环境科学, 2003, 25 (10): 10-11

[140] 陈荣, 柴敏娟. Hg^{2+}、Cd^{2+}对鱼类嗅觉的毒性及 Ca^{2+}的解毒作用. 厦门大学学报 (自然科学版, 2001, 40 (3): 726-734

[141] Postma J F, et al. Chronic toxicity of cadmium to *Chironomus reparius* (Diptera: Chironomidae) at different food levels. Arch. Environ. Contam. Toxicol., 1994, 26: 143-148

[142] 张洪, 岳兴建, 王英. 镉对中华蟾蜍蝌蚪毒性的研究. 内江师范学院学报, 2006, 21 (6): 58-60

[143] Niederlehner B. A comparison of techniques for estimating the hazard of chemicals in the aquatic environment. M S thesis, Virginia Polytechnic Institute and State University, 1984

[144] Holcombe G W, Phipps G L, Marier J W. Methods for conducting snail (*Aplexa hypnorum*) embryo through adult exposures: effects of cadmium and reduced pH levels. Arch. Environ. Contam. Toxicol., 1984, 13: 627-634

[145] Clubb R W, Gaufin A R, Lords J L. Acute cadmium toxicity studies upon nine species of aquatic insects. Environ. Res., 1975, 9 (3): 332-341

[146] Warnick S L, Bell H L. The acute toxicity of some heavy metals to different species of aquatic insects. J. Water Pollut. Control. Fed. , 1969, 41: 280-284

[147] Wier C F, Walter W M. Toxicity of cadmium in the freshwater snail, Physa gyrina Say. J. Environ. Qual. , 1976, 5: 359-362

[148] Pascoe D, et al. Effects and fate of cadmium during toxicity tests with *Chironomus riparius*—the influence of food and artificial sediment. Arch. Environ. Contam. Toxicol. , 1990, 19: 872-877

[149] Pardue W J, Wood T S. Baseline toxicity data for freshwater bryozoan exposed to copper, cadmium, chromium, and zinc. J. Tennessee Acad. Sci. , 1980, 55: 27-31

[150] Hamilton S J, Buhl K J. Safety assessment of selected inorganic elements to fry of chinook salmon (*Oncorhynchus tshawytscha*). Ecotoxicol. Environ. Safety, 1990, 20: 307-324

[151] Spehar R L. Cadmium and zinc toxicity to flagfish, *Jordanella floridae*. J. Fish. Res. Board. Can. , 1976, 33: 1939-1945

[152] Carlson A R, et al. Cadmium and endrin toxicity to fish in waters containing mineral fibers. EPA-600/3-82-053. National Technical Information Service, 1982

[153] Finlayson B J, Verrue K M. Toxicities of copper, zinc and cadmium mixtures to juvenile chinook salmon. Trans. Am. Fish. Soc. , 1982, 111: 645-650

[154] Ham L, Quinn R, Pascoe D. Effects of cadmium on the predator-prey interaction between the Turbellarian Dendrocoelum lacteum (Muller, 1774) and the isopod crustacean Asellus aquaticus (L.). Arch. Environ. Contam. Toxicol. , 1995, 29: 358-365

[155] Rifici L M, et al. Acute and subchronic toxicity of methylene blue to larval fathead minnows (Pimephales promelas): implications for aquatic toxicity testing. Environ. Toxicol. Chem. , 1996, 15 (8): 1304-1308

[156] Chapman M, Farrell M A, Brinkhurst R O. Relative tolerances of selected aquatic oligochaetes to individual pollutants and environmental factors. Aquat. Toxicol. , 1982, 2: 47-67

[157] Bosnak A D, Morgan E L. Acute toxicity of cadmium, zinc, and total residual chlorine to epigean and hypogean isopods (Asellidae). Natl. Speleological Soc. Bull. , 1981, 43: 12-18

[158] Spehar R L, Fiandt J T. Acute and chronic effects of water quality criteria-based metal mixtures on three aquatic species. Environ. Toxicol. Chem. , 1986, 5: 917-931

[159] Pickering Q H, Gast M H. Acute and chronic toxicity of cadmium to the fathead minnow (*Pimephales promelas*). J. Fish. Res. Board Can. , 1972, 29: 1099-1106

[160] Martin T R, Holdich D M. The acute lethal toxicity of heavy metals to peracarid crustaceans (with particular reference to fresh-water asellids and gammarids). Water Res. , 1986, 20 (9): 1137-1147

[161] Birge W J, Benson W H, Black J A. Induction of tolerance to heavy metals in natural and laboratory populations of fish. PB84-111756. National Technical Information Service, 1983

[162] Boutet C. Chaisemartin C. Specific toxic properties of metallic salts in *Austropotamobius pallipes* and *Orconectes limosus*. C. R. Soc. Biol. , 1973, 167: 1933-1938

[163] Spehar R L, Carlson A R. Derivation of site-specific water quality criteria for cadmium and the St. Louis River Basin, Duluth, Minnesota. Environ. Toxicol. Chem. , 1984, 3: 651-665

[164] Brown A F, Pascoe D. Studies on the acute toxicity of pollutants to freshwater macroinverte-brates: V. The acute toxicity of cadmium to twelve species of predatory macroinvertebrates. Arch. Hydrobiol. , 1988, 114 (2): 311-319

[165] Mirenda R J. Toxicity and accumulation of cadmium in the crayfish, *Orconectes virilis* (Hagen) . Arch. Environ. Contam. Toxicol. , 1986, 15: 401-407

[166] Buhl K J. Relative sensitivity of three endangered fishes, Colorado squawfish, bonytail, and razorback sucker, to selected metal pollutants. Ecotoxicol. Environ. Safety, 1997, 37: 186-192

[167] Andros J D, Garton R R. Acute lethality of copper, cadmium, and zinc to northern squawfish. Trans. Am. Fish. Soc. , 1980, 109: 235-238

[168] Duncan D A, Klaverkamp J F. Tolerance and resistance to cadmium in white suckers (*Catostomus commersoni*) previously exposed to cadmium, mercury, zinc, or selenium. Can. J. Fish. Aquat. Sci. , 1983, 40: 128-138

[169] Sherman R E, Gloss S, Lion L W. A comparison of toxicity test conducted in the laboratory and in experimental ponds using cadmium and the fathead minnow (*Pimephales promelas*). Water Res. , 1987, 21 (3): 317-323

[170] Sunderman F W J, Plowman M C, Hopfer S M. Embryotoxicity and teratogenicity of cadmium chloride in Xenopus laevis, assayed by the FETAX procedure. Ann. Clin. Lab. Sci. , 1991, 21 (6): 381-391

[171] Nebeker A V, Schuytema G S, Ott S L. Effects of cadmium on growth and bioaccumulation in the northwestern salamander *Ambystoma gracile*. Arch. Environ. Contam. Toxicol. , 1995, 29: 492-499

[172] Prato E, Scardicchio C, Biandolino F. Effects of temperature on the acute toxicity of cadmium to *Corophium insidiosum*. Environ. Monit. Assess, 2008, 136 (1-3): 161-166

[173] Lin H C, Dunson W A. The effect of salinity on the acute toxicity of cadmium to the tropical, estuarine, hermaphroditic fish, Rivulus marmoratus: a comparison of Cd, Cu, and Zn tolerance with Fundulus heteroclitus. Arch. Environ. Contam. Toxicol. , 1993, 25 (1): 41-47

[174] Wren C D, Harris S, Harttrup N. Ecotoxicology of mercury and cadmium. In: Hoffman D J, Rattner B A, Burton Jr G A, et al. Handbook of ecotoxicology. Boca Raton. FI: Lewis Publ. 1995: 392-423

[175] USEPA. Water Quality Standards Handbook. Office of Water, 1994

|第 14 章| 水环境基准体系与标准化构建探讨

　　水环境质量基准体系的建立是一个国家水环境基准技术比较完善的标志之一，长远来看，我国水环境质量基准体系的建设势在必行，并且需要开展科学的标准化的建设。具体来讲，水环境基准体系应该包括保护水生生物的基准、保护人体健康的基准、保护生态完整性的基准以及保护野生生物等各类基准，建设任务任重而道远。我国地域广阔，不同地区的水体无论从水质上还是从水生态系统的结构特征上都有着明显的差异，因此需要在水生态功能分区的基础上进行区域差异性的水环境基准/标准体系的建设，从而真正全面的保障我国水生态系统的安全[1]。需要在借鉴国外已有的经验和技术成果的基础上，加强我国水质基准的原创性、方法学以及战略目标研究，确定优先发展内容，为我国水质标准的制定提供有效的科技支撑。

14.1　体系发展探讨

14.1.1　建立水质基准方法学

　　水环境基准方法学是水质基准研究的核心和关键。目前，我国的水质基准研究主要是借鉴发达国家的水质基准方法学针对我国的水环境状况与生物区系进行基准研究，直接针对水质基准方法学的原创性研究较少。使用的统计模型和考虑的影响因子是否真正适合我国水环境状况与我国国情都值得考虑，也将影响水质基准值是否能充分保护生态受体。我国开展水质基准的研究和体系建设，应从建立我国水质基准方法学着手，在此基础上根据我国的水环境状况特点对其加以修正[2]，以加强我国水质基准方法学的原创性。除此之外，建立我国水质基准方法学还需要解决的主要问题有本土物种的选育、标准毒性测试方法的建立以及构建我国本土物种毒性数据库，为基准研究提供充沛的数据支持。基准的计算方法与结果需接受同行评议和公众认可，广泛听取意见，最终才能制定出科学可靠、适用于我国水环境管理的水质基准值。具体讨论为有以下 4 个方面：

（1）标准毒性试验方法的建立。我国现有的毒性试验标准方法中只有发光菌、大型溞、斑马鱼、斜生栅藻的急性毒性测试方法，需要逐步建立起完善的测试标准方法，以满足建立水质基准尤其是长期基准的需求。按照发达国家的经验，任何一种标准化的测试方法需要从大量备选方法中筛选，并经过质量认证和大量应用性检验，才能保证方法的可靠性[3]。

（2）本土物种的筛选。我国水生生物特别是我国的珍稀物种的保护是我国水质基准研究的重要目标和任务之一。目前我国发展水质标准的困难之一是缺少能够代表我国水环境特征与生物区系分布特点的模式生物物种。建立一个模式生物需要充分的生物学背景资料，成熟的繁育技术以及毒理学测试稳定性等，标准化过程通常需要很多年的时间。

（3）我国毒性数据库的构建。建立适合我国区域水环境特征水质基准的前提是建立我国适用的水质基准方法和毒性数据库，使水质基准的推导更加准确和更有针对性。目前为止，我国的水生生物毒性数据储备不足，难以支持水质基准研究工作的开展，因此需要建立我国水生生物的生态毒性数据库，才能为水质基准研究提供充足的毒理学数据支持。

（4）水质基准的转化。水质基准需转化成水质标准才具备法律效力，才能为国家水环境管理所用。由于我国缺乏对水质基准向标准转化技术的研究，严重制约了我国的水质基准研究成果的使用。因此，需积极探索适合我国国情的水质基准与标准的内在联系和转化机制，为我国水质标准的制定提供科学依据。

14.1.2 促进优控污染物筛选

我国水质基准研究需针对现时我国水环境管理中的迫切需求而开展，首先需要进行优先控制污染物的筛选。有毒污染物在我国环境中普遍存在，对我国人体健康和生态环境构成了严重威胁，仅依据 COD 等常规指标已经难以满足水环境管理的需求[4,5]。我国水环境基准发展，应以环境风险分析为基础，综合考虑暴露和毒性两项因素，根据污染物检出频次、浓度水平及毒性强度等，建立评估方法，确定优控污染物名单，在此基础上加强我国水环境基准的研究。

目前世界范围内的水环境污染物与化学品种类繁多，进行水质基准研究时无法同时关注，需要明确针对优控污染物制定相应的水质基准。长期以来我国针对有毒物质的研究大多参照发达国家，针对我国国情的优先控制污染物的研究则较少。一些仅在国内具有环境代表性的污染物或化学品的毒性数据严重匮缺，因此制定这些污染物的水质基准任重道远。我们应该首先关注那些在我国量大、面广且具有环境持久性、富集性和毒性高的化学污染物。

筛选目标污染物时考虑以下原则：①在我国水环境中普遍存在的污染物；②有毒害作用，优先考虑符合 BPT 原则的污染物；③建立筛选潜在风险污染物的程序方法，初筛中可以直接利用国内外已有的毒性数据[3,6,7]；④筛选时以现有数据评估为主，必要的毒理试验为辅。水质基准的推导建立在对现有、可得数据的全面和系统评估的基础上，而非基于一次或几次毒理试验结果。建立和发展我国水质基准，同样要依赖目前国内外所有可得数据，并进行必要的整理和综合，因此应将我国环境污染物数据库建设作为开展我国水质基准工作的一项重要基础。当然，针对我国特定物种、环境特点等，仍有必要开展适当的毒理试验，对现有数据进行补充。

14.1.3　加快生态营养物基准研究

目前我国湖泊富营养化问题日趋严重[4,8,9]，水华暴发频繁，水生态系统的健康质量下降较快；目前的水环境标准中虽然有总氮、总磷，但没有考虑到不同生态区域的差异，也没有形成明确的富营养化评价方法，无体现水生态区域差异的生态学基准及相关营养物控制基准，给我国水环境富营养化及水生态系统的科学管理带来了很大的难度。开展水生态学及相关营养物基准研究将是对我国水质基准和标准体系的有力补充和完善。与发达国家相比，我国的水生态学营养物基准的研究极为薄弱，体现在现行地表水环境质量标准（GB3838—2002）中的营养物指标并不是真正的营养物基准，而且主要是参照美国和日本等发达国家的标准而制定是否能充分保护我国水环境还值得商榷。基于生态分区差异性的营养物基准是诊断、辨识、管理湖泊水体营养物过量问题，以及对水体富营养化进行综合评估、预防、控制和管理的科学基础和重要手段。积极开展营养物基准工作，已成为当前水体富营养化控制与管理的重要发展趋势。

目前我国暂无营养物基准，能反映区域差异性的营养物生态分区管理和营养物基准的制定技术方法尚处于研究探索阶段，需要在以下几个方向开展研究工作：①在全国富营养化区域差异性调查及其演化规律研究的基础上，阐明营养物生态学效应的时空分布规律和主要驱动因子，建立我国营养物生态分区理论与技术方法；综合考虑流域管理的协调性以及水文单元的完整性等因素，建立我国营养物生态分区；②在营养物生态分区的基础上，研究营养物基准制定的技术方法，筛选基准候选变量，确定不同分区的参照状态，建立具有生态分区差异性的营养物基准值，构建我国营养物基准体系。

同时，继续研究符合我国水生态地域特征的水质富营养化过程，参照发达国家相关的生态学及营养物基准制定技术方法，通过开展本土水生态系统的营养物水平、水生态系统物种多样性调查[10,11]，建立基础数据库，为国家的水质生态学及相关营养物标准制定奠定基础，并尽早建立适合我国水环境特征的水生态学标准体系。

14.1.4 加强国家水质基准战略研究

美国于 2003 年制定了水质基准与标准十大战略，其中包括水质基准 6 项战略和水质标准 4 项战略，对优先污染物筛查。水生生物基准、营养物基准、沉积物质量基准、人体健康的病原微生物基准及生态学完整性基准的研究都提出了明确的研究规划，对水质标准研究和应用中的多种问题也进行了合理的研究安排[1,12]，这些为进一步促进美国水质基准发展奠定了良好的基础。我国目前系统的水质基准研究刚刚开始，各项基准相关的研究工作都在积极推进中，为使研究的物力和财力发挥最大效益，避免不同的科研项目之间内容交叉重复，维持研究的可持续性，促进我国水质基准体系尽快完善，急需开展我国水质基准战略研究，科学合理地设计我国水质基准研究的中长期行动方案和战略布局。因此，开展我国水质基准战略研究，实现我国水质基准与标准研究的跨越式发展，达到世界发达国家同类水平，具体可以包括以下研究内容：

（1）结合国际水质基准发展趋势与我国环境保护形势，确定我国水质基准发展的优先序与路线图。

（2）结合水体优控污染物研究，分析典型案例，开展水质基准关键技术发展战略研究，构建我国水质基准技术体系发展战略。目前，引起水质下降的污染物数目众多，而水质基准的制定工作又十分艰巨，在有限的时间内不可能制定出所有污染物的基准值，只能将有限的时间和精力放在对改善水质比较重要的水质项目上。所以，根据我国区域水环境污染特征筛选优先控制污染物是水质基准研究的基础工作。

（3）针对本土生物、生态数据不足的关键技术瓶颈，开展我国本土生态区域物种的基准性基础数据获取战略研究。由于水生生物种群具有地域性，不同生态系统的代表性物种可能不同，如美国代表性鱼类为鲑科，而我国的淡水鱼类有一半属于鲤科。从生态学的观点来看，不同的生态区域有不同的生物区系；对一个生物区系无害的毒物浓度，也许会对其他区系的生产产生不可逆转的毒性效应。因此，要用本土物种的毒性数据来进行相关水质基准的推导研究，为了能更加真实地反映我国的生物区系特点，必须开展大量的毒理学研究[7,13~15,16]。

（4）基于水质基准发展的需求，研究标准测试方法的技术发展战略。在毒理学研究中，必须遵循一致公认的毒性试验方法准则。有些研究没有给出具体的基本实验环境条件，降低了毒性试验结果的可信度和实用性。当前在环境与生态毒理学研究中比较常用的规范化试验指南或方法主要有美国试验与材料学会、美国环境保护局、国际经济合作与发展组织、世界卫生组织等发布的一系列试验准则及我国相关部门参照上述有关国家或组织的技术文件，编译发布的《化学品测试准则》、《水和废水监测分析方法》等技术方法文件。

（5）探讨我国水质基准与标准发布规范的制度性建设，开展水质基准与标准发布的技术支撑需求研究。

（6）开展水质基准向标准转化的战略研究，为环境管理提供技术支撑。

14.2 创新讨论

14.2.1 最少有效数据

每一种水质基准技术方法都有"最小毒性数据需求"，该原则对最终推算的基准值具有较明显的影响。一些发达国家依据本国各自的实际情况，在水质基准计算与推导中有不同的规定，如法国水质基准推导至少需要3类水生生物物种，包括鱼类、甲壳类和藻类的毒性数据；英国、荷兰和德国至少需要4类水生生物物种，包括鱼类、节肢动物、非节肢无脊椎动物和藻类或大型水生植物的毒性数据；欧盟则规定若使用评估因子法推导基准，需要至少3类营养级水平的生物物种，包括鱼类、甲壳类和藻类的急性毒性数据或一个以上慢性毒性数据；加拿大规定需要至少6个不同分类单元生物物种的毒性数据；USEPA推荐的"毒性百分数排序法"要求受试水生动物至少来自3门8科和1种藻类或水生维管束植物，本课题通过研究分析，初步提出我国水质基准的"最少毒性数据需求"。试验水生动物可以在美国3门8科的基础上，当一般污染物对大多数浮游甲壳类动物的急性毒性可能敏感于底栖甲壳类生物，且同时当有其他非底栖甲壳类生物（如轮虫、环节或软体动物）毒性数据及可参考国外底栖生物毒性数据时，依据我国实际情况，可以修正为"3门6科"的最少生物毒性数据需求，结果如表14-1所示。

表 14-1　中美"最少毒性数据需求"对比

生物门类	USEPA	中国
脊椎动物门	鲑科鱼类	鲤科鱼类
	非鲑科硬骨鱼类 （最好暖水鱼）	非鲤科硬骨鱼类 （冷水鱼优先）
	两栖类或硬骨鱼类	两栖类或其他门
节肢动物门	浮游甲壳类	浮游甲壳类
	底栖甲壳类	—
	一种昆虫	一种昆虫
其他门	轮虫、环节或软体	轮虫、环节或软体
其他	昆虫或任一其他门	—
水生植物	一种藻类或维管束植物	一种藻类或维管束植物

14.2.2　流域水质基准推导采用模式生物

本课题初步研究筛选出"4 门 10 种"的水生生物可备选适用于我国流域水环境水质基准和生态风险评价的模式生物。主要有：

1. 硬骨鱼纲鲤科鲢鱼（*Hypophthalmichthys molitrix*）

鲢鱼又叫白鲢、水鲢、跳鲢、鲢子，属于鲤形目，鲤科，是著名的四大家鱼之一。体形侧扁、稍高，呈纺锤形，背部青灰色，两侧及腹部白色。头较大。眼睛位置很低。鳞片细小。腹部正中角质棱自胸鳍下方直延达肛门。胸鳍不超过腹鳍基部。各鳍色灰白。鲢鱼性急躁，善跳跃。鲢鱼为我国主要的淡水养殖鱼类之一，分布在全国各大水系。

2. 鲿科的黄颡鱼（*Pelteobagrus fulvidraco*）

黄颡鱼属鲶形目，鲿科，黄颡鱼属。体长，腹平，体后部稍侧扁。头大且平扁，吻圆钝，口大，下位，上下颌均具绒毛状细齿，眼小。须 4 对，大多数种上颌须特别长。无鳞。背鳍和胸鳍均具发达的硬刺，刺活动时能发声。胸鳍短小。体青黄色，大多数种具不规则的褐色斑纹；各鳍灰黑带黄色。黄颡鱼多在静水或江河缓流中活动，营底栖生活。白天栖息于湖水底层，夜间则游到水上层觅食。对环境的适应能力较强，在不良环境条件下也能生活。幼鱼多在江湖的沿岸觅食。该鱼属温水性鱼类。生存温度为 0 ~ 38℃。最佳生长温度为 25 ~ 28℃，pH

为 6.0 ~ 9.0，最适 pH 为 7.0 ~ 8.4。耐低氧能力一般。水中溶氧在 3mg/L 以上时生长正常，低于 2mg/L 时出现浮头，低于 1mg/L 时会窒息死亡。

3. 脊索动物林蛙蝌蚪（*Rana limnocharis Boie*）

林蛙蝌蚪在动物分类学上隶属于脊索动物门、脊椎动物亚门、两栖纲、无尾目、蛙科、蛙属。雌蛙体长 7 ~ 9cm，雄蛙较小。其头长宽相等，鼓膜处有一黑色三角状。四肢有横纹，后肢长，蹼发达。秋季皮肤呈褐色，夏季呈黄褐色。腹面雄蛙乳白色，雌蛙红黄色。主要生长在中国东北的长白山、松花江和鸭绿江上游森林地区。河北省、河南省、山东省、四川省、山西省、陕西省和青海省等处也有分布。

4. 底栖甲壳类的青虾（*Macrobrachium nipponense*）

青虾又称河虾、沼虾，即日本沼虾。青虾体形粗短，整个身体由头胸部和腹部两部分构成。头胸部粗大，腹前部较粗，后部逐渐细而且狭小。额角位于头胸部前端中央，上缘平直，末端尖锐，背甲前端有剑状突起，上缘有 11 ~ 15 个赤，下缘有 2 ~ 4 个齿。青属于杂食性小动物，以藻类、水草茎叶碎片、浮游动物、虾类、细菌、泥沙等为食，也食粮食类细末和枝角类、桡足类小生物。我国的分布极广，江苏、上海、浙江、福建、江西、广东、湖南、湖北、四川、河北、河南、山东等地均有分布。它广泛生活于淡水湖、河、池、沼中，以河北省白洋淀、江苏太湖、山东微山湖出产的青虾最有名。青虾喜栖息于江河、湖泊、池塘、沟渠沿岸浅水区或水草丛生的缓流中，白天蛰伏在阴暗处，夜间活动，常在水底、水草及其他物体上攀缘爬行。

5. 浮游甲壳纲枝角类的大型溞（*D. magna Straus*）

大型溞（*Daphnia magna*）为节肢动物门、鳃足纲、溞科、溞属的动物，分布于亚洲、欧洲、北美洲、非洲以及中国大陆的江苏、安徽、山东、河北、河南、辽宁、吉林、黑龙江、内蒙古、陕西、山西、甘肃、青海、西藏等地，多生活于水草繁茂的富营养型小水域中，如池塘、水坑、间歇性积水以及小型湖泊等也可生活在海边低盐度的咸水积水中。

6. 软体动物门的中国圆田螺（*Cipangopaludina cahayensis*）

中华圆田螺在动物分类学上，隶属于软体动物门、腹足纲、田螺科、圆田螺属。中华圆田螺贝壳大，薄而坚。体型较中国圆田螺略小，一般成熟个体壳高

5cm、宽4cm，呈卵圆形（中国圆田螺呈长圆锥形）。螺层6~7层。螺旋部较短而宽，体螺层特别膨圆。壳顶尖，缝合线深。壳面绿褐色或黄褐色。壳口卵圆形，周围具黑色框边。外唇简单，内唇厚，遮盖脐孔。

7. 昆虫纲的摇蚊幼虫（*Chironomidae larvae*）

摇蚊幼虫又名血虫，在各类水体中都有广泛的分布，其生物量常占水域底栖动物总量的50%~90%，世界上已知的摇蚊科昆虫约有5000种，它在各类水体中都有广泛的分布，而且数量较大。摇蚊科昆虫因种类丰富，个体众多，不同种类对水域生境要求不同，从而成为监测水体环境和污染状况的优良指示生物，在生态学和环境科学领域中得到广泛的应用。雌虫一生一般只产一次卵，直接产于水面，或将胶质卵带黏附水生植物上。卵期由数日至数周不等，但多数种类卵期很短。幼虫期占据整个生活史的大部分时间，由2周至4年不等，一般为4~5月。

8. 蜻蜓目幼虫（*Anisozygoptera larvae*）

蜻蜓目是昆虫纲的一目。该目成员多数为大、中型昆虫，头大且转动灵活，两对翅膜质透明，翅多横脉，翅前缘近翅顶处常有翅痣。腹部细长，雄性交合器生在腹部第2、3节腹面。全世界均有分布，尤以热带地区为多。已知约5000种，中国记载约350种和亚种。绝大多数稚虫水生，许多蜻蜓年生1代，有的种类要经过3~5年才完成1代。稚虫靠吃水中小动物长大。它们有的栖在水底，有的附着在水体上层的水草上，后者能以蚊虫的孑孓为食。成虫在飞行中捕捉大小适宜的昆虫为食。蜻蜓多在开阔地的上空飞翔，黄昏时出来捕食蚊类、小型蛾类、叶蝉等，是重要的益虫。

9. 绿藻门小球藻（*Chlorella* sp.）

小球藻为绿藻门小球藻属普生性单细胞绿藻，是一种球形单细胞淡水藻类，直径3~8μm，是地球上最早的生命之一，出现在20多亿年前，基因始终没有变化，是一种高效的光合植物，以光合自养生长繁殖，分布极广。小球藻细胞内含有丰富的叶绿素，属于单细胞绿藻，是真核生物。小球藻生息在淡水中，它借助阳光、水和二氧化碳，以每隔20h分裂出4个细胞的旺盛繁殖能力，不停地将太阳能量转化生成蕴涵多种营养成分的藻体，并在增值中释放出大量的氧气；而它的光合能力高于其他植物10倍以上。基于这种生命活力及产生的高能营养物质，人们赞美它是"罐装的太阳"。

10. 模式生物斑马鱼 （*Brachydanio rerio*）

斑马鱼又名蓝条鱼、花条鱼、斑马担尼鱼 （*Brachydanio rerio*），原产于印度、孟加拉国，是一种常见的热带鱼。斑马鱼体型纤细，成体长 3～4cm，对水质要求不高。孵出后约 3 个月达到性成熟，成熟鱼每隔几天可产卵一次。卵子体外受精，体外发育，胚胎发育同步且速度快，胚体透明。发育温度要求为 25～31℃，繁殖用水要求 pH 为 6.5～7.5，硬度为 6～8，水温为 25～26℃。斑马鱼的繁殖周期约 7 天，一年可连续繁殖 6～7 次，而且产卵量高。其繁殖力很强，是初学饲养热带鱼者的首选品种。

14.2.3 生物替代毒性

从大尺度区域范围来看，水质基准的差异主要体现在生物区系分布的差异上，因此，物种的差异在很大程度上决定了我国与美国水质基准的差异。美国国家水质基准限值众多，短期内按照水质基准的常规技术方法很难迅速确定大量的基准数值，因此，参照美国主要关注地理区域水质差异的水效应比值法（WER），本课题首次提出并研究关注外国生物种与我国生物种敏感性差异的生物效应比值法（BER）。根据我国与美国土著生物的 BER，结合美国国家水质基准，可以较快地确定我国对应水质基准的阈值范围，为正式确定我国水质基准限值提供重要参考。

提出水环境生态学同科不同种生物的基准阈值可采用"生物效应比"的理论方法，结合已有的"水效应比"方法，开展具有我国特色的水生态生物基准的研究。

WER 法（USEPA）公式为：地方基准 = "国家基准" × WER（考虑地方水质差异）；我国改进的公式为：我国基准 = "国家基准" × BER × WER（同时考虑我国物种和水质的差异）。

14.2.4 联合毒性基准

环境污染物大多以低浓度混合物形式存在各种环境介质中，污染物的低剂量混合暴露对生态环境和人体健康造成潜在的毒害作用越来越引起人们的关注。20世纪 80 年代后期 USEPA 开始研究多种污染物混合暴露的毒理效应。1986 年，USEPA 颁布了《化学混合物的人体健康风险评价指南》，2000 年对该指南进行了修订，主要以毒性作用模式和不同污染物之间的毒理学相似性的概念为混合物毒性风险评价的基础，提出了针对不同类型的混合物的多种风险评价方法。此外，美国《清洁水法》中规定了评价排水复杂混合物的急性毒性和慢性毒性的毒性测试方法和指南性文件；1996 年《饮用水安全法》修正案中也明确提出，运用新方法研究饮用水中消毒副产物的复杂混合物产生的生殖和发育毒性效应。美国有毒物质与疾病注册机构（ASDTR）多年来一直从事"混合物与评价方案"研究，并将化学混合物的研究作为六大主要研究领域之一。现有各国颁布的环境质量基准主要依据单一污染物的毒性试验数据推导出来的，没有考虑两种或者多种化学污染物的联合毒性作用，但是多种化学品共存产生的联合毒性效应可能对水生态安全产生不可忽视的毒性效应，即使单一污染物处于环境标准的"安全"浓度水平，也可能对环境生物产生联合毒性效应。

美国在 1986 年报道了砷、镉、铬、铜、汞和铅 6 种重金属的 CMC 浓度产生的联合毒性作用对虹鳟鱼和大型溞造成几乎 100% 的致死作用；CCC 浓度的混合暴露显著地抑制了大型溞的繁殖和呆头鲦鱼的生长，单一化学品的基准值不足以保护其受试水生生物，因此建议要考虑多个物质的联合毒性效应，修改其相应的水质基准数值。Enserinke 等 1991 年评估了荷兰水质基准中重金属在安全限值下的混合物对大型溞和鲑鱼仔鱼的联合毒性效应，结果发现，在达到荷兰水质基准中最大允许水平时，重金属混合物对受试生物造成了严重的毒性：96% 大型溞和 50% 鲑鱼幼体死亡。此试验结果促使荷兰重新修订其水质基准，将联合毒性的测试纳入水质基准的建立过程中。直到 2009 年，Copper 等采用 2002 年 USEPA 和加拿大颁布的水质基准分别评估了重金属 Cu、Pb、Zn 对两种浮游溞类的毒性作用，试验结果表明：重金属联合作用在 EPA 和加拿大的水质基准值下对受试生物均有影响，即使低于美国 CCC 水平或者加拿大临界值水平下的混合暴露也对溞的存活率产生了损伤作用。因此，仅仅依靠单一化学物质的生态毒性数据来评价水质是远远不够的，在水环境质量基准与标准体系构建过程中，必须考虑污染物混合暴露产生的联合毒性效，研究两种或多种化学物质的联合毒性作用为水质基准和标准的制定和生态风险评价提供更可靠的依据。

由于环境中混合物成分复杂，即使混合物中污染物组分相同，不同浓度的组合可能混合物产生不相同的联合毒性作用。另外，混合物毒性数据尤其是与环境暴露实测数据相结合的数据缺乏，对混合物的风险评价增加了很大的不确定性，也对混合物的水环境质量基准的建立增加了极大难度。目前，欧盟各国在构建水质目标方面也提出考虑建立"优先控制污染物"混合物的 WQO 值的计划。至今，世界上仅有加拿大的魁北克省在 2001 年正式提出了一组关于农药混合物的水环境质量基准的急性基准值。我国在构建水质基准的研究中，也提出了关于研究复合污染情况下的水质基准的思想。可见，建立水环境中混合物的水质基准是水质基准与标准的发展方向，本研究也正在基于镉和铜的联合毒性对相关基准值的修正进行研究，初步筛选确定了联合毒性的评价方法（表14-2）。

表14-2　不同联合指数法对联合作用的评价标准

联合指数	定义	评价标准	联合作用类型
毒性单位法（TU）	$M = \sum_{i=1}^{n} \mathrm{TU}_i = \sum_{i=1}^{n} \dfrac{c_i}{\mathrm{EC}_{50,i}}$	$M = 1$	加和作用
		$M > M_0$	拮抗作用
		$M < 1$	协同作用
		$M = M_0$	独立作用
		$1 < M < M_0$	部分相加
相加指数法（AI）	当 $M \leqslant 1$，$\mathrm{AI} = \dfrac{1}{M} - 1$ 当 $M > 1$，$\mathrm{AI} = 1 - M$	$\mathrm{AI} = 0$	加和作用
		$\mathrm{AI} < 0$	拮抗作用
		$\mathrm{AI} > 0$	协同作用
相似性指数法（λ）	$\sum_{i=1}^{n} (\mathrm{TU}_i)^{\frac{1}{\lambda}} = 1$	$\lambda = 1$	加和作用
		$0 < \lambda < 1$	拮抗作用
		$\lambda > 1$	协同作用
		$\lambda = 0$	独立作用
混合毒性指数法（MTI）	$\mathrm{MTI} = 1 - \dfrac{\log M}{\log M_0}$	$\mathrm{MTI} = 1$	加和作用
		$\mathrm{MTI} < 0$	拮抗作用
		$\mathrm{MTI} > 1$	协同作用
		$\mathrm{MTI} = 0$	独立作用
		$0 < \mathrm{MTI} < 1$	部分相加作用

注：浓度加和：$\sum_{i=1}^{n} \dfrac{c_i}{\mathrm{EC}x_i} = 1$；独立作用：$E(c_{\mathrm{mix}}) = 1 - \prod_{i=1}^{n} [1 - E(c_i)]$。

从目前环保标准管理机制看，以国家环保标准的形式提出和发布环境基准是较为合适的。主要原因：①此种方式既有权威性，又有法律强制，适合国家水环境基准的特点和性质。②立项和发布的时间比较灵活，美国不同年份出版的水质基准，主要是编撰的过程，也就是将很多次的基准修订工作综合起来，各项污染物基准的修订工作是不断开展的；同时，科学研究在不断进展，基准的确定过程又非常复杂，多项污染物基准要在短期内确定是不可能的，采用环保部门标准的形式可以逐项发布基准。③可以较好地组织和协调技术单位，毒理学试验是科学实验，以科研项目的方式进行管理更为合适；而基准的确定基于大量的试验数据，而非一项或者几项试验结果，确定环境基准与开展毒理学试验之间并不要求完全等同，也可以由非实验单位来依据有效数据进行环境基准推算。

14.3　水质基准向标准转化

水质基准是基于客观的科学实验得到的客观结论，在向水质标准转化的过程中，需要在风险评估的基础上，考虑经济、政治、技术以及管理上的可行性，才能转化成真正为环境管理所用的水质标准，上升为环境法规。各国基于不同的风险指标和风险分级对水质基准向水质标准的转化提出了不同的技术方法，通常，应急性水质标准按照污染物急性毒性效应制定，而常规水质标准则按照慢性毒性效应制定。按照水体中水生生物受胁迫的比例，本研究以辽河流域水体中氨氮水质基准向水环境标准的转化探讨为例，将流域水质短期风险指标分为70%以上、50%、30%、15%和5%以内，分别对应于重大风险、大风险、明显风险、潜在风险和基本无风险等5级风险，将氨氮基准转化成水质标准，对应地分为5级，讨论相应分别采取不同的环境管理措施。

14.3.1　基准数据

针对辽河流域水生生物搜集了氨氮的急性毒性数据，数据来源于ECOTOX毒性数据库、美国氨氮基准文件及中国知网。按照美国水生生物基准技术指南[3]对数据进行了筛选，剔除了不合格的数据及非辽河物种的数据，保留了辽河流域外来引进种的数据。由于慢性数据较少，数据选择原则与急性数据同。

本研究依据USEPA推荐的SSD-双值基准方法进行辽河流域氨氮水生生物基准的推导[17]，得到的水质基准分为基准最大浓度和基准连续浓度。大致推算过程为：按照物种敏感度对氨氮毒性数据排序，生物毒性的数据量小于59时，选择最敏感的4个生物属数据进行非参数计算，CMC = FAV/2，CCC = min（FCV，FPV，FRV），其中，FAV为最终急性值，FCV为最终慢性值，FPV为最终植物值，FRV为最终残余值。在双值基准法的基础上，USEPA推荐使用数学经验模型表述水体温度和pH对氨氮毒性的影响[18,19]。

对数据进行分析，可得辽河流域氨氮CMC如下：

$$CMC = \left(\frac{0.0248}{1 + 10^{7.204-pH}} + \frac{3.53}{1 + 10^{pH-7.204}} \right) \times min[10.40, 6.018 \times 10^{0.036 \times (25-T)}]$$

$$(14.1)$$

慢性数据只有大型溞、模糊网纹溞和鲤鱼 3 种，数据量不足，无法按照常规技术推算 CCC。本研究利用公式 $CCC_L = CMC_L \times (CMC_N / CCC_N)$，$CCC_L$ 和 CMC_L 分别指辽河流域的慢性和急性基准，CMC_N 和 CCC_N 分别指国家的急性和慢性基准。取水质标准条件（pH 8.0，25℃），得到辽河流域氨氮 CCC 如下：

$$CCC_L = 0.119 \times CMC_L \tag{14.2}$$

利用公式（14.1）和（14.2），可得 pH 为 8.0、温度为 25℃时，辽河流域的氨氮 CMC 和 CCC 分别为 3.06 mg/L 和 0.364 mg/L。

1. 物种敏感度分布法——正态分布

利用荷兰公共健康与环境研究所（RIVM）开发的基于物种敏感度分布的 ETX（版本 2.0）风险评估软件对氨氮急性数据（表 14-3）进行对数 – 正态分布拟合，得出氨氮急性水质基准。HC_5 表示 5% 的水生生物受胁迫时的水体氨氮浓度，可知 $HC_5 = 4.48$ mg/L，$CMC = HC_5 / 2 = 2.24$ mg/L。由于慢性数据太少，不进行拟合。

2. 物种敏感度分布法——Burr Ⅲ 型分布

物种敏感度的 Burr Ⅲ 型分布拟合在澳大利亚和新西兰的环境风险评估和环境质量基准推算中被推荐使用，其支持软件为 BurrliOZ，由澳大利亚联邦科学和工业研究组织 CSIRO 提供。Burr Ⅲ 型函数的参数方程为

$$F(x) = \frac{1}{\left[1 + \left(\dfrac{b}{x} \right)^c \right]^k} \tag{14.3}$$

式中，b、c 和 k 为 3 个参数。对数据进行 Burr Ⅲ 型分布拟合，得到 $b = 13.988\ 454$，$c = 1.910\ 387$，$k = 0.909\ 768$，$HC_5 = 2.55$ mg/L，$CMC = HC_5 / 2 = 1.28$ mg/L。同样，慢性数据太少，不拟合。

14.3.2 流域氨氮水质标准

1. 应急水质标准

利用 ETX2.0 进行应急风险评估，经计算，当水生生物受到氨氮胁迫时的比例分别为 50%、30%、15% 和 5% 时，对应的氨氮浓度（CMC）分别为 25.4 mg/L、15.8 mg/L、4.48 mg/L、3.56 mg/L。据此，将应急风险设定为 4 级，制定的应急标准值如表 14-3 所示。

表 14-3 辽河流域应急氨氮水质标准*

标准分级	标准数值# / （mg/L）	风险描述	受胁迫生物比例	应对措施
Ⅳ	26	有严重风险	>50%	采取紧急措施
Ⅲ	16	有明显风险	30%	要采取措施
Ⅱ	4.5	有潜在风险	15%	值得关注
Ⅰ	3.6	无明显风险	5%	无

注：*为本标准数值设定的水质条件为 pH 8.0 和温度 25℃，水质状况如果超出设定条件，会增加一定的风险；#为本标准的浓度持续时间设定为 1 h，水体氨氮浓度超出此时间设定风险将明显增加。

2. 常规水质标准

常规水质标准用于水环境的日常管理，主要与水质基准中的 CCC 有关。推算出不同水质条件下的氨氮 CCC，如表 14-4 所示。基于表 14-4，对辽河流域氨氮水质标准的探讨列于表 14-5。

表 14-4 不同水质条件下的氨氮 CCC （单位：mg/L）

pH	温度/℃									
	0	14	16	18	20	22	24	26	28	30
6.5	3.65	3.65	3.65	3.65	3.20	2.71	2.30	1.95	1.65	1.40
6.6	3.50	3.50	3.50	3.50	3.07	2.60	2.20	1.87	1.58	1.34
6.7	3.33	3.33	3.33	3.33	2.92	2.47	2.10	1.78	1.50	1.28
6.8	3.14	3.14	3.14	3.14	2.75	2.33	1.98	1.67	1.42	1.20
6.9	2.93	2.93	2.93	2.93	2.57	2.17	1.84	1.56	1.32	1.12
7.0	2.70	2.70	2.70	2.70	2.37	2.00	1.70	1.44	1.22	1.03
7.1	2.46	2.46	2.46	2.46	2.15	1.82	1.55	1.31	1.11	0.941
7.2	2.21	2.21	2.21	2.21	1.94	1.64	1.39	1.18	1.00	0.846
7.3	1.96	1.96	1.96	1.96	1.72	1.46	1.23	1.04	0.884	0.750
7.4	1.72	1.72	1.72	1.72	1.50	1.28	1.08	0.915	0.775	0.658
7.5	1.49	1.49	1.49	1.49	1.30	1.10	0.936	0.793	0.671	0.569
7.6	1.27	1.27	1.27	1.27	1.12	0.946	0.801	0.679	0.575	0.488
7.7	1.08	1.08	1.08	1.08	0.946	0.802	0.679	0.575	0.487	0.413
7.8	0.908	0.908	0.908	0.908	0.795	0.674	0.571	0.484	0.410	0.348
7.9	0.758	0.758	0.758	0.758	0.664	0.563	0.477	0.404	0.342	0.290

续表

pH	温度/℃									
	0	14	16	18	20	22	24	26	28	30
8.0	0.629	0.629	0.629	0.629	0.551	0.467	0.396	0.335	0.284	0.241
8.1	0.520	0.520	0.520	0.520	0.455	0.386	0.327	0.277	0.234	0.199
8.2	0.428	0.428	0.428	0.428	0.375	0.318	0.269	0.228	0.193	0.164
8.3	0.353	0.353	0.353	0.353	0.309	0.262	0.222	0.188	0.159	0.135
8.4	0.290	0.290	0.290	0.290	0.254	0.216	0.183	0.155	0.131	0.111
8.5	0.240	0.240	0.240	0.240	0.210	0.178	0.151	0.128	0.108	0.092
8.6	0.198	0.198	0.198	0.198	0.174	0.147	0.125	0.106	0.089	0.076
8.7	0.165	0.165	0.165	0.165	0.144	0.122	0.104	0.088	0.074	0.063
8.8	0.138	0.138	0.138	0.138	0.121	0.102	0.087	0.074	0.062	0.053
8.9	0.116	0.116	0.116	0.116	0.102	0.086	0.073	0.0620	0.052	0.044
9.0	0.099	0.099	0.099	0.099	0.087	0.074	0.062	0.053	0.045	0.038

表 14-5 辽河流域常规氨氮水质标准

水质分级	水域功能	现行国家水质标准/(mg/L)	辽河流域常规水标准/(mg/L)
I	主要适用于源头水、国家自然保护区	0.15	0.20
II	主要适用于集中式生活饮用水地表水源地一级保护区、珍稀水生生物栖息地、鱼虾类产卵场、仔稚幼鱼的索饵场等	0.5	0.6
III	主要适用于集中式生活饮用水地表水源地二级保护区、鱼虾类越冬场、洄游通道、水产养殖区等渔业水域及游泳区	1.0	1.2
IV	主要适用于一般工业用水区及人体非直接接触的娱乐用水区	1.5	1.7
V	主要适用于农业用水区及一般景观要求水域	2.0	2.2

制定探讨的依据如下：

（1）I 类：我国现行标准定值为 0.15 mg/L 的依据为 USEPA 在 1999 年发布的国家氨氮基准的最小值，即 pH 为 9.0，温度为 30℃时的美国氨氮 CCC 基准 0.179 mg/L。USEPA 已于 2009 年对美国国家氨氮基准进行了修订，最小基准值修订为 0.0319 mg/L，本研究推算的辽河流域氨氮基准最小值为 0.0379 mg/L。参照两值，将辽河 I 类水质标准值定为 0.20 mg/L 基本可以保护 pH 为 6.5 ~

8.5，温度为 0~28℃，平均水温为 15℃ 的所有水生生物，体现了自然保护区对水质的高标准要求。

（2）Ⅱ类：Ⅱ类水质的功能也很高，体现了对珍稀生物以及仔稚幼鱼的保护，参照表14-4，现行标准值 0.5 mg/L 对应的生态安全水质条件为 pH 为 7.7 以下及温度为 28℃ 以下，但水体 pH 超过 7.7 的情况并不罕见，因此无法保证充分的保护。将标准值修订为 0.6 mg/L，对应的生态安全水质条件为 pH 为 8.0 以下以及温度为 16℃ 以下，基本可保证绝大部分范围内的水质安全，同时又考虑了与现行标准的接轨。

（3）Ⅲ类：从生态安全的角度讲，Ⅲ类水质标准主要是保护鱼虾成体的安全，现行标准值 1.0 mg/L 对应的安全水质条件为 pH 为 7.5 和温度为 22℃ 以下，全国很多水域都季节性地超出此安全水质范围。将标准值修订为 1.2 mg/L，对应的安全水质条件为 pH 为 7.6 以下以及温度为 16℃ 以下，基本可保护鱼虾成体的安全，同时也考虑了与现行标准的接轨。

（4）Ⅳ类和Ⅴ类：根据对这两类水质的功能要求，可相对减少对水体生态安全的关注，根据修订后的Ⅰ、Ⅱ和Ⅲ类水质标准分别相应提高至 1.7 mg/L 和 2.3 mg/L。

14.3.3 转化讨论

美国早在 1976 年发布的国家水质基准《红皮书》[20] 中就对氨氮水质基准进行了研究，基于对氨氮最敏感的物种——虹鳟鱼苗的氨氮毒性值（0.2mg/L），取外推因子为 10，利用评估因子法计算得到氨氮水质基准为 0.02mg/L，这也成为我国淡水和海水氨氮水质标准的主要定值依据之一。美国随后在 1984 年对氨氮水质基准进行了修订，由于认识到水体温度和 pH 对氨氮毒性的显著影响，对方法学进行了重大修改，开始基于数学经验模型和 SSA 方法对氨氮水质基准进行研究，基准的表现形式也开始体现为以温度和 pH 为自变量的函数，而不是固定的值。后续在 1999 年和 2009 年，USEPA 又根据丰富的毒性数据和最新的研究成果对氨氮水质基准进行了重要修订，因此，美国的氨氮水质基准方法学比较完善，具有重要借鉴价值。

任何一种函数都不能与物种毒性数据的分布完全吻合，因此在推算水质基准的过程中，SSD 方法可以基于不同的函数进行拟合，为与基于对数－三角函数分布的美国基准技术（SSR 法）进行比较，本文利用基于对数－正态分布的荷兰方法（ETX 软件）和基于 BurrⅢ型函数分布的澳大利亚方法（BurrliOZ 软件）对毒性数据充沛的氨氮急性基准进行了推算，结果表明 3 种方法得值在同一数量级，后两种方法得值相对保守。在流域物种的选择上，参考美国水质基准技术，除辽河流域的水生生物外，将部分具有相对重要价值的外来引进物种也计算在内；对于部分无确切证据证明其分布在辽河流域的物种，如大型溞等，为保证数据的充沛性，以其广适性也纳入流域物种的范围。另外，水质基准向标准的转化在实践中经常需要考虑经济和技术等各方面因素，本研究只基于生态风险对转化方法进行探讨，旨在提供一种方法学上的探讨，而在实践中对水质标准进行修订时尚需全面考量各种因素的制约。

参 考 文 献

[1] 孟伟，刘征涛，张楠，等. 流域水质目标管理技术研究水环境基准、标准与总量控制. 环境科学研究，2008，21（1）：1-8

[2] 张瑞卿，吴丰昌，李会仙，等. 中外水质基准发展趋势和存在的问题. 生态学杂志，2010，29（10）：2049-2056

[3] 金小伟，雷炳莉，许宜平，等. 水生态基准方法学概述及建立我国水生态基准的探讨. 生态毒理学报，2009，4（5）：609-616

[4] 胡林林，等. 建立我国水环境基准的原则与策略. 中国环境科学学会环境标准与基准专业委员会学术研讨会论文集，2010：79-85

[5] 刘征涛. 持久性有机污染物的主要特征和研究进展. 环境科学研究，2005，18（3）：93-102

[6] 余若祯，方征，王宏，等. 国外新化学物质管理中的健康效应数据需求分析. 环境科学研究，2009，22（7）：810-816

[7] 王宏，杨霓云，余若祯，等. 我国新化学物质生态风险评价数据外推技术探讨. 环境科学研究，2009，22（7）：805-809

[8] 周俊丽，刘征涛，孟伟，等. 长江口营养盐浓度变化及分布特征. 环境科学研究，2006，19（6）：139-144

[9] Zhou J, Wu Y, Zhang J, et al. Carbon and nitrogen composition and stable isotope as potential indicators of source and fate of organic matter in the salt marsh of the Changjiang Estuary, China. Chemosphere, 2006, 65: 310-317

[10] 刘征涛，姜福欣，王婉华，等. 长江河口区域有机污染物的特征分析. 环境科学研究，2006，19（2）：1-5

[11] 刘征涛，王一喆，庞智勇，等. 近期长江口沉积物中 SVOCs 的变化及生态风险评价. 环境科学研究，2009，22（14）：768-772

[12] 张彤，金洪钧. 美国对水生态基准的研究. 上海环境科学，1996，15（3）：7-9

[13] 杨霓云，王鲁昕，王宏，等. 3 种刺激性化学战剂对鱼类的急性毒性. 环境科学研究，

2005, 18（1）：21-22

［14］ 宋瑞霞，刘征涛．太湖中微囊藻毒素的遗传毒性．毒理学杂志，2005, 19（3）：315

［15］ 赵兵，刘征涛，徐章法，等．酚类化合物对金鱼幼鱼的雌激素效应研究．环境科学学报，2005, 25（9）：1259-1265

［16］ 杨霓云，刘征涛，王宏，等．五氯苯酚与邻氯苯酚和 2,4-二氯苯酚对斑马鱼的联合毒性．环境科学研究，2006, 19（6）：145-148

［17］ 孟伟，闫振广，刘征涛，等．基于风险的典型流域氨氮水质质基准及标准探讨．中国毒理学会环境与生态专业委员会学术研讨会议论文集，2011：1-10

［18］ USEPA. Guidelines for deriving numerical national water quality criteria for the protection of aquatic organisms and their uses（PB 85—227049）. Springfield VA：NTIS, 1985

［19］ USFDA. Compliance Policy Guide. Compliance Guidelines Branch. 1981

［20］ USEPA. Recalculation of State Toxic Criteria. 1982